异步图书
www.epubit.com

Python气象应用编程

杨效业　杨青霖　张诗悦　著

人 民 邮 电 出 版 社
北　京

图书在版编目（CIP）数据

Python气象应用编程 / 杨效业，杨青霖，张诗悦著
. -- 北京 : 人民邮电出版社，2023.1
ISBN 978-7-115-59400-6

Ⅰ. ①P… Ⅱ. ①杨… ②杨… ③张… Ⅲ. ①软件工具－应用－气象－程序设计 Ⅳ. ①P4-39

中国版本图书馆CIP数据核字(2022)第097706号

内 容 提 要

Python 语言凭借其简洁、易读及可扩展性等特点，已成为程序设计领域备受欢迎的语言之一。丰富的 Python 第三方包（又称“第三方库”）使得 Python 可以应用于多个领域，气象研究与应用领域也不例外。由 NCL 转化来的库很大程度地方便了读者的学习。

本书内容由浅入深且针对性强，示例丰富且涉及面广，系统地介绍 Python 语言的基本语法、高级特征以及与气象应用密切相关的工具包。本书从 Python 和 Linux 的基础知识开始讲解，无编程基础或需巩固基础的读者也能阅读；然后介绍气象数据的读取、处理等；接着介绍绘图基础知识与常用的气象绘图方案；继而介绍一些常用气象物理量计算以及统计方法与检验等；最后介绍简易机器学习入门和几种 Python 计算加速方案。

本书的目标读者为大气科学专业及其相近专业本科及以上的学生、科研人员、从业人员，以及对气象数据处理和可视化感兴趣的爱好者。

◆ 著　　　杨效业　杨青霖　张诗悦
责任编辑　武晓燕
责任印制　王　郁　焦志炜

◆ 人民邮电出版社出版发行　　北京市丰台区成寿寺路 11 号
邮编　100164　　电子邮件　315@ptpress.com.cn
网址　https://www.ptpress.com.cn
北京七彩京通数码快印有限公司印刷

◆ 开本：800×1000　1/16
印张：22.75　　　2023 年 1 月第 1 版
字数：453 千字　　　2024 年 11 月北京第 10 次印刷

定价：119.80 元

读者服务热线：(010)81055410　印装质量热线：(010)81055316
反盗版热线：(010)81055315
广告经营许可证：京东市监广登字 20170147 号

前言

近年来，Python 成为气象领域重要的数据处理及可视化工具之一。Python 是一门开源的高级编程语言，它在多个领域的运用越来越普及和深入。对气象领域来说，Python 虽然不是唯一的选择，但就目前而言，它是可以灵活、高效解决绝大部分数据处理及可视化问题的优秀选择之一。

Python 具有入门容易、语法简单等优点，它是当下大数据、人工智能、深度学习等领域的热门语言。与这些领域相关的许多常用的、公开的库都是直接基于 Python 语言进行开发的，这为气象学与计算机科学的有机结合提供了良好的平台。

目标读者

本书的目标读者为大气科学专业及其相近专业本科及以上的学生、科研人员、从业人员，以及对气象数据处理和可视化感兴趣的爱好者。学习本书并不需要读者具有编程基础，但是有基础的读者学习起来会更加轻松。

本书结构

本书第 1 章和第 2 章介绍 Python 和 Linux 的基础知识，特别是第 2 章介绍的 Python 语言基础知识对于读者后期熟练地使用 Python 非常关键，建议无编程基础或需巩固基础的读者仔细阅读。第 3 章至第 7 章介绍气象数据的读取、处理等。第 8 章和第 9 章介绍 Python 绘图基础与常用的气象绘图方案。第 10 章和第 11 章介绍一些常用的气象物理量计算以及统计方法与检验。第 12 章是简单的机器学习入门。第 13 章介绍几种 Python 计算加速方案。

- 第 1 章　认识 Python，介绍 Python 和 Linux 的基础知识，包含大多数目标读者应该具备的基础的 Linux 使用技能方面的知识。
- 第 2 章　Python 语言基础，介绍 Python 的语言基础。该章帮助读者学会使用 Python 的简单数据类型和数据结构，并了解 Python 的闭包和面向对象应用等。

- 第 3 章　NumPy：Python 数值计算之源，介绍 NumPy 提供的数据结构和功能。NumPy 是 Python 数值计算的一个第三方包，实际上它已经成为 Python 数值计算的一个事实标准，大多数数值计算的第三方包基于 NumPy 构建，掌握 NumPy 的使用方法能为读者未来便捷地处理数据打下坚实基础。
- 第 4 章　pandas：优秀的数据分析工具，介绍 pandas 提供的数据结构和功能。pandas 是一种基于 NumPy 的结构化数据分析工具，尤其适用于处理站点数据，对时间相关的站点数据支持良好。
- 第 5 章　栅格数据处理，介绍 xarray 提供的数据结构和功能。xarray 是一种基于 NumPy 的栅格数据分析工具，受 pandas 启发，它适用于处理多维度的栅格数据，同时对时间相关的数据支持良好。
- 第 6 章　常用气象数据读取和预处理，介绍一些读者经常会遇到的气象数据相关的文件的读取方式。由于各种标准化和非标准化的文件格式非常多，因此该章将介绍在多数非常见场景下的读取思路，特别是如果遇到非标准化的二进制文件，需要读者自己根据文件格式定义进行对应的读取。
- 第 7 章　气象数据插值，介绍经常使用的数据插值方案。
- 第 8 章　Python 绘图基础，介绍 Matplotlib 和 cartopy 的绘图基础知识，为后续读者提高绘图能力打下基础。
- 第 9 章　基本绘图类型与气象绘图，结合实际需求对常用绘图方案进行讲解。
- 第 10 章　常用气象物理量计算，介绍如何计算气象领域常用的物理量。
- 第 11 章　常用气象统计方法与检验，介绍如何实现气象领域常用的统计方法与检验。
- 第 12 章　机器学习初探，初步介绍如何使用 Python 进行机器学习研究，更多具体的实现需要读者结合自己的需求进一步研究。
- 第 13 章　计算加速与 Fortran 绑定，介绍 CPython 中常见的几种计算加速方案。由于 CPython 解释器本身的性能限制，在实现某些自定义算法时会遇到性能瓶颈。该章初步介绍 CPython 中常见的计算加速方案，对于想实现特殊算法的读者可能会有一定的帮助。

Python 和第三方包的版本

截至本书成稿时，Python 语言与书中所用到的各种第三方包都处于积极发展状态，开发者会不断地对 Python 语言和各种第三方包的使用进行优化或修改。读者在使用时并不一定需要完全以书中介绍的版本作为唯一依据，新版本通常会添加很多有价值和有趣的功能。

1. Python 版本

Python 3.7.10

2. 第三方包

（1）数值计算包

- NumPy 1.20.1
- SciPy 1.6.0
- pandas 1.2.2
- xarray 0.17.0

（2）shapefile 和几何多边形包

- GeoPandas 0.9.0
- Shapely 1.7.1

（3）绘图包

- Matplotlib 3.3.4
- cartopy 0.18.0

（4）气象工具包

- MetPy 1.0
- PyKrige 1.5.1

（5）数据读写依赖包

- cfgrib 0.9.8.5
- xlrd 2.0.1
- openpyxl 3.0.6
- netCDF4 1.5.3

（6）计算加速包

- Cython 0.29.22
- Numba 0.52.0

3. 深度学习框架

PyTorch 1.8.0

4. 代码编辑器

Jupyter 1.0.0

引用与使用说明

本书提供的代码读者可以直接使用在自己的程序中，不需要获得额外的许可。

但是我们希望当本书对你的相关研究或生产有所帮助时，能够得到对应的引用说明，一般包括书名、作者、出版社和 ISBN 等。

最后

由于创作团队的能力所限，本书的内容不免出现欠妥之处，请读者见谅。

我们衷心祝愿广大读者可以轻松、顺利地阅读本书，体会到利用 Python 在气象领域学习、科研和工作所带来的轻松与便捷。

资源与支持

本书由异步社区出品，社区（https://www.epubit.com/）为您提供相关资源和后续服务。

配套资源

您可以扫描右侧二维码并发送“59400”添加异步助手为好友获取配套资源。

提交勘误

作者和编辑尽最大努力来确保书中内容的准确性，但难免会存在疏漏。欢迎您将发现的问题反馈给我们，帮助我们提升图书的质量。

当您发现错误时，请登录异步社区，按书名搜索，进入本书页面，点击“提交勘误”，输入勘误信息，单击“提交”按钮即可，如右图所示。本书的作者和编辑会对您提交的勘误进行审核，确认并接受后，您将获赠异步社区的 100 积分。积分可用于在异步社区兑换优惠券、样书或奖品。

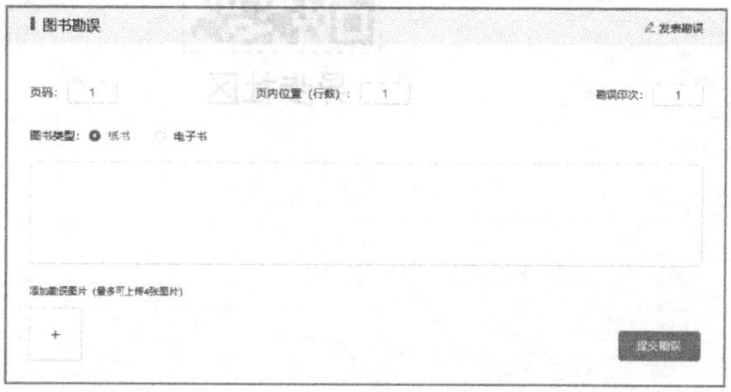

与我们联系

我们的联系邮箱是 contact@epubit.com.cn。

如果您对本书有任何疑问或建议，请您发邮件给我们，并请在邮件标题中注明本书书名，以便我们更高效地做出反馈。

如果您有兴趣出版图书、录制教学视频，或者参与图书翻译、技术审校等工作，可以发邮件给我们；有意出版图书的作者也可以到异步社区在线提交投稿（直接访问 www.epubit.com/selfpublish/submission 即可）。

如果您所在的学校、培训机构或企业想批量购买本书或异步社区出版的其他图书，也可以发邮件给我们。

如果您在网上发现有针对异步社区出品图书的各种形式的盗版行为，包括对图书全部或部分内容的非授权传播，请您将怀疑有侵权行为的链接发邮件给我们。您的这一举动是对作者权益的保护，也是我们持续为您提供有价值的内容的动力之源。

关于异步社区和异步图书

“异步社区”是人民邮电出版社旗下 IT 专业图书社区，致力于出版精品 IT 技术图书和相关学习产品，为作译者提供优质出版服务。异步社区创办于 2015 年 8 月，提供大量精品 IT 技术图书和电子书，以及高品质技术文章和视频课程。更多详情请访问异步社区官网 https://www.epubit.com。

“异步图书”是由异步社区编辑团队策划出版的精品 IT 专业图书的品牌，依托于人民邮电出版社几十年的计算机图书出版积累和专业编辑团队，相关图书在封面上印有异步图书的 LOGO。异步图书的出版领域包括软件开发、大数据、人工智能、测试、前端、网络技术等。

异步社区

微信服务号

目录

01

第1章 认识Python

1.1 Python 简介

当下，Python 是一种在数据科学领域较为流行的程序设计语言。使用 Python 可以使我们更加关注要解决的问题，而不用花费太多精力处理计算机运行的复杂性方面的问题。Python 3 是相对于已经结束官方支持的 Python 2 的更新版本。在使用 Python 编程的用户群体里流传着这样一则“笑话”：有人会两种语言，一种是 Python 2，另一种是 Python 3。虽然是一则“笑话”，但这也让我们意识到，尽管 Python 从版本 2 升级到版本 3 并没有造成整个程序语言的变化，但升级产生的改变还是带来了一定程度的用户迁移门槛和程序兼容性问题。大多数科学计算包的新版本只支持 Python 3，因此本书以 Python 3 进行讲解。

Python 是一种解释型语言，在 Python 中可以立即运行代码并获得结果，而不需要编译。与解释型语言相对的是编译型语言，例如 C/C++、Fortran 等。解释型语言需要一种名为解释器的程序作为运行载体。这里我们使用的 Python 解释器是由官方（Python 软件基金会）负责开发的名为 CPython 的解释器（因为这个解释器由 C 语言编写，所以叫 CPython），它是使用广泛且兼容性强的 Python 解释器（Python 解释器有多种开源实现，但是兼容性和性能有所差异，后文的 Python 解释器在未额外声明的情况下均指 CPython 解释器）。本书建议通过 Miniconda 来安装 CPython。Miniconda 仅包含 CPython 和 conda（一个相当优秀的包管理工具），对于其他软件包则可根据需要下载并安装。

实际上 CPython 的代码执行性能并不出色，但是得益于 CPython 与 C 语言良好的互操作性，需要计算性能的部分可以用编译型语言编写，在 Python 代码中进行调用，以达到运行性能与编写效率的最优化。本书还会介绍几种 Python 代码的运行优化办法。

1.1.1 Python与气象

现阶段 Python 已经有不少功能完善的关于地球科学的库，在科学计算和机器学习方面也拥有相当丰富的开源工具支持，气象研究人员使用 Python 将获得多个领域强大工具的帮助。

Python 开源社区创造了一种基于 Web 的 Jupyter Notebook 工具，使用户通过 Python 编写代码可获得交互式体验。得益于 Web 技术，Jupyter 可以做到"一处部署，到处运行"，更加适合科研。后文将会详细讲述 Jupyter。

1.1.2 Python与NCL

由于 Python 在地球科学领域的广泛应用，美国国家大气研究中心（National Center for Atmospheric Research，NCAR）已经决定停止为 NCL（NCAR Command Language）开发新功能且将其已有功能逐步迁移到 Python。NCL 开发组为此创建了一个名为 GeoCAT（地球科学社区分析工具包）的项目，其中包含 4 个子项目：PyNGL、PyNIO、wrf-python 和 GeoCAT-comp。这 4 个子项目中只有 wrf-python 支持 Windows 操作系统。

PyNGL 是基于 NCL 绘图组件的 Python 接口。但是对 Jupyter 没有原生支持，而且不支持 Windows 操作系统，所以后文将使用应用更为广泛的"Matplotlib+cartopy"作为绘图工具进行讲解。

PyNIO 是基于 NCL 的文件读写 Python 接口，不支持 Windows 操作系统。

wrf-python 是天气研究与预报（Weather Research and Forecasting，WRF）模式的处理库，支持 Windows 操作系统。

GeoCAT-comp 是 NCL 语言中计算函数的迁移，不支持 Windows 操作系统。

1.1.3 为什么使用Miniconda

Miniconda 是一种轻量级的发行版 Python 运行环境，它只包含 conda 和 Python。后文我们会根据实际的需求手动安装新的第三方包。

有些读者可能听说过 Anaconda，这是由 Anaconda 公司出品的发行版 Python 运行环境。Anaconda 除了包含 conda 和 Python，还预置了大量用于科学计算的包。Anaconda 的缺点是安装包体积巨大，如 Anaconda3-5.3.1 的安装包体积已经超过 600MB，安装后将占据超过 3GB 的磁盘空间。同时由于预置环境中安装包依赖复杂，在安装新的第三方包时容易出现依赖冲突而导致安装失败。

而 Miniconda 和 Anaconda 的一个共同点就是包含 conda。conda 是一个运行在 Windows、macOS 和 Linux 上的跨平台开源包管理器，虽然它是用 Python 编写的，但是它可以管理其他任何语言的包和运行库。在 conda 中可以设置完全独立的环境来运行不同版本的 Python，且不影响系统原生的 Python 环境。pip 也是 Python 中应用较为广泛的包管理器。与 conda 不同的是，pip 只能管理 Python 的包，对 Python 本身和其他语言的二进制包没有管理能力，但是

pip 与 conda 并不冲突，我们在后文中会优先使用 conda，在少数情况（例如某个包只在 pip 中分发，conda 中没有）下才会使用 pip。

1.2 开始使用

在 Linux 系统中，Python 会作为系统级依赖被默认安装在系统中。但是因为系统级的 Python 在很多时候与其他系统组件相互依赖，随意改动容易导致系统运行出现问题，所以不建议使用系统级的 Python 作为开发环境或在不清楚相关风险的情况下修改系统自带的 Python 运行环境。

1.2.1 Miniconda 安装

Miniconda 安装成功之后，会自带一个名为 base 的虚拟环境。这个虚拟环境包含 conda 本身，为了避免对这个环境的修改造成 conda 运行异常，通常我们会单独创建环境后使用，而且创建的独立环境还可以自由控制 Python 版本，做到兼容性最大化。

1. 下载安装包

下载安装包的过程如下所示。

（1）在搜索引擎中搜索清华大学开源软件镜像站，如图 1-1 所示，进入清华大学开源软件镜像站。

（2）在清华大学开源软件镜像站中单击 anaconda，如图 1-2 所示。

（3）单击 miniconda，如图 1-3 所示。

图 1-1　清华大学开源软件镜像站搜索结果

（4）往下拖动滚动条，找到并下载与自己的系统对应的且版本最新的 Miniconda 安装包，如图 1-4 所示。

版本号中的 py39 指内置的 Python 版本为 3.9 版本（此处 Python 版本不重要，后文将介绍通过 conda 单独新建 3.7 版本的 Python 环境）。

这里需要注意的是，版本号中的 Linux-ppc64le 是指使用 64 位 PowerPC 架构的 CPU 的 Linux 系统。目前市场上很少销售基于 PowerPC 的个人计算机，所以大多数读者不需要下载相应版本的 Miniconda。

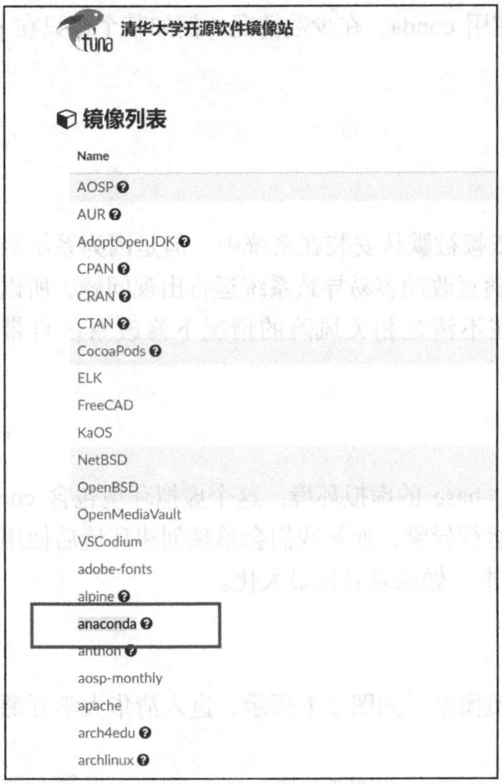

图 1-2 单击 anaconda

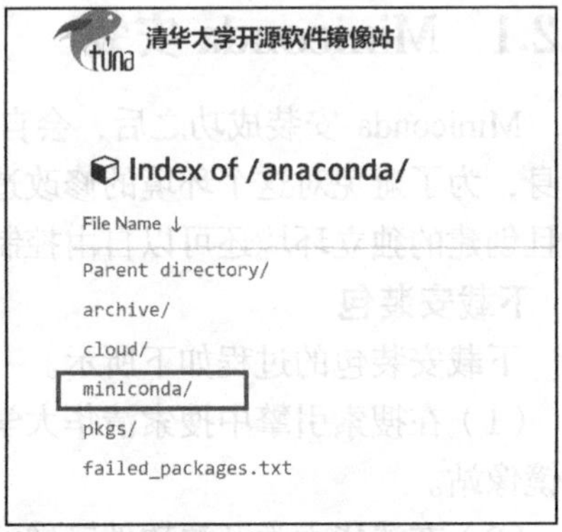

图 1-3 单击 miniconda

版本号中的 Windows-x86 表示该版本同时适用于 32 位和 64 位的 Windows 系统。但是如果内置的 Python 为 32 位版本，即使在新建的 conda 虚拟环境内，它也将被固定为 32 位版本。32 位版本的 Python 受到客观条件限制，使用的内存将不能超过 2GB，这对于数据计算可能存在内存溢出的问题。所以在确定使用的 Windows 系统为 64 位的情况下，建议安装 x86_64 版本的 Miniconda。

图 1-4 下载最新版 Miniconda 安装包

（5）将下载的安装包上传到需要安装的目标机器上，如果是本机安装则跳过此步骤。

若在 Linux 系统上安装，可以将安装包存到~/Downloads 文件夹（如果不存在可以创建）下。

2. Linux 环境

在 Linux 环境中安装 Miniconda 的步骤如下。

（1）在 Downloads 目录中执行 ls 命令，可以看到下载到本地的 Miniconda 安装包，如图 1-5 所示。

（2）输入 bash+安装包全名，例如这里的 bash Miniconda3-py39_4.9.2-Linux-x86_64.sh，如图 1-6 所示，并按 Enter 键。

```
➜ Downloads ls
Miniconda3-py39_4.9.2-Linux-x86_64.sh
➜ Downloads
```

图 1-5 下载到本地的 Miniconda 安装包

```
➜ Downloads ls
Miniconda3-py39_4.9.2-Linux-x86_64.sh
➜ Downloads bash Miniconda3-py39_4.9.2-Linux-x86_64.sh
```

图 1-6 使用 bash 命令执行安装包

（3）接下来将会逐条展示用户协议，可使用 Enter 键逐条跳过，直到看到 Do you accept the license terms? [yes|no]或者 Please answer 'yes' or 'no'时，输入 yes 并按 Enter 键，如图 1-7 所示。

（4）接下来会要求选择 Miniconda 的目标安装目录，这里直接按 Enter 键，即可使用安装程序自动生成的安装目录（这个目录根据不同的用户名和不同的~路径有所不同，不必要求与图 1-8 完全一致）。如果有选择其他目录的需求，可以输入目标目录。按 Enter 键之后会开始安装，等待即可，如图 1-8 所示。

```
>>>
Please answer 'yes' or 'no':
>>> yes
```

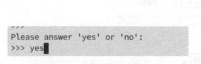

图 1-7 同意用户协议

```
Miniconda3 will now be installed into this location:
/home/sonic/miniconda3

  - Press ENTER to confirm the location
  - Press CTRL-C to abort the installation
  - Or specify a different location below

[/home/sonic/miniconda3] >>>
```

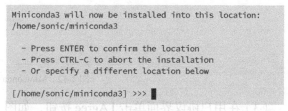

图 1-8 指定 Miniconda 安装目录

（5）出现 Do you wish the installer to initialize Miniconda3 by running conda init? [yes|no]时意味着安装完成。输入 yes 并按 Enter 键，即可添加 conda 环境初始化相关代码到终端初始化脚本中，如图 1-9 所示。

（6）显示 Thank you for installing Miniconda3!表示安装完成，重启终端可以自动激活 base 环境。使用 conda -V 可查看已安装的 conda 版本，使用 python -V 可查看已安装的 Python 版本，如图 1-10 所示。

```
Do you wish the installer to initialize Miniconda3
by running conda init? [yes|no]
[no] >>> yes
```

图 1-9 启用 conda 的自动初始化

```
(base) ➜ ~ conda -V
conda 4.9.2
(base) ➜ ~ python -V
Python 3.9.1
(base) ➜ ~
```

图 1-10 在 base 环境中查看 conda 和 Python 的版本

3. Windows 环境

在 Windows 环境中安装 Miniconda 的步骤如下。

（1）可以在存放 Miniconda 的安装包的文件夹中看到该安装包，如图 1-11 所示。

名称	修改日期	类型	大小
∨ 今天 (2)			
Miniconda3-py39_4.9.2-Windows-x86_64.exe	2021/1/20 22:40	应用程序	59,112 KB

图 1-11 Windows 下的 Miniconda 安装包

（2）双击安装包，启动安装程序，并单击 Next 按钮，如图 1-12 所示。

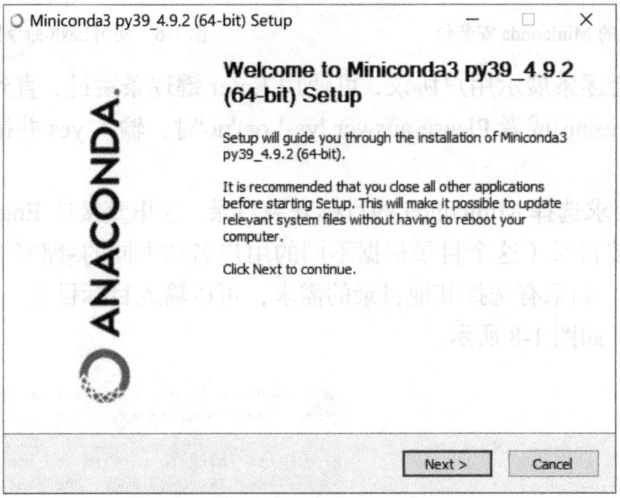

图 1-12　Miniconda 安装界面

（3）在用户协议界面单击 I Agree 按钮，如图 1-13 所示。

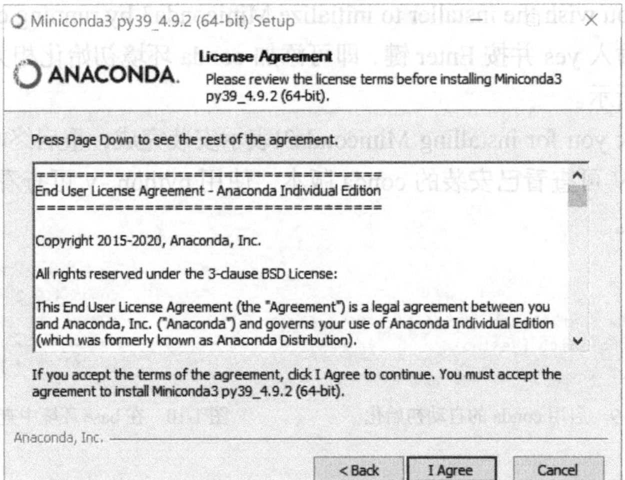

图 1-13　同意用户协议

（4）选择 Just Me 单选按钮，并单击 Next 按钮，如图 1-14 所示。

（5）这里使用默认安装目录（该目录根据不同的用户名有所不同，不必要求与图 1-15 中完全一致），并单击 Next 按钮。

（6）此处保持默认设置，直接单击 Install 按钮，如图 1-16 所示。

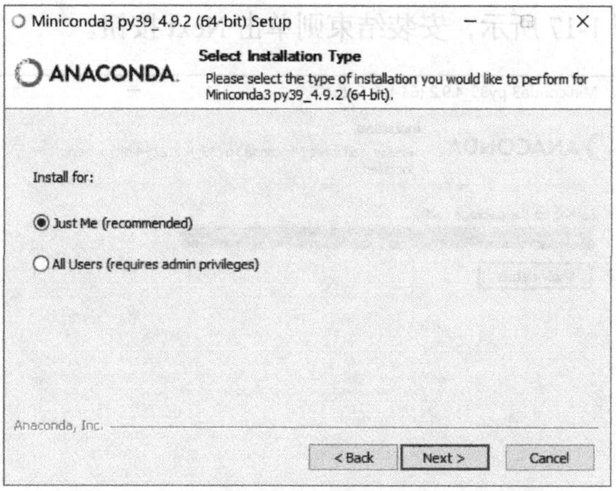

图 1-14　选择安装类型

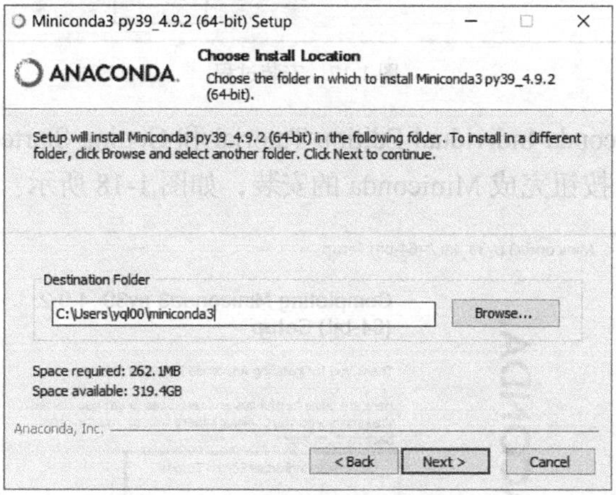

图 1-15　使用默认安装目录

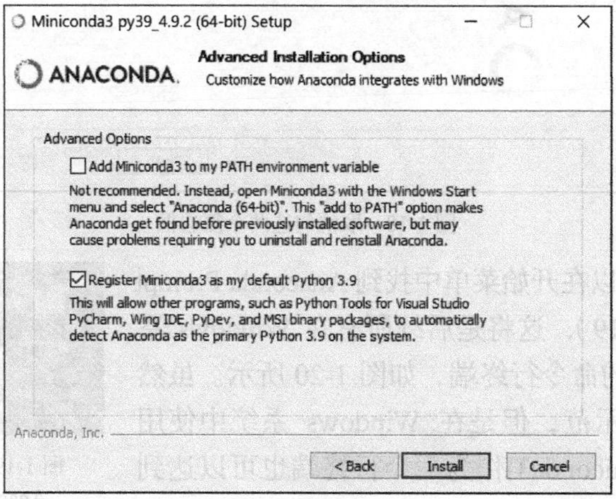

图 1-16　保持默认设置

（7）安装过程如图 1-17 所示，安装结束则单击 Next 按钮。

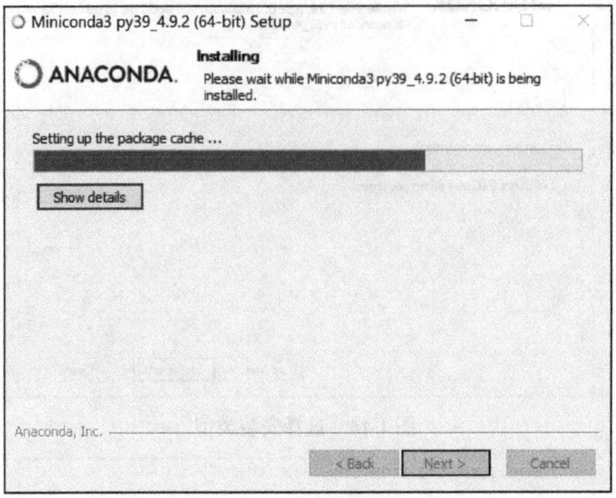

图 1-17 安装过程

（8）取消勾选 Anaconda Individual Edition Tutorial 和 Getting Started with Anaconda 这两个复选框，并单击 Finish 按钮完成 Miniconda 的安装，如图 1-18 所示。

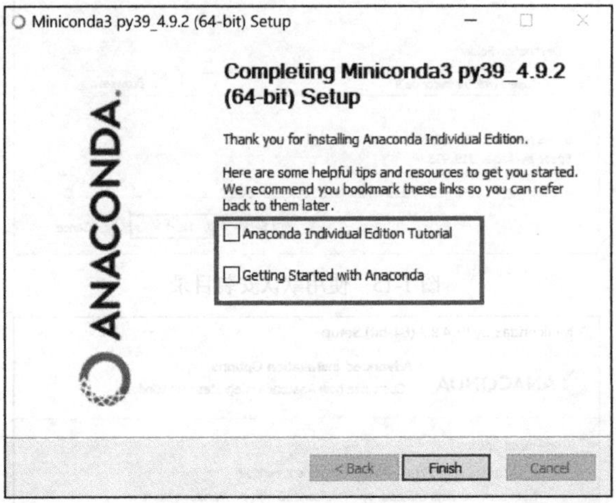

图 1-18 取消勾选两个复选框

（9）安装完成后可以在开始菜单中找到 Anaconda Prompt (miniconda3)（见图 1-19），这将是后续所有在 Windows 系统上执行 Python 命令的命令行终端，如图 1-20 所示。虽然后续将只用 Linux 做示范，但是在 Windows 系统中使用 Anaconda Prompt (miniconda3)作为命令行终端也可以达到同样的效果。

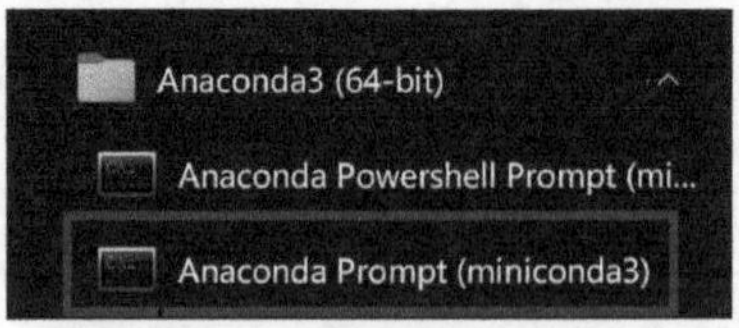

图 1-19 Windows 开始菜单中的 Anaconda Prompt(miniconda3)

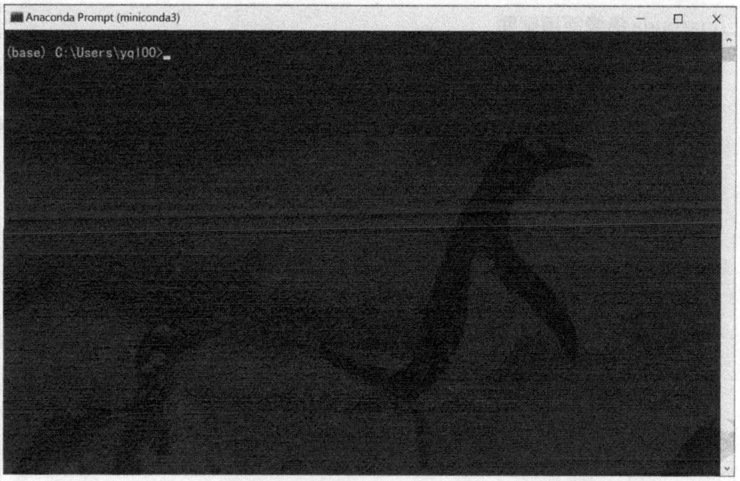

图 1-20 Miniconda 在 Windows 系统中的命令行终端

1.2.2 设置 conda 与 pip 镜像源

由于 conda 和 pip 有时候会出现下载缓慢或无法连接的问题，因此需要使用国内开源组织提供的第三方镜像源来代替官方源，以获得更好的使用体验。

这里先对 conda 镜像源进行如下修改。

（1）打开终端（Linux）或在 Windows 系统的开始菜单中打开 Anaconda Prompt (miniconda 3)。

（2）使用网页浏览器访问清华大学开源软件镜像站首页，找到 anaconda 并单击其右侧的问号图标，如图 1-21 所示。

（3）根据页面内容的指引，更新~/.condarc 文件（Linux）或 C:\Users\用户名\.condarc（Windows）中的内容，如图 1-22 所示，即可完成 conda 镜像源修改。

设置 pip 镜像源的步骤如下所示。

（1）在浏览器中返回清华大学开源软件镜像站首页，找到 pypi 并单击其右侧的问号图标，如图 1-23 所示。

（2）根据指引在前面打开的命令行终端中输入命令并执行，设置 pip 镜像源，如图 1-24 所示。

由于前文介绍安装的 Miniconda 版本中 Python 所带的 pip 的版本已经超过 10.0.0 版本，所以不需要执行第一行升级命令，可以直接执行第二行命令以设置镜像源。

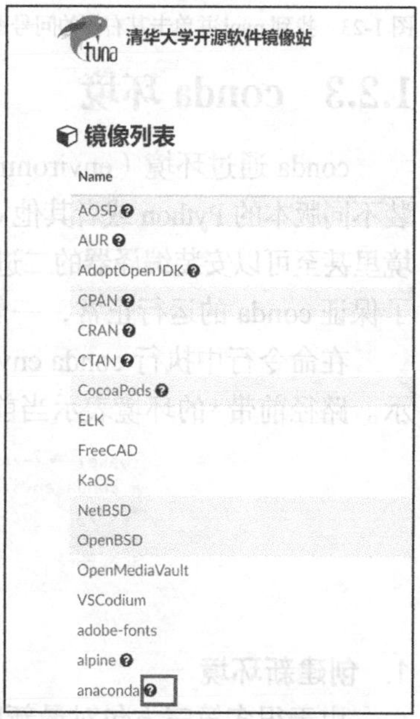

图 1-21 找到 anaconda 并单击其右侧的问号图标

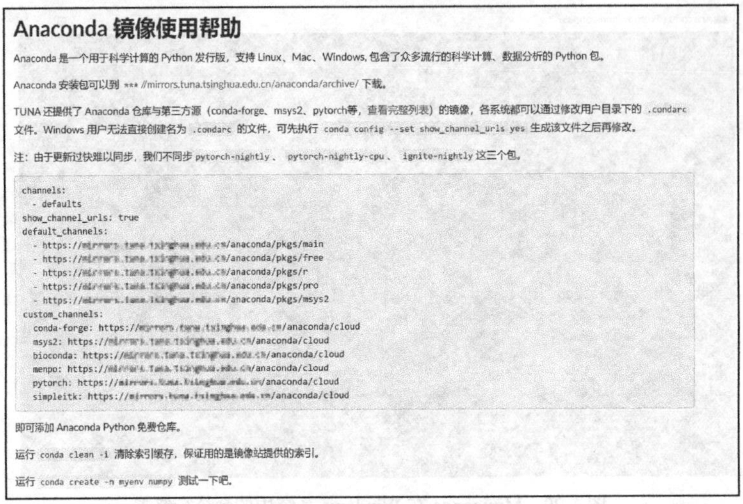

Anaconda 镜像使用帮助

Anaconda 是一个用于科学计算的 Python 发行版，支持 Linux、Mac、Windows, 包含了众多流行的科学计算、数据分析的 Python 包。

Anaconda 安装包可以到 *** //mirrors.tuna.tsinghua.edu.cn/anaconda/archive/ 下载。

TUNA 还提供了 Anaconda 仓库与第三方源（conda-forge、msys2、pytorch等，查看完整列表）的镜像，各系统都可以通过修改用户目录下的 .condarc 文件。Windows 用户无法直接创建名为 .condarc 的文件，可先执行 conda config --set show_channel_urls yes 生成该文件之后再修改。

注：由于更新过快难以同步，我们不同步 pytorch-nightly 、 pytorch-nightly-cpu 、 ignite-nightly 这三个包。

```
channels:
  - defaults
show_channel_urls: true
default_channels:
  - https://[illegible]/anaconda/pkgs/main
  - https://[illegible]/anaconda/pkgs/free
  - https://[illegible]/anaconda/pkgs/r
  - https://[illegible]/anaconda/pkgs/pro
  - https://[illegible]/anaconda/pkgs/msys2
custom_channels:
  conda-forge: https://[illegible]/anaconda/cloud
  msys2: https://[illegible]/anaconda/cloud
  bioconda: https://[illegible]/anaconda/cloud
  menpo: https://[illegible]/anaconda/cloud
  pytorch: https://[illegible]/anaconda/cloud
  simpleitk: https://[illegible]/anaconda/cloud
```

即可添加 Anaconda Python 免费仓库。

运行 conda clean -i 清除索引缓存，保证用的是镜像站提供的索引。

运行 conda create -n myenv numpy 测试一下吧。

图 1-22　conda 镜像源设置指引

图 1-23　找到 pypi 并单击其右侧的问号图标

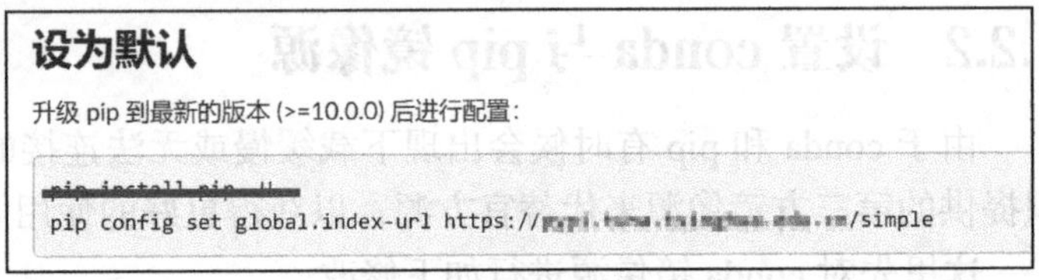

设为默认

升级 pip 到最新的版本 (>=10.0.0) 后进行配置：

```
pip install pip -U
pip config set global.index-url https://[illegible]/simple
```

图 1-24　pip 镜像源设置指引

1.2.3　conda 环境

conda 通过环境（environment）来解析不同的 Python 或二进制工具，每种环境都可以安装不同版本的 Python 或者其他 conda 镜像源里包含的分发包（例如 NCL 和 Fortran，在 conda 环境里甚至可以安装编译器的二进制包）。Miniconda 安装完成后会自带名为 base 的虚拟环境，为了保证 conda 的运行正常，一般情况下不对 base 环境进行修改。

在命令行中执行 conda env list 命令可以看到本机中已有的 conda 虚拟环境，如图 1-25 所示。路径前带*的环境表示当前已经激活的环境（后文将详细介绍创建环境的步骤）。

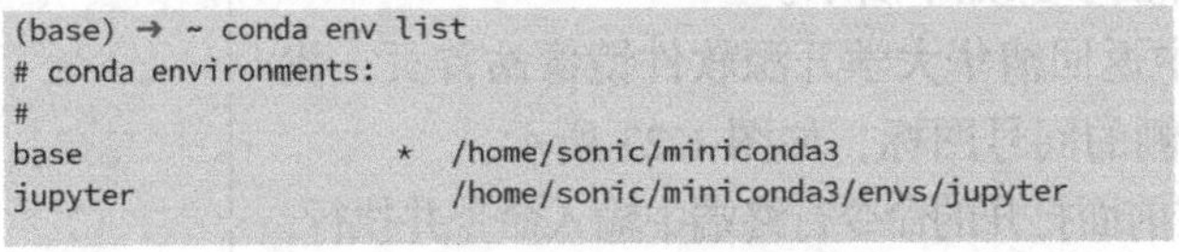

```
(base) → ~ conda env list
# conda environments:
#
base                  *  /home/sonic/miniconda3
jupyter                  /home/sonic/miniconda3/envs/jupyter
```

图 1-25　当前已有的 conda 虚拟环境

1. 创建新环境

由于很多第三方包对最新版 Python 的支持力度不一致，而且为了避免对 base 环境的修改造成 conda 运行异常，我们通常会新建某个特定版本的 Python 的运行环境。

（1）打开命令行终端，输入 conda create -n jupyter -c conda-forge python=3.7 并按 Enter 键，

等待 conda 收集包的元信息并解析依赖，如图 1-26 所示。

```
(base) ➜ ~ conda create -n jupyter -c conda-forge python=3.7
```

图 1-26 新 conda 虚拟环境创建命令

- create 为创建新环境的命令。
- -n jupyter 指定新环境名为 jupyter。可以根据自己的需要任意修改环境名。
- -c conda-forge 指定通道（channel）为 conda-forge。conda-forge 是一个开放的 conda“包仓库”。
- python=3.7 指定这个环境中安装的 Python 为 3.7.x 版本。Python 在一个大版本（如 3.7 版本）中会有很多小版本（如 3.7.x）用于修复 bug，但是不影响兼容性。这里不指定小版本号中的 x，将会安装最新的 Python 小版本。

（2）环境解析完成后，显示安装动作将会导致的环境变化，如图 1-27 所示，根据提示按 Enter 键开始新环境创建。

```
The following NEW packages will be INSTALLED:

  _libgcc_mutex      conda-forge/linux-64::_libgcc_mutex-0.1-conda_forge
  _openmp_mutex      conda-forge/linux-64::_openmp_mutex-4.5-1_gnu
  ca-certificates    conda-forge/linux-64::ca-certificates-2020.12.5-ha878
  certifi            conda-forge/linux-64::certifi-2020.12.5-py37h89c1867_
  ld_impl_linux-64   conda-forge/linux-64::ld_impl_linux-64-2.35.1-hea4e1c
  libffi             conda-forge/linux-64::libffi-3.3-h58526e2_2
  libgcc-ng          conda-forge/linux-64::libgcc-ng-9.3.0-h2828fa1_18
  libgomp            conda-forge/linux-64::libgomp-9.3.0-h2828fa1_18
  libstdcxx-ng       conda-forge/linux-64::libstdcxx-ng-9.3.0-h6de172a_18
  ncurses            conda-forge/linux-64::ncurses-6.2-h58526e2_4
  openssl            conda-forge/linux-64::openssl-1.1.1i-h7f98852_0
  pip                conda-forge/noarch::pip-20.3.3-pyhd8ed1ab_0
  python             conda-forge/linux-64::python-3.7.9-hffdb5ce_0_cpython
  python_abi         conda-forge/linux-64::python_abi-3.7-1_cp37m
  readline           conda-forge/linux-64::readline-8.0-he28a2e2_2
  setuptools         conda-forge/linux-64::setuptools-49.6.0-py37h89c1867_
  sqlite             conda-forge/linux-64::sqlite-3.34.0-h74cdb3f_0
  tk                 conda-forge/linux-64::tk-8.6.10-h21135ba_1
  wheel              conda-forge/noarch::wheel-0.36.2-pyhd3deb0d_0
  xz                 conda-forge/linux-64::xz-5.2.5-h516909a_1
  zlib               conda-forge/linux-64::zlib-1.2.11-h516909a_1010


Proceed ([y]/n)?
```

图 1-27 创建新环境将会安装的包

（3）至此新环境创建完成，如图 1-28 所示。

```
#
# To activate this environment, use
#
#     $ conda activate jupyter
#
# To deactivate an active environment, use
#
#     $ conda deactivate
```

图 1-28 新环境创建完成

2. 激活环境

之前我们创建了一个名为 jupyter（或者是你自己取的名字）的环境。使用该环境时，需要先对其进行激活。

在命令行中执行 conda activate + 环境名，例如这里执行 conda activate jupyter 即可激活 jupyter 环境。激活对应的环境后，命令行提示符左侧会显示当前环境名，如图 1-29 所示。可以看到激活环境后，Python 版本已经变成前文介绍安装的 Python 版本。

激活某环境时，conda 会初始化该环境对应的环境变量（这样就可以直接使用 Python 命令运行虚拟环境中的 Python）。

注意，在某环境中使用 conda 或 pip 安装的第三方包也只能在该环境中使用。例如在 jupyter 环境中安装的包，在 base 环境中是无法使用的，初学者可能需要注意这一点。

```
(base) → ~ python -V
Python 3.9.1
(base) → ~ conda activate jupyter
(jupyter) → ~ python -V
Python 3.7.9
(jupyter) → ~ ▌
```

图 1-29 激活环境后 python 命令对应的 Python 程序发生变化

1.3 Linux 与 Bash

对地球科学方面特别是气象方向的研究者或工作人员来说，因为 NCL 原生只支持 Linux 和 macOS、常使用的高性能计算机的操作系统（通常是 Linux 系统）等，所以必须对 Linux 系统的操作有初步的了解。

Bash 是 Linux 上使用较为广泛的一种 Shell（Shell 是用户与计算机交互的途径之一，它有自己的语法，通常意义上的命令行即指 Shell）。当我们打开终端或通过 SSH 连接上远程计算机后，自动启动的 Shell 通常便是 Bash。

1.3.1 Linux 发行版

Linux 是一种免费的、开源的类 UNIX 操作系统内核（Linux 只是一个系统内核，内核是操作系统的核心，但是内核不能单独使用），使用 Linux 内核的操作系统统称为 Linux 操作系统。而使用 Linux 内核的完整操作系统称为 Linux 发行版。较为常见的发行版有 Ubuntu、Debian、CentOS、RHEL（高性能计算机上较为常见）。

对于个人计算机用户，选择发行版时可以优先选择 Ubuntu，因为 Ubuntu 源下的二进制包较为丰富，使用 apt 命令就可以安装，非常方便。

不同的发行版采用不同的系统级包管理工具。conda 是用户级的包管理工具，不需要 root 权限而系统级包管理工具需要 root 权限。Ubuntu 和 Debian 使用 apt 命令安装二进制包，CentOS 和 RHEL 使用 yum 命令安装二进制包。此处不对 apt 和 yum 命令进行详细讲解，有兴趣的读者可以自行在网上搜索相关内容进行学习（本书后文基本不涉及系统级包管理）。

1.3.2 目录结构

在 Linux 操作系统的文件系统中，文件路径分隔符是正斜线/（Windows 中是反斜线\），最顶层目录（可理解为文件夹）是/（是的，/也是目录，而且是根目录，区别于 Windows 操作系统的盘符 C:\\）。

在 Linux 操作系统的任意目录中有两个特殊目录名，即.和..。其中，.指代当前目录，..指代父目录（上一层目录）。对 Linux 操作系统来说，目录是一种特殊的文件。

例如 Linux 操作系统中存在一个目录/home/test/abc/，则：

- /home/test/abc/.等同于/home/test/abc/；
- /home/test/abc/..等同于/home/test/；
- /home/./test/abc/等同于/home/test/abc/；
- /home/../home/test/abc/等同于/home/test/abc/。

由/开头的路径为绝对路径，绝对路径不受当前工作目录（使用 pwd 命令可以查询当前工作目录）位置的影响。

由目录名或文件名开头的路径为相对路径，相对路径受当前工作目录位置的影响。

假设当前工作目录为/home/，则：

- test/abc/等同于/home/test/abc/；
- ./test/abc/等同于/home/test/abc/。

而当工作目录（使用 cd 命令改变当前工作目录）变更为/home/test/后，则：

- test/abc/等同于/home/test/test/abc/（不存在）；
- ./test/abc/等同于/home/test/test/abc/（不存在）；
- ../test/abc/等同于/home/test/abc/（存在）。

从上面的例子可以看出，绝对路径有静态的特点，相对路径有动态的特点。

在不同的场景下相对路径和绝对路径有不同的优势，而且错误地选择路径类型会导致路径复杂、兼容性下降且易出错，所以我们需要根据具体的使用需求来选择是使用相对路径还是绝对路径。

注意：在 Linux 操作系统中，以.开头的文件或目录为隐藏文件或隐藏目录。隐藏目录在使用 ls 命令展示时需要带上-a 或-A 选项才可以被展现，ls 命令-a 和-A 选项的区别如图 1-30 所示。

```
(base) → Downloads ls
Miniconda3-py39_4.9.2-Linux-x86_64.sh
(base) → Downloads ls -a
.  ..  .hide  Miniconda3-py39_4.9.2-Linux-x86_64.sh
(base) → Downloads ls -A
.hide  Miniconda3-py39_4.9.2-Linux-x86_64.sh
```

图 1-30　ls 命令-a 和-A 选项的区别

1.3.3　用户与用户组

Linux 是一个多用户操作系统，需要通过某个确定的用户身份登录后才可使用。每个用户账号都拥有唯一的用户名和各自的密码。通常，在 Shell 中输入密码并不会有任何显示反馈，但是这并不代表你没有输入字符，这只是一种防偷窥的安全措施。

在绝大多数 Linux 发行版中，有一个名为 root 的根用户（系统管理员）。root 用户拥有对系统的绝对控制权，包括但不限于可以编辑磁盘上所有用户的文件且无视权限控制和可以强制结束任意用户的任意进程。在大多数 Linux 发行版中，root 用户在系统默认配置下不可以直接登录，因为这可能会导致非常严重的安全问题。

在使用某些需要 root 权限的命令（例如 apt 和 yum）或编辑系统配置文件（例如某些位于/etc/下的配置文件）时，可以在执行的命令前添加 sudo 来临时提升权限。sudo 命令在当前命令行中第一次执行时会要求输入当前用户的密码。

使用 id 命令可以查询到执行用户的用户名和用户组信息，如图 1-31 所示。

```
(base) → Downloads id
uid=1000(sonic) gid=1000(sonic) groups=1000(sonic),4(adm),24(cdrom),27(sudo),30(dip),46(plugdev),116(lxd),119(lpadmin)
(base) → Downloads sudo id
[sudo] password for sonic:
uid=0(root) gid=0(root) groups=0(root)
```

图 1-31 使用 id 命令可以查询当前用户信息

可以看到，在需要执行的命令前加上 sudo 之后，该命令的执行用户将会变成 root 用户，可获得最高权限。

注意：在某些教程中可能会介绍使用 su 命令切换为 root 身份或修改用户配置开启 root 用户的直接登录。除非你能明白这样做可能带来的风险（root 密码泄露导致的所有用户隐私泄露或被植入病毒），否则绝不应该按照这些教程的介绍开启 root 用户的直接登录。

每个用户都至少归属于一个用户组（一个与用户名同名的用户组，这个用户组在创建用户时被创建），用户组也可以被单独创建。root 用户可以将某个用户添加到其他用户组或从某个用户组中删除某个用户。

当一个用户同时属于多个用户组时，这个用户将会获得自己所属的所有用户组所拥有的权限。

1.3.4 目录权限管理

使用 ls 命令展示某个目录内容时，加上-l 选项，可以查看权限、拥有者、所属用户组等信息，如图 1-32 所示。

```
(base) → Downloads ls -l
total 60016
-rw-rw-r-- 1 sonic sonic 61451533 Dec 21 17:10 Miniconda3-py39_4.9.2-Linux-x86_64.sh
drwxrwxr-x 2 sonic root      4096 Jan 21 17:31 music
```

图 1-32 使用 ls -l 可以展示当前目录下的权限、拥有者等信息

此处跳过 total 部分，下一行开始为目录下文件或子目录的详细信息。由空格分隔开的每一个部分称作字段。最后一个字段是文件名或目录名。

第一个字段的 10 个字符表明了这个文件或目录的属性和权限。第一个字段的第一个字符的说明如下：

- “-”表明这是一个文件；
- “d”表明这是一个目录（directory）；
- “l”表明这是一个链接文件（类似于 Windows 中的快捷方式）。

可以看到图 1-32 中 music 第一个字段的第一个字符是 d，所以这是一个目录（也称为文件夹）。

第一个字段的剩余 9 个字符按从左到右的顺序，每 3 个为一组权限标志，3 组分别对应 User、Group 和 Others 的权限。每组的权限字符分别是 r（read），表示读；w（write），表示写；x（execute），表示执行；-表示不拥有这项权限。这里需要注意的是，文件的 x 权限用于决定某个用户能否运行这个文件（脚本或二进制程序），目录的 x 权限用于决定某个用户能否使用 cd 命令进入这个目录。通常也可以用 3 位数字分别表示 User、Group 和 Others 的

权限，具体内容在后文 chmod 命令部分进行讲解。

User 指文件或目录的拥有者，即第三个字段，例如可以看到图 1-32 中文件和目录的拥有者都是用户 sonic。Group 指文件或目录所属的用户组，这个用户组下所属的所有用户对应这一段的权限标志，例如 root 用户组下的所有用户拥有对 music 目录的 rwx（读、写、执行）权限。Others 指除了拥有者和所属用户组之外的其他用户。

可以使用 chmod 命令改变文件或目录权限，使用 chown 命令改变目录文件或目录拥有者和所属用户组。

1.3.5 远程登录

某些情况下使用者只能远程访问计算机，例如使用高性能计算集群或云服务时，这时通常使用 SSH 协议来连接目标计算机。SSH 协议用于计算机之间的加密连接。加密意味着与服务器之间的连接是安全的，中途被截获并不会导致信息泄露。

通常使用 SSH 协议连接远程服务器时有两种登录方式：密码登录和公钥登录。

（1）密码登录就是使用用户名和对应的密码进行认证。在密码过于简单的情况下，如果服务器暴露在公网（服务器拥有可以从运营商网络直接连接的 IP 地址且没有防火墙保护）上，密码将会有被破解的可能。

（2）公钥登录使用密钥对进行认证。SSH 密钥对通过非对称加密算法生成一对密钥，分为公钥和私钥。非对称加密意味着使用公钥加密的数据必须使用私钥才能解密，而使用私钥加密的数据必须使用公钥才能解密。同时，不能通过单一公钥或私钥推导出与之对应的私钥或公钥。公钥保存于需要登录的目标服务器~/.ssh/authorized_keys 文件中，私钥作为登录凭证需要用户自己妥善保存。通常只要私钥文件不被泄露，就可以杜绝暴力破解。

在某些情况下，为避免重要服务器暴露于公网，用户需要根据要求连接对应的虚拟专用网络（Virtual Private Network，VPN），这样才可以使用远程 SSH 服务。

在 Windows 上通常使用 MobaXterm 工具连接远程服务器；在 Linux 上则通常使用 ssh 命令。

1.3.6 输入输出重定向

Linux 中存在 3 个默认的输入输出源：标准输入（stdin）、标准输出（stdout）和标准错误输出（stderr）。

Bash 中运行程序或执行命令时默认输出的内容会发送到标准输出，也会从标准输入读取信息。而标准输入、标准输出就是你的命令行终端，程序将需要显示的内容发送到标准输出，命令行终端中便会显示对应的内容；当你在命令行终端中输入字符时，程序便可以在标准输入中读取你输入的内容。标准错误输出也是指输出到终端，通常用于程序或命令输出错误信息或某些重要信息。

输入输出重定向通过在执行命令后面添加重定向操作符来实现，重定向操作符如表 1-1 所示。其中对于输入输出描述符，0 表示标准输入（stdin），1 表示标准输出（stdout），2 表示标准错误输出（stderr）。

表 1-1 重定向操作符

操作符	说明
命令 > 文件	以覆盖的方式将标准输出重定向到文件
命令 < 文件	将标准输入重定向到文件
命令 >> 文件	以追加的方式将标准输出重定向到文件
n > 文件	以覆盖的方式将输出描述符为 n 的文件重定向到文件
n>> 文件	以追加的方式将输出描述符为 n 的文件重定向到文件
n >& m	将输出描述符为n的输出重定向到输出描述符为m的输出
n <& m	将输入描述符为n的输入重定向到输入描述符为m的输入

输出重定向可以将程序的输出重定向为特定的文件，也就是说可以将程序或命令原本在终端中显示的内容保存于一个文件中。

例如，`command >log.txt 2>&1` 表示将 `command` 命令的标准输出保存到 log.txt，而且将标准错误输出重定向到标准输出，这样标准输出和标准错误输出的信息都会写入 log.txt 文件，如图 1-33 所示。

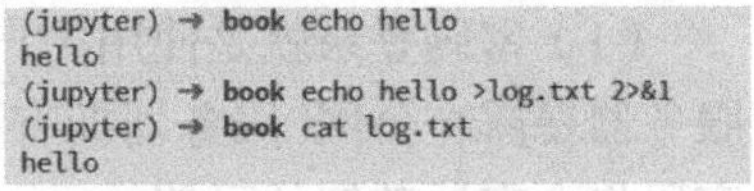

(jupyter) → book echo hello
hello
(jupyter) → book echo hello >log.txt 2>&1
(jupyter) → book cat log.txt
hello

图 1-33 标准输出重定向

`command >log.txt 2>err.txt` 表示将 `command` 命令的标准输出保存到 log.txt，将标准错误输出保存到 err.txt。

输入重定向则可以将程序的标准输入重定向为特定的文件，可以将原本需要手动输入的信息，改为将一个文件中的信息自动输入。

1.3.7 常用命令

Linux 中命令的格式如下：

```
命令 [选项]... [参数]...
```

- 命令为命令名称，例如 `ls`。
- 选项由`-`或`--`引导，`-`后跟单个字母，称为短选项；`--`后跟单词，称为长选项。选项可以有自己的参数，例如前文介绍的`-n jupyter`。多个没有参数的短选项之间可以省略-（短选项之间的空格也可省略），例如 `ls -a -l`=`ls -al`。
- 参数用于描述命令，例如 `cd /home` 中，`/home` 为 `cd` 命令的参数。

在 Linux 文档说明中，有统一的符号用于描述命令的选项和参数的情况，如下。

- `[]`表示内容可选，可以缺少。
- `a|b` 表示多选一。
- `...`表示前面的内容可以多次重复。

1. 临时“提权”——sudo

在某些情况下，例如使用 `apt` 命令时临时需要 root 权限，则可以借助 `sudo` 命令来实现。`sudo` 命令的格式如下：

```
sudo <命令>
```

`sudo` 命令可以使后面跟随的命令临时使用 root 权限来执行。

使用 sudo 命令时，需要确认当前用户已被添加到 sudoer 列表中（添加用户到 sudoer 列表需要 root 权限，如果没有则需要联系拥有 root 权限的管理员）。但是对于自己安装的 Linux 系统，安装时创建的用户通常已经被系统默认添加到 sudoer 列表中。

sudo 命令后面跟随的命令的运行身份是 root 用户，如图 1-34 所示。

```
(base) → Downloads id
uid=1000(sonic) gid=1000(sonic) groups=1000(sonic),4(adm),24(cdrom),27(sudo),30(dip),46(plugdev),116(lxd),119(lpadmin)
(base) → Downloads sudo id
[sudo] password for sonic:
uid=0(root) gid=0(root) groups=0(root)
```

图 1-34　sudo 命令可以改变后面命令的运行身份

2. 查看当前工作目录——pwd

使用 Bash 的过程中，通常需要将当前工作目录的路径作为配置参数或运行参数，这时可以通过 pwd 命令查看当前工作目录，如图 1-35 所示。

3. 切换当前工作目录——cd

cd 是 Bash 中使用较频繁的命令，使用它可以将当前工作目录切换为目标目录，也就是打开某个文件夹，目录参数可以是相对路径也可以是绝对路径，如图 1-36 所示。

```
(base) → Downloads pwd
/home/sonic/Downloads
```

图 1-35　使用 pwd 命令查看当前工作目录

```
(base) → Downloads pwd
/home/sonic/Downloads
(base) → Downloads ls
Miniconda3-py39_4.9.2-Linux-x86_64.sh  music
(base) → Downloads cd music
(base) → music pwd
/home/sonic/Downloads/music
(base) → music ls
(base) → music
```

图 1-36　使用 cd 命令切换当前工作目录

4. 列出目录内容——ls

在 Bash 中并不会像在 Windows 中那样直接显示某个文件夹下的子目录或文件，需要使用 ls 命令展示当前工作目录或某个指定目录下的文件或目录。

```
ls [-a|l|r|t|A|F|R] [目录]
```

- -a：显示所有文件及目录，包括以.开头的隐藏文件、当前目录（.）和父目录（..）。
- -l：除文件名称外，同时列出文件形态、权限、拥有者、文件大小。
- -r：将文件按照英文字母降序列出（默认按照英文字母升序列出）。
- -t：将文件按照建立时间升序列出。
- -A：同-a，但不列出当前目录（.）和父目录（..）。
- -F：在列出的文件名称后加上符号。例如可执行文件后加*，目录后加/。
- -R：递归列出子目录（包括子目录）下的所有文件。

如果省略目录参数，则可查看当前工作目录下的文件，如图 1-37 所示。

```
(base) → Downloads ls
Miniconda3-py39_4.9.2-Linux-x86_64.sh  music
```

图 1-37　使用 ls 命令查看当前工作目录下的文件

5. 删除文件或目录——rm

rm 命令用于删除文件或目录。

```
rm [-f|r|i] 文件
```

- -f：强制删除。
- -r：将目录包括其之下的子文件和子目录递归删除。
- -i：删除前逐一询问确认。

删除目录时必须带上-r 选项。

6. 改变文件权限——chmod

Linux 中的目录和文件具有权限属性，与目录或文件权限属性不相匹配的用户将不能执行修改、创建或删除操作。文件的拥有者可以使用 chmod 命令修改文件的权限，以方便自己或他人使用。

```
chmod [-c|f|v|R] [--help] [--version] 权限 文件...
```

文件的拥有者或 root 用户可以通过 chmod(change mode)命令修改文件权限。

- -c：只有该文件权限确实已经被更改，才显示更改动作。
- -f：即使该文件权限无法被更改也不显示错误信息。
- -v：显示权限变更的详细内容。
- -R：对当前目录下的所有文件与子目录进行相同的权限变更（以递归的方式逐个变更）。
- --help：显示帮助说明。
- --version：显示版本信息。

权限参数可以使用符号模式和数字模式。

（1）符号模式。

符号模式的权限参数由 3 个部分组成：用户类型、操作符和权限符。例如 chmod a+x abc.sh。其中用户类型可以省略，省略时默认用户类型为 a。

用户类型如表 1-2 所示。

表 1-2 用户类型

用户类型	说明
u	user，即文件拥有者
g	group，即所属用户组
o	others，即其他用户
a	all，即所有用户。相当于 ugo（省略用户类型时的默认设置）

操作符如表 1-3 所示。

表 1-3 操作符

操作符	说明
+	为指定用户类型添加权限
-	为指定用户类型取消权限
=	将指定用户类型的权限设定为明确值

权限符如表 1-4 所示。

表 1-4 权限符

权限符	说明
r	读
w	写
x	执行

例如，chmod +x abc.sh 表示为 abc.sh 文件添加针对所有用户的执行权限，等价于 chmod a+x abc.sh 和 chmod ugo+x abc.sh；chmod o-w abc.sh 表示针对其他用户取消为 abc.sh 文件写入的权限。

（2）数字模式。

数字模式用 3 个数字分别代表拥有者、用户组和其他用户的权限，如表 1-5 所示。例如 chmod 750 abc.sh。

表 1-5 权限对应的数值及说明

权限	数值	说明
r--	4	读
-w-	2	写
--x	1	执行
rw-	6	读+写
r-x	5	读+执行
-wx	3	写+执行
rwx	7	读+写+执行
---	0	无权限

实际上对于数字模式的权限只需要记住 r=4、w=2 和 x=1，就可以推算出其他权限所对应的数值。例如，rwx 对应的数值是 4+2+1，也就是 7。

参数中 3 个数按顺序分别代表的是拥有者、用户组和其他用户所拥有的权限。

例如，chmod 750 abc.sh 表示针对拥有者设定读、写、执行权限，针对用户组设定读、执行权限，针对其他用户设定无权限。

7. 改变文件拥有者和用户组——chown

Linux 中的目录和文件除了有权限属性，还有拥有者属性和用户组属性。文件的拥有者对文件有最大权限，可以修改文件的权限属性。某些情况下可能会需要修改文件或目录的拥有者，这时可以使用 chown 命令。注意，chown 命令通常只能以 root 用户的身份执行。

```
chown [-c|f|h|v|R] [--help] [--version] user[:group] 文件...
```

- -c：显示更改部分的信息。
- -f：忽略错误信息。
- -h：修复符号链接。

- `-v`：显示详细的处理信息。
- `-R`：处理指定目录以及其子目录下的所有文件。
- `--help`：显示帮助说明。
- `--version`：显示版本信息。
- `user`：新的文件拥有者的用户名。
- `group`：新的文件所属用户组的名称。

chown 命令需要 root 权限才可以执行，所以如果以非 root 用户的身份登录，则需要在前方添加 sudo 命令。如果以非 root 权限执行该命令，则会提示 Operation not permitted，表示缺少权限错误，如图 1-38 所示。

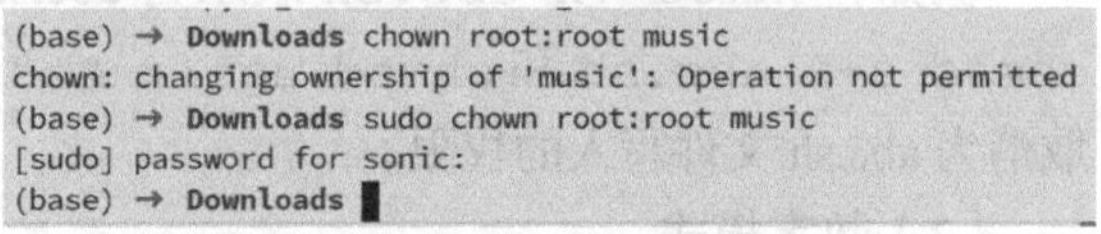
(base) → Downloads chown root:root music
chown: changing ownership of 'music': Operation not permitted
(base) → Downloads sudo chown root:root music
[sudo] password for sonic:
(base) → Downloads
图 1-38 chown 命令需要使用 root 权限

例如，`sudo chown root:root abc.txt` 表示将 abc.txt 的文件拥有者改为 root 用户，所属用户组改为 root 用户组。

1.4 Python 包管理

尽管 Python 自带功能丰富的标准库，但是在地球科学领域，很多时候我们仍需要安装不少第三方包（例如后文会介绍的 NumPy），这时使用 Python 的包管理工具就很重要。Python 的包管理工具主要有两个，即 conda 和 pip。

这两个包管理工具在 Miniconda 发行版中已经默认提供，不需要手动安装。

1.4.1 conda

conda 是一个用 Python 写成的开源包管理工具，它不仅能管理纯 Python 第三方包，也可以管理带有二进制依赖的 Python 包（例如 NumPy，带有多个其他语言的二进制依赖）甚至其他语言编译的纯二进制包（NCL 和 GFortran）。同时 conda 也可以管理完整的 Python 环境，我们可以通过 conda 任意创建不同版本的 Python 虚拟环境。

安装包

在 conda 环境中，可以使用 `conda install` 命令安装新的第三方包（包括非 Python 开发的第三方包）。

```
conda install -c conda-forge 包名                # 安装最新版本的某个包
conda install -c conda-forge 包名=1.2.3          # 安装指定版本的某个包
conda install -c conda-forge '包名>=1.2.3'       # 安装不小于最小版本的某个包
conda install -c conda-forge '包名<=1.2.3'       # 安装不大于最大版本的某个包
```

`-c conda-forge` 表明通道（源）为 conda-forge。如果不携带这个参数，则使用默认的 default 通道。conda-forge 通道上的包可能会比 default 通道上的更新得快，且大部分科学计算库和地球科学领域（包括气象领域）的库都选择使用 conda-forge 通道发布，所以一般情况下会指定使用 conda-forge 通道。

这里需要注意，在描述版本号时，如果带有<或>两个符号之一，则包名和版本号两边应带有单引号。这是因为在 Bash 命令行中，<和>两个符号代表输入输出重定向，需要用引号进行标识来表示普通字符串。

1.4.2 pip

pip 是 Python 上应用广泛的基础的包管理工具。但是 pip 只能管理 Python 包，不能管理虚拟环境。由于 pip 对外部依赖缺乏管理能力，所以对于带有复杂外部依赖的第三方包（通常指科学计算包），使用 pip 时可能会出现某些依赖缺失或冲突的问题。所以我们应尽可能使用 conda 管理包，只在 conda 不提供所需的第三方包时才使用 pip。

安装包

与 conda 相似，可以使用 `pip install` 命令安装新的第三方 Python 包（pip 仅支持 Python 包的安装）。

```
pip install 包名                # 安装最新版本的某个包
pip install 包名==1.2.3         # 安装指定版本的某个包
pip install '包名>=1.2.3'       # 安装不小于最小版本的某个包
pip install '包名<=1.2.3'       # 安装不大于最大版本的某个包
```

这里需要注意，在描述版本号时，如果带有<或>两个符号之一，则包名和版本号两边应带上单引号。这是因为在 Bash 命令行中，<和>两个符号代表输入输出重定向，需要用引号包裹以表示普通字符串。

1.5 编辑体验

在气象应用领域选用 Python 的最大优势之一就是 Python 拥有大量相当好用的代码编辑环境，并且针对科研和工程都有不同的优良选择。这里介绍几款应用广泛且开源或免费的开发工具。

1.5.1 交互式笔记本——Jupyter

Jupyter 是使用 Python 开发的基于 Web（例如 Chrome 浏览器）的交互式编辑环境，旨在让科学家更轻松地使用 Python 和数据进行科研，支持 Windows、macOS 和 Linux。Jupyter 将是本书后文案例使用的 Python 编辑环境。

我们可以通过 Jupyter 编写交互式 Python 代码进行研究，甚至可以结合 Markdown 文本和公式进行文档的编写。用 Jupyter 编写的代码及运行结果保存在名为 Notebook 的文档中，其文件扩展名为.ipynb。

Jupyter 使用了 Web 技术，这意味着 Jupyter 被分离为服务器端与浏览器端，服务器端承担运算任务，使用者的所有交互只在浏览器上完成，服务器与浏览器通过网络连接进行通信（如果服务器端运行于本地，则相当于使用者自己的计算机既是服务器又是浏览器）。

同时这也意味着，Jupyter 可以用于远程部署。例如在远程的高性能计算机上安装 Jupyter，使用者在自己的计算机上打开浏览器连接服务器即可使用，并且由于服务器端存在于远程高性能计算机上，所以所有运算任务由服务器端承担，使用者并不需要担心自己的计算机性能不足。

在 Jupyter 中运行着 3 种进程：Kernel（核心）进程、Web 进程和管理进程，如图 1-39 所示。

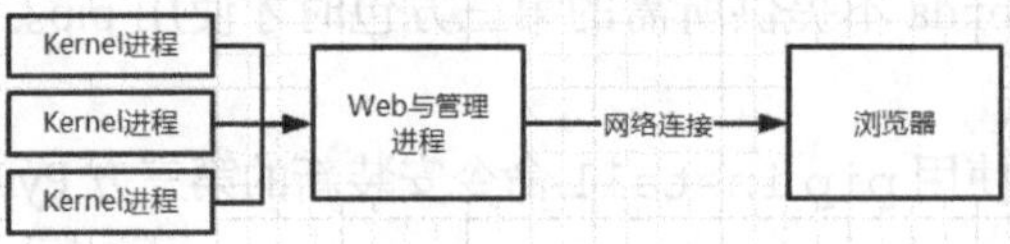

图 1-39 Jupyter 的运行结构

Kernel 进程负责执行计算任务，Kernel 进程通常是独立 Python 解释器进程，在 Notebook 文档中运行的 Python 代码都由 Kernel 进程实现。由于 Kernel 进程是独立运行的，因此运行代码导致的进程崩溃并不会使整个 Jupyter 崩溃，只需要在交互界面选择重启 Kernel 进程即可（由于之前运行的状态会丢失，因此需要重新运行代码块）。在 Jupyter 中每打开一个 Notebook 文档，系统都会为这个文档启动一个独立的 Kernel 进程，可运行的 Kernel 进程的数量仅受计算资源限制。

Web 进程负责与浏览器和 Kernel 进程通信，Web 进程将浏览器发送过来的指令转换为标准的 Python 代码块交付给 Kernel 进程运行，同时将 Kernel 进程返回的计算结果解析成浏览器能读取的数据并发回给浏览器。

管理进程负责监控 Kernel 进程和 Web 进程的状态，并根据需求控制 Kernel 进程的状态。例如，在浏览器上打开一个新的 Notebook 文档，管理进程会根据需要启动一个新的 Kernel 进程；或当你在交互界面选择重启 Kernel 进程时，管理进程会尝试结束前一个 Kernel 进程，启动一个新的 Kernel 进程。

1. Jupyter Notebook

Jupyter Notebook 可以以网页的方式打开 Notebook 文件（它可以保存代码、运行的结果和自定义的文本和图片）。在该页面中用户可以直接编写代码和运行代码，运行结果也会在页面下方展示出来。

Jupyter Notebook 的首页如图 1-40 所示。

创建新的 Notebook 文件并运行简单代码，然后输出，如图 1-41 所示。

Jupyter Notebook 是最早用于创建 Notebook 文件的交互式计算环境。

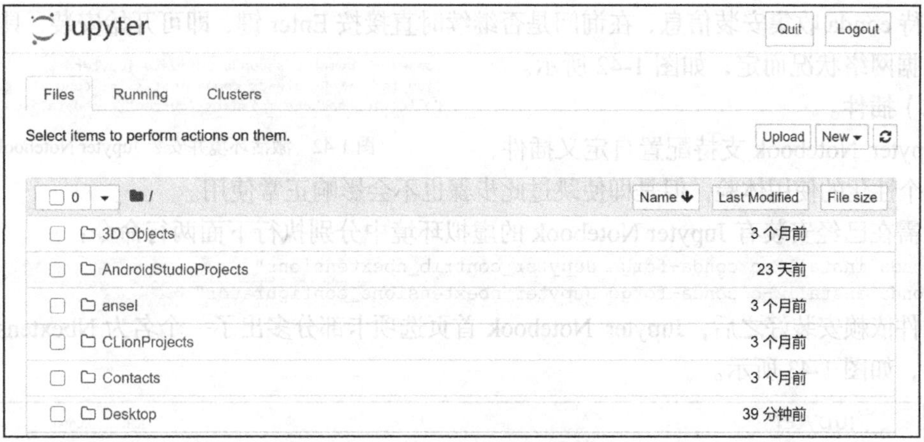

图 1-40 Jupyter Notebook 的首页

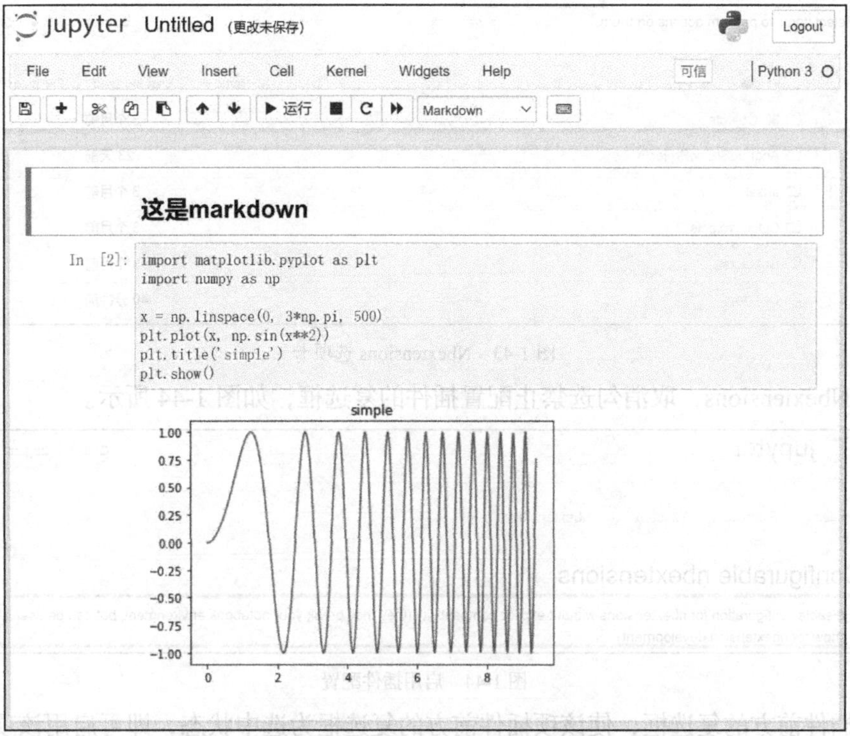

图 1-41 创建新的 Notebook 文件并运行简单代码，然后输出

（1）安装。

在 conda 中安装 Jupyter Notebook 最少只需要一行命令，操作非常简单。

通过 conda activate + 环境名进入需要安装 Jupyter 的虚拟环境，在这个环境中执行以下命令：

```
"conda install -c conda-forge Jupyter"
```

等待 conda 收集安装信息，在询问是否继续时直接按 Enter 键，即可开始安装，具体消耗时间根据网络状况而定，如图 1-42 所示。

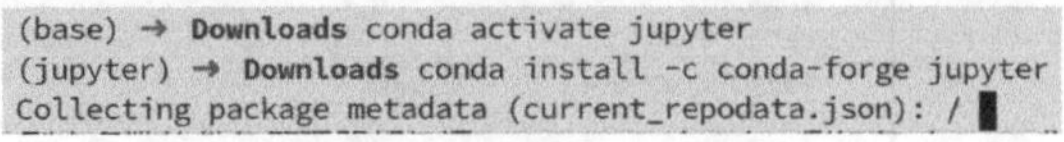

(base) → Downloads conda activate jupyter
(jupyter) → Downloads conda install -c conda-forge jupyter
Collecting package metadata (current_repodata.json): /

图 1-42　激活环境并安装 Jupyter Notebook

（2）插件。

Jupyter Notebook 支持配置自定义插件，可打造个性化的使用体验，但是即使跳过此步骤也不会影响正常使用。

只需在已经安装有 Jupyter Notebook 的虚拟环境中分别执行下面两行命令：

```
"conda install -c conda-forge Jupyter_contrib_nbextensions"
"conda install -c conda-forge Jupyter_nbextensions_configurator"
```

插件依赖安装好之后，Jupyter Notebook 首页选项卡部分多出了一个名为 Nbextensions 的选项卡，如图 1-43 所示。

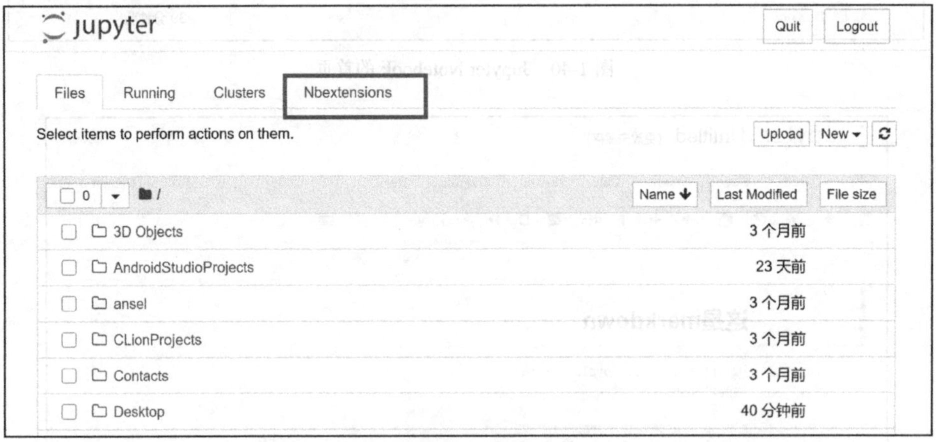

图 1-43　Nbextensions 选项卡

单击 Nbextensions，取消勾选禁止配置插件的复选框，如图 1-44 所示。

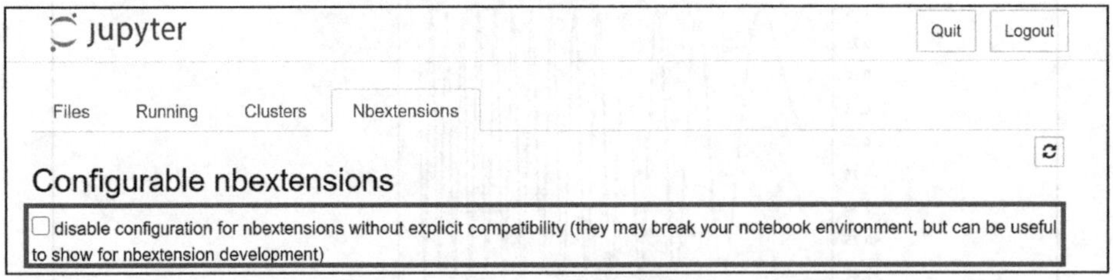

图 1-44　启用插件配置

勾选插件前方的复选框，使该项插件前方的复选框为选中状态，即可启用该项插件。单击插件名，然后将浏览器的滚动条拖到下方，则可以看见插件的介绍。

（3）运行。

在已经安装 Jupyter 的虚拟环境中，输入 jupyter notebook 并按 Enter 键，执行命令。

这时系统应该会自动打开浏览器并打开 Jupyter Notebook 的页面。如果没有，则在终端显示的内容中找到地址，并将其复制到浏览器的地址栏中打开即可，如图 1-45 所示。

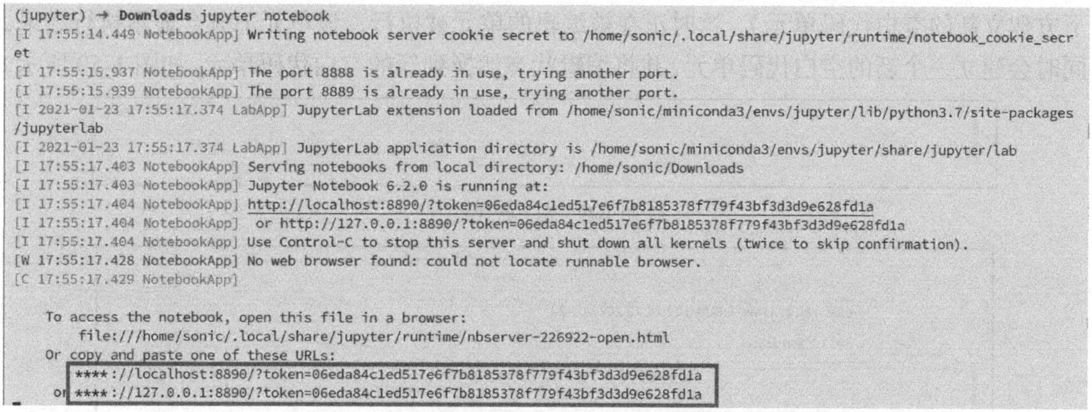

(jupyter) → Downloads jupyter notebook
[I 17:55:14.449 NotebookApp] Writing notebook server cookie secret to /home/sonic/.local/share/jupyter/runtime/notebook_cookie_secret
[I 17:55:15.937 NotebookApp] The port 8888 is already in use, trying another port.
[I 17:55:15.939 NotebookApp] The port 8889 is already in use, trying another port.
[I 2021-01-23 17:55:17.374 LabApp] JupyterLab extension loaded from /home/sonic/miniconda3/envs/jupyter/lib/python3.7/site-packages/jupyterlab
[I 2021-01-23 17:55:17.374 LabApp] JupyterLab application directory is /home/sonic/miniconda3/envs/jupyter/share/jupyter/lab
[I 17:55:17.403 NotebookApp] Serving notebooks from local directory: /home/sonic/Downloads
[I 17:55:17.403 NotebookApp] Jupyter Notebook 6.2.0 is running at:
[I 17:55:17.404 NotebookApp] http://localhost:8890/?token=06eda84c1ed517e6f7b8185378f779f43bf3d3d9e628fd1a
[I 17:55:17.404 NotebookApp] or http://127.0.0.1:8890/?token=06eda84c1ed517e6f7b8185378f779f43bf3d3d9e628fd1a
[I 17:55:17.404 NotebookApp] Use Control-C to stop this server and shut down all kernels (twice to skip confirmation).
[W 17:55:17.428 NotebookApp] No web browser found: could not locate runnable browser.
[C 17:55:17.429 NotebookApp]
To access the notebook, open this file in a browser:
file:///home/sonic/.local/share/jupyter/runtime/nbserver-226922-open.html
Or copy and paste one of these URLs:
****://localhost:8890/?token=06eda84c1ed517e6f7b8185378f779f43bf3d3d9e628fd1a
or ****://127.0.0.1:8890/?token=06eda84c1ed517e6f7b8185378f779f43bf3d3d9e628fd1a

图 1-45　用于手动打开 Jupyter Notebook 的链接

需要注意的是，这里是在本机运行 Jupyter 服务器端，终端中输出的浏览器地址只能在本机打开，如果想要远程访问 Jupyter Notebook，还需修改监听 IP 和端口的相关配置。

（4）使用。

在 Jupyter Notebook 的首页可以选择工作目录。进入工作目录，单击页面右方的 New 按钮，选择 Python 3，会自动打开一个 Notebook 文档的编辑页面。文档的默认名称为 Untitled，在文档的编辑页面内单击文件名可以修改文件名，如图 1-46 所示。

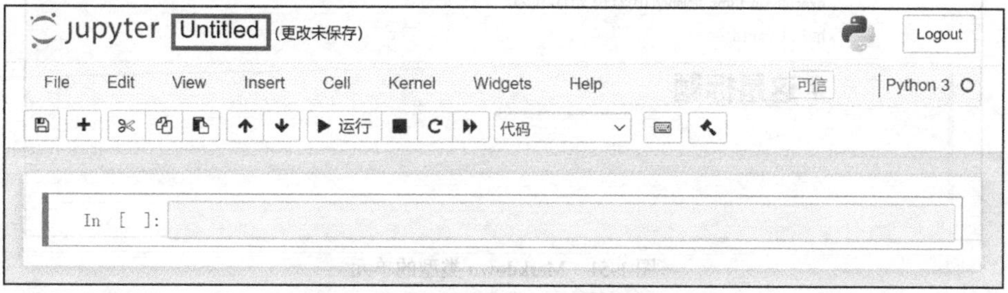

图 1-46　修改 Notebook 文件的名称

页面下方是代码块或文本块单元（Cell），代码即以单元为单位运行。

单元被选中时是蓝色的，编辑状态下是绿色的。选中单元时可以在工具栏看到单元类型。单击单元类型下拉框可以对其进行修改，如图 1-47 和图 1-48 所示。

图 1-47　修改单元类型

图 1-48　4 种单元类型对应的选项

我们在使用时，一般只使用代码类型和 Markdown 类型。

在单元里写下第一行代码，如图 1-49 所示。

这时代码并没有被运行，需要按 Shift+Enter 组合键运行代码（按 Ctrl+Enter 组合键也可以运行代码，但是不会在运行代码后在下方建立新的空白代码单元）。这时正在被编辑的单元被执行，该单元下方会显示执行结果，同时会建立一个新的空白代码单元，并将编辑状态切换到新的空白代码单元，如图 1-50 所示。

图 1-49 第一行代码

图 1-50 输出结果在单元下方显示

当单元类型为 Markdown（见图 1-51）时，按 Shift+Enter 组合键则可将原始 Markdown 文本编译成对应格式的文本，如图 1-52 所示。

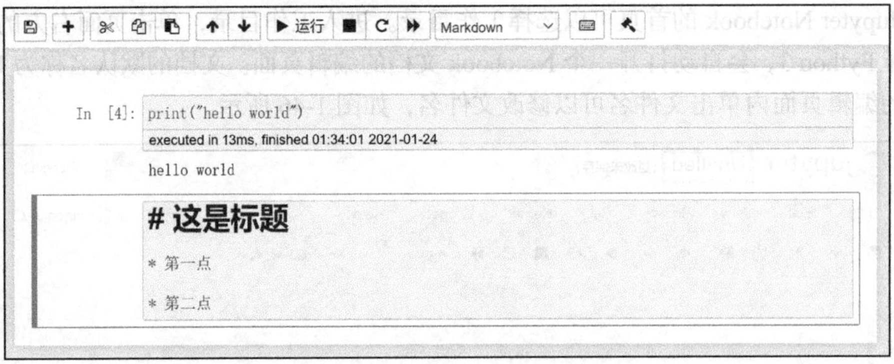

图 1-51 Markdown 类型的单元

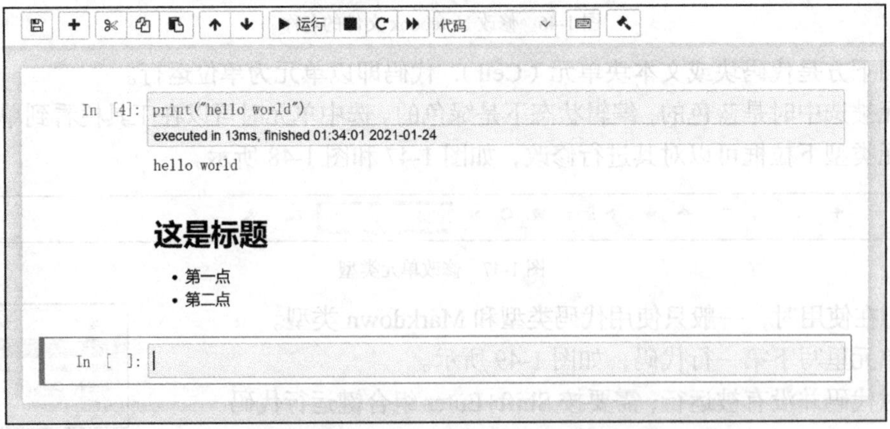

图 1-52 实现按 Shift + Enter 组合键后的 Markdown 类型的单元

2. JupyterLab

JupyterLab是Project Jupyter的下一代用户界面，包含Notebook的所有功能。它具有模块化结构,可以在其中同时打开多个Notebook文档或文件(文本、图片、Markdown等)。Jupyter Notebook对初学者更为友好，更易于使用，但是当用户熟悉Jupyter Notebook并需要使用更多功能时，JupyterLab便是更好的选择。JupyterLab与Jupyter Notebook可以“完美共存”，所以你也可以选择同时安装它们，随心切换使用。

JupyterLab的主页如图1-53所示。

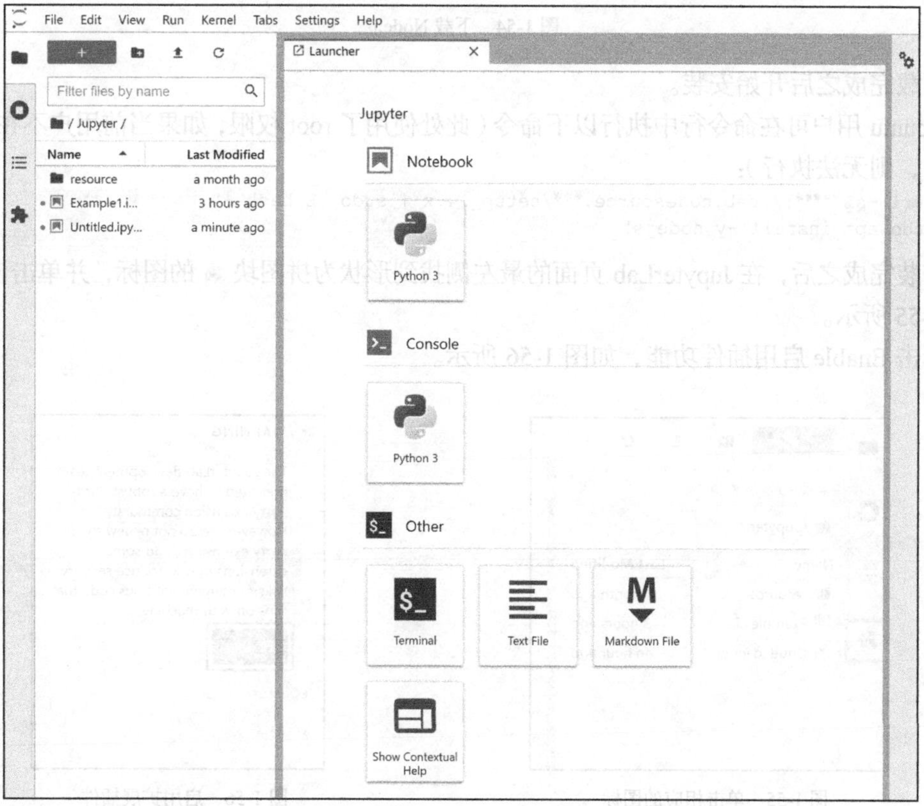

图1-53　JupyterLab主页

（1）安装。

通过conda activate + 环境名进入安装JupyterLab需要的虚拟环境，在这个环境下执行以下命令：

```
"conda install -c conda-forge Jupyterlab"
```

（2）插件。

插件可以自定义安装，但是跳过插件的安装也不会影响正常使用。

对于JupyterLab，要安装插件则需要在系统中安装Node.js开发工具。

Windows 用户可在搜索引擎中搜索 Node.js，找到 Node.js 的官网，在其首页下载适用于自己系统的 LTS 版本的 Node.js 开发工具，如图 1-54 所示。

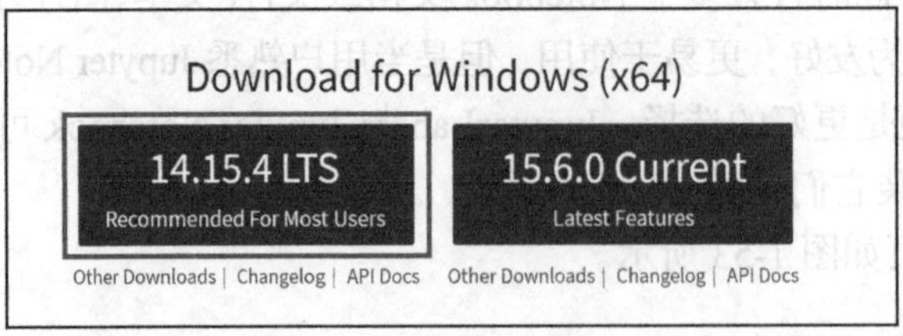

图 1-54 下载 Node.js

下载完成之后开始安装。

Ubuntu 用户可在命令行中执行以下命令（此处使用了 root 权限，如果当前用户不在 sudoer 列表中，则无法执行）：

```
"curl -sL ****://deb.nodesource.***/setup_14.x | sudo -E bash -"
"sudo apt install -y nodejs"
```

安装完成之后，在 JupyterLab 页面的最左侧找到形状为拼图块的图标，并单击该图标，如图 1-55 所示。

单击 Enable 启用插件功能，如图 1-56 所示。

图 1-55 单击相应的图标

图 1-56 启用扩展插件

图 1-56 中所示的 INSTALLED 表示已安装插件，DISCOVER 表示插件市场。可以展开 DISCOVER 选项寻找自己感兴趣的插件，单击插件名下方的 Install 即可进行安装，如图 1-57 所示。

图 1-57 单击 Install 进行插件安装

（3）运行。

在已经安装 JupyterLab 的虚拟环境中输入 jupyter lab 并按 Enter 键，执行命令。

这时应该会自动打开浏览器并打开 JupyterLab 的页面，如果没有，则在终端显示的内容中找到地址，并将其复制到浏览器的地址栏中打开即可，如图 1-58 所示。

```
(jupyter) → ~ jupyter lab
[I 2021-01-23 18:30:02.524 ServerApp] jupyterlab | extension was successfully linked.
[I 2021-01-23 18:30:03.811 ServerApp] nbclassic | extension was successfully linked.
[I 2021-01-23 18:30:03.920 ServerApp] The port 8888 is already in use, trying another port.
[I 2021-01-23 18:30:03.922 ServerApp] The port 8889 is already in use, trying another port.
[I 2021-01-23 18:30:03.947 LabApp] JupyterLab extension loaded from /home/sonic/miniconda3/envs/jupyter/lib/python3.7/site-packages
/jupyterlab
[I 2021-01-23 18:30:03.948 LabApp] JupyterLab application directory is /home/sonic/miniconda3/envs/jupyter/share/jupyter/lab
[I 2021-01-23 18:30:03.970 ServerApp] jupyterlab | extension was successfully loaded.
[I 2021-01-23 18:30:03.994 ServerApp] nbclassic | extension was successfully loaded.
[I 2021-01-23 18:30:03.996 ServerApp] Serving notebooks from local directory: /home/sonic
[I 2021-01-23 18:30:03.997 ServerApp] Jupyter Server 1.2.2 is running at:
[I 2021-01-23 18:30:03.997 ServerApp] ****://localhost:8890/lab?token=97c7c78decfd3352a102a1294c2ac0e73817e1e87d7337af
[I 2021-01-23 18:30:03.998 ServerApp]  or ****://127.0.0.1:8890/lab?token=97c7c78decfd3352a102a1294c2ac0e73817e1e87d7337af
[I 2021-01-23 18:30:03.998 ServerApp] Use Control-C to stop this server and shut down all kernels (twice to skip confirmation).
[W 2021-01-23 18:30:04.021 ServerApp] No web browser found: could not locate runnable browser.
[C 2021-01-23 18:30:04.022 ServerApp]

    To access the server, open this file in a browser:
        file:///home/sonic/.local/share/jupyter/runtime/jpserver-228233-open.html
    Or copy and paste one of these URLs:
        ****://localhost:8890/lab?token=97c7c78decfd3352a102a1294c2ac0e73817e1e87d7337af
     or ****://127.0.0.1:8890/lab?token=97c7c78decfd3352a102a1294c2ac0e73817e1e87d7337af
```

图 1-58 用于手动打开 JupyterLab 的链接

需要注意的是，这里是在本机运行 Jupyter 服务器端，终端中输出的浏览器地址只能在本机打开。与 Jupyter Notebook 相似，如果想要远程访问 Jupyter Lab，还需修改监听 IP 和端口的相关配置。

（4）使用。

在 JupyterLab 页面左侧可以选择当前工作目录，如图 1-59 所示。

进入工作目录后，在右侧选择 Notebook→Python 3，新建 Notebook 文档，如图 1-60 所示。

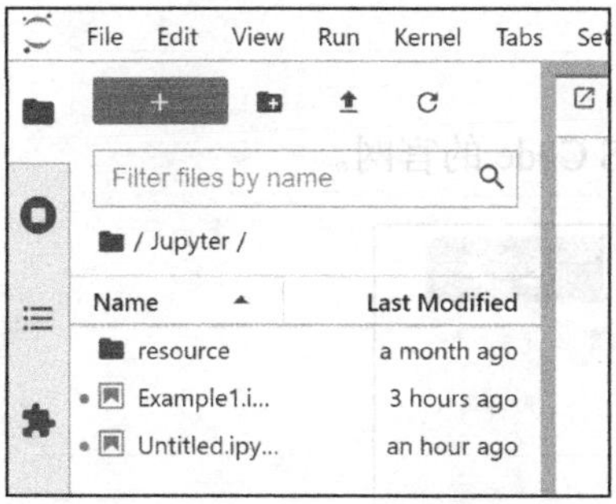

图 1-59 选择当前工作目录

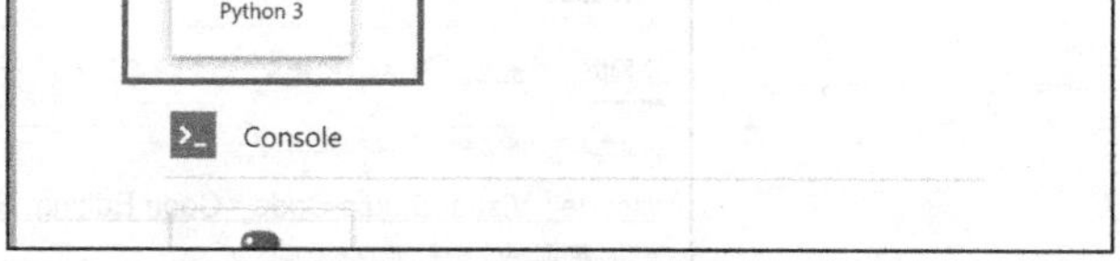

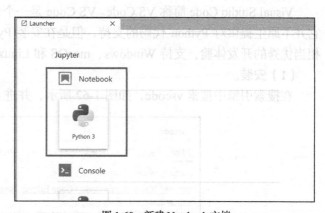

图 1-60 新建 Notebook 文档

与 Jupyter Notebook 不同的是，JupyterLab 不会打开新的页面，而是在当前页面内新建的选项卡中打开 Notebook 文档，如图 1-61 所示。

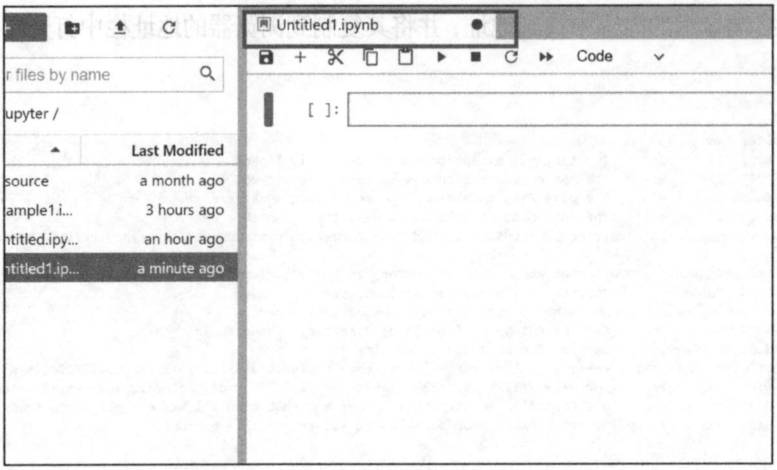

图 1-61 JupyterLab 在当前页面内打开 Notebook 文档

1.5.2 工程型开发环境工具

开发 Jupyter 的目的是将其用于数据科学研究，所以一般在代码数量可能会更多的工程型开发中使用 Jupyter 会显得力不从心，这时使用为工程型开发而生的编辑器是更佳的选择。本书后续案例将以 Jupyter 作为主要编辑器，所以此处对工程型开发环境工具仅做简单介绍，详细使用方式可以在网络上找到对应教程。

Visual Studio Code 是美国 Microsoft 公司主导开发的开源编辑器；PyCharm 是由捷克 JetBrains 公司开发的 Python 集成开发环境，社区版可免费开源使用。

1. Visual Studio Code

Visual Studio Code 简称 VS Code。VS Code 是一个免费开源的现代化轻量级代码编辑器，它并不原生提供对 Python 代码的支持，但是在安装 Python 支持插件之后仍然能给用户提供相当优秀的开发体验，支持 Windows、macOS 和 Linux。

（1）安装。

在搜索引擎中搜索 vscode，如图 1-62 所示，并进入 VS Code 的官网。

图 1-62 搜索 vscode

进入 VS Code 的官网之后，可以很直观地看到下载按钮，如图 1-63 所示。

下载安装包，直接安装即可。安装完成后启动 VS Code，在界面左侧找到形状是 4 个方块的插件市场按钮并单击它，如图 1-64 所示。

图 1-63　VS Code 下载页面

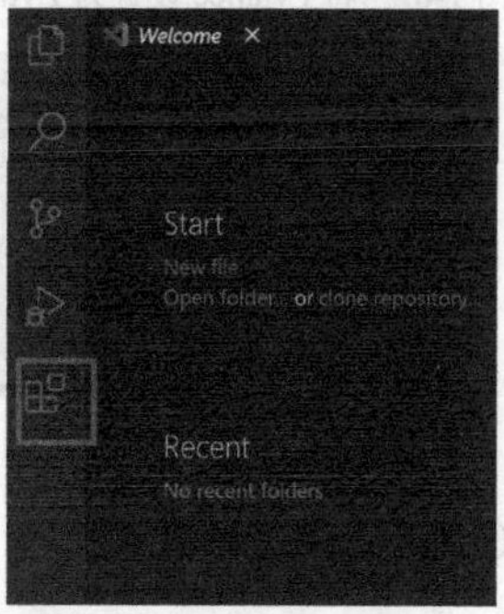

图 1-64　单击相应的按钮

在搜索文本框中输入 Python，找到第一个插件，如图 1-65 所示，并单击其对应的 Install。这是 VS Code 对 Python 支持的基础插件。

接下来在搜索文本框中输入 pylance，找到第一个插件，如图 1-66 所示，并单击其对应的 Install。这是 VS Code 对 Python 支持的辅助插件，其提供了基于机器学习的智能代码提示功能。

图 1-65　搜索 Python 支持插件

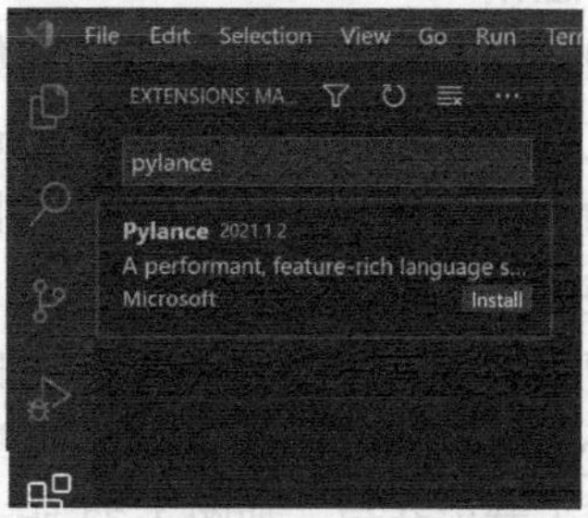

图 1-66　搜索名为 pylance 的 Python 扩展支持插件

至此，VS Code 与其 Python 支持插件安装完成。

（2）使用。

使用 VS Code 首次打开以.py 为扩展名的 Python 脚本时，系统会询问是否将 Pylance 设置为默认语言服务，这时单击“Yes, and reload”将 Pylance 设置为默认语言服务并重新加载 VS Code，如图 1-67 所示。

单击界面左下角的 Select Python Interpreter 可以选择需要使用的 Python 解释器，如图 1-68 和图 1-69 所示。

选择对应的 Python 解释器之后，界面左下角会显示对应的环境名称和 Python 版本信息，如图 1-70 所示。

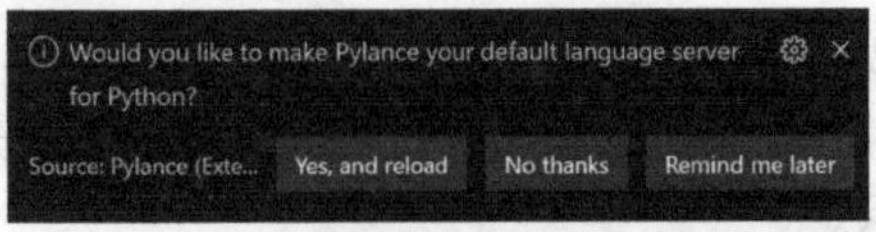

图 1-67 将 Pylance 设置为 Python 的默认语言服务

图 1-68 单击 Python 解释器选择按钮

图 1-69 选择需要使用的 Python 解释器（这里显示的解释器都由 conda 虚拟环境创建）

VS Code 中有自动补全提示和参数提示，如图 1-71 所示。

图 1-70 显示当前 Python 解释器的环境名称和 Python 版本信息

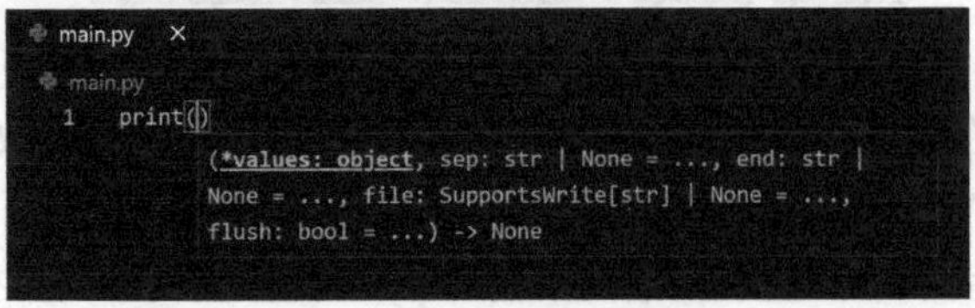

图 1-71 VS Code 的函数参数提示

2. PyCharm

PyCharm 是专为 Python 设计的集成开发环境，自带完善的调试、项目管理和智能提示等功能，支持 Windows、macOS 和 Linux。其专业版是收费版本，添加了更多有利于大型工程开发的功能，但是针对个人用户，社区版是免费开源的。

安装过程如下。

在搜索引擎中搜索 pycharm，如图 1-72 所示，并进入其官网的下载页面。

在 PyCharm 的下载页面中，选择适合系统的版本，单击 Community 下方的 Download 按钮，即可下载安装包，如图 1-73 所示。

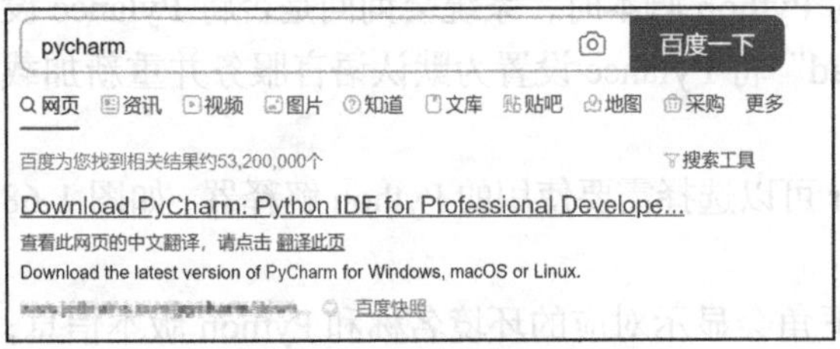

图 1-72 搜索 pycharm

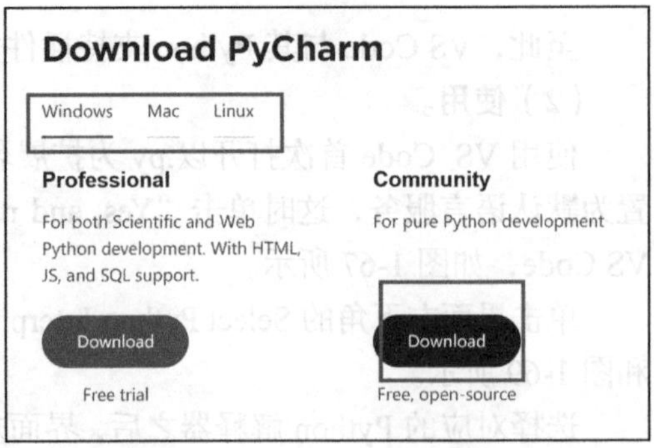

图 1-73 PyCharm 的下载页面

02 第2章 Python语言基础

Python 语言语法简单并且与其他使用花括号等分界符的编程语言不同，它严格依赖缩进划分代码块。例如下面的代码：

```
# 这是示例
a = 0
if a == 0:
    print("a == 0")
else:
    print("a != 0")
```

其中，从#开始直到换行前的部分是注释。注释可以是任意内容，用于提示看代码的人，解释器会忽略注释的内容。其余每一行都是一条语句，语句以:结尾时，缩进的代码作为代码块。

切记，Python 语言中所有语法符号都是英文半角符号，在初学者常犯的错误中，使用中文全角符号导致错误的占比相当大。

解释器并没有强制规定缩进是制表符或是几个空格符，但是根据惯例，无论如何应该使用 4 个空格符作为缩进。（在 Jupyter 和其他支持 Python 的编辑环境的默认配置下，按一次 Tab 键将自动转换为 4 个空格符，所以在这些编辑器中可以放心地按 Tab 键来实现缩进，但这并不意味着实现缩进的方式被改成了制表符。）

Python 代码是区分字母大小写的，字母的大小写弄错可能会造成报错或难以发现的 bug。

2.1 变量

在编程语言中可以定义变量。在 Python 中，我们使用=来定义变量，与其他语言的变量可以存储真实值不一样的是，Python 中的变量的名称是与实际数据相关联的

“代号”（如指针）。与数学中=的意义有所不同，Python 中的=代表着赋值，它用于执行赋值的操作。例如 n = 0，意味着将 0 这个值赋上一个别称 n。

需要注意的是，通常来说，Python 中所有东西都是对象，所谓万物皆对象，数字、字符串、函数等都是对象（2.8 节会详细说明对象），而变量赋值就是将变量关联某个对象。可以把对象想象成一个盒子，变量是盒子外面贴的小纸条，如图 2-1 所示。

同一个变量所指代的对象是可以变化的，就像盒子上的小纸条一样，我们随时可以通过新的赋值操作把写有 n 的小纸条撕下来，贴到新的对象上。例如，另外赋值 n = 1，如图 2-2 所示。

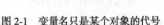

图 2-1 变量名只是某个对象的代号

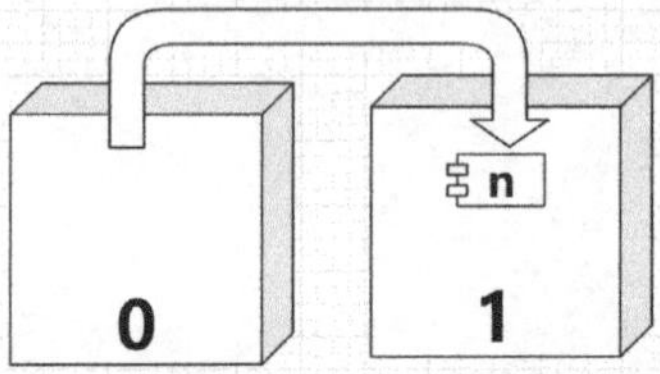

图 2-2 变量的重新赋值只是对代号的“迁移”

在 Python 中对变量进行赋值并不是将 0 改成 1，而是将贴在 0 这个值上的小纸条撕下来，贴到 1 这个值上。尝试理解这一点，这在后续将会帮助你理解为什么 Python 中的变量会有某些“反直觉”的特征。

除此之外，同一个对象也可以被多个变量所指向。例如，m = n，如图 2-3 所示。

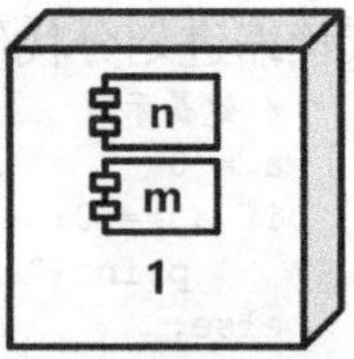

图 2-3 同一个对象可以有多个别称

例如：

```
n = 1
m = n
print(m is n)
n = 2
print(m)
```

返回结果为：

```
True
1
```

从代码的运行中可以看出，这时 m 所指代的对象就是 n 所指代的对象，并且这时如果将写有 n 的小纸条撕下来贴到其他对象上，也不会影响 m 所指代的对象。

当一个对象没有被任何变量引用时，也就是对象盒子上没有贴任何纸条时，这个对象将被 Python 解释器销毁，再也找不回来，如图 2-4 所示。

你可能会想，0 这个数怎么可能会被销毁，重新赋值不就回来了吗？实际上这里被销毁的是前面介绍的 0 这个对象（装有 0 数字的这个盒子），而后面重新赋值生成的对象（新盒子）将不再是原来的对象（即使它们都代表 0 这个数字，但它们仍然不是同一个对象）。

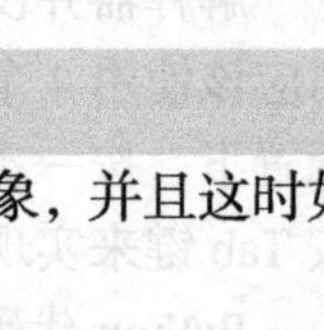

图 2-4 没有别称的对象会被销毁

我们可以将已经赋值过的变量和数值混合使用。

例如：

```
a = 10
print(a + 2)
print(a)
```

返回结果为：

```
12
10
```

上面的代码中出现了 a + 2，但是计算出的结果并没有赋给任何变量，所以也就没有改变 a 的值。

如果想把 a + 2 的结果赋值给 a，那可以这样写：

```
a = a + 2
print(a)
```

输出结果为：

```
12
```

需要再次强调的是，从数学上来说 a = a + 2 这个式子并不成立，在 Python 中=是赋值操作符，上面的代码等价于：

```
a = 10
temp = a + 2
a = temp
print(a)
```

输出结果为：

```
12
```

变量名只能包括以下字符：

- 大小写字母（a ~ z，A ~ Z）；
- 数字（0 ~ 9）；
- 下划线（_）。

变量名不允许以数字开头，字母为全大写的变量表示常量，例如 PI = 3.14（实际上 Python 中并不存在保证 PI 不被修改的机制，所以通常约定字母为全大写的变量为常量，以告知使用者不要尝试去修改它）。

此外，不能将 Python 中的关键字作为变量名，它们是 Python 语法的组成部分，关键字如表 2-1 所示。（在 Python 2 中，print 是关键词，在 Python 3 中它是函数。）

表 2-1　关键字

True	False	None	and	as
assert	break	class	continue	def
del	elif	else	except	finally
for	from	if	import	in
is	lambda	nonlocal	not	or
pass	raise	return	try	while
with	yield	async	await	global

2.2 原生数据类型

对于不同的数据，需要定义不同的数据类型。对于 Python，以下几种数据类型不需要导入包即可支持。

2.2.1 数值

Python 原生支持对整数和浮点数的四则运算（加、减、乘、除）以及求余、求幂等算术运算。算术运算符如表 2-2 所示。

表 2-2 算术运算符

算术运算符	说明	示例	结果
+	加法	1+2	3
-	减法	9-1	8
*	乘法	2*3	6
/	浮点数除法	7/2	3.5
//	整数除法	7//2	3
%	求余	7%2	1
**	求幂	3**2	9

其中求幂运算符有最高优先级，其次是乘、除和求余运算符，最后是加、减运算符。我们可以使用圆括号来改变运算的优先级，就像数学里的一样（运算符和数字之间的空格并不强制要求，例如 1+2 也是合法的运算操作，只是添加空格会令代码更加便于阅读）。

例如：

```
print(1 + 2 * 3)
print((1 + 2) * 3)
```

输出结果为：

```
7
9
```

1. 整数

在 Python 3 中，整数类型（int）可以处理任意大小的整数，没有最大、最小的限制。这点与其他大多数编程语言有所区别，甚至与 Python 2 也有区别。

0 可以单独作为整数 0，但是不可以作为数字前缀，例如输入 01 就会报错，如图 2-5 所示。

在使用整数进行浮点数除法（/）运算时，无论是否整除，得到的结果会是浮点数。而在混合类型运算中，布尔值 True 会被转换为 1，False 会被转换为 0。如果有浮点数参与运算，则最后的结果也会被改为浮点数。

```
In  [9]: 01
executed in 8ms, finished 22:01:46 2021-01-25

  File "<ipython-input-9-3351d58b1d3b>", line 1
    01
    ^
SyntaxError: invalid token
```

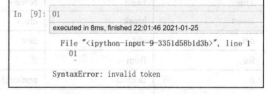

图 2-5 输入以 0 开头的数值会报错

2. 浮点数

浮点数（float）类似小数。因为使用科学记数法时，小数点的位置是可变的（例如 1.23 ×

10^3 与 12.3×10^2 相等），所以小数也称为浮点数。Python 中的浮点数对应其他语言中的双精度（double）浮点数。

在 Python 中浮点数除了常见的小数表达方式（例如 1.23），还可以使用科学记数法的表达方式来表示，以 e 代替 10，例如 1.23e3 等价于数学中的 1.23×10^3。下面是一些合法的浮点数样例（它们都等于 123.0）：

```
123.0
1.23e2
12300e-2
```

输出结果为：

```
123.0
```

与整数不同，浮点数的精度是有限的（由于涉及浮点数实现规范，暂时不对浮点数的精度进行讨论），Python 中浮点数的最大值约为 1.79e308。整数在计算机内部一定是精确的，而浮点数可能会存在误差。

3. 复数

需要注意的是，复数（complex）不支持整除（//）和求余（%）运算。

Python 中用字母 j 代替数学中的虚数符号。下面是一些合法的复数样例：

```
3.14+15j
314e-2+15j
3.14+1.5e1j
```

输出结果为：

```
(3.14+15j)
```

在运算中需要注意的是，由于运算符的优先级问题，进行复数字面量计算时需要用圆括号标识以保证运算顺序正确。

例如：

```
print(1+2j * 2)  # 错误
print((1+2j) * 2)  # 正确
```

输出结果为：

```
(1+4j)
(2+4j)
```

4. 布尔值

布尔（bool）值只有 True 和 False 两种，在 Python 中可以直接使用 True 和 False 表示布尔值。值比较的结果也是布尔值。

例如：

```
print(True)
print(False)
print(1 > 2)
print(3.14 < 4)
```

输出结果为：

```
True
False
False
True
```

布尔值在数值运算中，True 会被转换成 1，False 会被转换成 0。

例如：

```
print(True + 1)
print(True + True)
print(True / 2)
print(False + 1)
```

输出结果为：

```
2
2
0.5
1
```

除了数值运算，布尔值还可以进行逻辑运算，逻辑运算符如表 2-3 所示。

表 2-3 逻辑运算符

逻辑运算符	说明	示例	结果
and	且运算	True and False	False
or	或运算	True or False	True
not	非运算（单目运算）	not True	False

2.2.2 空值

空值是一个特殊的值，表示为“None”。它不是 0，也并非布尔值。

例如：

```
print(None)
print(None == 0)
print(None == True)
print(None == False)
```

输出结果为：

```
None
False
False
False
```

2.2.3 字符串

字符串（str）是 Python 中 3 种原生序列结构之一（其余两种分别是列表和元组）。由于 Python 3 默认对 Unicode 有良好支持，这使得它几乎可以处理世界上所有的语言文字和许多特殊符号（这也是它与 Python 2 有所区别的特点之一）。

1. 统一码——Unicode

最早的计算机发明于美国，最早的编码使用单字节（8 个二进制位称为一字节，单字节可以表达 256 个不同的数），且只编码了 127 个字符（英文字母、数字和部分符号），这种编码方式就是所谓的 ASCII 编码。但是对于非英文字符的语言来说，例如中文，单字节完全不足以表示人们平时使用的汉字（如果用单字节表示汉字，最多就只能表达 256 个不同的字，显然不够），所以后来我国制定了 GB2312 编码，用两字节表达一个汉字（可以容纳 256 × 256 个不同的字符）。

但是，如果世界上每种文字都制定一种编码，那么将会有上百种编码，并且设计它们时并没有考虑相互之间的兼容性，你将不能同时表达两种或两种以上不同语言的文字（比如你在网页上使用了 GB2312 编码，这个网页上就不能再出现韩文、日文等文字），因为那会造成编码混乱。

Unicode 的诞生就是为了解决这个问题。Unicode 又称统一码或万国码，它为每种语言制定了统一且唯一的编码方式，解决了不同语言之间编码的兼容性问题。

字符串是 Python 的一种序列类型，本质是字符序列。Python 的字符串是不可变的，你不能对原始字符串进行修改，但是可以将修改后的字符串存到新的空间，并赋值给原来的变量。

注意：Unicode 与后文讲到的文件字符编码方式并不完全一致。Unicode 由于占用过多的字节位，存储文件时会浪费大量空间，因此一般情况下并不会使用 Unicode 作为存储文件的编码格式，而只在内存中使用它。

2. 用引号创建字符串

Python 通过使用英文的半角单引号或双引号包裹一段字符来创建字符串。不管是使用单引号还是双引号，在处理过程中都是一样的，没有任何区别。

例如：

```
print('hello')
print("world")
```

输出结果为：

```
hello
world
```

使用两种引号的目的是实现在字符串中表达引号而不用进行转义。例如在双引号包裹的字符串里使用单引号或者在单引号包裹的字符串里使用双引号。

例如：

```
print("hello 'world'")
print('good "morning"')
```

输出结果为：

```
hello 'world'
good "morning"
```

在 Python 中甚至可以使用连续的 3 个单引号或双引号创建多行字符串。多行字符串会保留代码中的换行符和空格。

例如：

```
morning = '''Hi!
Good 'morning'
'''
evening = """Hello!
   Good "evening"
"""
print(morning)
print(evening)
```

输出结果为：

```
Hi!
Good 'morning'

Hello!
   Good "evening"
```

3. 与数值类型互相转化

可以使用 `int()`、`float()` 将字符串转换为整数或浮点数。

例如：

```
print(int('32'))
print(float('32'))
```

输出结果为：

```
32
32.0
```

但是如果将带有小数点的字符串赋给 `int()`，将会报错，如图 2-6 所示。

```
In [43]: int('32.0')
         executed in 19ms, finished 00:33:21 2021-01-26

         ---------------------------------------------------------------------
         ValueError                                Traceback (most recent call last)
         <ipython-input-43-c3feed54bb55> in <module>
         ----> 1 int('32.0')

         ValueError: invalid literal for int() with base 10: '32.0'
```

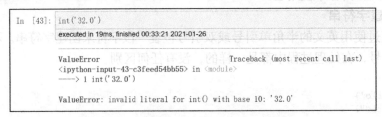

图 2-6 int()函数不能接收带有小数点的字符串

使用 `str()` 可以将数值转换为字符串。

例如：

```
a = str(32.0)
print(a)
print(type(a))
```

输出结果为：

```
32.0
<class 'str'>
```

4. 转义字符

可以使用转义字符\，在字符串中表达用单字符难以表达的效果。常见的转义字符是换行符\n。

例如：

```
print('hello \n world')
```

输出结果为：

```
hello
world
```

也可以使用转义字符来表示引号。

例如：

```
print('hello \'world\'')
```

输出结果为：

```
hello 'world'
```

5. 用 len()函数获取字符串长度

使用 len() 函数可以获取字符串的字符长度。

例如：

```
print(len('hello'))
print(len('你好'))
```

输出结果为：

```
5
2
```

6. 用 in 判断是否存在子字符串

可以只用 in 语句判断一段字符串里是否存在特定的某个子字符串。这个子字符串可能在原字符串中出现多次，但是只要至少出现一次，in 语句就会返回 True。

例如：

```
poem = 'You need Python'
print('nee' in poem)
print('早' in '早上要吃早餐')
```

输出结果为：

```
True
True
```

2.2.4 列表和元组

列表（list）和元组（tuple）是 Python 中除字符串之外的其余两种原生序列结构。序列结构都可以包含零个或多个元素，但与字符串不同的是，列表和元组不要求其中所包含的元素类型相同，每个元素都可以是 Python 中的任意对象（字符串中的元素只能是字符）。正因为内部元素可以是任意对象，所以列表和元组可以嵌套出任意深度和复杂度的数据结构。这里的任意对象甚至可以是同一个对象重复多次。

列表和元组的区别在于：列表内的元素是可变的，而元组在创建之后，内部的元素就不可变了，如图 2-7 所示。还记得前文介绍的对象可看作一个盒子吗？这里所说的内部元素不可变指的是元组内的盒子不再被替换或增删，但是元组内的盒子所包含的对象却不一定是不可变的，这取决于这个盒子本身的性质。

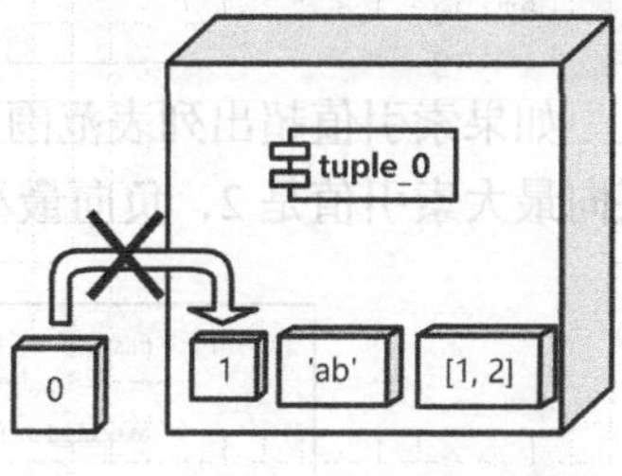

图 2-7 元组内的元素不能改变

简单理解便是：列表内的元素可以被替换或增删，元组内的元素不可以被替换或增删。

1. 列表

列表适合根据顺序和位置来确定某一元素。与字符串不同的是，列表内的元素可以被替换或增删。同一个对象允许在列表中出现多次。

（1）用[]创建列表。

列表内可以包含零个或多个元素，元素之间使用英文半角逗号分隔，外部用方括号包裹。

例如：

```
list_empty = []
list_str = ['hello', 'good', 'bye']
list_hybrid = [1, 'one', [2, 3], True]
```

（2）用 list()将其他序列转为列表。

list()函数可以用于将元组和字符串转换成列表。

例如：

```
print(list('hello'))
print(list((1,2,3)))
```

输出结果为：

```
['h', 'e', 'l', 'l', 'o']
[1, 2, 3]
```

（3）用索引[index]获取元素。

可通过正向索引从列表中取出对应位置的元素，正向索引起始元素的索引值为 0。

例如：

```
names = ['Liming', 'Lili', 'Daming']
print(names[0])
print(names[1])
```

输出结果为：

```
Liming
Lili
```

也可以通过负向索引从列表中取出对应位置的元素，负向索引起始元素的索引值为−1。

例如：

```
names = ['Liming', 'Lili', 'Daming']
print(names[-1])
print(names[-3])
```

输出结果为：

```
Daming
Liming
```

如果索引值超出列表范围，会产生越界错误，如图 2-8 和图 2-9 所示（这里列表长度是 3，正向最大索引值是 2，负向最小索引值是−3）。

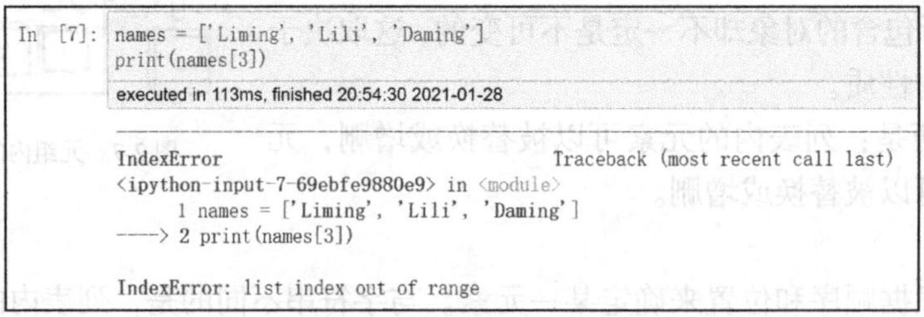
In [7]:
names = ['Liming', 'Lili', 'Daming']
print(names[3])
executed in 113ms, finished 20:54:30 2021-01-28
IndexError Traceback (most recent call last)
<ipython-input-7-69ebfe9880e9> in <module>
1 names = ['Liming', 'Lili', 'Daming']
----> 2 print(names[3])
IndexError: list index out of range

图 2-8 列表正向索引值越界

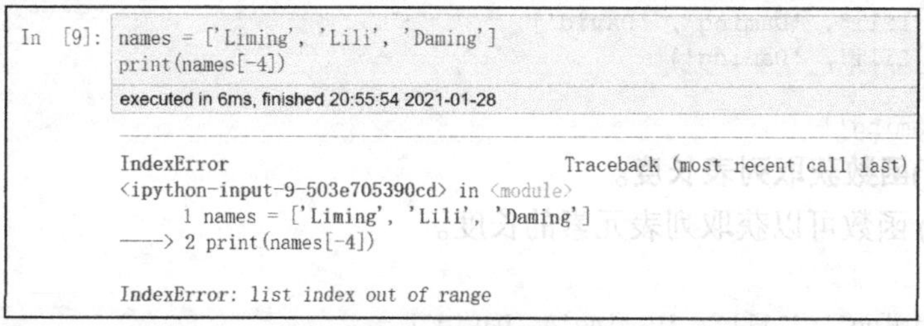

```
In [9]: names = ['Liming', 'Lili', 'Daming']
        print(names[-4])

        executed in 6ms, finished 20:55:54 2021-01-28

        IndexError                                Traceback (most recent call last)
        <ipython-input-9-503e705390cd> in <module>
              1 names = ['Liming', 'Lili', 'Daming']
        ----> 2 print(names[-4])

        IndexError: list index out of range
```

图 2-9 列表负向索引值越界

（4）用索引[index]替换元素。

就像可以通过索引访问元素一样，可以通过索引替换列表中的元素。使用索引替换元素时，需要注意索引值不能超出列表范围，否则会报越界错误。

例如：

```
names = ['Liming', 'Lili', 'Daming']
print(names)
names[0] = 'David'
print(names)
```

输出结果为：

```
['Liming', 'Lili', 'Daming']
['David', 'Lili', 'Daming']
```

（5）用 append()方法添加元素到尾部。

正如前面所说，在列表中可以任意添加元素。这里使用列表类型的 append()方法将新元素添加到列表末尾。

例如：

```
names = ['Liming', 'Lili', 'Daming']
print(names)
names.append('David')
print(names)
```

输出结果为：

```
['Liming', 'Lili', 'Daming']
['Liming', 'Lili', 'Daming', 'David']
```

（6）用 pop()方法删除元素。

列表中的元素也可以被任意删除。这里使用 pop()方法删除指定位置（或末尾）的元素。pop()方法有一个可选的索引参数，当省略索引参数时默认删除列表最后一个元素。pop()方法在被调用时不仅会删除指定的元素，也会将被删除的元素作为返回值返回。

例如：

```
names = ['Liming', 'Lili', 'Daming', 'David']
print(names)
names.pop()
print(names)
print(names.pop(0))
print(names)
```

输出结果为：

```
['Liming', 'Lili', 'Daming', 'David']
['Liming', 'Lili', 'Daming']
Liming
['Lili', 'Daming']
```

（7）用 len()函数获取列表长度。

使用 len() 函数可以获取列表元素的长度。

例如：

```
names = ['Liming', 'Lili', 'Daming', 'David']
print(len(names))
```

输出结果为：

```
4
```

（8）列表的赋值与复制。

正如前文所说，Python 中为变量赋值的本质可看作将某个对象贴上写有变量名的小纸条。如果某个对象有多个小纸条可以访问，则对其中一个小纸条修改对象，也会造成另一个小纸条（变量）所指对象发生变化。毕竟它们指代的就是同一个对象，如图 2-10 所示。

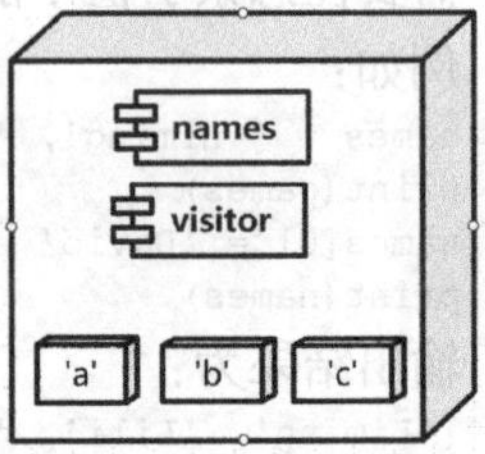

图 2-10　多个变量绑定一个列表对象

如果不注意这个问题，在使用列表的过程中就有可能会出现意想不到的结果。

例如：

```
names = ['Liming', 'Lili', 'Daming', 'David']
visitor = names
print(names)
print(visitor)
names.pop()
print(names)
print(visitor)
```

输出结果为：

```
['Liming', 'Lili', 'Daming', 'David']
['Liming', 'Lili', 'Daming', 'David']
['Liming', 'Lili', 'Daming']
['Liming', 'Lili', 'Daming']
```

为了在修改原始列表时不影响新的列表，我们可以使用 copy() 方法复制原始列表，如图 2-11 所示。

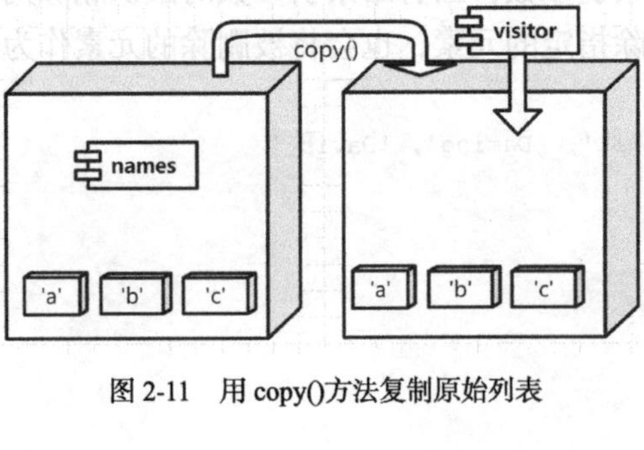

图 2-11　用 copy()方法复制原始列表

例如：

```
names = ['Liming', 'Lili', 'Daming', 'David']
visitor = names.copy()
print(names)
print(visitor)
names.pop()
print(names)
print(visitor)
```

输出结果为：

```
['Liming', 'Lili', 'Daming', 'David']
['Liming', 'Lili', 'Daming', 'David']
['Liming', 'Lili', 'Daming']
['Liming', 'Lili', 'Daming', 'David']
```

（9）用 in 判断元素的值是否存在。

用 in 可以判断某个元素的值是否存在于列表中。列表中值相同的元素可以有多个，但是只要有一个存在，in 就会返回 True。

例如：

```
names = ['Liming', 'Lili', 'Daming', 'David']
print('Lili' in names)
print('Bob' in names)
```

输出结果为：

```
True
False
```

注意：这里判断的是元素的值，并不是元素对象。

2. 元组

与列表相似，元组也可以包含任意 Python 对象并将其作为元素。但是与列表不同的是，元组一旦创建，内部元素便不能增删或替换。元组就像常量列表。

（1）用()创建元组。

元组内可以包含零个或多个元素，元素之间使用英文半角逗号分隔，外部用圆括号包裹。

与列表不同的是，当创建的元组只有一个元素时，元素后面必须带上逗号。当元素数量超过一个时，最后的逗号可以省略（为了从概念上便于记忆，也可以在每一个元素后面都带上逗号）。

例如：

```
tuple_empty = ()
tuple_name = ('Lili',)
tuple_score = (10, 2,)  # tuple_score = (10, 2)也正确
```

这里要记住的是，如果元组只有一个元素，那么元素后面一定要带上逗号，否则赋值给变量的将是元素本身，而不是“装有”单一元素的元组。

例如：

```
tuple_wrong = ('wrong')
print(type(tuple_wrong))
tuple_right = ('right',)
print(type(tuple_right))
```

输出结果为：

```
<class 'str'>
<class 'tuple'>
```

（2）用 tuple()将其他序列转换成元组。

使用 tuple() 函数可以将列表和字符串转换成元组。

例如：

```
print(tuple('hello'))
print(tuple([1,2,3]))
```

输出结果为：

```
('h', 'e', 'l', 'l', 'o')
(1, 2, 3)
```

（3）使用索引[index]获取元素。

与列表相同，可以通过正向索引从元组中取出对应位置的元素，正向索引起始元素的索引值为 0。

例如：

```
names = ('Liming', 'Lili', 'Daming')
print(names[0])
print(names[1])
```

输出结果为：

```
Liming
Lili
```

也可以通过负向索引从元组中取出对应位置的元素，负向索引起始元素的索引值为−1。

例如：

```
names = ('Liming', 'Lili', 'Daming')
print(names[-1])
print(names[-3])
```

输出结果为：

```
Daming
Liming
```

如果索引值超出范围，也会产生越界错误。

（4）元组中的元素不可增删和替换。

与列表不同，元组一旦创建，其中的元素就会固定，即不可以增删和替换。对于元组，没有 append() 和 pop() 等操作元素的方法，通过索引来替换元组元素将会报错，如图 2-12 所示。

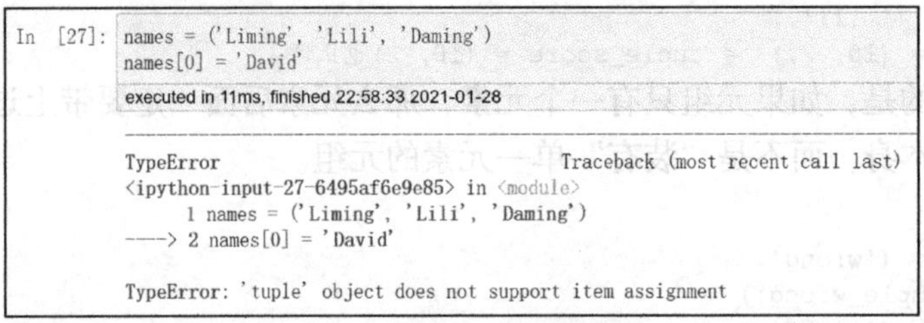
In [27]: names = ('Liming', 'Lili', 'Daming')
names[0] = 'David'
executed in 11ms, finished 22:58:33 2021-01-28
TypeError Traceback (most recent call last)
<ipython-input-27-6495af6e9e85> in <module>
1 names = ('Liming', 'Lili', 'Daming')
----> 2 names[0] = 'David'
TypeError: 'tuple' object does not support item assignment

图 2-12　元组内的元素不可变

需要注意的是，元组中的元素不可以增删和替换指的是元组内元素对象不可以增删和替换，并不代表元素对象不可以变化。忽视这一点也可能会导致难以察觉的程序错误发生。

例如：

```
tuple_hybrid = (1, 2, [])
print(tuple_hybrid)
print(tuple_hybrid[2])
tuple_hybrid[2].append('hello')
print(tuple_hybrid)
```

输出结果为：

```
(1, 2, [])
[]
(1, 2, ['hello'])
```

这个例子中，元组中的元素对象并没有发生实际变化，第三个元素自始至终都是同一个列表对象。即使列表内元素产生了变化，也不违反元组内的元素不可变的规则。

（5）用 in 判断元素的值是否存在。

用 `in` 可以判断某个元素的值是否存在于元组中。元组中值相同的元素可以有多个，但是只要存在一个，就会返回 True。

例如：

```
names = ('Liming', 'Lili', 'Daming', 'David')
print('Lili' in names)
print('Bob' in names)
```

输出结果为：

```
True
False
```

注意：这里判断的是元素的值，并不是元素对象。

2.2.5 集合

正如数学中的集合一样，Python 中的集合（set）也不允许出现重复元素，同时 Python 提供了集合的基本操作：交和并。集合中的元素没有固定的顺序，任何情况下都不要依赖集合内元素的顺序。

集合适用于只需关心元素是否存在或需要进行交、并操作的场景。

1. 用{}创建集合

集合内可以包含零个或多个元素，元素之间使用英文半角逗号分隔，外部用花括号（{}）包裹（使用花括号创建的对象还有字典，后文会详细介绍，需要注意区分）。

需要注意的是，空集不能用花括号创建（后文会详细介绍，空的花括号表示空字典），必须用 `set()` 创建。

例如：

```
set_empty = set()
set_number = {1, 3, 10, 4, 5, 5}
set_word = {'hello', 'good', 'bye'}
set_hybrid = {'david', 1}
print(set_empty)
```

```
print(set_number)
print(set_word)
print(set_hybrid)
```

输出结果为：

```
set()
{1, 3, 4, 5, 10}
{'good', 'bye', 'hello'}
{1, 'david'}
```

可以看到重复的元素在集合中只会保留一个。

2. 用 set()将序列转换成集合

set()函数可以用于将序列对象转换成集合对象。

例如：

```
print(set('hello'))
print(set(['good', 'bye']))
print(set(('good', 'bye')))
```

输出结果为：

```
{'e', 'o', 'l', 'h'}
{'good', 'bye'}
{'good', 'bye'}
```

3. 用 in 判断元素的值是否存在

用 in 可以判断某个元素的值是否存在于集合中。

例如：

```
print('good' in {'good', 'hello'})
```

输出结果为：

```
True
```

注意：这里判断的是元素的值，并不是元素对象。

4. 集合运算符

正如数学中的集合，在 Python 中如果需要对两个集合取交集或并集，就会用到交集运算符（&）或并集运算符（|），这两种运算符统称为集合运算符。

交集运算和并集运算的结果是一个新的集合。

可使用交集运算符获取两个集合的交集。

例如：

```
fruit_a = {'apple', 'orange', 'banana'}
fruit_b = {'grape', 'apple', 'cherry'}
fruit_c = {'grape', 'berry', 'cherry'}
print(fruit_a & fruit_b)
print(fruit_a & fruit_c)
```

输出结果为：

```
{'apple'}
set()
```

如果两个集合没有交集，则返回一个空集。

还可使用并集运算符获取两个集合的并集。

例如：

```
fruit_a = {'apple', 'orange', 'banana'}
fruit_b = {'grape', 'apple', 'cherry'}
fruit_c = {'grape', 'berry', 'cherry'}
print(fruit_a | fruit_b)
print(fruit_a | fruit_b | fruit_c)
```

输出结果为：

```
{'banana', 'apple', 'grape', 'orange', 'cherry'}
{'banana', 'apple', 'berry', 'grape', 'orange', 'cherry'}
```

这里在同一行使用了两次并集运算，`d = a | b | c`可以看作：

```
temp = a | b
d = temp | c
```

集合运算得到的集合都是新的集合。

2.2.6 字典

字典（dict）是一种储存键值对（key:value）的类型。字典中的元素由键（key）及其对应的值（value）组成。元素不通过数值索引访问，而通过值对应的键访问，所以键不可以重复。键值对在字典中是无序的，在使用过程中不要依赖字典内元素的顺序。从 Python 3.8 开始，键值对元素的顺序开始遵循建立时的顺序，但是为了实现兼容性此处仍然考虑为无序的，不依赖其顺序。

键通常是字符串，但也可以是 Python 中的其他不可变类型：整数、浮点数、布尔值、元组。字典是可变的，所以可以自由增删或替换其中的键值对。

1. 用{}创建字典

用花括号对一系列用逗号隔开的键值对进行包裹即可创建字典。字典可以包含零个或多个键值对。

例如：

```
dict_empty = {}
dict_hours = {
    'hour': 1,
    'day': 24,
    'week': 168
}
dict_hybrid = {
    'clock': 8,
    'say': 'good morning',
    1: 'room'
}
print(dict_empty)
print(dict_hours)
print(dict_hybrid)
```

输出结果为：

```
{}
{'hour': 1, 'day': 24, 'week': 168}
{'clock': 8, 'say': 'good morning', 1: 'room'}
```

实际上在字典的花括号内并不要求代码强制缩进，甚至可以不换行，这里这么做只是为了增强代码的可读性。

字典中的值与前文介绍的序列一样，可以是 Python 中的任意类型的值，这意味着字典也可以与其他类型产生复杂的嵌套关系，读者可以根据自己的需要建立足够复杂的数据结构。

2. 用键[key]获取元素

使用键可以获得字典中对应的元素的值。

例如：

```
dict_hours = {
    'hour': 1,
    'day': 24,
    'week': 168
}
print(dict_hours['day'])
```

输出结果为：

```
24
```

但是，如果使用的键不在字典中，则会报错，如图 2-13 所示。

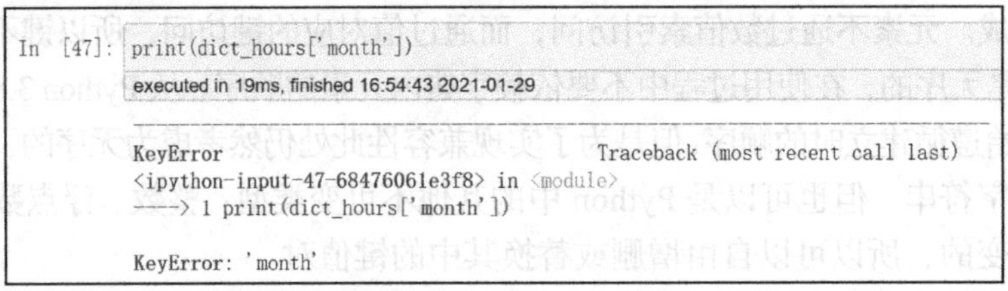
In [47]: print(dict_hours['month'])
executed in 19ms, finished 16:54:43 2021-01-29
KeyError Traceback (most recent call last)
<ipython-input-47-68476061e3f8> in <module>
----> 1 print(dict_hours['month'])
KeyError: 'month'

图 2-13 访问字典中不存在的键会报错

避免这种错误的方法有两种。

第一种方法是用 in 测试键是否存在。

例如：

```
print('month' in dict_hours)
```

输出结果为：

```
False
```

第二种方法是使用 get() 方法。get() 方法最多可以接收两个参数，第一个参数是必选的键的值，第二个参数是可选的用于键不存在时返回的默认值。如果不指定第二个参数，键不存在时默认返回 None（注意，这里的 None 并非字符串，而是指前文介绍过的 None 类型）。

例如：

```
print(dict_hours.get('week'))
print(dict_hours.get('month'))
print(dict_hours.get('month', 'no month'))
```

输出结果为：

```
168
None
no month
```

3. 用键[key]添加或替换元素

在字典中添加或替换元素非常方便，对指定的键进行赋值即可。如果键不存在于字典中，则新值会被加入字典。如果键已经存在于字典中，则键对应的原来的值会被新值所替换。由于字典使用键作为索引，所以不需要担心字典会出现越界错误。

例如：

```
dict_ages = {
    'Lili': 20,
    'Daming': 21
}
print(dict_ages)
dict_ages['Tom'] = 25
print(dict_ages)
dict_ages['Daming'] = 23
print(dict_ages)
```

输出结果为：

```
{'Lili': 20, 'Daming': 21}
{'Lili': 20, 'Daming': 21, 'Tom': 25}
{'Lili': 20, 'Daming': 23, 'Tom': 25}
```

4. 用 keys()方法获取所有键

使用 `keys()` 方法可以获得字典中所有键组成的序列。

例如：

```
dict_hours = {
    'hour': 1,
    'day': 24,
    'week': 168
}
print(dict_hours.keys())
```

输出结果为：

```
dict_keys(['hour', 'day', 'week'])
```

这里返回的类型是 `dict_keys` 类型，可以用于迭代。如果需要列表类型，可以使用 `list()` 函数进行转换。

例如：

```
print(list(dict_hours.keys()))
```

输出结果为：

```
['hour', 'day', 'week']
```

5. 用 values()方法获取所有值

使用 `values()` 方法可以获得字典中所有值组成的序列。

例如：

```
dict_hours = {
   'hour': 1,
   'day': 24,
   'week': 168
}
print(dict_hours.values())
print(list(dict_hours.values()))
```

输出结果为：

```
dict_values([1, 24, 168])
[1, 24, 168]
```

正如获取所有的键一样，values()方法返回的是 dict_values 类型，可以用于迭代。如果需要列表类型，可以使用 list()函数进行转换。

6. 用 update()方法更新字典

使用 update()方法可以将当前字典中的键值对用另一个字典中的键值对进行更新。例如存在两个字典 a 和 b，使用 a.update(b)可以将 b 字典中的键值对更新到 a 字典中。如果 a 中存在对应的键则替换，不存在则新建。

例如：

```
dict_ages = {'Daming': 21, 'Lili':20}
print(dict_ages)
dict_ages.update({'Daming': 23, 'Tom': 25})
print(dict_ages)
```

输出结果为：

```
{'Daming': 21, 'Lili': 20}
{'Daming': 23, 'Lili': 20, 'Tom': 25}
```

7. 用 pop()方法删除键值对

与列表相似，字典也可用 pop()方法删除指定键值对。pop()方法接收键作为必选参数。

例如：

```
dict_ages = {'Daming': 21, 'Lili':20}
print(dict_ages)
print(dict_ages.pop('Lili'))
print(dict_ages)
```

输出结果为：

```
{'Daming': 21, 'Lili': 20}
20
{'Daming': 21}
```

8. 字典的赋值与复制

与列表在赋值与复制中遇到的问题一样，直接对字典对象的赋值并不会创建新的字典对象，对其中任何一个变量的修改都会体现在另一个变量上。具体原理可以查看列表的赋值与复制部分。

例如：

```
dict_ages = {'Daming': 21, 'Lili':20}
dict_new = dict_ages
print(dict_new)
dict_ages['Tom'] = 25
print(dict_new)
print(dict_ages)
```

输出结果为：

```
{'Daming': 21, 'Lili': 20}
{'Daming': 21, 'Lili': 20, 'Tom': 25}
{'Daming': 21, 'Lili': 20, 'Tom': 25}
```

这里可以使用 copy()方法复制一个新的字典对象。

例如：

```
dict_ages = {'Daming': 21, 'Lili':20}
```

```
dict_new = dict_ages.copy()
print(dict_new)
dict_ages['Tom'] = 25
print(dict_new)
print(dict_ages)
```

输出结果为：

```
{'Daming': 21, 'Lili': 20}
{'Daming': 21, 'Lili': 20}
{'Daming': 21, 'Lili': 20, 'Tom': 25}
```

2.3 判断

在编程语言中，条件判断是极常见的结构，也是计算机完成运算的关键。

在 Python 中可使用 `if` 语句实现条件判断。

例如：

```
light_on = True
if light_on:
    print('开灯')
print('灯亮了')
```

输出结果为：

```
开灯
灯亮了
```

如果 `if` 语句后跟的条件的值为 True，则运行 `if` 语句下方的代码块。大家还记得前文介绍的 Python 使用缩进区分代码块吗？

这里也可以添加一个 `else` 语句，当 `if` 语句后跟的条件的值为 False 时，则运行 `else` 下方的代码块。

示例 1：

```
light_on = True
if light_on:
    print('开灯')
    print('灯亮了')
else:
    print('灯没开')
```

输出结果为：

```
开灯
灯亮了
```

示例 2：

```
light_on = False
if light_on:
    print('开灯')
    print('灯亮了')
else:
    print('灯没开')
```

输出结果为：

```
灯没开
```

上面的例子使用单一变量作为 if 语句的条件，除此之外还可以使用比较操作的值作为条件。

2.3.1 比较操作

比较操作一般通过两个值和一个比较运算符来实现，比较运算符如表 2-4 所示。

表 2-4 比较运算符

比较运算符	说明	示例	结果
==	等于	1 == 1	True
!=	不等于	1 != 1	False
<	小于	3 < 3	False
<=	小于等于	3 <= 3	True
>	大于	3 > 3	False
>=	大于等于	3 >= 3	True
in	属于	3 in [1, 2, 3]	True

这些比较运算符对应的比较操作的返回值都是布尔值：True 或 False。

这里需要再次注意的是，一个等号（=）是赋值，两个等号（==）是等于判断。

如果想要进行多重比较，那么可以使用逻辑运算符（布尔操作符），如表 2-5 所示。

表 2-5 逻辑运算符

逻辑运算符	说明	示例	结果
and	且	True and False	False
or	或	True or False	True
not	非	not True	False

逻辑运算符和比较操作符可以组合使用。

例如：

```
a = 10
print(a > 5 and a < 15)
print(a > 5 and not a < 15)
print(a > 5 or not a < 15)
```

输出结果为：

```
True
False
True
```

2.3.2 如果条件的值不是布尔值

`if` 语句的判断条件允许不是布尔值。表 2-6 中的值会被判断为 False。

表 2-6 if 语句中等价于 False 的值

条件	说明
None	None 类型
0	整数
0.0	浮点数
''	空字符串
[]	空列表
()	空元组
{}	空字典
set()	空集合
False	布尔值

表 2-6 中之外的值，都会被判断为 True。

例如：

```
names = []
if names:
    print('有人')
else:
    print('没人')
```

输出结果为：

```
没人
```

2.3.3 多重条件

在某些情况下会用到多重条件判断，这时 `elif` 语句就会很有帮助。`elif` 是 `else if` 的缩写。

例如：

```
clock = 15
if clock < 12:
    print('good morning')
elif clock < 18:
    print('good afternoon')
elif clock < 21:
    print('good evening')
else:
    print('good night')
```

输出结果为：

```
good afternoon
```

在整个 `if` 语句中，从上往下进行判断，如果某个条件被判断为 True，则运行这个条件对应的代码块。在代码块运行完之后会忽略剩下的 `elif` 和 `else` 语句，所以上例中运行完 `clock < 18` 对应的代码块之后，就不再对后续条件进行判断。

2.4 循环和迭代

条件判断语句是从上向下按顺序执行的，但有时需要让某些代码重复（循环）运行。Python

中很简单（但通常不是用得最多）的循环语句是 while 语句。

for 语句是迭代（对序列元素进行逐个迭代，可代替 while 语句）语句，非常实用。

2.4.1 循环

当 while 语句后的条件为 True 时，将会重复运行属于 while 语句的代码块。每次循环都会再次判断条件，一旦条件不再为 True 则结束循环。

例如：

```
n = 0
while n < 3:
    print(n)
    n = n +1
print('循环结束')
```

输出结果为：

```
0
1
2
循环结束
```

在上例中，先将 n 赋值为 0，通过 while 语句循环比较 n 的值和 3 的大小关系，如果条件的值为 True，则开始运行代码块。在循环内部输出 n 的值，然后将 n 的值加 1 并赋给 n，最后返回 while 的条件判断。当 n 的值更新到 3 时，while 语句条件的值为 False，跳过属于 while 的代码块，结束循环。

1. 用 break 语句结束循环

在运行代码块的过程中，如果想让循环结束，可以使用 break 语句。例如，如果不确定循环的次数，可以在无限循环中使用 break 语句，以实现在达到结束循环的条件时退出循环。

例如：

```
names = ['Daming', 'Lili', 'Tom', 'Liming']
i = 0
while True:
    if i >= len(names):
        print('找不到 Tom')
        break
    elif names[i] == 'Tom':
        print('找到 Tom 了')
        break
    print(names[i], '不是 Tom')
    i = i + 1
print('Tom 所对应的索引是', i)
```

输出结果为：

```
Daming 不是 Tom
Lili 不是 Tom
找到 Tom 了
Tom 所对应的索引是 2
```

2. 用 continue 语句跳过当前循环

有时候并不需要结束整个循环，只是需要跳过这一次循环，然后开始下一次循环。这时

continue 语句就会非常有用。

例如：

```
n = 1
n_sum = 0
while n < 10:
    if n % 2 == 0:
        n = n + 1
        continue
    print(n, '不是偶数')
    n_sum = n_sum + n
    n = n + 1
print(n_sum)
```

输出结果为：

```
1 不是偶数
3 不是偶数
5 不是偶数
7 不是偶数
9 不是偶数
25
```

该示例计算了小于 10 的奇数的和。

2.4.2 迭代

可在 Python 中使用大量的迭代器，这可以使我们在数据长度未知和具体实现结果未知的情况下遍历整个数据结构，还可以为不能一次性读入计算机内存的数据的处理提供支持。

例如：

```
fruits = ['apple', 'orange', 'banana']
for fruit in fruits:
    print(fruit)
    if fruit == 'orange':
        print('我最爱 orange')
```

输出结果为：

```
apple
orange
我最爱 orange
banana
```

列表、元组、集合、字典、字符串等（包括但不仅限于此）都是可迭代对象。列表和元组迭代时，一次迭代产生一个元素；字符串迭代时，一次迭代产生一个字符。

例如：

```
name = 'Tom'
for letter in name:
    print(letter)
```

输出结果为：

```
T
o
m
```

对字典的键迭代可以使用 `keys()` 方法。

例如：

```
dict_ages = {'Daming': 21, 'Lili': 20}
for key in dict_ages.keys():
    print(key)
```

输出结果为：

```
Daming
Lili
```

对字典的值迭代可以使用 values() 方法。

例如：

```
dict_ages = {'Daming': 21, 'Lili': 20}
for value in dict_ages.values():
    print(value)
```

输出结果为：

```
21
20
```

对字典的键值对迭代可以使用 items() 方法。

例如：

```
dict_ages = {'Daming': 21, 'Lili': 20}
for item in dict_ages.items():
    print(item)
```

输出结果为：

```
('Daming', 21)
('Lili', 20)
```

对字典的键值对迭代，产生的是形如(键, 值)的元组。对于元组可以使用单独的变量名将元组“解包”。

例如：

```
dict_ages = {'Daming': 21, 'Lili': 20}
for name, age in dict_ages.items():
    print(name, 'is', age)
```

输出结果为：

```
Daming is 21
Lili is 20
```

1. 用 break 语句结束迭代

与在 while 语句中结束循环一样，break 语句也可以用在 for 语句中结束迭代。

例如：

```
fruits = ['apple', 'orange', 'banana']
for fruit in fruits:
    if fruit == 'orange':
        break
    print(fruit)
```

输出结果为：

```
apple
```

例子中，当迭代到 orange 时，迭代被提前结束，print(fruit) 也不会被运行，所以最终只输出 orange 前面的元素。

2. 用 continue 语句跳过当前迭代

与在 while 语句中跳过本轮循环一样，continue 语句也可以用在 for 语句中实现跳过本次元素的迭代，开始下一个元素的迭代。

例如：

```
fruits = ['apple', 'orange', 'banana']
for fruit in fruits:
    if fruit == 'orange':
        continue
    print(fruit)
```

输出结果为：

```
apple
banana
```

例子中，迭代到 orange 时，本轮迭代被 continue 语句跳过，立即开始下一轮迭代，所以元素 orange 对应的 print(fruit)没有被运行，最终输出除了 orange 的其他元素。

3. 用 range()函数生成等差数列

range()函数可以生成一个等差数列的生成器实例。生成器实例并不会在创建时就把所有元素加载进内存，而是在迭代到某个元素的时候，才会将那个元素加载进内存。所以 range()函数允许创建很大的区间，这样也不会导致程序崩溃。

range()函数有 3 个参数，其格式为 range(start, stop, step)。其中 start 的默认值为 0，step 的默认值为 1，stop 是必选参数，3 个参数的值都必须是整数。range()函数产生的最后一个数是 stop 对应的前一个数（不包含 stop 本身）。step 的取值可以是除 0 以外的所有整数，如果 step 值是负数，则需要满足 start>stop，即生成反向数列。

由 range()函数生成的等差数列可以使用 for...in 语句进行遍历，也可以将其转换成列表或元组。看以下几个示例。

只有一个参数时，指定的是 stop，例如：

```
for i in range(3):
    print(i)
```

输出结果为：

```
0
1
2
```

有两个参数时，指定的分别是 start、stop，例如：

```
for i in range(2, 3):
    print(i)
```

输出结果为：

```
2
```

有 3 个参数时，指定的分别是 start、stop 和 step。

```
for i in range(0, 3, 2):
    print(i)
```

输出结果为：

```
0
2
```

也可以使用值为负数的 step 来创建一个反向数列，此时 start 的值需要大于 stop 的值，例如：

```
for i in range(3, -3, -2):
    print(i)
```

输出结果为：

```
3
1
-1
```

正如上面所示，可以通过控制 range() 函数的 stop 参数，来控制 for 语句块的循环次数。所以我们在能知晓循环次数的情况下可以通过结合使用 for...in 语句与 range() 函数来代替 while 语句。

例如：

```
i = 0
while i < 3:
    print('while 重复 3 次')
    i = i + 1

for i in range(3):
    print('for 重复 3 次')
```

输出结果为：

```
while 重复 3 次
while 重复 3 次
while 重复 3 次
for 重复 3 次
for 重复 3 次
for 重复 3 次
```

结合使用 for...in 语句和 range() 来代替 while 语句，可使代码看起来更加优雅，且不容易出错。

2.5 序列切片

对于字符串、元组和列表这 3 种序列对象，我们可以使用切片提取一个子序列对象。切片的结果的类型与原对象的类型一样。

切片有以下几种形式，其中 start 表示起始索引，end 表示结束索引，step 表示步长。

- [:]：提取整个序列元素。
- [start:]：从 start 提取到结尾。
- [:end]：从开头提取到 end-1。
- [start:end]：从 start 提取到 end-1。
- [start:end:step]：从 start 提取到 end-1，每隔 step 个元素提取一次。
- [::step]：提取整个序列元素，每隔 step 个元素提取一次。

与用索引提取元素一样，切片的索引从左到右，从 0 开始依次增加；从右到左，从-1 开始依次减小。省略 start 时，切片从索引 0 开始；省略 end 时，切片默认到索引为-1 结束（包括最后一个元素）。

下面以字符串作为示例进行介绍，相应的操作在元组和列表上同样适用。

例如：

```
greeting = 'good morning'
print(greeting[:])
print(greeting[6:])
print(greeting[:4])
print(greeting[3:7])
print(greeting[3:7:2])
print(greeting[::2])
```

输出结果为：

```
good morning
orning
good
d mo
dm
go onn
```

除了普通的正向切片，也可以使用值为负数的 step 负向切片，例如：

```
greeting = 'good morning'
print(greeting[4::-1])
```

输出结果为：

```
doog
```

也可以使用 step 的值为-1 的切片将序列完全反序，例如：

```
greeting = 'good morning'
print(greeting[::-1])
```

输出结果为：

```
gninrom doog
```

2.6 解析式

解析式又称推导式，是 Python 中一种通过一个或多个迭代器快速创建数据结构的方法。将解析式和条件判断语句结合使用，可以避免写出复杂、冗长的代码，能使代码更加优雅、易读。

2.6.1 列表解析式

通常情况下，如果我们需要创建一个数值为 0 到 9 的列表，那么会使用 for 语句进行循环。

例如：

```
numbers = []
for i in range(10):
    numbers.append(i)
print(numbers)
```

输出结果为：

```
[0, 1, 2, 3, 4, 5, 6, 7, 8, 9]
```

或者使用 list() 函数直接转换 range() 生成的数列。

例如：

```
numbers = list(range(10))
print(numbers)
```

输出结果为：

```
[0, 1, 2, 3, 4, 5, 6, 7, 8, 9]
```

上面的方法都是可行的，并且都能得到正确的结果，但是更加优雅的方式是使用列表解析式。

例如：

```
numbers = [i for i in range(10)]
print(numbers)
```

输出结果为：

```
[0, 1, 2, 3, 4, 5, 6, 7, 8, 9]
```

列表解析式的通用表达式是：

```
[expression for item in iterable]
```

- expression 是一个具有返回值的表达式；
- item 是 iterable 的迭代元素；
- iterable 是能使用 for 迭代的迭代器。

上面的例子所对应的通用表达式的 expression 和 item 的值都是 i，这里也可以将上面例子中的表达式替换成一个具有返回值的表达式。

例如：

```
numbers = [i**2 for i in range(10)]
print(numbers)
```

输出结果为：

```
[0, 1, 4, 9, 16, 25, 36, 49, 64, 81]
```

也可以将之替换成与 item 无关的表达式。

例如：

```
numbers = ['hi' for i in range(10)]
print(numbers)
```

输出结果为：

```
['hi', 'hi', 'hi', 'hi', 'hi', 'hi', 'hi', 'hi', 'hi', 'hi']
```

也可以将列表解析式与条件判断语句结合：

```
[expression for item in iterable if condition]
```

当 if 后面的 condition 的值为 True 时，执行前面的 expression，并把运算返回值加入列表，否则跳过本次迭代，开始下次迭代。

例如创建 0 到 9 的奇数组成的列表：

```
numbers = [i for i in range(10) if i % 2 != 0]
print(numbers)
```

输出结果为：

```
[1, 3, 5, 7, 9]
```

列表解析式中的迭代也可以嵌套，此处对比了列表解析式中的嵌套迭代方法和传统 for 循环迭代方法：

```
# 列表解析式
numbers = [(i, j) for i in range(2) for j in range(3)]
print(numbers)
```

```
# for迭代
numbers = []
for i in range(2):
    for j in range(3):
        numbers.append((i, j))
print(numbers)
```

输出结果为：

```
[(0, 0), (0, 1), (0, 2), (1, 0), (1, 1), (1, 2)]
[(0, 0), (0, 1), (0, 2), (1, 0), (1, 1), (1, 2)]
```

嵌套的列表解析式中的 `for i in...`和 `for j in...`也都可以有自己的 `if` 条件判断语句。

2.6.2 字典解析式

与列表解析式相似，字典解析式是由表达式、迭代器和 `if` 条件判断语句组成。简单的通用表达式是：

```
{key_expression: value_expression for item in iterable if condition}
```

- `key_expression` 是用于生成键的具有返回值的表达式；
- `value_expression` 是用于生成值的具有返回值的表达式。

首先介绍没有 if 条件判断的情况。例如这里生成一个以 0 到 9 的每一个数为键，对应的值是每一个数的平方的字典：

```
mapping = {i: i**2 for i in range(10)}
print(mapping)
```

输出结果为：

```
{0: 0, 1: 1, 2: 4, 3: 9, 4: 16, 5: 25, 6: 36, 7: 49, 8: 64, 9: 81}
```

现在介绍带 if 条件判断的情况。例如这里生成一个以 0 到 9 的每一个数为键、对应的值是每一个数的平方的字典，且该字典中的值大于 40：

```
mapping = {i: i**2 for i in range(10) if i**2>40}
print(mapping)
```

输出结果为：

```
{7: 49, 8: 64, 9: 81}
```

2.6.3 集合解析式

集合也有自己的解析式，其规则与列表解析式的相同，只是生成的对象为集合。

例如：

```
numbers = {i for i in range(10)}
print(numbers)
```

输出结果为：

```
{0, 1, 2, 3, 4, 5, 6, 7, 8, 9}
```

2.6.4 生成器解析式

看了前文介绍的解析式的生成方式之后，有的读者可能会认为将列表解析式的方括号替换成圆括号就可以将列表解析式转换成元组解析式。实际上元组没有解析式，语句 `i for i in range(10)`的返回值是一个生成器对象，而不是一个元组对象。

例如：

```
numbers = (i for i in range(10))
print(numbers)
```

输出结果为：

```
<generator object <genexpr> at 0x000001EE6BAD97C8>
```

生成器可以用来进行迭代，但是一个生成器只能运行一次，例如：

```
numbers = (i for i in range(3))
for i in numbers:
    print(i)
print('第一次迭代完成')
for i in numbers:
print(i)
```

输出结果为：

```
0
1
2
第一次迭代完成
```

对同一个迭代器进行第二次迭代时你会发现，迭代器已经被清空。

2.7 函数

经过前面的学习，你应该已经可以写简单的代码段了。但是这样仍然只能处理小任务，对于需要多次重复的任务仍然需要写重复的代码，所以可把重复的部分抽取出来组成可以复用的代码段。

对代码进行复用，基础的办法就是使用函数。正如数学中的函数一样，Python 中的函数接收多种类型的对象作为输入参数，经过函数内代码的处理后，返回相同或其他类型的对象作为结果（没有指定返回值时会自动返回 None）。

2.7.1 定义函数

Python 使用 def 关键字定义函数。定义函数开头的部分依次是：**def**、函数名、圆括号（可带有函数参数名）和一个英文半角冒号。

可以定义一个没有任何参数和功能的函数，例如：

```
def nothing():
    pass

nothing()
```

函数中的 pass 语句表示占位符，表示这个 nothing() 函数什么都没有做，也不会接收任何参数。最下方的 nothing() 表示调用名为 nothing 的函数。

这里另外定义一个无参数且输出一个单词的函数，例如：

```
def say_hi():
    print('Hi')

say_hi()
```

输出结果为：

```
Hi
```

现在我们给函数加上参数：

```
def say_hi(name):
    print('Hi,', name)

say_hi('Daming')
```

输出结果为：

```
Hi, Daming
```

函数名后面的圆括号标明了这个函数必须接收一个名为 name 的参数。如果调用时缺少这个参数则会报错，如图 2-14 所示。

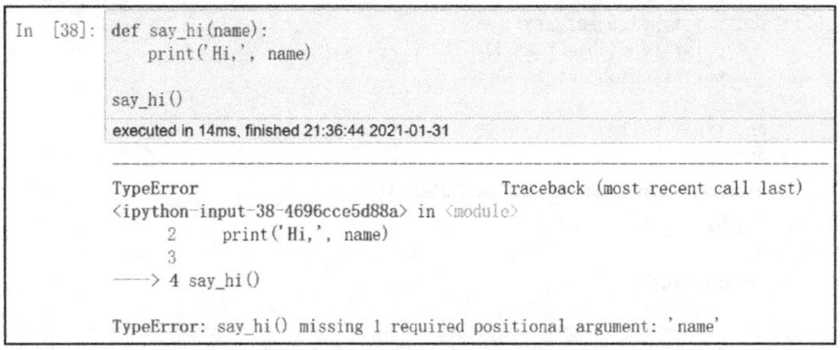
In [38]: def say_hi(name):
print('Hi,', name)
say_hi()
executed in 14ms, finished 21:36:44 2021-01-31
TypeError Traceback (most recent call last)
<ipython-input-38-4696cce5d88a> in <module>
2 print('Hi,', name)
3
----> 4 say_hi()
TypeError: say_hi() missing 1 required positional argument: 'name'

图 2-14　不带默认值的参数是必选参数

我们也可以定义一个具有返回值的函数，使用 return 语句返回变量。一个函数中可以有多个 return 语句，函数执行时遇到 return 语句就返回 return 后的变量值，并立即退出函数执行。如果没有 return 语句，则在函数执行结束之后自动返回 None。

例如：

```
def greet(clock):
    if clock < 12:
        return 'good morning'
    elif clock < 18:
        return 'good afternoon'
    elif clock < 21:
        return 'good evening'
    else:
        return 'good night'

greeting = greet(13)
print(greeting)
```

输出结果为：

```
good afternoon
```

没有 return 语句的函数会在执行结束后返回 None。

例如：

```
def say_hi():
   print('Hi')

print(say_hi())
```

输出结果为：

```
Hi
None
```

2.7.2　函数的参数

Python 中函数处理参数的方式远比其他语言的要灵活。这里需要注意的是，Python 中的函数整体并不会限制传入参数的类型，可以传入任何对象作为参数。是否兼容输入的参数类型取决于函数的代码实现，如果函数的代码实现并不兼容输入的参数类型，那么一旦程序运行到相关代码行时就会引发报错，如图 2-15 所示。

```
In  [57]: def any_type(object_any):
              print(type(object_any))
              print(len(object_any))

          any_type('hello')
          any_type(1)

          executed in 23ms, finished 22:27:32 2021-01-31

          <class 'str'>
          5
          <class 'int'>

          ---------------------------------------------------------------------------
          TypeError                                 Traceback (most recent call last)
          <ipython-input-57-2804b8d42874> in <module>
                4
                5 any_type('hello')
          ----> 6 any_type(1)

          <ipython-input-57-2804b8d42874> in any_type(object_any)
                1 def any_type(object_any):
                2     print(type(object_any))
          ----> 3     print(len(object_any))
                4
                5 any_type('hello')

          TypeError: object of type 'int' has no len()
```

图 2-15　Python 中的函数不会限制传入参数的类型，但是传入错误类型的参数程序运行时会报错

1. 位置参数

在图 2-15 所示的例子中，函数调用时传入的参数就是位置参数。传入的参数是按照函数定义的参数顺序依次传过去的，例如：

```
def pos_abc(a, b, c):
    print('a is', a)
    print('b is', b)
    print('c is', c)

pos_abc(1, 3, 5)
```

输出结果为：

```
a is 1
b is 3
c is 5
```

这是常见的调用方式，但是要注意不能混淆参数的位置，否则会得到错误的结果或者会报错。

2. 关键字参数

为了让调用时的参数顺序不影响函数接收到的正常的参数顺序，我们可以采用关键字参数，例如：

```
def pos_abc(a, b, c):
    print('a is', a)
    print('b is', b)
    print('c is', c)

pos_abc(b=3, a=1, c=5)
```

输出结果为：

```
a is 1
b is 3
c is 5
```

在关键字参数中，参数的顺序不再重要。参数会绑定对应的参数名，甚至可以将位置参数和关键字参数混合使用，例如：

```
def pos_abc(a, b, c):
    print('a is', a)
    print('b is', b)
    print('c is', c)

pos_abc(1, c=5, b=3)
```

输出结果为：

```
a is 1
b is 3
c is 5
```

这里需要注意的是，关键字参数必须在位置参数之后，否则会报错，如图 2-16 所示。

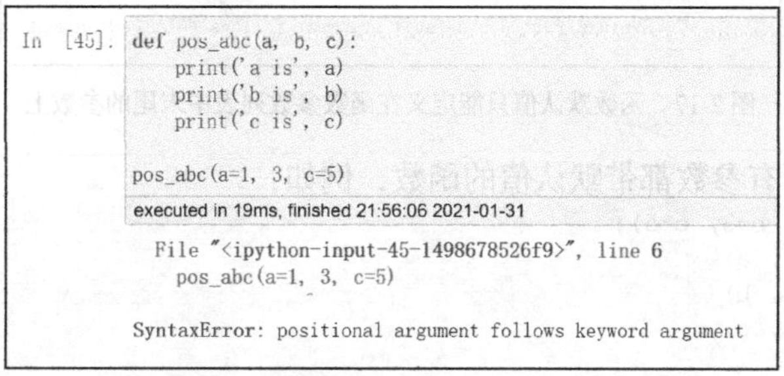
In [45]:
def pos_abc(a, b, c):
print('a is', a)
print('b is', b)
print('c is', c)
pos_abc(a=1, 3, c=5)
executed in 19ms, finished 21:56:06 2021-01-31
File "<ipython-input-45-1498678526f9>", line 6
pos_abc(a=1, 3, c=5)
SyntaxError: positional argument follows keyword argument

图 2-16 关键字参数必须在位置参数之后

3. 指定参数默认值

我们可以为函数的参数指定默认值，调用者可以自行选择是否传入新的参数来替换这个默认值。这是一个非常有用的功能。

调用者可以选择不传入新参数来替代默认值，例如：

```
def pos_abc(a, b=3, c=10):
    print('a is', a)
    print('b is', b)
    print('c is', c)

pos_abc(1, 3)
```

输出结果为：

```
a is 1
b is 3
c is 10
```

也可以选择传入新参数代替默认值，例如：

```
def pos_abc(a, b, c=10):
    print('a is', a)
    print('b is', b)
    print('c is', c)

pos_abc(1, 3, 5)
```

输出结果为：

```
a is 1
b is 3
c is 5
```

这里仍然需要注意，函数的默认值只能定义在函数参数列表中末尾的参数上，否则会报错，如图 2-17 所示。

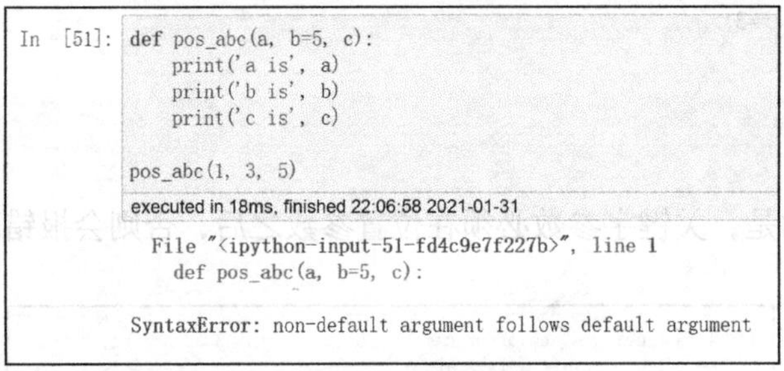
In [51]: def pos_abc(a, b=5, c):
print('a is', a)
print('b is', b)
print('c is', c)
pos_abc(1, 3, 5)
executed in 18ms, finished 22:06:58 2021-01-31
File "<ipython-input-51-fd4c9e7f227b>", line 1
def pos_abc(a, b=5, c):
SyntaxError: non-default argument follows default argument

图 2-17 函数默认值只能定义在函数参数列表中末尾的参数上

甚至可以定义所有参数都带默认值的函数，例如：

```
def pos_abc(a=1, b=3, c=5):
    print('a is', a)
    print('b is', b)
    print('c is', c)

pos_abc()
```

输出结果为：

```
a is 1
b is 3
c is 5
```

4. 用*收集位置参数

单星号（*）可以用在函数的参数列表中，用于收集调用者传入的多余的位置参数。

在函数内部，被收集的位置参数将会按照传入顺序组成一个元组，例如：

```
def print_args(*args):
    print(args)

print_args(1, 2 ,3)
```

输出结果为：

```
(1,2,3)
```

当调用者没有传入任何位置参数时，得到的便是空元组，例如：

```
def print_args(*args):
   print(args)

print_args()
```

输出结果为：

```
()
```

`*args` 使我们的函数能接收可变数量的位置参数，在某些情况下非常有用。

使用*的时候，不一定要将元组命名为 args，但 args 是约定俗成的名字。

5. 用收集关键字参数**

双星号（**）可以用在函数的参数列表中，用于收集调用者传入的多余的关键字参数。

在函数内部，被收集的关键字参数会被组成字典，例如：

```
def print_kwargs(**kwargs):
    print(kwargs)

print_kwargs(a=1, b=2)
```

输出结果为：

```
{'a': 1, 'b': 2}
```

字典的键为参数名的字符串形式，值为参数名对应的参数值。

`**kwargs` 使我们的函数能接收可变数量的关键字参数，在某些情况下非常有用。

就像 args 一样，字典不一定要命名为 kwargs，这只是约定俗成的名字。

2.7.3 匿名函数

匿名函数是用一条语句表达的函数，可以用来代替简单的小函数。

使用 `lambda` 关键字可以定义匿名函数，例如：

```
func = lambda x: x**2
print(func(2))
```

输出结果为：

```
4
```

`lambda` 后紧跟函数的参数，紧接着为一个英文半角冒号，冒号后面是一个表达式。

正如前文所说的，Python 内一切都是对象，而对象可以赋值给变量。所以 `lambda` 定义了一个匿名函数，然后将这个函数赋值给 `func` 变量，这时 `func` 就是这个匿名函数对应的变量。

匿名函数也可以不接收参数或接收多个参数，例如：

```
greet = lambda: print('hello')
pos_ab = lambda a,b: print(a + b)
```

```
greet()
pos_ab(1, 2)
```

输出结果为：

```
hello
3
```

匿名函数在后文介绍高阶函数部分时也会提及，它非常有用。

2.7.4 闭包与装饰器

还是正如前文所说的：Python 中的一切都是对象，包括数字、字符串、列表、函数等。函数是对象，意味着函数可以作为值被赋给变量，可以作为参数传入其他函数，甚至函数返回的值也可以是函数。一切都是对象的特点可以帮助我们在 Python 中实现很多特殊功能，其中就包括闭包。

装饰器是一种利用闭包特征的语法糖，它可以用简洁的语法自动将一个原始函数传递到另一个函数进行处理，处理后的结果会替代原始函数。

1. 闭包

在介绍闭包之前，先介绍一下内部函数。顾名思义，内部函数就是在函数内部定义的函数。闭包的代码实现如下所示：

```
def outer():
    def inner():
        print("I'm inner func")
    print("I'm outer func")
    inner()

outer()
```

输出结果为：

```
I'm outer func
I'm inner func
```

在这个例子中，我们在 outer() 函数内部又定义了一个 inner() 函数，然而在 outer() 函数内部的代码调用 inner() 函数前，inner() 函数的代码并不会被执行。这种在函数内部定义的函数就称为内部函数。outer() 函数的内部函数只能在 outer() 函数内部调用，在 outer() 函数外是不能调用的。

实际上内部函数可以被看作闭包。闭包是一个可以由另一个函数动态生成的函数，生成函数的函数又被形象地称为工厂函数。

简而言之，工厂函数的作用就是用来生产新函数，被生产出来的这个函数就叫闭包。

这里修改一下上面例子中的 outer() 函数，将 outer() 函数的返回值指定为 inner() 函数本身：

```
def outer():
    def inner():
        print("I'm inner func")
    print("I'm outer func")
    return inner
```

```
func = outer()
print('下面执行 func')
func()
```

输出结果为：

```
I'm outer func
下面执行 func
I'm inner func
```

outer()函数内部的函数 inner()被作为返回值，返回后赋值给了外部变量 func。这时在外部就可以使用 func 变量调用闭包（内部函数）。

这里 outer()函数生成的闭包（内部函数）仍然是静态的，不管调用多少次生成的都会是同一个内部函数。接下来我们在 inner()函数中加上 outer()函数的参数，创建一个新的函数 say_hi()作为参数放进 outer()函数：

```
def outer(func):
    def inner():
        func()
        print("I'm inner func")
    print("I'm outer func")
    return inner

def say_hi():
    print('Hi!')

say_hi = outer(say_hi)
print('下面执行 say_hi')
say_hi()
print('再次执行 say_hi')
say_hi()
```

输出结果为：

```
I'm outer func
下面执行 say_hi
Hi!
I'm inner func
再次执行 say_hi
Hi!
I'm inner func
```

函数 say_hi()被作为参数放进 outer()函数；outer()函数中的 inner()函数调用作为参数的函数 func()，然后输出 I'm inner func；outer()函数输出 I'm outer func，将 inner()函数作为返回值返回；执行 outer()函数，并将返回值赋给变量 say_hi，原始的 say_hi()函数的函数名被覆盖。所以在后面两次执行 say_hi()函数时，都会输出 I'm inner func。

这是闭包的一项作用：包装函数。被包装的函数的函数名不变，但是包装者可以在原始函数的前面或者后面自由地执行其他代码，例如对被包装函数的执行时间进行计时。

闭包的另一大作用是生产函数。我们可以根据放进工厂函数的不同变量，生产出有不同作用的函数，例如：

```
def factory(n):
    def multiply(m):
```

```
        return n * m
    return multiply

x2 = factory(2)
print(x2(2))
print(x2(3))
x10 = factory(10)
print(x10(2))
print(x10(3))
```

输出结果为：

```
4
6
20
30
```

factory()函数接收一个参数 n，参数 n 用于生成一个名为 multiply 的函数，multiply()函数接收一个参数 m，返回 n*m 的值。

第一次调用 factory(2)生成了一个 n 为 2 的 multiply()函数，并赋值给 x2，后面调用 x2(2)意味着将获得 2×2 的值，即 4。

2. 装饰器

装饰器是闭包的语法糖。语法糖是指在不添加新功能的情况下，更加方便使用者使用的代码编写语法。装饰器主要的作用就是包装函数。

在前文介绍的闭包内容中我们见过在 say_hi()函数下方追加输出语句的例子，针对该例将代码改写为装饰器的形式，如下：

```
def outer(func):
    def inner():
        func()
        print("I'm inner func")
    print("I'm outer func")
    return inner

@outer
def say_hi():
    print('Hi!')

print('下面执行 say_hi')
say_hi()
print('再次执行 say_hi')
say_hi()
```

输出结果为：

```
I'm outer func
下面执行 say_hi
Hi!
I'm inner func
再次执行 say_hi
Hi!
I'm inner func
```

输出结果相同，但代码中少了我们手动调用 outer()函数并赋值给 say_hi()的部分。say_hi()函数上方的@outer 就是装饰器。装饰器本质上就是一个接收函数作为参数并返回一个函数的函数。这里装饰器@outer 接收原始的 say_hi()函数作为参数，并将返回的函数命名为 say_hi。这样后面调用 say_hi()时，调用的就是新的被包装过的 say_hi()。

2.7.5 高阶函数

高阶函数就是可以传入另一个函数作为参数的函数。Python 内置了几个常用的高阶函数。

1. 映射

映射（map()函数）可以把一组序列用某种规则（函数）映射到一组新的序列，换句话说映射就是用一个函数处理某个序列里的所有元素。

map()函数接收两个参数，第一个是函数（这个函数接收唯一一个参数，即可迭代对象里的各个元素，返回处理元素后的新值），第二个是可迭代对象。map()将传入的函数作用于可迭代对象中的每一个元素，生成一个新的生成器对象，例如：

```
def plus2(x):
    return x + 2

numbers = [1, 3, 5, 6]
new_numbers = map(plus2, numbers)
print(new_numbers)
print(list(new_numbers))
```

输出结果为：

```
<map object at 0x000001EE6BAE4B88>
[3, 5, 7, 8]
```

生成器对象要被转换为列表或元组才能将内部的全部结果计算出来。

用 map()解决的问题通常也可以用循环结构或列表解析式解决，上例代码等效于以下用列表解析式实现的代码：

```
def plus2(x):
    return x + 2

numbers = [1, 3, 5, 6]
new_numbers = [plus2(n) for n in numbers]
print(new_numbers)
```

输出结果为：

```
[3, 5, 7, 8]
```

也可以用匿名函数来实现，例如：

```
numbers = [1, 3, 5, 6]
new_numbers = map(lambda x: x + 2, numbers)
print(new_numbers)
print(list(new_numbers))
```

输出结果为：

```
<map object at 0x000001EE6BAE9588>
[3, 5, 7, 8]
```

2. 过滤

过滤（filter()函数）可以用于过滤序列中不符合条件的元素。

跟 map() 函数一样，filter() 函数也接收两个参数，第一个参数是函数（这个函数接收唯一一个参数，即序列中的单个元素，然后返回一个布尔值，True 表示保留这个元素，False 表示丢弃这个元素），第二个参数是序列。filter() 函数的返回值是迭代器，例如：

```
def lt_5(x):
    return x < 5

numbers = [1, 3, 5, 6]
new_numbers = filter(lt_5, numbers)
print(new_numbers)
print(list(new_numbers))
```

输出结果为：

```
<filter object at 0x00000266BF1E9B88>
[1, 3]
```

这个例子的代码等价于用以下列表解析式实现的代码：

```
def lt_5(x):
    return x < 5

numbers = [1, 3, 5, 6]
new_numbers = [n for n in numbers if lt_5(n)]
print(new_numbers)
```

输出结果为：

```
[1, 3]
```

2.8　面向对象基础

前文多次提到过对象，这些对象来源于 Python。Python 是一门面向对象的编程语言，面向对象是一种编程范式，同时也是一种源于现实事物的抽象方法，可以用于隐藏复杂的处理逻辑，让使用者减轻处理压力。

由于 Python 本身是一门面向对象的语言，用 Python 编写的所有程序几乎都会用到面向对象的特征（其实前文介绍的内容已经用到了），为了便于读者后续能更轻松地理解某些面向对象的操作，这里将对面向对象进行基础的讲解。

2.8.1　什么是对象

正如前文所提到的，Python 中的一切都是对象，函数、数字、列表等都是对象。面向对象源于现实事物的抽象方法，所以这里我们可以用现实世界的事物来比喻。例如下面一段关于小明的描述。

小明是一个学生，今年 12 岁，有 1000 元存款。他会写作业；父母有时会让他洗碗，洗 1 个碗能拿到 10 元钱的报酬。你可以让他写作业；你也可以问他今年几岁，他会如实地回答；但是如果你问他有多少存款，那么他一定不会回答。其实他还会珠心算，但是没人知道，他也不在别人面前进行珠心算，他只会在写作业的时候应用。

这里我们暂时先不对小明的生活进行解释，先来了解一下对象，同时你也可以自己尝试把对象的每个部分和小明的生活对应起来。

对象包含**属性**（attribute），即数据，以及**方法**（method），即函数。属性用于描述对象的特征或状态；方法用于定义对象的功能或操作。同一类对象（例如整数 1、2、3 等）由同一个**类**（class）生成，称作**类的实例**（instance），它们具有相同的方法、相同的属性类别，只有属性的值不一样。有的属性只能被对象自己的方法访问或修改，称为**私有属性**（private attribute），外部可以访问或修改的属性称为**公有属性**（public attribute）。同样，有的方法只能被对象自己的其他方法访问或调用，称为**私有方法**（private method），外部能访问或调用的方法称为**公有方法**（public method）。

回到小明的例子，我们可以总结出以下信息。

- 名字：小明。
- 年龄：12。
- 存款：1000。
- 会写作业。
- 会洗碗，每洗 1 个碗存款多 10 块。
- 会珠心算，但是别人不知道，小明也不在别人面前进行珠心算。
- 身份是学生。

聪明的你，能想到小明的（公有和私有）属性、（公有和私有）方法和类都是什么吗？

- 名字：小明——属性（公有）。
- 年龄：12——属性（公有）。
- 存款：1000 块——属性（私有）。
- 会写作业——方法（公有）。
- 会洗碗，每洗 1 个碗存款多 10 块——方法（公有）。
- 会珠心算，但是别人不知道，小明也不在别人面前进行珠心算——方法（私有）。
- 身份是学生——类。

属性描述了对象的特征，小明的名字、年龄和存款都是属性，但是只有小明自己知道有多少存款，而且不会告诉别人，所以存款是私有属性。写作业、洗碗和珠心算都是方法，它们描述了小明会做什么以及怎样做，但是别人并不知道他会珠心算，他也不在别人面前进行珠心算，所以珠心算是私有方法。小明只是所有学生中的一个个体，所以学生是一个类。

2.8.2 类和继承

类是一类对象公共特征的抽象，是创建对象的模板，是定义对象的方法。

对于类，有的读者可能会疑惑：2.8.1 小节的例子中，小明所属的群体并不是单一的，首先他是一个人，然后他是某个城市的居民，最后才是这个城市的学生。这个想法确实非常好，这些类的从属关系被称为继承。

1. 定义和实例化

在 Python 中可使用 class 关键字来定义类。

对于类的命名，约定俗成地使用大驼峰命名法，即以大写字母开头，单词之间用大写字母分隔，例如：

- HelloWorld；
- Student；
- FirstName。

首先可以创建一个什么都没有的空类：

```
class Student:
pass
```

我们可以像调用函数一样来实例化类：

```
xiaoming = Student()
```

这样的一个空类没有任何自定义的方法和属性，所以由它创建的实例对象 xiaoming 不包含任何功能，也不能存储任何数据。

下面加上 Python 中类的初始化方法__init__()（注意，这个方法的方法名前后各有两条短下划线），初始化方法描述了 Student 类如何创建实例，以及接收创建的实例所需要的参数：

```
class Student:
    def __init__(self, name, age, deposit):
        self.name = name
        self.age = age
        self.__deposit = deposit
```

__init__()方法是 Python 类的初始化方法，定义的时候至少有一个参数 self，self 参数是由 Student 类创建的实例。实例的创建步骤分为以下两步：

- 使用类创建实例；
- 调用实例的__init__()方法，对刚才创建的实例进行初始化。

这里可以看到，初始化发生在实例创建之后，__init__()方法的 self 参数就是为了描述实例本身而存在的。

__init__()方法并不是必需的。

当__init__()方法存在 self 参数之外的其他参数时，创建实例时就必须接收其他参数：

```
xiaoming = Student('小明', 12, 1000)
```

这里需要注意的是：self 参数不需要手动传入，解释器自动会帮我们把实例本身作为 self 参数传入方法。

可以看到在初始化方法中，实例的__deposit 属性前面带了两条下划线，这说明它是一个私有属性，我们没办法从外部直接访问实例的私有属性：

```
print(xiaoming.name)
```

输出结果为：

```
小明
```

从外部访问私有属性会报错，如图 2-18 所示。

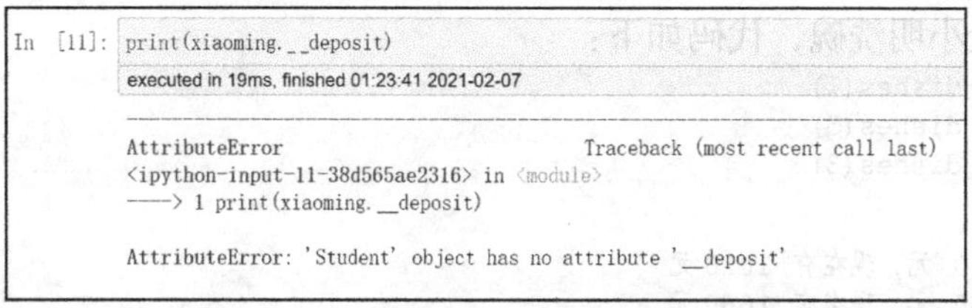

图 2-18 以双下划线开头的方法从外部不能访问

下面可以继续给类添加方法：

```
class Student:
    def __init__(self, name, age, deposit):
        self.name = name
        self.age = age
        self.__deposit = deposit

    def do_homework(self):
        # 做作业
        answer = self.__calculate(1, 1)
        print('做完作业了，答案是', answer)

    def wash_dishes(self, n_dishes):
        # 洗碗
        self.__deposit = self.__deposit + n_dishes * 10
        print('洗过碗了，又赚', n_dishes * 10, '元，现在有', self.__deposit 元)

    def __calculate(self, a, b):
        # 珠心算
        print('悄悄算算术，不告诉别人')
        return a + b
```

可以看到，每一个方法都带有 self 参数，同样在调用的时候不需要手动传入 self 参数。

在方法中，可以通过 self 参数访问实例本身的属性或其他方法。__calculate()方法前有两条下划线，同样说明这是一个私有方法，从外部无法调用，只能通过 self 从其他方法调用。例如这里在 do_homework()里调用了珠心算的方法。

下面试着让小明做一下作业，代码如下：

```
xiaoming = Student('小明', 12, 1000)
xiaoming.do_homework()
```

输出结果为：

```
悄悄算算术，不告诉别人
做完作业了，答案是 2
```

如果直接调用__calculate()方法则会报错，如图 2-19 所示。

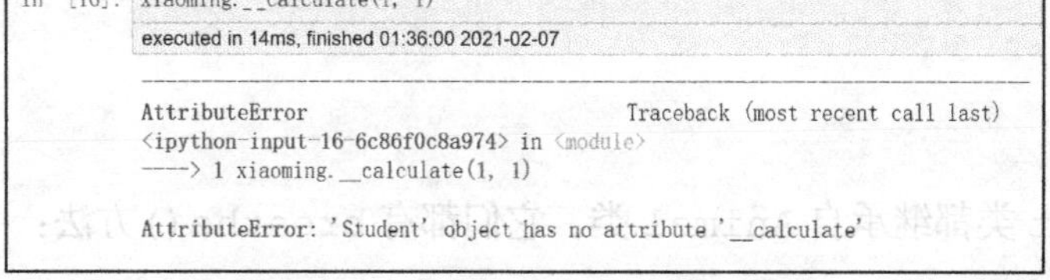

图 2-19 以双下划线开头的方法外部不能访问

接下来试试让小明洗碗，代码如下：

```
xiaoming.wash_dishes(1)
xiaoming.wash_dishes(5)
xiaoming.wash_dishes(3)
```

输出结果为：

```
洗过碗了，又赚 10 元，现在有 1010 元
洗过碗了，又赚 50 元，现在有 1060 元
洗过碗了，又赚 30 元，现在有 1090 元
```

在实例方法内可以访问或修改私有属性。

2. 继承

和现实世界一样，类具有从属关系。例如学生属于某市居民，某市居民属于人类，人类属于哺乳动物……可以近乎无限地抽象下去。在从属关系中，类分为子类和父类。例如人类是哺乳动物的子类，哺乳动物是人类的父类。不过实际使用时，我们并不会把抽象层级变得和现实世界的一样复杂，只需要根据需求进行抽象。

子类不仅拥有父类所有的属性和方法，还有自己特有的属性和方法。例如哺乳动物要呼吸，人类也要呼吸；但是人类会说话，哺乳动物就不会。

在程序中，我们可以使用类的继承来复用代码：如果一个已有的类实现了你需要的大部分功能，但由于功能不够完整，这时可以通过继承来衍生新的类，并为程序添加新功能或者改进原有功能。

这里尝试创建一个父类 Animal 以及子类 Dog 和 Cat，通过继承创建衍生类的新功能：

```
class Animal:
    def breathe(self):
        print('动物需要呼吸')


class Dog(Animal):
    def woof(self):
        print('汪汪汪')


class Cat(Animal):
    def meow(self):
        print('喵喵喵')
```

将 Dog 类和 Cat 类实例化，看一下它们分别能做什么：

```
speike = Dog()
tom = Cat()

speike.breathe()
tom.breathe()
```

输出结果为：

```
动物需要呼吸
动物需要呼吸
```

Dog 类和 Cat 类都继承自 Animal 类，它们都有 breathe()方法：

```
speike.woof()
tom.meow()
```

输出结果为：

```
汪汪汪
喵喵喵
```

speike 是 Dog 类的实例可以实现“汪汪叫”，tom 是 Cat 类的实例可以实现“喵喵叫”。如图 2-20 所示，tom 并不会“汪汪叫”。

```
In [26]: tom.woof()
         executed in 19ms, finished 03:39:49 2021-02-07

         ---------------------------------------------------------------------------
         AttributeError                            Traceback (most recent call last)
         <ipython-input-26-14bc7681ce31> in <module>
         ----> 1 tom.woof()

         AttributeError: 'Cat' object has no attribute 'woof'
```

图 2-20　子类会继承父类的方法

我们也可以尝试创建一个 Mouse 类，用以覆盖父类的方法：

```
class Mouse(Animal):
    def breathe(self):
        print('老鼠也需要呼吸')
```

将 Mouse 类实例化，并调用 breathe() 方法：

```
jerry = Mouse()
jerry.breathe()
```

输出结果为：

```
老鼠也需要呼吸
```

可以看到父类 Animal 中的 breathe() 方法被子类 Mouse 的 breathe() 覆盖了。

03 第3章 NumPy：Python 数值计算之源

得益于各种科学计算包的发展，Python 成为了地球科学领域常用的编程语言之一。而要想学会使用 Python 来进行气象计算和研究，就必须先学会如何使用这些科学计算包提供的数据结构来存储和处理数据。

NumPy 是 Python 中用于数值计算的基本软件包。它提供了**多维数组（*N*-dimensional array，ndarray）**对象和针对多维数组的各种计算函数，包括数学、排序和文件读写等方面的函数。

本章提到的所有数值计算拓展包都是在 NumPy 的基础上衍生出的，所以在后续使用中 NumPy 是必须安装和学习的包。

3.1 安装

NumPy 支持 Windows、Linux 和 macOS 等平台。使用 conda 可以很便捷地安装 NumPy 库。激活 conda 虚拟环境后，执行以下命令：

```
"conda install -c conda-forge numpy"
```

conda 会自动安装所需的依赖。

注意，后续将通过以下语句在 Python 脚本或 Jupyter 中导入 NumPy 库：

```
"import numpy as np"
```

尽管只执行一次导入命令就可以使用 NumPy，但是为了每个例子的可独立执行性，在例子中仍然可能每次都会进行导入。如果你在例子中没有看到独立的导入语句，那么当你看到使用 np.进行调用的时候，请默认之前已经进行过导入。

3.2　多维数组和列表

NumPy 提供多维数组对象。

相比 Python 原生的列表，多维数组有以下区别。

- 多维数组在创建时就具有固定的大小，长度不可以改变。只能通过创建新数组来增删数组中的元素。
- 多维数组中的所有元素都是同一个类型，不同类型的元素不可以放在同一个多维数组中。
- 多维数组支持广播运算和向量化操作。在进行某些运算或操作的时候，可以使用更少的代码完成同样的工作，而且能自动地充分运用处理器的并行优化，运行速度更快。

注意，后文所提到的所有多维数组所指代的都 np.ndarray 对象实例。

实际上在 NumPy 中还有其他基于 np.ndarray 对象衍生的子类，但限于篇幅且 np.ndarray 对象极为常用，所以本书仅对 np.ndarray 对象进行讲述。

3.3　多维数组的特征

多维数组的特征由以下几个常用属性来描述。

- .dtype：描述多维数组内元素的数据类型。
- .shape：描述多维数组内每个维度的元素数量信息，该属性是由数组每个维度元素的数量值（数组长度）所组成的元组。虽然数组长度不可变，但是数组的形状（shape）却可以变化，要求元素总数量一致。
- .ndim：描述多维数组的维度信息。
- .size：描述多维数组元素的总量信息。

3.3.1　数据类型

多维数组支持的常用数据类型如表 3-1 所示。

表 3-1　多维数组支持的常用数据类型

数据类型	说明
np.bool_	布尔类型，值为 True 或 False
np.int8	有符号 8 位整型，值为−128 ~ 127
np.int16	有符号 16 位整型，−32 768 ~ 32 767
np.int32 或 np.int_	有符号 32 位整型（默认为整数）
np.int64	有符号 64 位整型
np.uint8	无符号 8 位整型，值为 0 ~ 255
np.uint16	无符号 16 位整型，值为 0 ~ 65 535
np.uint32	无符号 32 位整型，值为 0 ~ 4 294 967 295

续表

数据类型	说明
np.uint64	无符号 64 位整型
np.float16	半精度 16 位浮点型
np.float32	单精度 32 位浮点型
np.float64 或 np.float_	双精度 64 位浮点型（默认为浮点型）
np.complex64	单精度 64 位浮点复数型
np.complex128 或 np.complex_	双精度 128 位浮点复数型
np.unicode_	Unicode 类型的字符串型

表 3-1 中的数据类型都是 NumPy 包中的 dtype 对象，在代码中可以直接使用。

注意，对于浮点数，有 3 个特殊值：NaN（not a number），表示非数字；Inf（infinity），表示正无穷；-Inf（negative infinity），表示负无穷。在计算中这 3 个特殊值会有异于普通数字的表现。Inf 和−Inf 通常会在 0 作为除数时得到，NaN 则可能是由于数据本身空缺。

3.3.2 轴与维度

在数学中，一维数据通常称为向量（vector），二维数据称为矩阵（matrix），而三维或更高维度的数据称为张量（tensor）。在 NumPy 中，每一个维度都称为轴（axis），而数组的每一个存在的轴都有自己对应的长度，例如：

```
import numpy as np

vector = np.array([1, 2, 3])
matrix = np.array([[1, 2, 3], [4, 5, 6]])
tensor = np.array([[[1, 2, 3], [4, 5, 6]], [[1, 2, 3], [4, 5, 6]]])

print('\n---向量---\n')
print(vector) # 向量
print('\n---矩阵---\n')
print(matrix) # 矩阵
print('\n---张量---\n')
print(tensor) # 张量
```

返回结果为：

```
---向量---

[1 2 3]

---矩阵---

[[1 2 3]
 [4 5 6]]

---张量---

[[[1 2 3]
  [4 5 6]]
```

```
[[1 2 3]
 [4 5 6]]]
```

利用多维数组 matrix 的 .ndim 属性，可以查看数组有几个维度：

```
print(matrix.ndim)
```

返回结果为：

```
2
```

利用多维数组 matrix 的 .shape 属性，可以看到对应的维度信息：

```
print(matrix.shape)
```

返回结果为：

```
(2, 3)
```

多维数组 matrix 有两个轴（维度），第一个轴（轴索引值为 0）的长度为 2，第二个轴（轴索引值为 1）的长度为 3。

尽量不要尝试把轴记作行或列，因为行和列只在二维数据中成立，将轴记作行或列在更高维度的数据中将会出现描述困难的问题。

还可以查看多维数组 matrix 的总长度（matrix.size），即两个轴长度的乘积：

```
print(matrix.size)
```

返回结果为：

```
6
```

3.4 创建多维数组

可以通过以下几个函数创建多维数组。

- np.array()：通过序列（例如列表）直接创建多维数组。
- np.zeros()：根据指定的形状创建值全为 0 的多维数组。
- np.arange()：根据起点、终点和步长创建一维等差数组。
- np.linspace()：根据起点、终点和元素数量创建一维等差数组。
- np.random.randn()：根据各个维度的长度，生成符合标准正态分布的多维数组。此处并未列出所有可以创建多维数组的函数，更多函数可参阅 NumPy 官方文档。

这 5 个函数都可以接收名为 dtype 的参数，用于指定生成对象的数据类型。

3.4.1 np.array()——直接创建

使用 np.array() 函数可以直接将序列对象（通常是列表）转换成多维数组对象。该函数可以接收名为 dtype 的参数，用于指定生成对象的数据类型。例如：

```
import numpy as np

a = np.array([1, 2, 3])
b = np.array([1, 2, 3], dtype=np.float_)

print(a)
```

```
print(a.dtype)
print(b)
print(b.dtype)
```

返回结果为：

```
[1 2 3]
int32
[1. 2. 3.]
float64
```

3.4.2 np.zeros()——根据 shape 参数创建数组

使用 np.zeros() 接收一个元组作为 shape 参数，并用 dtype 指定数据类型，生成指定 shape 值全为 0 的多维数组。例如：

```
import numpy as np

a = np.zeros((2, 3))
b = np.zeros((2, 3), dtype=np.int_)

print(a)
print(a.dtype)
print(b)
print(b.dtype)
```

返回结果为：

```
[[0. 0. 0.]
 [0. 0. 0.]]
float64
[[0 0 0]
 [0 0 0]]
int32
```

3.4.3 np.arange()——根据起点、终点和步长创建

np.arange() 函数可以通过指定起点、终点和步长创建对应的一维等差数组。生成的结果不包含终点值。

np.arange() 函数类似于 Python 中原生的 range() 函数，但是 np.arange() 函数支持浮点数步长，并且可以指定生成的数据类型。需要记住的是：原生的 range() 函数生成的是等差数列的生成器，np.arange() 函数生成的是多维数组。例如：

```
import numpy as np

a = np.arange(5)
b = np.arange(3, 5)
c = np.arange(3, 5, 0.5)
d = np.arange(3, 5, 0.5, dtype=np.float32)

print(a)
print(a.dtype)
print(b)
print(b.dtype)
print(c)
```

```
print(c.dtype)
print(d)
print(d.dtype)
```

返回结果为：

```
[0 1 2 3 4]
int32
[3 4]
int32
[3.  3.5 4.  4.5]
float64
[3.  3.5 4.  4.5]
float32
```

3.4.4 np.linspace()——根据起点、终点和元素数量创建

np.linspace()函数可以通过指定起点、终点和元素数量创建对应的一维等差数组。生成的结果包含终点值。例如：

```
import numpy as np
a = np.linspace(3, 5, 4)
b = np.linspace(3, 5, 4, dtype=np.float32)
print(a)
print(a.dtype)
print(b)
print(b.dtype)
```

返回结果为：

```
[3.         3.66666667 4.33333333 5.        ]
float64
[3.        3.6666667 4.3333335 5.       ]
float32
```

3.4.5 np.random.randn()——生成符合标准正态分布的随机多维数组

使用np.random.randn()可以生成符合标准正态分布的随机多维数组，它接收生成的数组每个轴的长度作为参数（而不是像np.zeros()函数那样传入shape元组参数）。例如：

```
import numpy as np
a = np.random.randn(3, 3)
print(a)
```

返回结果为：

```
[[-0.50187049  1.2632629  -0.19189672]
 [-0.78566256  0.58881852  0.90203983]
 [-1.64562258  0.07151503 -0.51826281]]
```

通过sigma * np.random.randn(...) + mu可以将标准正态分布随机多维数组转换成需要的正态分布随机多维数组。

3.5 数组间运算和广播运算

多维数组支持相互之间使用算术运算符（+、-、*、/）进行普通算术运算，对于形状相

同的多维数组，运算发生在两个数组对应位置的元素之间，即按元素运算。例如：

```
import numpy as np
a = np.array([1, 2, 3])
b = np.array([2, 4, 6])
print(a + b)
print(a - b)
print(a * b)
print(a / b)
```

返回结果为：

```
[3 6 9]
[-1 -2 -3]
[ 2  8 18]
[0.5 0.5 0.5]
```

严格来说只有当与多维数组进行运算的另一个变量满足一定条件时，才能实现即使它们维度不一样也能进行运算，即广播运算。需要满足的条件如下。

- 多维数组和标量（一个数）进行算术运算。
- 一维数组和二维数组进行运算，其中一维数组的长度和二维数组第二个维度的长度一致，例如 shape=(3,) 和 shape=(5,3)。
- 两个相同维度的多维数组进行运算，其中一个数组的某一个维度的长度为1，两个数组其他维度的长度相同，例如 shape=(1,3) 和 shape=(5,3)。

对于多维数组和标量的广播运算，是将标量逐元素作用于多维数组。例如：

```
import numpy as np

a = np.array([1, 2, 3])

print(a + 2)
print(a - 2)
print(a * 2)
print(a / 2)
```

返回结果为：

```
[3 4 5]
[-1  0  1]
[2 4 6]
[0.5 1.  1.5]
```

对于一维数组和二维数组之间的运算，NumPy会自动将维度更小的数组在新的维度上进行复制，实现相同维度后再进行逐元素运算。例如：

```
import numpy as np

a = np.array([1, 2, 3])
b = np.array([[1, 2, 3],
              [4, 5, 6],
              [7, 8, 9],
              [0, 1, 2],
              [3, 4, 5]])

print(a.shape)
print(b.shape)
c = a + b
```

```
print(c)
print(c.shape)
```

返回结果为：

```
(3,)
(5, 3)
[[ 2  4  6]
 [ 5  7  9]
 [ 8 10 12]
 [ 1  3  5]
 [ 4  6  8]]
(5, 3)
```

对于两个维度相同的多维数组之间的运算，NumPy 会将长度为 1 的维度进行复制，实现相同长度后再进行逐元素运算。例如：

```
import numpy as np

a = np.array([[1, 2, 3]])
b = np.array([[1, 2, 3],
              [4, 5, 6],
              [7, 8, 9],
              [0, 1, 2],
              [3, 4, 5]])

print(a.shape)
print(b.shape)
c = a + b
print(c)
print(c.shape)
```

返回结果为：

```
(1, 3)
(5, 3)
[[ 2  4  6]
 [ 5  7  9]
 [ 8 10 12]
 [ 1  3  5]
 [ 4  6  8]]
(5, 3)
```

在处理气象数据时，使用广播运算我们能很快捷地算出两个场（在气象学科中通常指二维以上的栅格数据）的平均值（当然还不止于此，后文还会介绍用 np.mean() 函数更加便捷地求平均值）。例如：

```
import numpy as np

t1 = np.array([[10.5, 13, 16.3],
               [12, 12.5, 15.5]])
t2 = np.array([[8.4, 7.2, 5.5],
               [7.1, 7.0, 6.0]])
t_mean = (t1 + t2) / 2

print(t_mean)
```

返回结果为：

```
[[ 9.45 10.1  10.9 ]
 [ 9.55  9.75 10.75]]
```

Python 中的比较运算符也可以用于多维数组对象，比较结果是形状与原数组相同的布尔类型的多维数组。例如：

```
import numpy as np
t1 = np.array([[10.5, 13, 16.3],
               [12, 12.5, 15.5]])
print(t1 > 12)
```

返回结果为：

```
[[False  True  True]
 [False  True  True]]
```

对于布尔类型的多维数组不要使用 and 和 or 进行运算，使用逻辑运算符&和|代替（&表示且，|表示或）。例如：

```
import numpy as np

t1 = np.array([[10.5, 13, 16.3],
               [12, 12.5, 15.5]])

print((t1 > 12)| (t1 < 11))
print((t1 > 12)& (t1 < 13))
```

返回结果为：

```
[[ True  True  True]
 [False  True  True]]
[[False False False]
 [False  True False]]
```

3.6 多维数组的索引和切片

和列表对象相似，多维数组对象也支持索引和切片，其功能甚至更加强大。

3.6.1 普通索引和切片

和列表不一样的是，列表切片会创建新的列表对象，多维数组的切片将在原始数据的基础上进行，并不会复制数据，所以使用切片也可以修改原数组元素的值。

索引可以用于取得需要的值，例如：

```
import numpy as np

a = np.array([[1, 2, 3],
              [4, 5, 6],
              [7, 8, 9]])

print(a[0], '第一个维度索引为 0 的序列')
print(a[:, 0], '第二个维度索引为 0 的序列')
print(a[:2], '第一个维度索引为 0、1 的序列')
print(a[:2, :2], '第一个维度索引为 0、1 且第二个维度索引为 0、1 的序列')
print(a[::2, :], '第一个维度索引间隔 2 的序列')
```

返回结果为：

```
[1 2 3] 第一个维度索引为 0 的序列
[1 4 7] 第二个维度索引为 0 的序列
```

```
[[1 2 3]
 [4 5 6]] 第一个维度索引为 0、1 的序列
[[1 2]
 [4 5]] 第一个维度索引为 0、1 且第二个维度索引为 0、1 的序列
[[1 2 3]
 [7 8 9]] 第一个维度索引间隔 2 的序列
```

索引也可以用于对索引位置赋值，例如：

```
import numpy as np

a = np.array([[1, 2, 3],
              [4, 5, 6],
              [7, 8, 9]])

a[1, 1] = 0
print(a)
```

返回结果为：

```
[[1 2 3]
 [4 0 6]
 [7 8 9]]
```

使用标量对切片赋值，将会用到广播运算，例如：

```
import numpy as np

a = np.array([[1, 2, 3],
              [4, 5, 6],
              [7, 8, 9]])

a[::2, :] = 0
print(a)
```

返回结果为：

```
[[0 0 0]
 [4 5 6]
 [0 0 0]]
```

同样，我们也可以很便捷地将一个数组中的所有元素修改为特定的值，例如：

```
import numpy as np

a = np.array([[1, 2, 3],
              [4, 5, 6],
              [7, 8, 9]])

a[:] = 0
print(a)
```

返回结果为：

```
[[0 0 0]
 [0 0 0]
 [0 0 0]]
```

3.6.2 高级索引

对于多维数组，除了类似于列表的索引方式，还有逻辑索引和花式索引。

1. 逻辑索引

逻辑索引指用和原多维数组形状相同的布尔类型的多维数组作为索引。布尔类型的多维

数组可以通过多种方式得到，例如通过比较运算符对应的运算。利用逻辑索引我们可以便捷地取出符合条件的元素。

示例如下：

```
import numpy as np

a = np.array([[1, 2, 3],
              [4, 5, 6],
              [7, 8, 9]])

print(a[a>4])
print(a[(a>4) & (a<8)])
```

返回结果为：

```
[5 6 7 8 9]
[5 6 7]
```

2. 花式索引

花式索引即用数组代替普通索引的单一索引，做到取出指定维度多个离散索引对应的序列。需要注意的是，使用花式索引将会创建新的多维数组对象，所以花式索引不能用于赋值，大量使用花式索引也可能会引发性能问题。

示例如下：

```
import numpy as np

a = np.array([[1, 2, 3],
              [4, 5, 6],
              [7, 8, 9]])

print(a[[0, 2]])
print(a[[0, 2], [1, 2]])
```

返回结果为：

```
[[1 2 3]
 [7 8 9]]
[2 9]
```

在本例中，第一条输出语句用于取出 a 数组第一个维度索引为 0、2 的所有序列；第二条输出语句用于取出 a 数组第一个维度（行）索引为 0、2 且第二个维度（列）索引为 1、2 的序列。取出的两个索引坐标按照（行,列）格式匹配，分别是（0,1）和（2,2）。

3.7 多维数组对象的方法

前文例子中涉及的多维数组对象都是多维数组 np.ndarray 的实例对象。本节将对 np.ndarray 对象的部分常用方法进行讲解。

3.7.1 reshape()——改变数组形状

前文提到过，多维数组一旦被创建，长度就会被确定，不可以再修改，但是多维数组的形状却不一样，其可以在被创建后修改而不用创建新的数组对象。这里需要注意的是，修改前后数据的总长度必须一致，数组的数据长度等于每个维度长度值的乘积。shape=(2,3,6)的元素总长为 $2 \times 3 \times 6 = 36$。

通常由于处理的数据的量巨大，在内存中创建新的数组对象时会进行内存复制，过多重复创建新的数组对象会导致严重的性能下降问题。

我们尝试修改一个一维向量的形状：

```
import numpy as np

a = np.array([1, 2, 3, 4, 5, 6])

print(a)
print(a.shape)
b = a.reshape(2, 3)
print(b)
print(b.shape)
c = a.reshape(6, 1)
print(c)
print(c.shape)
```

返回结果为：

```
[1 2 3 4 5 6]
(6,)
[[1 2 3]
 [4 5 6]]
(2, 3)
[[1]
 [2]
 [3]
 [4]
 [5]
 [6]]
(6, 1)
```

在 reshape()方法中，有一个特殊值-1，它只能用一次，表明这个维度的长度通过其他维度的长度自动计算。例如：

```
import numpy as np

a = np.array([1, 2, 3, 4, 5, 6])

print(a)
print(a.shape)
b = a.reshape(2, -1)
print(b)
print(b.shape)
```

返回结果为：

```
[1 2 3 4 5 6]
(6,)
[[1 2 3]
 [4 5 6]]
(2, 3)
```

-1 也可以用于将多维数组展开成一维数组，例如：

```
import numpy as np
```

```
a = np.array([[1, 2, 3],
              [4, 5, 6],
              [7, 8, 9]])

print(a)
print(a.shape)
b = a.reshape(-1)
print(b)
print(b.shape)
```

返回结果为：

```
[[1 2 3]
 [4 5 6]
 [7 8 9]]
(3, 3)
[1 2 3 4 5 6 7 8 9]
(9,)
```

3.7.2 transpose()——交换轴

transpose()方法只能用于二维或二维以上的数据。对于二维数据，transpose()方法不需要任何参数，调用效果等同于线性代数中的矩阵转置。对于三维或三维以上的数据，需要提供现有轴索引在目标顺序下的元组。例如对于 shape=(10, 15, 25)的数组，使用 transpose(1, 0, 2)可以将 0 号轴和 1 号轴交换位置（Python 中索引从 0 开始，所以 0 号轴是第一个维度）。

示例如下：

```
import numpy as np

a = np.array([[1, 2, 3],
              [4, 5, 6],
              [7, 8, 9]])

print(a.transpose())
```

返回结果为：

```
[[1 4 7]
 [2 5 8]
 [3 6 9]]
```

对于三维或三维以上的数组，需要提供轴索引作为参数，例如：

```
import numpy as np

a = np.zeros((10, 15, 25))
print(a.shape)
b = a.transpose(1, 0, 2)
print(b.shape)
```

返回结果为：

```
(10, 15, 25)
(15, 10, 25)
```

3.7.3 mean()——计算平均值

注意，ndarray 的 mean()方法区别于 NumPy 库提供的 np.mean()函数，这里讲述的是

ndarray 的 mean() 方法。当计算的数据中有 NaN 时，最后的结果将为 NaN，如果要绕开 NaN 值计算，请查阅 np.nanmean() 函数的使用方法。

在使用 NumPy 操作数据时，免不了需要计算数据的平均值，这时可以用 ndarray 对象的 mean() 方法。

mean() 方法接收一个可选的 axis 参数。当省略 axis 参数时，默认计算所有维度元素的平均值，返回一个标量。axis 参数可以是一个值，表明需要进行平均的维度；也可以是需要平均的维度的元组，计算结果将失去 axis 所指定的维度。

示例如下：

```
import numpy as np

a = np.array([[1, 2, 3],
              [4, 5, 6],
              [7, 8, 9]])

print(a.mean())
print(a.mean(axis=(0, 1)))
print('由于数组 a 只有两个维度，所以 axis=(0, 1)等价于对所有维度取平均值')
print(a.mean(axis=0))
print(a.mean(axis=1))
```

返回结果为：

```
5.0
5.0
由于数组 a 只有两个维度，所以 axis=(0, 1)等价于对所有维度取平均值
[4. 5. 6.]
[2. 5. 8.]
```

3.7.4 sum()——计算元素和

注意，ndarray 的 sum() 方法区别于 NumPy 库提供的 np.sum() 函数，这里讲述的是 ndarray 的 sum() 方法。当计算的数据中有 NaN 时，最后的结果将为 NaN，如果要绕开 NaN 值计算，请查阅 np.nansum() 函数的使用方法。

使用 ndarray 的 sum() 方法可以计算数据的和。

sum() 方法接收一个可选的 axis 参数，当省略 axis 参数时，默认计算所有维度元素的和，返回一个标量。axis 参数可以是一个值，表明需要进行累加的维度；也可以是需要累加的维度的元组，计算结果将失去 axis 所指定的维度。

示例如下：

```
import numpy as np

a = np.array([[1, 2, 3],
              [4, 5, 6],
              [7, 8, 9]])

print(a.sum())
print(a.sum(axis=(0, 1)))
print(a.sum(axis=0))
```

返回结果为：

```
45
45
[12 15 18]
```

3.7.5　std()——计算标准差

注意，ndarray 的 std()方法区别于 NumPy 库提供的 np.std()函数，这里讲述的是 ndarray 的 std()方法。当计算的数据中有 NaN 时，最后的结果将为 NaN，如果要绕开 NaN 值计算，请查阅 np.nanstd()函数的使用方法。

使用 ndarray 的 std()方法可以计算数据的标准差。

std()方法接收一个可选的 axis 参数，当省略 axis 参数时，默认计算所有维度元素的标准差，返回一个标量。axis 参数可以是一个值，表明需要进行标准差计算的维度；也可以是需要计算标准差的维度的元组，计算结果将失去 axis 所指定的维度。

示例如下：

```
import numpy as np

a = np.array([[1, 2, 3],
              [4, 5, 6],
              [7, 8, 9]])

print(a.std())
print(a.std(axis=(0, 1)))
print(a.std(axis=0))
```

返回结果为：

```
2.581988897471611
2.581988897471611
[2.44948974 2.44948974 2.44948974]
```

3.7.6　min()——取最小值/max()——取最大值

注意：ndarray 的 min()/max()区别于 NumPy 库提供的 np.min()/np.max()函数，这里讲述的是 ndarray 的 min()/max()方法。当计算的数据中有 NaN 时，最后的结果将为 NaN，如果要绕开 NaN 值计算，请查阅 np.nanmin()/np.nanmax()函数的使用方法。

使用 ndarray 的 min()/max()方法可以计算多维数组的最小值/最大值。

min()/max()方法接收一个可选的 axis 轴参数，当省略 axis 轴参数时，默认计算所有维度元素的最小值/最大值，返回一个标量。axis 参数可以是一个值，表明需要计算最小值/最大值的维度；也可以是需要计算最小值/最大值的维度的元组，计算结果将失去 axis 所指定的维度。

示例如下：

```
import numpy as np

a = np.array([[1, 2, 3],
              [4, 5, 6],
              [7, 8, 9]])
```

```
print(a.max())
print(a.max(axis=(0, 1)))
print(a.max(axis=0))

print(a.min())
print(a.min(axis=(0, 1)))
print(a.min(axis=0))
```

返回结果为：

```
9
9
[7 8 9]
1
1
[1 2 3]
```

3.7.7 round()——进行四舍五入

注意，ndarray 的 round()方法区别于 NumPy 库提供的 np.round()函数，这里讲述的是 ndarray 的 round()方法。

使用 ndarray 的 round()方法可以将数据四舍五入到指定小数位。

round()方法接收一个可选的小数位数的参数，省略参数时将四舍五入到整数。

示例如下：

```
import numpy as np

a = np.array([[1.12, 2.25, 2.15],
              [4.03, 5.48, 6.75],
              [7.25, 7.35, 9.22]])

print(a.round())
print(a.round(1))
```

返回结果为：

```
[[1. 2. 2.]
 [4. 5. 7.]
 [7. 7. 9.]]
[[1.1 2.2 2.2]
 [4.  5.5 6.8]
 [7.2 7.4 9.2]]
```

对于 round()方法和 np.round()函数需要注意的是，NumPy 遵循“四舍五入五成双”原则，即被约掉的部分等于 5 且后面没有除 0 以外的其他数时，如果前面部分为奇数则进一，前面部分为偶数则舍弃。例如 2.15 保留一位小数的结果为 2.2，2.25 保留一位小数的结果也为 2.2。

3.7.8 dot()——执行向量/矩阵乘法

注意，ndarray 的 dot()方法区别于 NumPy 库提供的 np.dot()函数，这里讲述的是 ndarray 的 ndarray.dot()方法。

在两个矩阵或向量之间使用乘法运算符执行的是逐元素运算，而当我们想实现线性代数中的向量或矩阵乘法运算时，可以使用 ndarray 的 dot()方法。注意：向量/矩阵乘法运算只在一维和二维数组中有数学意义，所以两个乘数只能是一维数组或二维数组。

dot()接收要相乘的数组（向量或矩阵）作为参数。在两个一维数组（表示向量）之间进行乘法运算时，两个一维数组的长度必须一致。在两个二维数组（表示矩阵）之间进行乘法运算时，必须存在 shape_a=(M, N)、shape_b=(N, K)，即左矩阵第二维度的长度必须与右矩阵第一维度的长度相等。

矩阵乘法运算例子如下：

```
import numpy as np

a = np.array([[1, 2, 3],
              [4, 5, 6]])

b = np.array([[1, 2],
              [3, 4],
              [5, 6]])

print('shape_a=', a.shape)
print('shape_b=', b.shape)

c = a.dot(b)  # A×B
print(c)
```

返回结果为：

```
shape_a= (2, 3)
shape_b= (3, 2)
[[22 28]
 [49 64]]
```

向量乘法运算例子如下：

```
import numpy as np

a = np.array([1, 2, 3])

b = np.array([4, 5, 6])

c = a.dot(b)

print(c)
```

返回结果为：

```
32
```

3.7.9 astype()——转换数值类型

使用 astype()方法可以根据需要生成新数据类型的多维数组。例如：

```
import numpy as np

a = np.array([1.2, 2.4, 3.5])
print(a.dtype)

b = a.astype(np.float32)
```

```
print(b.dtype)

c = a.astype(np.int)
print(c.dtype)
print(c)
```

返回结果为：

```
float64
float32
int32
[1 2 3]
```

需要注意的是，如果将高精度类型转换为低精度类型则会不可逆地丢失精度，例子中的 b 变量将丢失 a 变量的部分精度（如果更低的精度对于这个数据也够用，则没什么问题）；将浮点型转换为整型则会不可逆地丢失小数部分，例子中 c 变量丢失了 a 变量所有的小数部分。

精度或小数部分的丢失不可逆，也就是说永远不可能从 c 变量或 b 变量再完美复原回 a 变量。

3.8 NumPy 的常用函数

NumPy 中用于多维数组逐元素计算的函数称为通用函数（universal function）。通用函数支持广播运算、隐式类型转换等，也就是说通用函数支持向量化，也支持标量的数值计算。

3.8.1 数学计算函数

数学计算函数涉及数学上常用的几种数学计算，如表 3-2 所示。

表 3-2 数学计算函数

函数	说明
np.exp(x)	逐元素计算 e^x
np.exp2(x)	逐元素计算 2^x
np.log(x)	逐元素计算 x 以 e 为底的对数
np.log2(x)	逐元素计算 x 以 2 为底的对数
np.log10(x)	逐元素计算 x 以 10 为底的对数
np.sqrt(x)	逐元素计算 x 的平方根
np.gcd($x1$, $x2$)	逐元素计算 $x1$ 和 $x2$ 的最大公约数
np.lcm($x1$, $x2$)	逐元素计算 $x1$ 和 $x2$ 的最小公倍数

3.8.2 三角函数

NumPy 中也包含常用的三角函数，如表 3-3 所示。

表 3-3　三角函数

函数	说明
np.sin(*x*)	逐元素计算 *x* 的正弦值（弧度制）
np.cos(*x*)	逐元素计算 *x* 的余弦值（弧度制）
np.tan(*x*)	逐元素计算 *x* 的正切值（弧度制）
np.arcsin(*x*)	逐元素计算 *x* 的反正弦值（弧度制）
np.arccos(*x*)	逐元素计算 *x* 的反余弦值（弧度制）
np.arctan(*x*)	逐元素计算 *x* 的反正切值（弧度制）
np.hypot(*x*1, *x*2)	逐元素计算直角三角形的斜边（*c*=sqrt(*x*1^2+*x*2^2)）
sinh(*x*)	逐元素计算 *x* 的双曲正弦值
cosh(*x*)	逐元素计算 *x* 的双曲余弦值
tanh(*x*)	逐元素计算 *x* 的双曲正切值
arcsinh(*x*)	逐元素计算 *x* 的反双曲正弦值
arccosh(*x*)	逐元素计算 *x* 的反双曲余弦值
arctanh(*x*)	逐元素计算 *x* 的反双曲正切值
deg2rad(*x*)	逐元素将 *x* 从角度值转换为弧度值
rad2deg(*x*)	逐元素将 *x* 从弧度值转换为角度值

3.8.3　浮点函数

浮点函数用于处理与浮点数相关的数据，如表 3-4 所示。

表 3-4　浮点函数

函数	说明
np.isinf(*x*)	返回一个布尔数组，对应参数 *x* 中的值是 Inf 或−Inf 的元素位置为 True，其余为 False
np.isnan(*x*)	返回一个布尔数组，对应参数 *x* 中的值是 NaN 的元素位置为 True，其余为 False
np.fabs(*x*)	逐元素取 *x* 的绝对值
np.floor(*x*)	逐元素将 *x* 向下取整
np.ceil(*x*)	逐元素将 *x* 向上取整
np.round(*x*, decimals=0)	逐元素将 *x* 保留指定位数的小数

3.8.4　非通用函数

使用非通用函数将会改变输入数据的维度，例如求取算术平均值或最小值/最大值，输出结果与输入数据的维度和形状不同，非通用函数如表 3-5 所示。

表 3-5 非通用函数

函数	说明
np.mean(*x*, axis=None)	计算 *x* 指定轴的算术平均值，未指定轴时默认对所有维度进行计算
np.nanmean(*x*, axis=None)	计算 *x* 指定轴的算术平均值，未指定轴时默认对所有维度进行计算，跳过 NaN 值
np.sum(*x*, axis=None)	计算 *x* 指定轴的算术和，未指定轴时默认对所有维度进行计算
np.nansum(*x*, axis=None)	计算 *x* 指定轴的算术和，未指定轴时默认对所有维度进行计算，跳过 NaN 值
np.min(*x*, axis=None)	计算 *x* 指定轴的最小值，未指定轴时默认对所有维度进行计算
np.nanmin(*x*, axis=None)	计算 *x* 指定轴的最小值，未指定轴时默认对所有维度进行计算，跳过 NaN 值
np.max(*x*, axis=None)	计算 *x* 指定轴的最大值，未指定轴时默认对所有维度进行计算
np.nanmax(*x*, axis=None)	计算 *x* 指定轴的最大值，未指定轴时默认对所有维度进行计算，跳过 NaN 值
np.std(*x*, axis=None)	计算 *x* 指定轴的标准差，未指定轴时默认对所有维度进行计算
np.nanstd(*x*, axis=None)	计算 *x* 指定轴的标准差，未指定轴时默认对所有维度进行计算，跳过 NaN 值
np.diff(*x*, *n*=1, axis=-1)	计算 *x* 在指定轴的前向差分，*n* 为差分阶数。 out[*i*] = *x*[*i*+1] − *x*[*i*]

3.9 NumPy 中的常量

NumPy 提供了某些常用常量，在代码编写过程中可以直接使用这些常量，如表 3-6 所示。

表 3-6 常量

常量	说明
np.inf	正无穷
np.NINF	负无穷
np.nan	非数字
np.e	自然常数 e
np.pi	圆周率

3.10 文件读写

NumPy 支持某些常见文本格式和二进制格式的文件的直接读写。

需要注意的是，由于 GrADS 的二进制文件并不是常见的二进制格式的文件，所以不支持使用 NumPy 直接读取，需要进行相应的格式转换。某些较为特殊的文本格式，例如 MICAPS 3 的文本数据也不支持直接读取，后文会单独介绍这些气象专用特殊文件的读取。

3.10.1 文本格式文件的读取

文本格式的文件包括 CSV 文件和使用空格分隔数据的文本文件。对于文本格式的文件的读取，可以使用 np.genfromtxt()函数。

由于 pandas 对于结构化数据具有更好的操作性，所以对于复杂的结构化文件的读写我们会在 pandas 部分讲述。对于 NumPy 文本格式的文件的读写只讲述其基本功能，且文件中只包含数字。

```
np.genfromtxt(fname, dtype=float, delimiter=None, skip_header=0)
```

- fname：字符串，用于指定文件路径。
- dtype：数据类型，可选，用于指定生成数组的数据类型。
- delimiter：字符串，可选，用于指定数据每一列的分隔符。
- skip_header：整数，可选，用于指定文件头部跳过的行数。

需要注意的是，上面对 np.genfromtxt()函数的参数描述并不完整，所以在使用上述参数时，除了文件路径参数，其他参数均需要通过命名参数的方式进行传递，且这个函数只能用于一维和二维数据的读取。

1. CSV 文件的读取

对于没有列名的 CSV 文件的读取，只需要将 delimiter 设置为逗号“,”，文件如图 3-1 所示。

对于上面介绍的这种没有列名的 CSV 文件，可以用下面的方式读取：

```
import numpy as np
a = np.genfromtxt('resource/csv_noheader.csv', delimiter=',')
print(a)
```

返回结果为：

```
[[10.1  5.  12.   3. ]
 [ 5.3  3.  65.  15. ]
 [ 2.   5.  12.2 10. ]]
```

如果是带有列名的 CSV 文件，如图 3-2 所示，可以添加一个 skip_header 参数来实现跳过列名，否则列名会作为数据读入，导致最后数组类型为字符串。

```
1  10.1,  5.0,   12,3
2  5.3,   3,65,  15
3  2,5,   12.2,  10
```

图 3-1　逗号作为分隔符的文件

```
1  A,     B,     C
2  10.1,  5.0,   12,3
3  5.3,   3,65,  15
4  2,5,   12.2,  10
```

图 3-2　带有列名的逗号作为分隔符的文件

可以用下面的方式读取带有列名的 CSV 文件：

```
import numpy as np

a = np.genfromtxt('resource/csv_header.csv', delimiter=',', skip_header=1)

print(a)
```

返回结果为：

```
[[10.1  5.  12.   3. ]
 [ 5.3  3.  65.  15. ]
 [ 2.   5.  12.2 10. ]]
```

skip_header=1 表明跳过文件开头的一行，再进行读取。

2. 空格作为分隔符的文件的读取

空格作为分隔符的文件与 CSV 文件非常相似，不同之处在于：CSV 文件使用逗号分隔列，而空格作为分隔符的文件使用空格分隔列，空格作为分隔符的文件如图 3-3 所示。了解到空格作为分隔符的文件的特点之后，可知替换 delimiter 参数的值即可读取该文件。

```
10.1 5.0 12 3
5.3 3.1 65 15
2 5 12.2 10
```

图 3-3 空格作为分隔符的文件

可以注意到，对于空格作为分隔符的文件，数值之间的空格数必须相等。

可以用下面的方式读取空格作为分隔符的文件：

```
import numpy as np

a = np.genfromtxt('resource/space_deli.txt', delimiter=' ')

print(a)
```

返回结果为：

```
[[10.1  5.  12.   3. ]
 [ 5.3  3.1 65.  15. ]
 [ 2.   5.  12.2 10. ]]
```

可以看到，delimiter 参数中空格的个数和数值之间空格的个数相等。

3.10.2 文本格式文件的写入

对于文本格式文件的写入，可以使用 np.savetxt() 函数：

```
np.savetxt(fname, X, fmt='%.18e', delimiter=' ')
```

- fname：字符串，用于指定文件名的文件保存路径。
- X：一维或二维的 np.ndarray 数组实例。
- fmt：如果 X 为浮点类型，则应用此参数可将 X 保存为指定文本格式，可选参数。
- delimiter：列分隔符，可选参数。

浮点数保存格式由以下几个常用部分组成：

```
%[标志位]宽度[.精度]说明符
```

- 标志位。
  - -：左对齐。
  - +：在正数前加上+号。
  - 0：对齐时左边用 0 代替空格进行填充。
- 宽度。指数值最小宽度，输出的数值不足最小宽度时用空格填充左侧。
- 精度。
  - 数据为整数时表示输出的是最小宽度。
  - 数据为浮点数时表示小数点后的位数。
- 说明符。
  - d、i：带符号整数。
  - e、E：科学记数法。
  - f：小数。

这里对浮点数保存格式的说明仅为常用类型的说明，并非完整说明。

CSV 文件和空格作为分隔符的文件的写入

CSV 文件与空格作为分隔符的文件的区别在于列分隔符不一样，所以通常情况下写入 CSV 文件和空格作为分隔符的文件，其区别仅为修改 `delimiter` 参数的值。需要注意的是，`np.savetxt()` 函数只能保存一维或二维的数组。

保存为 CSV 文件：

```
import numpy as np
a = np.array([[10.5, 13, 16.3],
              [12, 12.5, 15.5]])
np.savetxt('resource/save_csv.csv', a, delimiter=',')
```

生成的 CSV 文件如图 3-4 所示。

```
1.050000000000000000e+01,1.300000000000000000e+01,1.630000000000000071e+01
1.200000000000000000e+01,1.250000000000000000e+01,1.550000000000000000e+01

```

图 3-4 生成的逗号作为分隔符的文件

保存为空格作为分隔符的文件：

```
import numpy as np
a = np.array([[10.5, 13, 16.3],
              [12, 12.5, 15.5]])
np.savetxt('resource/save_txt.txt', a, delimiter=' ')
```

生成的空格作为分隔符的文件如图 3-5 所示。

```
1.050000000000000000e+01 1.300000000000000000e+01 1.630000000000000071e+01
1.200000000000000000e+01 1.250000000000000000e+01 1.550000000000000000e+01

```

图 3-5 生成的空格作为分隔符的文件

3.10.3 顺序二进制文件的读写

注意：这里介绍的是纯数据的二进制文件读写，并非经过包装的含有数组描述信息的二进制文件读写。这种纯数据的二进制文件常用于 GrADS 和 Fortran 之间的数据交换，常用扩展名为.grd 或.bin。

NumPy 可以读写遵循 C 语言数组顺序（行优先顺序，Fortran 中数组顺序为列优先顺序）的纯数据二进制文件。这种类型的二进制文件中不包含任何关于数据的字节序、数组维度和形状的信息。也正是因为这一点，在读取之前需要知晓数据的类型、原始数组维度和形状的信息。

需要注意的是，二进制文件的写入对数据维度没有要求，任何维度的数组都可以进行写入，但是最终写入的文件不会包含维度信息，需要通过 reshape()方法进行手动复原。

1. 二进制文件的读取

可以使用 `np.fromfile()` 函数读取原始二进制文件：

```
np.fromfile(file, dtype=np.float64)
```

- `file`：文件路径。

- dtype：数据类型。

读取原始二进制文件时，我们首先需要知道数据类型和原始数组的维度与形状。这里读取上面写入的二进制文件，其 shape=(3, 3)，dtype=np.float64。例如：

```
import numpy as np

a = np.fromfile('resource/binary_raw.bin', dtype=np.float64)
print(a)
a = a.reshape((3, 3))
print(a)
```

返回结果为：

```
[10.5 13.  16.3 12.  12.5 15.5 11.3 12.2 15.4]
[[10.5 13.  16.3]
 [12.  12.5 15.5]
 [11.3 12.2 15.4]]
```

可以看到，直接读取出来的数据丢失了维度与形状，需要通过 reshape() 方法重新构造维度信息。

2. 二进制文件的写入

这里使用 ndarray 对象的 tofile() 方法写入二进制文件：

```
X.tofile(fid)
```

X：需要写入的 ndarray 对象。

fid：字符串，包括文件名的文件保存路径。

写入文件的数据类型取决于多维数组本身的数据类型。

例如：

```
import numpy as np
a = np.array([[10.5, 13, 16.3],
              [12, 12.5, 15.5],
              [11.3, 12.2, 15.4]])
print(a.dtype) #输出结果为 float64
a.tofile('resource/binary_raw.bin')
```

例子中，数组的数据类型为 np.float64，即每个元素占 8 字节，元素总数为 3×3=9，所以最后生成的文件的大小为 8×9=72 字节。可以看出最终生成的文件不会包含任何元素本身以外的数据，如图 3-6 所示。

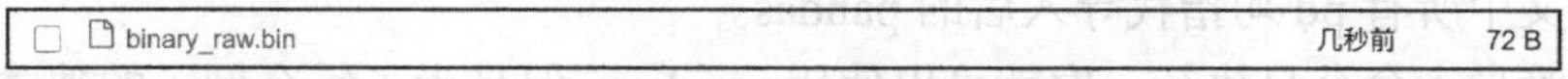

图 3-6 生成的二进制文件

04 第4章 pandas：优秀的数据分析工具

pandas 是 Python 的一个基于 NumPy 开发的数据分析包，其中包含序列（Series）、数据框（DataFrame）等几种常用数据结构。

pandas 非常适用于处理包含时间信息的结构化数据，例如气象站的监测数据。得益于数据框中封装的统计分析方法，我们在使用 pandas 处理和分析站点数据时，可以做到操作简便、快捷。

4.1 安装

pandas 同样支持 Windows、Linux 和 macOS 等平台。使用 conda 可以很便捷地安装 pandas。首先激活 conda 虚拟环境，然后执行以下命令：

```
conda install -c conda-forge pandas
```

conda 会自动实现安装所需的依赖。

在代码编写过程中，可以通过以下代码导入 pandas：

```
import pandas as pd
```

后文中所有 pd 均指代导入后的 pandas。

尽管导入命令只执行一次就可以使用 pandas，但是为了每个例子的独立可执行性，例子中仍然每次都会进行导入。如果你在例子中没有看到独立的导入语句，那么当你看到使用 pd.进行调用的时候，请默认之前已经进行过导入。

4.2 pd.Series——序列

序列是带标签索引的一维数组。由于序列衍生于 NumPy 的 ndarray（多维数组），所以序列支持所有多维数组支持的数据类型。

4.2.1 创建序列

可以使用 pd.Series()创建序列：

```
pd.Series(data=None, index=None, dtype=None, name=None)
```

- data：一维列表（list），一维 ndarray 数组，指数据。
- index：数据对应的索引，省略该参数时自动创建从 0 开始的数值标签索引。
- dtype：数据类型，省略该参数时自动检测数据类型。
- name：用于命名，省略该参数时不进行命名。

pd.Series 对象的初始化参数全都为可选的，如果创建时不指定任何参数则会创建一个空 pd.Series 对象。

这里尝试创建一个简单的 pd.Series：

```
import pandas as pd

a = pd.Series([9.1, 9.5, 10.0, 11.2])

print(a)
```

返回结果为：

```
0     9.1
1     9.5
2    10.0
3    11.2
dtype: float64
```

其中 0、1、2、3 为自动创建的数值索引。

我们可以在创建 pd.Series 时指定索引：

```
import pandas as pd

a = pd.Series([9.1, 9.5, 10.0, 11.2], index=['a', 'b', 'c', 'd'])

print(a)
```

返回结果为：

```
a     9.1
b     9.5
c    10.0
d    11.2
dtype: float64
```

还可以为 pd.Series 指定名称：

```
import pandas as pd

a = pd.Series([9.1, 9.5, 10.0, 11.2], index=['a', 'b', 'c', 'd'], name='t')

print(a)
```

返回结果为：

```
a     9.1
b     9.5
```

```
c    10.0
d    11.2
Name: t, dtype: float64
```

4.2.2　时间索引

pd.Series 对象的索引除了可以是数值和字符串，还可以是时间。索引是时间的情况对于自动站数据来说比较常见。当索引是时间时，我们可以调用一些 pd.Series 对象中专为时间序列准备的统计计算方法，例如：

```
import pandas as pd
import numpy as np
a = pd.Series([9.1, 9.5, 10.0, 11.2],
              index=pd.to_datetime(['2020-02-19', '2020-02-20',
                                    '2020-02-21', '2020-02-22']),
              name='t')

print(a)
print(a.index.astype(np.int))
```

返回结果为：

```
2020-02-19     9.1
2020-02-20     9.5
2020-02-21    10.0
2020-02-22    11.2
Name: t, dtype: float64
Int64Index([1582070400000000000, 1582156800000000000, 1582243200000000000,
            1582329600000000000],
           dtype='int64')
```

这里用到了 pd.to_datetime() 函数，4.4.2 节对 .to_datetime() 函数进行了讲述。

这里使用 pd.to_datetime() 函数是为了将字符串序列转换为时间戳索引。时间戳是用从 1970-01-01 00:00:00 UTC+0 到目标时间所经过的时间长度来表示目标时间的。这个例子中时间长度的单位是纳秒，即从起点时间到目标时间经过的纳秒数的总和。在这个例子之外，时间长度的单位也可以是毫秒或秒等。

使用 pd.to_datetime() 函数默认生成的时间类型不包含时区信息，也就是说这个函数默认解析的字符串表达的时间为世界协调时（UTC）。引入时区在大多数不必要的情况下会导致更高的复杂程度。

在处理包含时间的站点信息时，建议将带有时区的时间转换为 UTC，以避免出现数据时区不统一导致的计算错误（由于各种原因，某些数据可能会以北京时间（CST/BJT）保存，而另外一些数据会以 UTC 保存，在使用时务必确认清楚，且将其统一转换为 UTC）。

UTC -> CST(BJT)：+8 小时。

CST(BJT) -> UTC：−8 小时。

时间索引同样支持广播运算。这里结合 datetime 库的 dt.timedelta 对象进行时区转换计算。假设上面例子中的时间信息为北京时间，这里尝试将北京时间转换为 UTC：

```
import datetime as dt
import pandas as pd
```

```
index_time = pd.to_datetime(['2020-02-19', '2020-02-20', '2020-02-21', '2020-02-22'])
index_time = index_time - dt.timedelta(hours=8)

a = pd.Series([9.1, 9.5, 10.0, 11.2], index=index_time, name='t')

print(a)
```

返回结果为：

```
2020-02-18 16:00:00     9.1
2020-02-19 16:00:00     9.5
2020-02-20 16:00:00    10.0
2020-02-21 16:00:00    11.2
Name: t, dtype: float64
```

4.2.3 pd.Series 对象的算术运算

pd.Series 对象同样支持使用算术运算符（+、-、*、/）进行运算。

pd.Series 对象用于标量运算时，运算规则与 np.ndarray 对象的一样，适用广播运算规则，例如：

```
import pandas as pd

a = pd.Series([9.1, 9.5, 10.0, 11.2], index=['a', 'b', 'c', 'd'], name='t')
b = a - 10

print(b)
```

返回结果为：

```
a   -0.9
b   -0.5
c   0.0
d   1.2
Name: t, dtype: float64
```

需要注意的是：当 pd.Series 对象与另一个 pd.Series 对象进行运算时，将会按照索引进行一对一运算，而不是按照位置进行运算。

注意，这个例子中变量 a 与 b 的索引不一致：

```
import pandas as pd

a = pd.Series([9.1, 9.5, 10.0, 11.2], index=['a', 'b', 'c', 'd'], name='t1')
b = pd.Series([9.1, 9.5, 10.0, 11.2], index=['b', 'a', 'c', 'd'], name='t2')

print(b - a)
```

返回结果为：

```
a    0.4
b   -0.4
c    0.0
d    0.0
dtype: float64
```

如果两个 pd.Series 对象的索引不完全一样,对于并不共有的索引运算结果将为 NaN，同时结果的索引“扩张”了，将是两个运算元素索引的并集（这很好理解，在算术运算过程中，有一方对应的索引缺少元素，结果自然为 NaN）。例如：

```
import pandas as pd

a = pd.Series([9.1, 9.5, 10.0, 11.2], index=['a', 'b', 'c', 'd'], name='t1')
b = pd.Series([9.1, 9.5, 10.0, 11.2], index=['b', 'c', 'd', 'e'], name='t2')

print(b - a)
```

返回结果为：

```
a    NaN
b   -0.4
c   -0.5
d   -1.2
e    NaN
dtype: float64
```

如果是两个索引完全不一样的 pd.Series 对象进行运算，那么得到的结果将全为 NaN，例如：

```
import pandas as pd

a = pd.Series([9.1, 9.5, 10.0, 11.2], index=['a', 'b', 'c', 'd'], name='t1')
b = pd.Series([9.1, 9.5, 10.0, 11.2], index=['e', 'f', 'g', 'h'], name='t2')

print(b - a)
```

返回结果为：

```
a   NaN
b   NaN
c   NaN
d   NaN
e   NaN
f   NaN
g   NaN
h   NaN
dtype: float64
```

所以当我们对两个 pd.Series 对象进行算术运算时，务必要注意两者的索引的一致性。

4.2.4 pd.Series 对象的常用属性

pd.Series 对象拥有大部分 np.ndarray 对象的属性，它还新增了一些具有特殊功能的属性。

1. .dtype——数据类型

该属性与 np.ndarray 的一样，用于返回数据类型，例如：

```
import pandas as pd

a = pd.Series([9.1, 9.5, 10.0, 11.2], index=['a', 'b', 'c', 'd'], name='t')

print(a.dtype)
```

返回结果为：

```
float64
```

2. .ndim——返回数据维度

该属性与 np.ndarray 的一样，用于返回数据维度信息。对于 pd.Series 对象来说，其值恒为 1（因为 pd.Series 对象是一维序列对象），例如：

```
import pandas as pd

a = pd.Series([9.1, 9.5, 10.0, 11.2], index=['a', 'b', 'c', 'd'], name='t')

print(a.ndim)
```

返回结果为：

```
1
```

3. .shape——返回数据形状

该属性与np.ndarray的一样，用于返回数据在每个维度的形状信息，例如：

```
import pandas as pd

a = pd.Series([9.1, 9.5, 10.0, 11.2], index=['a', 'b', 'c', 'd'], name='t')

print(a.shape)
```

返回结果为：

```
(4,)
```

4. .at——通过标签索引访问单个元素

该属性用于实现通过标签索引访问单个元素。注意，需要区分pd.Series与pd.DataFrame两个对象的.at属性，这里讲述的是pd.Series的.at属性，例如：

```
import pandas as pd

a = pd.Series([9.1, 9.5, 10.0, 11.2], index=['a', 'b', 'c', 'd'], name='t')

print(a.at['a'])
```

返回结果为：

```
9.1
```

5. .iat——通过位置数值索引访问单个元素

该属性用于实现通过位置数值索引访问单个元素。注意，需要区分pd.Series与pd.DataFrame两个对象的.iat属性，这里讲述的是pd.Series的.iat属性。

与.at属性不同的是，.iat通过元素所在的位置数值索引进行访问，而.at通过标签索引进行访问，例如：

```
import pandas as pd

a = pd.Series([9.1, 9.5, 10.0, 11.2], index=['a', 'b', 'c', 'd'], name='t')

print(a.iat[0])
```

返回结果为：

```
9.1
```

6. .loc——通过标签或布尔序列访问多个元素

该属性用于实现通过标签或布尔序列访问一组元素（当然也包括单个元素）。注意，需要区分pd.Series与pd.DataFrame两个对象的.loc属性,这里讲述的是pd.Series的.loc属性，例如：

```
import pandas as pd

a = pd.Series([9.1, 9.5, 10.0, 11.2], index=['a', 'b', 'c', 'd'], name='t')
```

```
print(a.loc['a'])
print('----------')
print(a.loc[['a', 'b']])
```

返回结果为：

```
9.1
----------
a   9.1
b   9.5
Name: t, dtype: float64
```

通过布尔序列访问：

```
import pandas as pd

a = pd.Series([9.1, 9.5, 10.0, 11.2], index=['a', 'b', 'c', 'd'], name='t')

print(a.loc[[True, False, True, False]])
```

返回结果为：

```
a     9.1
c    10.0
Name: t, dtype: float64
```

通过布尔序列访问时，布尔序列的长度需要与数据的长度一致。

7. .iloc——通过位置访问多个元素

该属性用于实现通过位置访问一组元素或单个元素。注意，需要区分 pd.Series 与 pd.DataFrame 两个对象的.iloc 属性，这里讲述的是 pd.Series 的.iloc 属性，例如：

```
import pandas as pd

a = pd.Series([9.1, 9.5, 10.0, 11.2], index=['a', 'b', 'c', 'd'], name='t')

print(a.iloc[0])
print('----------')
print(a.iloc[[0, 1]])
```

返回结果为：

```
9.1
----------
a   9.1
b   9.5
Name: t, dtype: float64
```

8. .values——获取数据的原始 np.ndarray 对象

该属性用于实现获取数据的原始 np.ndarray 对象，例如：

```
import pandas as pd

a = pd.Series([9.1, 9.5, 10.0, 11.2], index=['a', 'b', 'c', 'd'], name='t')

b = a.values
print(b)
print(type(b))
```

返回结果为：

```
[ 9.1  9.5 10.  11.2]
<class 'numpy.ndarray'>
```

4.2.5 pd.Series 对象的常用方法

pd.Series 对象除了拥有部分 np.ndarray 对象的统计计算方法之外，还有更多用于数据分析的方法。（需要注意的是，pd.Series 对象的统计计算方法默认会跳过 NaN 进行计算，不用担心数据中的 NaN 会导致最终结果为 NaN。）

1. dropna()——删除 NaN

可以使用 dropna() 方法快速删除 pd.Series 中的 NaN，例如：

```
import numpy as np
import pandas as pd

a = pd.Series([9.1, np.nan, 10.0, 11.2], index=['a', 'b', 'c', 'd'], name='t')

print(a)

b = a.dropna()
print(b)
```

返回结果为：

```
a     9.1
b     NaN
c    10.0
d    11.2
Name: t, dtype: float64
a     9.1
c    10.0
d    11.2
Name: t, dtype: float64
```

2. groupby()——分组汇总

使用 groupby() 可以根据索引对数据进行分组并计算。例如按照自动站站号将数据进行分组，然后进行计算。

groupby() 方法会返回 GroupBy 对象，这个对象自带 min()、max()、mean() 等方法。

根据站号索引分组计算平均值：

```
import pandas as pd

a = pd.Series([9.1, 9.5, 10.0, 11.2],
             index=['sta1', 'sta2', 'sta1', 'sta2'],
             name='t')

b = a.groupby(level=0).mean()
print(b)
```

返回结果为：

```
sta1     9.55
sta2    10.35
Name: t, dtype: float64
```

根据阈值分组计算平均值：

```
import pandas as pd

a = pd.Series([9.1, 9.5, 10.0, 11.2],
```

```
              index=['a', 'b', 'c', 'd'],
              name='t')

b = a.groupby(a>9.9).mean()
print(b)
```

返回结果为：

```
t
False    9.3
True    10.6
Name: t, dtype: float64
```

其中 False 表示小于等于 9.9 的元素均值，True 表示大于 9.9 的元素均值。

3. map()——按规则映射元素

与 Python 中自带的 map() 函数相似，pd.Series 对象的 map() 用于将元素按照指定的规则进行逐元素运算，例如：

```
import pandas as pd

a = pd.Series([9.1, 9.5, 10.0, 11.2],
              index=['a', 'b', 'c', 'd'],
              name='t')

b = a.map(lambda x: x - 5)
print(b)
```

返回结果为：

```
a   4.1
b   4.5
c   5.0
d   6.2
Name: t, dtype: float64
```

4. interpolate()/fillna()——填充 NaN

使用 interpolate() 可以通过插值方案填充数组中的 NaN。它支持以下几种常用插值方案。

- linear：线性插值，忽略索引且认为所有元素等距离。
- time：基于时间索引的线性插值，在时间索引分辨率为"天"或更细分的情况下有效。
- index：基于数值索引的线性插值，在索引为数值时有效。

例如：

```
import numpy as np
import pandas as pd

a = pd.Series([8.0, np.nan, 10.0, 11.0],
              index=['a', 'b', 'c', 'd'],
              name='t')

b = a.interpolate(method='linear')
print(b)
```

返回结果为：

```
a    8.0
b    9.0
c   10.0
d   11.0
Name: t, dtype: float64
```

fillna()可以用于指定某个值或使用 NaN 前面或后面的数值对 NaN 进行填充。使用某个值填充 NaN：

```
import numpy as np
import pandas as pd

a = pd.Series([8.0, np.nan, 10.0, 11.0],
              index=['a', 'b', 'c', 'd'],
              name='t')

b = a.fillna(value=999)
print(b)
```

返回结果为：

```
a      8.0
b    999.0
c     10.0
d     11.0
Name: t, dtype: float64
```

还可以使用旁边的值进行填充。backfill、bfill 表示用后一个值填充，例如：

```
import numpy as np
import pandas as pd

a = pd.Series([8.0, np.nan, 10.0, 11.0],
              index=['a', 'b', 'c', 'd'],
              name='t')

b = a.fillna(method='bfill')
print(b)
```

返回结果为：

```
a     8.0
b    10.0
c    10.0
d    11.0
Name: t, dtype: float64
```

pad、ffill 表示用前一个值填充，例如：

```
import numpy as np
import pandas as pd

a = pd.Series([8.0, np.nan, 10.0, 11.0],
              index=['a', 'b', 'c', 'd'],
              name='t')

b = a.fillna(method='ffill')
print(b)
```

返回结果为：

```
a     8.0
b     8.0
c    10.0
d    11.0
Name: t, dtype: float64
```

5. resample()——时间序列重采样

对于 resample()，仅当索引为时间索引（DatetimeIndex）、时间周期索引（PeriodIndex）

或时间差索引（TimedeltaIndex）时有效。

重采样包括降采样和升采样。使用 resample() 方法可以方便地在时间序列上划分指定的周期。当划分的时间周期大于数据本身的时间间隔时，称为降采样；当划分的时间周期小于数据本身的时间间隔时，称为升采样。对于升采样通常需要利用插值或其他方法对采样点进行填充，对于降采样可以执行类似分组汇总的操作（类似于按照时间周期分组）。

resample() 方法至少会接收一个时间周期字符串（或时间偏移对象）作为采样频率参数，并会返回一个 Resampler 对象。

（1）时间偏移字符串。

时间周期字符串由一个数字和时间偏移字符串组成，数字被省略时默认为 1。常用的时间偏移字符串如表 4-1 所示。

表 4-1　常用的时间偏移字符串

时间偏移字符串	说明
W	周（周日—周六）
M	日历月
Q	日历季度（1～3，4～6，7～9，10～12）
A	日历年
D	绝对日
H	小时
T、Min	分钟
s	秒

合法的时间周期字符串如“1M”“H”“3D”等。

（2）降采样与聚合。

降采样相当于对数据按照时间周期进行分组（类似于 groupby() 方法），分组后的数据可以执行对应的聚合方法，例如 mean()、sum()、std()、min()、max()。示例如下：

```
import pandas as pd

a = pd.Series([9.1, 9.5, 10.0, 11.2],
              index=pd.to_datetime(['2020-02-19', '2020-02-20',
                                    '2020-02-22', '2020-02-23']),
              name='t')

print(a.resample('2D').max())
```

返回结果为：

```
2020-02-19     9.5
2020-02-21    10.0
2020-02-23    11.2
Freq: 2D, Name: t, dtype: float64
```

在上述例子中，时间周期字符串为“2D”，即两天，划分的时间周期为 19～20、21～22、23～24。对降采样后的 Resampler 对象执行 max() 方法，即可获得分别归属于这 3 个周期的数据对应的最大值。汇总后对应的时间标签为时间区间起点时间。从代码中可见，数据由 19、20、22、23 这 4 天的温度组成（此处缺少 21 号的数据，以模拟真实情况下的数据缺失）。

- 19～20 日数据：2020-02-19、2020-02-20，最大值为 9.5。
- 21～22 日数据：2020-02-22，最大值为 10.0。
- 23～24 日数据：2020-02-23，最大值为 11.2。

（3）升采样与填充。

对于采样周期小于数据间隔时间的情况，划分出的部分时间周期内数据会为空，这个时候需要用插值等方法对缺失部分进行填充，例如：

```
import pandas as pd

a = pd.Series([9.1, 9.5, 10.0, 11.2],
              index=pd.to_datetime(['2020-02-19', '2020-02-20',
                                    '2020-02-22', '2020-02-23']),
              name='t')

print(a.resample('1D').asfreq())
```

返回结果为：

```
2020-02-19     9.1
2020-02-20     9.5
2020-02-21     NaN
2020-02-22    10.0
2020-02-23    11.2
Freq: D, Name: t, dtype: float64
```

升采样时的 Resampler 对象支持以下方法。下列参数名外的方括号表示可选，并非列表。

- ffill([limit])：前向填充，可选参数 limit 为最大连续填充元素的个数，默认不限制。
- bfill([limit])：后向填充，可选参数 limit 为最大连续填充元素的个数，默认不限制。
- nearest([limit])：最近值填充，可选参数 limit 为最大连续填充元素的个数，默认不限制。
- asfreq([fill_value])：指定值填充，可选参数 fill_value 为填充值，默认为 NaN。
- interpolate([method])：指定方法插值，可选参数 method 为插值方法，默认为线性插值。

示例如下：

```
import pandas as pd

a = pd.Series([9.1, 9.5, 10.0, 11.2],
              index=pd.to_datetime(['2020-02-19', '2020-02-20',
                                    '2020-02-22', '2020-02-23']),
              name='t')

print(a.resample('1D').bfill())
```

返回结果为：

```
2020-02-19     9.1
2020-02-20     9.5
2020-02-21    10.0
```

```
2020-02-22    10.0
2020-02-23    11.2
Freq: D, Name: t, dtype: float64
```

6. reindex()/reindex_like()——按照指定顺序排序

使用 reindex()方法可以用某个序列来对一个已存在的 pd.Series 对象进行排序，例如：

```
import pandas as pd

a = pd.Series([9.1, 9.5, 10.0, 11.2],
              index=['a', 'b', 'c', 'd'],
              name='t')

print(a)
b = a.reindex(['d', 'b', 'a', 'c'])
print(b)
```

返回结果为：

```
a     9.1
b     9.5
c    10.0
d    11.2
Name: t, dtype: float64
d    11.2
b     9.5
a     9.1
c    10.0
Name: t, dtype: float64
```

使用 reindex_like()可以用一个序列的索引来对另一个序列进行排序：

```
import pandas as pd

a = pd.Series([9.1, 9.5, 10.0, 11.2],
              index=['a', 'b', 'c', 'd'],
              name='t1')

b = pd.Series([0, 0, 0, 0],
              index=['b', 'd', 'a', 'd'],
              name='t2')

print(a)
c = a.reindex_like(b)
print(c)
```

返回结果为：

```
a     9.1
b     9.5
c    10.0
d    11.2
Name: t1, dtype: float64
b     9.5
d    11.2
a     9.1
d    11.2
Name: t1, dtype: float64
```

7. rename()——重命名序列

rename()方法可以用来重命名序列，例如：

```
import pandas as pd

a = pd.Series([9.1, 9.5, 10.0, 11.2],
              index=['a', 'b', 'c', 'd'],
              name='hello')

b = a.rename('t')

print(b)
```

返回结果为：

```
a     9.1
b     9.5
c    10.0
d    11.2
Name: t, dtype: float64
```

8. rolling()——滑动窗口计算

使用 rolling()方法将会返回 Rolling 对象。如同 GroupBy 对象，Rolling 对象带有 sum()、mean()、max()、min()等方法。

rolling()方法接收滑动窗口宽度作为参数，在气象领域通常被用于计算滑动平均值。例如三点平均：

```
import pandas as pd

a = pd.Series([9.1, 9.5, 10.0, 11.2, 12.1, 13.6, 14.5, 10.1],
              name='t')

b = a.rolling(3).mean()
print(b)
```

返回结果为：

```
0          NaN
1          NaN
2     9.533333
3    10.233333
4    11.100000
5    12.300000
6    13.400000
7    12.733333
Name: t, dtype: float64
```

可以看到例子中使用的是前向平均，使用 center=True 可以将平均方式设置为中央平均（这对时间索引的应用很有帮助），例如：

```
import pandas as pd

a = pd.Series([9.1, 9.5, 10.0, 11.2, 12.1, 13.6, 14.5, 10.1],
              name='t')

b = a.rolling(3, center=True).mean()
print(b)
```

返回结果为：

```
0          NaN
1     9.533333
2    10.233333
```

```
3    11.100000
4    12.300000
5    13.400000
6    12.733333
7          NaN
Name: t, dtype: float64
```

9. shift()——平移数据

使用 shift()方法可以在保持索引不变的情况下平移数据，接收一个整数（可正可负）作为平移距离。平移后超出索引的数据会被丢弃，缺少的部分会被填充为 NaN。

例如：

```
import pandas as pd

a = pd.Series([9.1, 9.5, 10.0, 11.2],
              index=['a', 'b', 'c', 'd'],
              name='t')

print(a)
b = a.shift(3)
print(b)
```

返回结果为：

```
a     9.1
b     9.5
c    10.0
d    11.2
Name: t, dtype: float64
a    NaN
b    NaN
c    NaN
d    9.1
Name: t, dtype: float64
```

shift()方法通常用来调整索引与数据的对应关系，也可以用来在手动实现差分前移动数据。

10. sort_index()——按照索引排序

sort_index()方法可用于将数据按照对应索引的升降序进行排序。默认为升序排序，设置参数 ascending=False，表示降序排列。该方法对于索引是数值、字符串、时间的序列都有效，例如：

```
import pandas as pd

a = pd.Series([9.1, 9.5, 10.0, 11.2],
              index=['b', 'd', 'c', 'a'],
              name='t')

print(a)
b = a.sort_index()
print(b)
c = a.sort_index(ascending=False)
print(c)
```

返回结果为：

```
b     9.1
d     9.5
```

```
c   10.0
a   11.2
Name: t, dtype: float64
a   11.2
b    9.1
c   10.0
d    9.5
Name: t, dtype: float64
d    9.5
c   10.0
b    9.1
a   11.2
Name: t, dtype: float64
```

11. sort_values()——按照数据排序

sort_values()方法可以用于将数据按照数据本身的升降序进行排序。默认为升序排序，设置参数 ascending=False，表示降序排列，例如：

```
import pandas as pd

a = pd.Series([9.5, 9.1, 11.2, 10.0],
              index=['a', 'b', 'c', 'd'],
              name='t')

print(a)
b = a.sort_values()
print(b)
c = a.sort_values(ascending=False)
print(c)
```

返回结果为：

```
a    9.5
b    9.1
c   11.2
d   10.0
Name: t, dtype: float64
b    9.1
a    9.5
d   10.0
c   11.2
Name: t, dtype: float64
c   11.2
d   10.0
a    9.5
b    9.1
Name: t, dtype: float64
```

12. max()/min()——获取最大值/最小值

与 np.ndarray 对象不同的是，pd.Series 对象的 max()和 min()不会统计 NaN，它们等效于 NumPy 的 nanmax()和 nanmin()函数，例如：

```
import numpy as np
import pandas as pd

a = pd.Series([9.5, np.nan, 11.2, 10.0],
              index=['a', 'b', 'c', 'd'],
```

```
             name='t')

print(a.max())
print(a.min())
```

返回结果为：

```
11.2
9.5
```

13. argmax()/argmin()——获取最大值/最小值对应的位置

pd.Series 对象的 argmax() 和 argmin() 方法同样不会统计 NaN。使用这两个方法可以获取最大值/最小值对应的位置（从第一个对象开始，其索引为 0），例如：

```
import numpy as np
import pandas as pd

a = pd.Series([9.5, np.nan, 11.2, 10.0],
             index=['a', 'b', 'c', 'd'],
             name='t')

print(a.argmax())
print(a.argmin())
```

返回结果为：

```
2
0
```

14. idxmax()/idxmin()——获取最大值/最小值对应的标签索引

idxmax()/idxmin() 用于获取最大值/最小值所对应的索引值，同样不会统计 NaN，例如：

```
import numpy as np
import pandas as pd

a = pd.Series([9.5, np.nan, 11.2, 10.0],
             index=['a', 'b', 'c', 'd'],
             name='t')

print(a.idxmax())
print(a.idxmin())
```

返回结果为：

```
c
a
```

15. std()/var()——计算标准差/无偏方差

std() 方法用于计算数据的标准差，不会统计 NaN；var() 方法用于计算数据的无偏方差，同样不会统计 NaN，例如：

```
import numpy as np
import pandas as pd

a = pd.Series([9.5, np.nan, 11.2, 10.0],
             index=['a', 'b', 'c', 'd'],
             name='t')

print(a.std())
print(a.var())
```

返回结果为：

```
0.87368949480541
0.7633333333333326
```

16. cov()——计算协方差

cov()方法用于计算两个 pd.Series 对象的协方差，例如：

```
import pandas as pd

a = pd.Series([9.5, 10.1, 11.2, 10.0],
              index=['a', 'b', 'c', 'd'],
              name='t1')
b = pd.Series([8.5, 9.1, 12.1, 10.5],
              index=['a', 'b', 'c', 'd'],
              name='t2')

print(a.cov(b))
```

返回结果为：

```
1.0466666666666666
```

17. sum()/mean()——序列求和/求均值

sum()方法用于计算数据的总和；mean()方法用于计算数据的算术平均值，两个方法都不会统计 NaN，例如：

```
import pandas as pd

a = pd.Series([9.5, 10.1, 11.2, 10.0],
              index=['a', 'b', 'c', 'd'],
              name='t')

print(a.sum())
print(a.mean())
```

返回结果为：

```
40.8
10.2
```

18. abs()——计算绝对值

abs()方法用于计算数据的绝对值，例如：

```
import pandas as pd

a = pd.Series([-9.5, 10.1, -11.2, 10.0],
              index=['a', 'b', 'c', 'd'],
              name='t')

print(a.abs())
```

返回结果为：

```
a     9.5
b    10.1
c    11.2
d    10.0
Name: t, dtype: float64
```

19. to_csv()——保存为 CSV 文件

使用 to_csv()可以方便地将 pd.Series 对象保存为 CSV 文件。保存 pd.Series 中元素的名字和索引：

```
import pandas as pd

a = pd.Series([-9.5, 10.1, -11.2, 10.0],
              index=['a', 'b', 'c', 'd'],
              name='t')

a.to_csv('resource/series_with_index.csv')
```

输出文件如图 4-1 所示。

也可以忽略元素名字和索引，只保存数据：

```
import pandas as pd

a = pd.Series([-9.5, 10.1, -11.2, 10.0],
              index=['a', 'b', 'c', 'd'],
              name='t')

a.to_csv('resource/series_no_index.csv', index=False, header=False)
```

输出文件如图 4-2 所示。

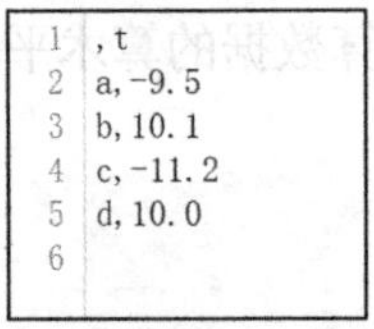
,t
a,-9.5
b,10.1
c,-11.2
d,10.0

图 4-1 输出的逗号作为分隔符的文件

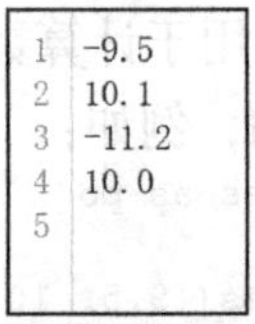
-9.5
10.1
-11.2
10.0

图 4-2 输出的不带索引和名字的逗号作为分隔符的文件

index 参数用于控制是否输出索引，header 参数用于控制是否输出名字。

20. to_list()——转换为列表对象

使用 to_list() 可以将 pd.Series 对象转换为 Python 内置的列表（list）对象。因为列表对象不支持命名和索引，所以转换成的新对象会丢失索引和名字，例如：

```
import pandas as pd

a = pd.Series([-9.5, 10.1, -11.2, 10.0],
              index=['a', 'b', 'c', 'd'],
              name='t')


b = a.to_list()
print(b)
print(type(b))
```

返回结果为：

```
[-9.5, 10.1, -11.2, 10.0]
<class 'list'>
```

21. astype()——转换数据类型

与 NumPy 中的多维数组对象相似，pd.Series 对象也支持使用 astype() 方法转换数据类型，例如：

```
import numpy
import pandas as pd
```

```
a = pd.Series([-9.5, 10.1, -11.2, 10.0],
              index=['a', 'b', 'c', 'd'],
              name='t')

print(a)
b = a.astype(np.int32)
print(b)
```

返回结果为：

```
a    -9.5
b    10.1
c   -11.2
d    10.0
Name: t, dtype: float64
a    -9
b    10
c   -11
d    10
Name: t, dtype: int32
```

在本例中，数据由 float64 类型转换为 int32 类型（浮点型转换为整型），会丢失小数部分。转换规则与多维数组对象的 `astype()` 方法的一致。

4.3 pd.DataFrame——数据框

数据框在 pandas 中是相当重要的数据结构。数据框是一种类似于表格的二维数据结构，它在空间中被描述为行和列，抽出其中一列即 pd.Series 对象。每一行的索引组成的序列称为索引（index），每一列的索引组成的序列称为列名（columns）或表头（header）。

与 NumPy 的多维数组对象不同，pd.DataFrame 对象拥有行和列的概念（因为它是类似于表格的二维数据结构），行和列的概念也仅适用于 pd.DataFrame。

4.3.1 创建数据框

可以使用 `pd.DataFrame()` 创建数据框：

```
pd.DataFrame(data=None, index=None, columns, dtype=None)
```

- `data`：二维列表 `list`，二维 `ndarray` 数组，指数据。
- `index`：每行对应的标签，省略该参数时自动创建从 0 开始的数值标签索引。
- `columns`：每列对应的标签，省略该参数时自动创建从 0 开始的数值标签索引。
- `dtype`：数据类型，省略该参数时自动检测数据类型。

这里创建一个简单的数据框：

```
import pandas as pd

a = pd.DataFrame([[21.7, 983, 0.64],
                  [19.2, 991, 0.75],
                  [13.4, 973, 0.83]]
```

```
             )

print(a)
```

返回结果为：

```
      0    1     2
0  21.7  983  0.64
1  19.2  991  0.75
2  13.4  973  0.83
```

可以看到该数据框只有单纯的数据，不便于使用，可以为它加上有意义的行、列索引：

```
import pandas as pd

a = pd.DataFrame([[21.7, 983, 0.64],
                  [19.2, 991, 0.75],
                  [13.4, 973, 0.83]],
                 index=['s1', 's2', 's3'],
                 columns=['t', 'p', 'rh']
                )

print(a)
```

返回结果为：

```
       t    p    rh
s1  21.7  983  0.64
s2  19.2  991  0.75
s3  13.4  973  0.83
```

加上行、列索引之后可以清楚地看出数据为 s1、s2、s3 这 3 个站对应的温度（t）、气压（p）和相对湿度（rh）。

抽出其中一列即 pd.Series 对象：

```
import pandas as pd

a = pd.DataFrame([[21.7, 983, 0.64],
                  [19.2, 991, 0.75],
                  [13.4, 973, 0.83]],
                 index=['s1', 's2', 's3'],
                 columns=['t', 'p', 'rh']
                )

b = a['t']
print(b)
print(type(b))
```

返回结果为：

```
s1   21.7
s2   19.2
s3   13.4
Name: t, dtype: float64
<class 'pandas.core.series.Series'>
```

与 NumPy 中二维的 np.ndarray 对象不同，pd.DataFrame 对象的每一列都可以是不同的数据类型（这也是为什么通常使用 pandas 来读取 CSV 文件而不是使用 NumPy，CSV 文件通常会含有字符串或者混有浮点数、整数）。例如：

```
import pandas as pd

a = pd.DataFrame([[21.7, 983, 0.64],
                  [19.2, 991, 0.75],
                  [13.4, 973, 0.83]],
                 index=['s1', 's2', 's3'],
                 columns=['t', 'p', 'rh']
                )

print(a.dtypes)
```

返回结果为：

```
t     float64
p       int64
rh    float64
dtype: object
```

4.3.2 pd.DataFrame 的时间索引

pd.DataFrame 的行、列索引也支持时间索引，但是通常只会将行索引作为时间索引。其规则与 Series 的时间索引相似，更多细节可参见 4.2.2 节。例如：

```
import pandas as pd

a = pd.DataFrame([[21.7, 983, 0.64],
                  [19.2, 991, 0.75],
                  [13.4, 973, 0.83]],
                 index=pd.to_datetime(['2020-02-19', '2020-02-20', '2020-02-22']),
                 columns=['t', 'p', 'rh']
                )

print(a)
```

返回结果为：

```
               t    p    rh
2020-02-19  21.7  983  0.64
2020-02-20  19.2  991  0.75
2020-02-22  13.4  973  0.83
```

4.3.3 读取 CSV 文件

使用 pandas 读取 CSV 文件会比使用 NumPy 读取更加友好，因为 CSV 文件通常是拥有对应行、列意义的文件，而且每一列对应的可能都是不同的数据类型。

下面介绍使用 read_csv() 函数读取 CSV 文件，read_csv() 函数可实现自动推断每一列对应的数据类型，一般情况下不需要手动指定数据类型。

```
sta, t, p, rh
s1, 21.7, 983, 0.64
s2, 19.2, 991, 0.75
s3, 13.4, 973, 0.83

```

图 4-3　带有索引和列名、逗号作为分隔符的文件

1. 带有索引和列名的 CSV 文件

对于带有索引和列名的 CSV 文件，如图 4-3 所示，可按以下方式读取：

```
import pandas as pd

a = pd.read_csv('resource/pandas_read.csv', index_col=0)

print(a)
```

返回结果为：

```
      t    p    rh
sta
s1   21.7  983  0.64
s2   19.2  991  0.75
s3   13.4  973  0.83
```

可以看到索引也可以有自己的列名。index_col 参数指定索引所在列的位置，从 0 开始。

index_col=0 意味着指定 CSV 文件的第一列为索引，这个参数可以不为 0，也就是说可以指定其他列为索引。例如：

```
import pandas as pd

a = pd.read_csv('resource/pandas_read.csv', index_col=2)

print(a)
```

返回结果为：

```
    sta   t    rh
p
983  s1  21.7  0.64
991  s2  19.2  0.75
973  s3  13.4  0.83
```

2. 只带有索引或列名的 CSV 文件

```
1 s1, 21.7, 983, 0.64
2 s2, 19.2, 991, 0.75
3 s3, 13.4, 973, 0.83
4
```

图 4-4　只带有索引的、逗号作为分隔符的文件

如果文件只带有索引而没有列名，如图 4-4 所示，则可以指定 header=None。

```
import pandas as pd

a = pd.read_csv('resource/pandas_read_noheader.csv', header=None, index_col=0)

print(a)
```

返回结果为：

```
     1    2    3
0
s1  21.7  983  0.64
s2  19.2  991  0.75
s3  13.4  973  0.83
```

可以看到因为缺少列名，创建的 pd.DataFrame 对象自动使用从 0 开始的数值作为列名。

也可以指定 names 参数的值为序列，在代码中指定对应的列名（这时可以省略 header=None）。例如：

```
import pandas as pd

a = pd.read_csv('resource/pandas_read_noheader.csv',
                names=['sta', 't', 'p', 'rh'],
                index_col=0)

print(a)
```

返回结果为：

```
      t    p    rh
sta
```

```
s1   21.7  983  0.64
s2   19.2  991  0.75
s3   13.4  973  0.83
```

如果文件只带有列名而没有索引，如图 4-5 所示，则可以省略 index_col 参数或将其指定为 None（这种情况并不多见，因为实际上不管是哪一列都可以作为索引使用。只有当不需要索引时，才省略索引）。例如：

```
t,p,rh
21.7,983,0.64
19.2,991,0.75
13.4,973,0.83
```

图 4-5　只带有列名的、逗号作为分隔符的文件

```
import pandas as pd

a = pd.read_csv('resource/pandas_read_noindex.csv')

print(a)
```

返回结果为：

```
      t    p    rh
0  21.7  983  0.64
1  19.2  991  0.75
2  13.4  973  0.83
```

3. 带有时间列的 CSV 文件

如果 CSV 文件带有时间列，则默认情况下读取出来的数据可能是字符串类型，如图 4-6 所示。

```
time,t,p,rh
2020-02-25 00:00:00,21.7,983,0.64
2020-02-26 00:00:00,19.2,991,0.75
2020-02-27 00:00:00,13.4,973,0.83
```

图 4-6　带有时间列的、逗号作为分隔符的文件

使用 parse_dates 参数指定需要读取的列。例如：

```
import pandas as pd

a = pd.read_csv('resource/pandas_read_date.csv', parse_dates=[0])

print(a)
print('----------')
print(a.dtypes)
```

返回结果为：

```
        time     t    p    rh
0 2020-02-25  21.7  983  0.64
1 2020-02-26  19.2  991  0.75
2 2020-02-27  13.4  973  0.83
----------
time    datetime64[ns]
t              float64
p                int64
rh             float64
dtype: object
```

也可以直接指定 time 列为索引：

```
import pandas as pd

a = pd.read_csv('resource/pandas_read_date.csv', parse_dates=[0], index_col=0)

print(a)
```

返回结果为：

```
                t      p     rh
time
2020-02-25   21.7   983   0.64
2020-02-26   19.2   991   0.75
2020-02-27   13.4   973   0.83
```

时间列也可以是分离的，如图 4-7 所示。

```
date,time,t,p,rh
2020-02-25,00:00:00,21.7,983,0.64
2020-02-26,00:00:00,19.2,991,0.75
2020-02-27,00:00:00,13.4,973,0.83
```

图 4-7 时间列分离的、逗号作为分隔符的文件

```
import pandas as pd

a = pd.read_csv('resource/pandas_read_datetime.csv',
                parse_dates=[[0, 1]],
                index_col=0)

print(a)
```

返回结果为：

```
                t      p     rh
date_time
2020-02-25   21.7   983   0.64
2020-02-26   19.2   991   0.75
2020-02-27   13.4   973   0.83
```

时间和日期被组合解析成 datetime64 类型。

4.3.4 pd.DataFrame 的算术运算

与多维数组对象相似，pd.DataFrame 的算术运算分为 3 种情况：pd.DataFrame 与标量的算术运算、pd.DataFrame 与 pd.Series 的算术运算、pd.DataFrame 与 pd.DataFrame 的算术运算。

1. pd.Data Frame 与标量的算术运算

pd.DataFrame 与标量的算术运算符合广播运算的条件，直接进行逐元素运算。例如：

```
import pandas as pd

a = pd.DataFrame([[21.7, 983, 0.64],
                  [19.2, 991, 0.75],
                  [13.4, 973, 0.83]],
                 index=['s1', 's2', 's3'],
                 columns=['t', 'p', 'rh']
                )

print(a+100)
```

返回结果为：

```
        t      p      rh
s1  121.7   1083  100.64
s2  119.2   1091  100.75
s3  113.4   1073  100.83
```

但是这种情况并不多见。因为对pd.DataFrame来说，每一列通常都表示不同类型的数据（例如例子中对应的温度、气压和相对湿度数据），很少需要对它们进行统一运算。更多情况是对其中某列数据进行运算，例如将相对湿度数据乘100，我们可以在原数据上进行赋值修改：

```
import pandas as pd

a = pd.DataFrame([[21.7, 983, 0.64],
                  [19.2, 991, 0.75],
                  [13.4, 973, 0.83]],
                 index=['s1', 's2', 's3'],
                 columns=['t', 'p', 'rh']
                )

a['rh'] = a['rh'] * 100

print(a)
```

返回结果为：

```
       t    p    rh
s1  21.7  983  64.0
s2  19.2  991  75.0
s3  13.4  973  83.0
```

实际上这是pd.Series与pd.Series之间的运算。

2. pd.DataFrame与pd.Series的算术运算

pd.DataFrame与pd.Series的算术运算以行为单位进行。例如：

```
import pandas as pd

a = pd.DataFrame([[21.7, 983, 0.64],
                  [19.2, 991, 0.75],
                  [13.4, 973, 0.83]],
                 index=['s1', 's2', 's3'],
                 columns=['t', 'p', 'rh']
                )

b = pd.Series([10, -100, 0], index=['p', 't', 'rh'])

print(a + b)
```

返回结果为：

```
       p    rh     t
s1   993  0.64 -78.3
s2  1001  0.75 -80.8
s3   983  0.83 -86.6
```

运算时，pd.Series的索引与pd.DataFrame的列名对齐，可应用广播运算法则。

3. pd.DataFrame与pd.DataFrame的算术运算

pd.DataFrame与pd.DataFrame的算术运算需同时对齐索引和列名然后进行逐元素运算。例如：

```
import pandas as pd

a = pd.DataFrame([[21.7, 983, 0.64],
                  [19.2, 991, 0.75],
```

```
                 [13.4, 973, 0.83]],
                index=['s1', 's2', 's3'],
                columns=['t', 'p', 'rh']
               )

b = pd.DataFrame([[20, -14, -0.25],
                 [10, -5, -0.14],
                 [17, -3, -0.33]],
                index=['s2', 's1', 's3'],
                columns=['p', 't', 'rh']
               )

print(a + b)
```

返回结果为：

```
       p   rh     t
s1   993  0.5  16.7
s2  1011  0.5   5.2
s3   990  0.5  10.4
```

4.3.5 提取满足条件的行

在 pd.DataFrame 的使用过程中，难免会遇到取出满足某些条件的行的需求。

1. 按照数据条件提取

提取满足 t<20 的行：

```
import pandas as pd

a = pd.DataFrame([[21.7, 983, 0.64],
                 [19.2, 991, 0.75],
                 [13.4, 973, 0.83]],
                index=['s1', 's2', 's3'],
                columns=['t', 'p', 'rh']
               )

b = a[a['t']<20]
print(b)
```

返回结果为：

```
      t    p    rh
s2  19.2  991  0.75
s3  13.4  973  0.83
```

提取满足 t<20 且 rh>0.8 的行：

```
import pandas as pd

a = pd.DataFrame([[21.7, 983, 0.64],
                 [19.2, 991, 0.75],
                 [13.4, 973, 0.83]],
                index=['s1', 's2', 's3'],
                columns=['t', 'p', 'rh']
               )

b = a[(a['t']<20)&(a['rh']>0.8)]
print(b)
```

返回结果为：

```
      t    p    rh
s3  13.4  973  0.83
```

提取满足 t<19 或 rh<0.7 的行：

```
import pandas as pd

a = pd.DataFrame([[21.7, 983, 0.64],
                  [19.2, 991, 0.75],
                  [13.4, 973, 0.83]],
                 index=['s1', 's2', 's3'],
                 columns=['t', 'p', 'rh']
                )

b = a[(a['t']<19)|(a['rh']<0.7)]
print(b)
```

返回结果为：

```
      t    p    rh
s1  21.7  983  0.64
s3  13.4  973  0.83
```

可以看到，在条件表达式之间可使用“&”和“|”进行连接，同时使用圆括号对独立的判断语句进行标识。这里需要注意，如果没有用圆括号进行标识，则程序会因为运算符优先级问题导致报错。

例如：

```
import pandas as pd
a = pd.DataFrame([[21.7, 983, 0.64],
                  [19.2, 991, 0.75],
                  [13.4, 973, 0.83]],
                 index=['s1', 's2', 's3'],
                 columns=['t', 'p', 'rh']
                )
b = a[a['t']<19|a['rh']<0.7]
```

2. 按照时间索引条件提取

如果索引是时间类型，还可以根据时间条件进行提取。

提取日期数值为 19 的行（除了使用==比较操作符，还可以使用其他比较操作符）：

```
import pandas as pd

a = pd.DataFrame([[21.7, 983, 0.64],
                  [19.2, 991, 0.75],
                  [13.4, 973, 0.83]],
                 index=pd.to_datetime(['2020-02-19', '2020-02-20', '2020-02-22']),
                 columns=['t', 'p', 'rh']
                )

b = a[a.index.day == 19]
print(b)
```

返回结果为：

```
               t    p    rh
2020-02-19  21.7  983  0.64
```

提取月份数值为 2 的行：

```
import pandas as pd

a = pd.DataFrame([[21.7, 983, 0.64],
                  [19.2, 991, 0.75],
                  [13.4, 973, 0.83]],
                 index=pd.to_datetime(['2020-02-19', '2020-02-20', '2020-02-22']),
                 columns=['t', 'p', 'rh']
                )

b = a[a.index.month == 2]
print(b)
```

返回结果为：

```
              t    p    rh
2020-02-19  21.7  983  0.64
2020-02-20  19.2  991  0.75
2020-02-22  13.4  973  0.83
```

提取年份数值为 2020 的行：

```
import pandas as pd

a = pd.DataFrame([[21.7, 983, 0.64],
                  [19.2, 991, 0.75],
                  [13.4, 973, 0.83]],
                 index=pd.to_datetime(['2020-02-19', '2020-02-20', '2020-02-22']),
                 columns=['t', 'p', 'rh']
                )

b = a[a.index.year == 2020]
print(b)
```

返回结果为：

```
              t    p    rh
2020-02-19  21.7  983  0.64
2020-02-20  19.2  991  0.75
2020-02-22  13.4  973  0.83
```

对于时（hour）、分（minute）、秒（seconds）、星期（weekday）也可以通过类似的方法进行比较（注意，星期一表示为 0，星期日表示为 6）。

4.3.6 pd.DataFrame 的常用属性

pd.DataFrame 拥有 pd.Series 所拥有的大部分属性，但是使用某些属性进行元素访问的时候，pd.DataFrame 上的属性可能会表现出与 Series 上的同名属性不同的性质。

1. .dtypes——查看每一列的数据类型

正如前文所说，pd.DataFrame 的每一列可以是不同的类型，我们可以使用.dtypes 属性查看每一列的类型，例如：

```
import pandas as pd

a = pd.DataFrame([[21.7, 983, 0.64],
                  [19.2, 991, 0.75],
```

```
                [13.4, 973, 0.83]],
               index=['s1', 's2', 's3'],
               columns=['t', 'p', 'rh']
              )

print(a.dtypes)
```

返回结果为：

```
t     float64
p       int64
rh    float64
dtype: object
```

2. .ndim——获取数据维度

使用.ndim属性可以获取数据维度（对于pd.DataFrame来说，维度为2），例如：

```
import pandas as pd

a = pd.DataFrame([[21.7, 983, 0.64],
                [19.2, 991, 0.75],
                [13.4, 973, 0.83]],
               index=['s1', 's2', 's3'],
               columns=['t', 'p', 'rh']
              )

print(a.ndim)
```

返回结果为：

```
2
```

3. .shape——获取数据形状

使用.shape属性可以获取数据每个维度的长度信息，即形状，例如：

```
import pandas as pd

a = pd.DataFrame([[21.7, 983, 0.64],
                [19.2, 991, 0.75],
                [13.4, 973, 0.83]],
               index=['s1', 's2', 's3'],
               columns=['t', 'p', 'rh']
              )

print(a.shape)
```

返回结果为：

```
(3, 3)
```

因为pd.DataFrame的维度为2，所以使用.shape属性得到的返回值为有两个元素的元组。

4. .at——通过行、列标签访问单个元素

使用.at属性可以通过行、列标签访问对应的单个元素，例如：

```
import pandas as pd

a = pd.DataFrame([[21.7, 983, 0.64],
                [19.2, 991, 0.75],
                [13.4, 973, 0.83]],
               index=['s1', 's2', 's3'],
               columns=['t', 'p', 'rh']
```

```
                )

print(a.at['s1', 't'])
```

返回结果为：

```
21.7
```

5. .iat——通过行、列位置访问单个元素

使用.iat 属性可以通过行、列所在位置的数值访问元素，例如：

```
import pandas as pd

a = pd.DataFrame([[21.7, 983, 0.64],
                  [19.2, 991, 0.75],
                  [13.4, 973, 0.83]],
                 index=['s1', 's2', 's3'],
                 columns=['t', 'p', 'rh']
                )
print(a.iat[0, 0])
```

返回结果为：

```
21.7
```

6. .loc——通过行、列标签或布尔序列访问多个元素

使用.loc 可以通过行、列标签或布尔序列访问多个元素。

（1）按标签访问行。

示例如下：

```
import pandas as pd

a = pd.DataFrame([[21.7, 983, 0.64],
                  [19.2, 991, 0.75],
                  [13.4, 973, 0.83]],
                 index=['s1', 's2', 's3'],
                 columns=['t', 'p', 'rh']
                )

print(a.loc['s1']) # Series
print('----------')
print(a.loc[['s1']]) # DataFrame
print('*-*-*-*-*-')
print(a.loc[['s1', 's3']]) # DataFrame
```

返回结果为：

```
t      21.70
p     983.00
rh      0.64
Name: s1, dtype: float64
----------
       t    p    rh
s1  21.7  983  0.64
*-*-*-*-*-
       t    p    rh
s1  21.7  983  0.64
s3  13.4  973  0.83
```

（2）按标签访问列。

示例如下：

```
import pandas as pd

a = pd.DataFrame([[21.7, 983, 0.64],
                  [19.2, 991, 0.75],
                  [13.4, 973, 0.83]],
                 index=['s1', 's2', 's3'],
                 columns=['t', 'p', 'rh']
                )

print(a.loc[:, 't']) # Series
print('----------')
print(a.loc[:, ['t']]) # DataFrame
print('*-*-*-*-*-')
print(a.loc[:, ['t', 'rh']]) # DataFrame
```

返回结果为：

```
s1   21.7
s2   19.2
s3   13.4
Name: t, dtype: float64
----------
      t
s1  21.7
s2  19.2
s3  13.4
*-*-*-*-*-
      t    rh
s1  21.7  0.64
s2  19.2  0.75
s3  13.4  0.83
```

（3）按布尔序列访问行、列。

示例如下：

```
import pandas as pd

a = pd.DataFrame([[21.7, 983, 0.64],
                  [19.2, 991, 0.75],
                  [13.4, 973, 0.83]],
                 index=['s1', 's2', 's3'],
                 columns=['t', 'p', 'rh']
                )

print(a.loc[[True, False, True]]) # 行
print('----------')
print(a.loc[:, [True, False, True]]) # 列
```

返回结果为：

```
      t    p    rh
s1  21.7  983  0.64
s3  13.4  973  0.83
----------
      t    rh
```

```
s1  21.7  0.64
s2  19.2  0.75
s3  13.4  0.83
```

7. .iloc——通过行、列位置访问多个元素

.iloc 与.loc 属性相似，但是使用.iloc 属性的方法是使用行、列所在位置的序号作为索引的，且不支持布尔序列。

（1）按位置访问行。

示例如下：

```
import pandas as pd

a = pd.DataFrame([[21.7, 983, 0.64],
                  [19.2, 991, 0.75],
                  [13.4, 973, 0.83]],
                 index=['s1', 's2', 's3'],
                 columns=['t', 'p', 'rh']
                )

print(a.iloc[0]) # Series
print('----------')
print(a.iloc[[0]]) # DataFrame
print('*-*-*-*-*-')
print(a.iloc[[0, 2]]) # DataFrame
```

返回结果为：

```
t      21.70
p     983.00
rh      0.64
Name: s1, dtype: float64
----------
       t    p    rh
s1  21.7  983  0.64
*-*-*-*-*-
       t    p    rh
s1  21.7  983  0.64
s3  13.4  973  0.83
```

（2）按位置访问列。

示例如下：

```
import pandas as pd

a = pd.DataFrame([[21.7, 983, 0.64],
                  [19.2, 991, 0.75],
                  [13.4, 973, 0.83]],
                 index=['s1', 's2', 's3'],
                 columns=['t', 'p', 'rh']
                )

print(a.iloc[:, 0]) # Series
print('----------')
print(a.iloc[:, [0]]) # DataFrame
print('*-*-*-*-*-')
print(a.iloc[:, [0, 2]]) # DataFrame
```

返回结果为：

```
s1   21.7
s2   19.2
s3   13.4
Name: t, dtype: float64
----------
      t
s1  21.7
s2  19.2
s3  13.4
*-*-*-*-*-
      t   rh
s1  21.7  0.64
s2  19.2  0.75
s3  13.4  0.83
```

8. .values——获取数据原始的 np.ndarray 对象

使用.values 可以获取数据原始的 np.ndarray 对象。因为 np.ndarray 对象不支持 pd.DataFrame 索引等高级功能，所以获取到的 np.ndarray 对象会丢失所有行、列标签信息，且每列对应的数据类型将会被统一成内存占用更多的那种。例如：

```
import pandas as pd

a = pd.DataFrame([[21.7, 983, 0.64],
                  [19.2, 991, 0.75],
                  [13.4, 973, 0.83]],
                 index=['s1', 's2', 's3'],
                 columns=['t', 'p', 'rh']
                )

b = a.values

print(b)
print(type(b))
```

返回结果为：

```
[[2.17e+01 9.83e+02 6.40e-01]
 [1.92e+01 9.91e+02 7.50e-01]
 [1.34e+01 9.73e+02 8.30e-01]]
<class 'numpy.ndarray'>
```

例子中多维数组对象元素以科学记数法形式显示（小数形式和科学记数法形式的区别仅在于显示上，在内存中存储的情况都是一致的）。

4.3.7 pd.DataFrame 的常用方法

pd.DataFrame 几乎拥有 pd.Series 的所有方法，但是因为其本身的数据为二维的，所以其在某些方法的参数和表现上与 pd.Series 的有一定区别。

1. dropna()——删除 NaN

使用 dropna() 可以按照规则删除与 NaN 相关的行或列。

（1）删除包含 NaN 的行或列（包括全为 NaN 的情况）。

删除包含 NaN 的行或列：

```
import numpy as np
import pandas as pd

a = pd.DataFrame([[np.nan, 983, 0.64],
                  [np.nan, np.nan, 0.75],
                  [13.4, 973, 0.83]],
                 index=['s1', 's2', 's3'],
                 columns=['t', 'p', 'rh']
                )

print(a)
print('------')
b = a.dropna() # 删除包含 NaN 的行
print(b)
print('-*-*-*-*-')
c = a.dropna(axis=1) # 删除包含 NaN 的列
print(c)
```

返回结果为：

```
      t      p    rh
s1   NaN  983.0  0.64
s2   NaN    NaN  0.75
s3  13.4  973.0  0.83
------
      t      p    rh
s3  13.4  973.0  0.83
-*-*-*-*-
     rh
s1  0.64
s2  0.75
s3  0.83
```

（2）仅删除全为 NaN 的行或列。

删除全为 NaN 的行或列：

```
import numpy as np
import pandas as pd

a = pd.DataFrame([[np.nan, 983, 0.64],
                  [np.nan, np.nan, np.nan],
                  [np.nan, 973, 0.83]],
                 index=['s1', 's2', 's3'],
                 columns=['t', 'p', 'rh']
                )

print(a)
print('------')
b = a.dropna(how='all') # 删除全为 NaN 的行
print(b)
print('-*-*-*-*-')
c = a.dropna(axis=1, how='all') # 删除全为 NaN 的列
print(c)
```

返回结果为：

```
    t      p    rh
s1 NaN  983.0  0.64
```

```
s2 NaN   NaN   NaN
s3 NaN  973.0  0.83
------
    t     p     rh
s1 NaN  983.0  0.64
s3 NaN  973.0  0.83
-*-*-*-*-
       p     rh
s1  983.0  0.64
s2    NaN   NaN
s3  973.0  0.83
```

2. groupby()——分组汇总

使用 groupby()方法可以通过索引或数据进行分组汇总。其返回 DataFrameGroupBy 对象，这个对象拥有对应的聚合方法，具体如下。

- sum()：计算每个分组的和。
- mean()：计算每个分组的算术平均值。
- max()：计算每个分组的最大值。
- min()：计算每个分组的最小值。
- var()：计算每个分组的方差。
- size()：计算每个分组的长度。

调用聚合方法时，不支持该方法的数据类型对应的列会被丢弃。例如字符串并不支持 sum() 聚合方法，调用 DataFrameGroupBy 对象的 sum()方法后，字符串对应的列会被丢弃。

（1）通过原始数据分组。

groupby()方法接收 level 参数实现通过索引分组或接收 by 参数实现通过列名称对数据进行分组。

通过索引分组：

```
import pandas as pd

a = pd.DataFrame([[21.7, 983, 0.64, 'a'],
                  [19.2, 991, 0.75, 'b'],
                  [13.4, 973, 0.83, 'a'],
                  [13.4, 973, 0.83, 'b']],
                 index=['s1', 's2', 's3', 's2'],
                 columns=['t', 'p', 'rh', 'kind']
                )

print(a)
print('--------')
print(a.groupby(level=0).sum())
print('-*-*-*-*-*-')
print(a.groupby(level=0).size())
```

返回结果为：

```
       t    p    rh kind
s1  21.7  983  0.64    a
s2  19.2  991  0.75    b
```

```
s3  13.4  973  0.83   a
s2  13.4  973  0.83   b
--------
       t     p    rh
s1  21.7   983  0.64
s2  32.6  1964  1.58
s3  13.4   973  0.83
-*-*-*-*-*
s1   1
s2   2
s3   1
dtype: int64
```

例子中 kind 列的类型为字符串，调用 sum() 聚合方法后该列会被丢弃。

通过 by 参数使用列名称对数据进行分组：

```
import pandas as pd

a = pd.DataFrame([[21.7, 983, 0.64, 'a'],
                  [19.2, 991, 0.75, 'b'],
                  [13.4, 973, 0.83, 'a'],
                  [13.4, 973, 0.83, 'b']],
                 index=['s1', 's2', 's3', 's2'],
                 columns=['t', 'p', 'rh', 'kind']
                )

print(a)
print('--------')
print(a.groupby(by='kind').sum())
print('-*-*-*-*-*')
print(a.groupby(by='kind').size())
```

返回结果为：

```
       t    p    rh kind
s1  21.7  983  0.64    a
s2  19.2  991  0.75    b
s3  13.4  973  0.83    a
s2  13.4  973  0.83    b
--------
        t     p     rh
kind
a    35.1  1956  1.47
b    32.6  1964  1.58
-*-*-*-*-*
kind
a   2
b   2
dtype: int64
```

使用列名称对数据进行分组后，被用来分组的列成为新索引，原始索引被丢弃。

（2）通过函数分组。

by 参数也可以接收函数。by 参数接收自定义函数时，索引（index 参数的值）中的元素会被逐一输入函数，然后根据自定义函数的输出值进行分组，相同的函数输出值所在的行会被分为同一组。例如：

```
import pandas as pd

a = pd.DataFrame([[21.7, 983, 0.64, 'a'],
                  [19.2, 991, 0.75, 'b'],
                  [13.4, 973, 0.83, 'a'],
                  [13.4, 973, 0.83, 'b']],
                 index=['s1', 's2', 's3', 's2'],
                 columns=['t', 'p', 'rh', 'kind']
                )

print(a)
print('--------')
print(a.groupby(by=lambda x:x=='s2').sum())
```

返回结果为：

```
       t    p    rh kind
s1  21.7  983  0.64    a
s2  19.2  991  0.75    b
s3  13.4  973  0.83    a
s2  13.4  973  0.83    b
--------
          t     p    rh
False  35.1  1956  1.47
True   32.6  1964  1.58
```

在上述例子所示分组汇总结果中，False 表示索引不为 s2 的行，True 表示索引为 s2 的行。

基于这一点，我们还可以对某些特殊类型的索引进行分组，例如对时间戳类型的索引进行分组：

```
import pandas as pd

a = pd.DataFrame([[21.7, 983, 0.64],
                  [19.2, 991, 0.75],
                  [13.4, 973, 0.83]],
                 index=pd.to_datetime(['2020-02-19', '2020-02-20', '2020-03-22']),
                 columns=['t', 'p', 'rh']
                )

print(a)
print('--------')
print(a.groupby(by=lambda x:x.month).sum())
```

返回结果为：

```
               t    p    rh
2020-02-19  21.7  983  0.64
2020-02-20  19.2  991  0.75
2020-03-22  13.4  973  0.83
--------
      t     p    rh
2  40.9  1974  1.39
3  13.4   973  0.83
```

3. applymap()——按规则映射

DataFrame.applymap() 与 Series.map() 方法类似，可以通过函数对数据中的元素逐一进行映射。例如：

```
import pandas as pd

a = pd.DataFrame([[21.7, 983, 0.64],
                  [19.2, 991, 0.75],
                  [13.4, 973, 0.83]],
                 index=['s1', 's2', 's3'],
                 columns=['t', 'p', 'rh']
                )

print(a)
print('--------')
print(a.applymap(lambda x:x/10))
```

返回结果为：

```
       t    p    rh
s1  21.7  983  0.64
s2  19.2  991  0.75
s3  13.4  973  0.83
--------
       t     p     rh
s1  2.17  98.3  0.064
s2  1.92  99.1  0.075
s3  1.34  97.3  0.083
```

4. resample()——重采样

重采样包括降采样和升采样，resample()的降采样用于对时间序列进行按时间分组的聚合操作，升采样用于对时间序列进行重建周期或插值操作。其使用方式与 Series 的 resample() 的使用方式相同，具体操作方式参见 4.2.5 节。例如：

```
import pandas as pd

a = pd.DataFrame([[21.7, 983, 0.64],
                  [19.2, 991, 0.75],
                  [13.4, 973, 0.83]],
                 index=pd.to_datetime(['2020-02-19', '2020-02-20', '2020-02-22']),
                 columns=['t', 'p', 'rh']
                )

print(a)
print('--------')
print(a.resample('2D').mean())
```

返回结果为：

```
               t    p    rh
2020-02-19  21.7  983  0.64
2020-02-20  19.2  991  0.75
2020-02-22  13.4  973  0.83
--------
                t    p     rh
2020-02-19  20.45  987  0.695
2020-02-21  13.40  973  0.830
```

对于 resample()方法的更多说明请参阅 4.2.5 节。

5. interpolate()/fillna()——填充 NaN

使用 interpolate()方法可以通过插值的方式填充 NaN，默认以列的方式进行插值。

对于 fillna()方法，可以用指定值或前、后值对 NaN 进行填充。

（1）通过插值的方式填充。

示例如下：

```
import numpy as np
import pandas as pd

a = pd.DataFrame([[21.7, 983, 0.64],
               [19.2, np.nan, 0.75],
               [13.4, 973, 0.83]],
              index=['s1', 's2', 's3'],
              columns=['t', 'p', 'rh']
             )

print(a)
print('--------')
print(a.interpolate(method='linear')) # 列向线性插值
print('*-*-*-*-*-')
print(a.interpolate(method='linear', axis=1)) # 行向线性插值
```

返回结果为：

```
      t      p     rh
s1  21.7  983.0  0.64
s2  19.2    NaN  0.75
s3  13.4  973.0  0.83
--------
      t      p     rh
s1  21.7  983.0  0.64
s2  19.2  978.0  0.75
s3  13.4  973.0  0.83
*-*-*-*-*-
      t        p     rh
s1  21.7  983.000  0.64
s2  19.2    9.975  0.75
s3  13.4  973.000  0.83
```

（2）用指定值填充或根据行或列的前、后值填充。

指定值填充与根据列的前、后值填充的示例如下：

```
import numpy as np
import pandas as pd

a = pd.DataFrame([[21.7, 983, 0.64],
               [19.2, np.nan, 0.75],
               [13.4, 973, 0.83]],
              index=['s1', 's2', 's3'],
              columns=['t', 'p', 'rh']
             )

print(a)
print('--------')
print(a.fillna(9999)) # 用值填充
print('*-*-*-*-*-')
print(a.fillna(method='bfill')) # 列向后值填充
print('**********')
print(a.fillna(method='ffill')) # 列向前值填充
```

返回结果为：

```
       t      p    rh
s1  21.7  983.0  0.64
s2  19.2    NaN  0.75
s3  13.4  973.0  0.83
--------
       t       p    rh
s1  21.7   983.0  0.64
s2  19.2  9999.0  0.75
s3  13.4   973.0  0.83
*-*-*-*-*-
       t      p    rh
s1  21.7  983.0  0.64
s2  19.2  973.0  0.75
s3  13.4  973.0  0.83
**********
       t      p    rh
s1  21.7  983.0  0.64
s2  19.2  983.0  0.75
s3  13.4  973.0  0.83
```

根据行的前、后值进行填充的示例如下：

```
import numpy as np
import pandas as pd

a = pd.DataFrame([[21.7, 983, 0.64],
                  [19.2, np.nan, 0.75],
                  [13.4, 973, 0.83]],
                 index=['s1', 's2', 's3'],
                 columns=['t', 'p', 'rh']
                )

print(a)
print('--------')
print(a.fillna(method='bfill', axis=1)) # 行向后值填充
print('*-*-*-*-*-')
print(a.fillna(method='ffill', axis=1)) # 行向前值填充
```

返回结果为：

```
       t      p    rh
s1  21.7  983.0  0.64
s2  19.2    NaN  0.75
s3  13.4  973.0  0.83
--------
       t       p    rh
s1  21.7  983.00  0.64
s2  19.2    0.75  0.75
s3  13.4  973.00  0.83
*-*-*-*-*-
       t      p    rh
s1  21.7  983.0  0.64
s2  19.2   19.2  0.75
s3  13.4  973.0  0.83
```

6. reindex()/reindex_like()——按照指定序列/索引和列名排序

reindex()方法用于按照指定序列排序：

```
import pandas as pd

a = pd.DataFrame([[21.7, 983, 0.64],
                  [19.2, 991, 0.75],
                  [13.4, 973, 0.83]],
                 index=['s1', 's2', 's3'],
                 columns=['t', 'p', 'rh']
                )

print(a)
print('--------')
print(a.reindex(['s2', 's3', 's1']))
print('*-*-*-*-*-')
print(a.reindex(index=['s2', 's3', 's1'], columns=['rh', 't', 'p']))
```

返回结果为：

```
      t    p    rh
s1  21.7  983  0.64
s2  19.2  991  0.75
s3  13.4  973  0.83
--------
      t    p    rh
s2  19.2  991  0.75
s3  13.4  973  0.83
s1  21.7  983  0.64
*-*-*-*-*-
     rh     t    p
s2  0.75  19.2  991
s3  0.83  13.4  973
s1  0.64  21.7  983
```

reindex_like()方法用于按照已有 DataFrame 对象的索引和列名排序：

```
import pandas as pd

a = pd.DataFrame([[21.7, 983, 0.64],
                  [19.2, 991, 0.75],
                  [13.4, 973, 0.83]],
                 index=['s1', 's2', 's3'],
                 columns=['t', 'p', 'rh']
                )
b = pd.DataFrame(data=None, index=['s2', 's1', 's3'], columns=['p', 't', 'rh'])

print(a)
print('--------')
print(a.reindex_like(b))
```

返回结果为：

```
      t    p    rh
s1  21.7  983  0.64
s2  19.2  991  0.75
s3  13.4  973  0.83
--------
     p     t    rh
s2  991  19.2  0.75
s1  983  21.7  0.64
s3  973  13.4  0.83
```

7. reset_index()——重置索引

reset_index()方法用于重置索引从 0 开始的序列，原索引被还原成数据列。例如：

```
import pandas as pd

a = pd.DataFrame([[21.7, 983, 0.64],
                  [19.2, 991, 0.75],
                  [13.4, 973, 0.83],
                  [12.4, 963, 0.73]],
                 index=['s1', 's2', 's3', 's4'],
                 columns=['t', 'p', 'rh']
                )

print(a)
print('--------')
print(a.reset_index())
```

返回结果为：

```
       t    p    rh
s1  21.7  983  0.64
s2  19.2  991  0.75
s3  13.4  973  0.83
s4  12.4  963  0.73
--------
  index     t    p    rh
0    s1  21.7  983  0.64
1    s2  19.2  991  0.75
2    s3  13.4  973  0.83
3    s4  12.4  963  0.73
```

例子中，index 列已经被转换成普通数据列。

8. rolling()——滑动窗口计算

rolling()方法接收滑动窗口长度或时间字符串，返回 Window 对象，Window 对象可根据滑动窗口的大小、滑动步长等信息对输入的数据进行汇总计算。rolling()方法返回的 Window 对象支持常见的汇总方法，如 min()、max()、sum()、mean()。rolling()方法也可用于计算滑动平均值。

（1）对普通序列进行滑动计算。

指定滑动窗口大小的滑动计算，例如：

```
import pandas as pd

a = pd.DataFrame([[21.7, 983, 0.64],
                  [19.2, 991, 0.75],
                  [13.4, 973, 0.83],
                  [12.4, 963, 0.73]],
                 index=['s1', 's2', 's3', 's4'],
                 columns=['t', 'p', 'rh']
                )

print(a)
print('--------')
print(a.rolling(2).mean()) #此处滑动窗口值为 2
```

返回结果为：

```
      t    p    rh
s1  21.7  983  0.64
s2  19.2  991  0.75
s3  13.4  973  0.83
s4  12.4  963  0.73
--------
        t      p     rh
s1    NaN    NaN    NaN
s2  20.45  987.0  0.695
s3  16.30  982.0  0.790
s4  12.90  968.0  0.780
```

例子中实现的是两点滑动平均。

（2）对时间序列进行滑动计算。

当索引为时间时可以使用时间周期字符串作为滑动窗口。时间周期字符串的说明请参见 4.2.5 节。

使用时间周期字符串作为滑动窗口时，数组边缘元素的滑动窗口的最小值为 1，即在数据数组的起点和终点，元素的数量小于滑动窗口的大小时，窗口大小会自动降低，以确保最后得到的结果数组中不会出现 NaN。例如：

```
import pandas as pd

a = pd.DataFrame([[21.7, 983, 0.64],
                  [19.2, 991, 0.75],
                  [13.4, 973, 0.83],
                  [12.4, 963, 0.73]],
                 index=pd.to_datetime(['2020-02-19', '2020-02-20',
                                       '2020-02-21', '2020-02-22']),
                 columns=['t', 'p', 'rh']
                )

print(a)
print('--------')
print(a.rolling('2D').mean())
```

返回结果为：

```
              t    p    rh
2020-02-19  21.7  983  0.64
2020-02-20  19.2  991  0.75
2020-02-21  13.4  973  0.83
2020-02-22  12.4  963  0.73
--------
               t      p     rh
2020-02-19  21.70  983.0  0.640
2020-02-20  20.45  987.0  0.695
2020-02-21  16.30  982.0  0.790
2020-02-22  12.90  968.0  0.780
```

9. shift()——平移数据

使用 `shift()` 方法可以对数据进行列方向平移或行方向平移，平移后超出的部分会被丢弃，缺失的部分会默认填充 NaN。例如：

```
import pandas as pd

a = pd.DataFrame([[21.7, 983, 0.64],
                  [19.2, 991, 0.75],
                  [13.4, 973, 0.83]],
                 index=['s1', 's2', 's3'],
                 columns=['t', 'p', 'rh']
                )

print(a)
print('--------')
print(a.shift(1)) # 列方向平移
print('*-*-*-*-*-')
print(a.shift(1, axis=1)) # 行方向平移
```

返回结果为：

```
      t    p    rh
s1  21.7  983  0.64
s2  19.2  991  0.75
s3  13.4  973  0.83
--------
      t      p    rh
s1   NaN    NaN   NaN
s2  21.7  983.0  0.64
s3  19.2  991.0  0.75
*-*-*-*-*-
     t     p   rh
s1 NaN  21.7  983
s2 NaN  19.2  991
s3 NaN  13.4  973
```

10. sort_index()——按照索引排序

使用 sort_index()方法可以通过索引对数据进行排序。例如：

```
import pandas as pd

a = pd.DataFrame([[21.7, 983, 0.64],
                  [19.2, 991, 0.75],
                  [13.4, 973, 0.83]],
                 index=['s2', 's1', 's3'],
                 columns=['t', 'p', 'rh']
                )

print(a)
print('--------')
print(a.sort_index()) # 升序排列
print('*-*-*-*-*-')
print(a.sort_index(ascending=False)) # 降序排列
```

返回结果为：

```
      t    p    rh
s2  21.7  983  0.64
s1  19.2  991  0.75
s3  13.4  973  0.83
--------
      t    p    rh
```

```
s1  19.2  991  0.75
s2  21.7  983  0.64
s3  13.4  973  0.83
*-*-*-*-*-
      t    p    rh
s3  13.4  973  0.83
s2  21.7  983  0.64
s1  19.2  991  0.75
```

11. sort_values()——按照数据排序

使用 sort_values()可以按照某一列数据来对整体数据进行排序。例如：

```
import pandas as pd

a = pd.DataFrame([[21.7, 983, 0.64],
                  [19.2, 991, 0.75],
                  [13.4, 973, 0.83]],
                 index=['s1', 's2', 's3'],
                 columns=['t', 'p', 'rh']
                )

print(a)
print('--------')
print(a.sort_values('p')) # 按 p 列升序排列
print('*-*-*-*-*-')
print(a.sort_values('p', ascending=False)) # 按 p 列降序排列
```

返回结果为：

```
      t    p    rh
s1  21.7  983  0.64
s2  19.2  991  0.75
s3  13.4  973  0.83
--------
      t    p    rh
s3  13.4  973  0.83
s1  21.7  983  0.64
s2  19.2  991  0.75
*-*-*-*-*-
      t    p    rh
s2  19.2  991  0.75
s1  21.7  983  0.64
s3  13.4  973  0.83
```

12. max()/min()——获取最大值/最小值

使用 max()/min()可以获取列的最大值/最小值。例如：

```
import pandas as pd

a = pd.DataFrame([[21.7, 983, 0.64],
                  [19.2, 991, 0.75],
                  [13.4, 973, 0.83]],
                 index=['s1', 's2', 's3'],
                 columns=['t', 'p', 'rh']
                )


print(a)
```

```
print('--------')
print(a.max()) # 列最大值
print('*-*-*-*-*-')
print(a.min()) # 列最小值
```

返回结果为：

```
       t    p    rh
s1  21.7  983  0.64
s2  19.2  991  0.75
s3  13.4  973  0.83
--------
t      21.70
p     991.00
rh      0.83
dtype: float64
*-*-*-*-*-
t      13.40
p     973.00
rh      0.64
dtype: float64
```

使用max()/min()也可以获取行的最大值/最小值。例如：

```
import pandas as pd

a = pd.DataFrame([[21.7, 983, 0.64],
                  [19.2, 991, 0.75],
                  [13.4, 973, 0.83]],
                 index=['s1', 's2', 's3'],
                 columns=['t', 'p', 'rh']
                )


print(a)
print('--------')
print(a.max(axis=1)) # 行最大值
print('*-*-*-*-*-')
print(a.min(axis=1)) # 行最小值
```

返回结果为：

```
       t    p    rh
s1  21.7  983  0.64
s2  19.2  991  0.75
s3  13.4  973  0.83
--------
s1   983.0
s2   991.0
s3   973.0
dtype: float64
*-*-*-*-*-
s1   0.64
s2   0.75
s3   0.83
dtype: float64
```

13. idxmax()/idxmin()——获取最大值/最小值对应的标签

使用pd.DataFrame中的idxmax()/idxmin()方法获取到的是行或列的最大值/最小

值对应的标签。idxmax()/idxmin()方法支持指定可选参数 axis，当 axis=1 时按行进行计算。例如：

```
import pandas as pd

a = pd.DataFrame([[21.7, 983, 0.64],
                  [19.2, 991, 0.75],
                  [13.4, 973, 0.83]],
                 index=['s1', 's2', 's3'],
                 columns=['t', 'p', 'rh']
                )


print(a)
print('--------')
print(a.idxmin())
print('*-*-*-*-*-')
print(a.idxmax())
print('~~~~~~')
print(a.idxmax(axis=1))
```

返回结果为：

```
      t    p    rh
s1  21.7  983  0.64
s2  19.2  991  0.75
s3  13.4  973  0.83
--------
t     s3
p     s3
rh    s1
dtype: object
*-*-*-*-*-
t     s1
p     s2
rh    s3
dtype: object
~~~~~~
s1    p
s2    p
s3    p
dtype: object
```

14. std()/var()——计算标准差/无偏方差

使用 std()/var()方法可以计算数据行或列的标准差/无偏方差。std()/var()方法支持指定可选参数 axis，当 axis=1 时按行进行计算。例如：

```
import pandas as pd

a = pd.DataFrame([[21.7, 983, 0.64],
                  [19.2, 991, 0.75],
                  [13.4, 973, 0.83]],
                 index=['s1', 's2', 's3'],
                 columns=['t', 'p', 'rh']
                )


print(a)
```

```
print('--------')
print(a.std()) # 按列计算标准差
print('*-*-*-*-*-')
print(a.var()) # 按列计算无偏方差
print('~~~~~~')
print(a.std(axis=1))
```

返回结果为：

```
      t    p    rh
s1  21.7  983  0.64
s2  19.2  991  0.75
s3  13.4  973  0.83
--------
t     4.257934
p     9.018500
rh    0.095394
dtype: float64
*-*-*-*-*-
t     18.130000
p     81.333333
rh     0.009100
dtype: float64
~~~~~~
s1    561.185113
s2    566.470168
s3    557.689381
dtype: float64
```

15. corr()/corrwith()——计算相关系数

corr()用于计算数据列之间的相关系数，支持通过 method 参数指定相关系数类型，具体如下。

- pearson：默认值指皮尔逊相关系数。
- kendall：指肯德尔相关系数。
- spearman：指斯皮尔曼相关系数。

示例如下：

```
import pandas as pd

a = pd.DataFrame([[21.7, 983, 0.64],
                  [19.2, 991, 0.75],
                  [13.4, 973, 0.83]],
                 index=['s1', 's2', 's3'],
                 columns=['t', 'p', 'rh']
                )


print(a)
print('--------')
print(a.corr())
```

返回结果为：

```
      t    p    rh
s1  21.7  983  0.64
s2  19.2  991  0.75
s3  13.4  973  0.83
```

```
--------
          t         p        rh
t   1.000000  0.726559 -0.950315
p   0.726559  1.000000 -0.476572
rh -0.950315 -0.476572  1.000000
```

使用 corrwith()可以计算 pd.DataFram 与另一个 pd.Series 或 pd.DataFrame 之间的相关系数。例如：

```
a = pd.DataFrame([[21.7, 983, 0.64],
                  [19.2, 991, 0.75],
                  [13.4, 973, 0.83]],
                 index=['s1', 's2', 's3'],
                 columns=['t', 'p', 'rh']
                )

b = pd.DataFrame([[21.5, 988, 0.62],
                  [19.4, 996, 0.74],
                  [13.2, 973, 0.85]],
                 index=['s1', 's2', 's3'],
                 columns=['t', 'p', 'rh']
                )

print(a)
print('--------')
print(a.corrwith(b))
```

返回结果为：

```
       t    p    rh
s1  21.7  983  0.64
s2  19.2  991  0.75
s3  13.4  973  0.83
--------
t     0.998639
p     0.993970
rh    0.997835
dtype: float64
```

16. cov()——计算协方差

使用 cov()可以计算两列数据之间的协方差。例如：

```
import pandas as pd

a = pd.DataFrame([[21.7, 983, 0.64],
                  [19.2, 991, 0.75],
                  [13.4, 973, 0.83]],
                 index=['s1', 's2', 's3'],
                 columns=['t', 'p', 'rh']
                )


print(a)
print('--------')
print(a.cov())
```

返回结果为：

```
       t    p    rh
s1  21.7  983  0.64
```

```
s2  19.2  991  0.75
s3  13.4  973  0.83
--------
        t          p       rh
t   18.130  27.900000 -0.3860
p   27.900  81.333333 -0.4100
rh  -0.386  -0.410000  0.0091
```

17. sum()/mean()——序列求和/求均值

sum()可以计算序列元素和，mean()可以计算元素平均值。例如：

```
import pandas as pd

a = pd.DataFrame([[21.7, 983, 0.64],
                  [19.2, 991, 0.75],
                  [13.4, 973, 0.83]],
                 index=['s1', 's2', 's3'],
                 columns=['t', 'p', 'rh']
                )


print(a)
print('--------')
print(a.sum())
print('-*-*-*-*-')
print(a.mean())
```

返回结果为：

```
       t    p    rh
s1  21.7  983  0.64
s2  19.2  991  0.75
s3  13.4  973  0.83
--------
t       54.30
p     2947.00
rh       2.22
dtype: float64
-*-*-*-*-
t      18.100000
p     982.333333
rh      0.740000
dtype: float64
```

18. abs()——获取绝对值

abs()可以计算数组中所有元素的绝对值。例如：

```
import pandas as pd

a = pd.DataFrame([[-21.7, 983, 0.64],
                  [19.2, 991, 0.75],
                  [13.4, -973, -0.83]],
                 index=['s1', 's2', 's3'],
                 columns=['t', 'p', 'rh']
                )


print(a)
print('--------')
print(a.abs())
```

返回结果为：

```
      t    p    rh
s1 -21.7  983  0.64
s2  19.2  991  0.75
s3  13.4 -973 -0.83
--------
      t     p     rh
s1  21.7  983.0  0.64
s2  19.2  991.0  0.75
s3  13.4  973.0  0.83
```

19. to_csv()——保存为 CSV 文件

使用 `to_csv()` 可以方便地将 DataFrame 保存为 CSV 文件。例如：

```
import pandas as pd

a = pd.DataFrame([[-21.7, 983, 0.64],
               [19.2, 991, 0.75],
               [13.4, -973, -0.83]],
              index=['s1', 's2', 's3'],
              columns=['t', 'p', 'rh']
             )


print(a)
a.to_csv('resource/dataframe_to.csv')
```

生成的文件如图 4-8 所示。

```
1  ,t,p,rh
2  s1,-21.7,983,0.64
3  s2,19.2,991,0.75
4  s3,13.4,-973,-0.83
5
```

图 4-8 生成的逗号作为分隔符的文件

20. astype()——转换数据类型

由于 DataFrame 支持每列为不同的数据类型，所以 astype() 方法支持通过单一类型进行统一转换或通过列名对应的字典单独进行指定列转换。

(1) 统一转换。

接收某个类型并将其作为参数，对所有列进行转换：

```
import numpy as np
import pandas as pd

a = pd.DataFrame([[21.7, 983, 0.64],
               [19.2, 991, 0.75],
               [13.4, 973, 0.83]],
              index=['s1', 's2', 's3'],
              columns=['t', 'p', 'rh']
             )


print(a.dtypes)
print('--------')
b = a.astype(np.float32)
print(b.dtypes)
```

返回结果为：

```
t    float64
p      int64
```

```
rh   float64
dtype: object
--------
t    float32
p    float32
rh   float32
dtype: object
```

（2）指定列转换。

接收列对应类型的字典，对指定列进行转换：

```
import numpy as np
import pandas as pd

a = pd.DataFrame([[21.7, 983, 0.64],
                  [19.2, 991, 0.75],
                  [13.4, 973, 0.83]],
                 index=['s1', 's2', 's3'],
                 columns=['t', 'p', 'rh']
                )


print(a.dtypes)
print('--------')
b = a.astype({'t': np.float32, 'p': np.float64})
print(b.dtypes)
```

返回结果为：

```
t    float64
p      int64
rh   float64
dtype: object
--------
t    float32
p    float64
rh   float64
dtype: object
```

4.4 pandas 的常用函数

pandas 内置了一些常用的函数，可在数据分析和处理时使用。

4.4.1 to_numeric()——将序列转换为数值类型

使用 `to_numeric()` 函数可以将非数值类型的序列转换为数值类型（这种情况通常发生在字符串和数值混合在同一列数据中）。例如：

```
import pandas as pd

a = pd.DataFrame([[21.7, 983, 0.64],
                  ['19.2', 991, 0.75],
                  [13.4, 973, 0.83]],
                 index=['s1', 's2', 's3'],
```

```
                columns=['t', 'p', 'rh']
               )

    print(a.dtypes)
    print('--------')
    a['t'] = pd.to_numeric(a['t'])
    print(a.dtypes)
```

返回结果为：

```
t     object
p      int64
rh   float64
dtype: object
---------
t    float64
p      int64
rh   float64
dtype: object
```

在本例中，t 列的类型为 object，object 是原生 Python 对象类型（原生 Python 对象类型是 Python 中所有对象的原始状态，它不是任何一种单纯的数值类型），object 并不是 NumPy 中的数据类型。

通常在创建 DataFrame 时，如果某列数据包含字符串（包括全为字符串），那么自动推断出的数据类型就为 object。

4.4.2 to_datetime()——将序列转换为时间戳类型

使用 to_datetime() 函数可以将时间字符串序列转换为时间戳类型。

1. 标准格式的时间字符串

to_datetime() 函数可以用于直接解析标准格式的时间字符串。例如：

```
import pandas as pd

a = pd.to_datetime(['20200228', '20200301'])
b = pd.to_datetime(['2020-02-28', '2020-03-01'])
c = pd.to_datetime(['2020/02/28', '2020/03/01'])

d = pd.to_datetime(['202002281200', '202002281200'])
e = pd.to_datetime(['2020-02-28 12:00', '2020-03-01 12:00'])
f = pd.to_datetime(['2020/02/28 12:00', '2020/03/01 12:00'])

g = pd.to_datetime(['20200228120050', '20200228120050'])
h = pd.to_datetime(['2020-02-28 12:00:50', '2020-03-01 12:00:50'])
i = pd.to_datetime(['2020/02/28 12:00:50', '2020/03/01 12:00:50'])


print(a)
print(b)
print(c)
print(d)
print(e)
print(f)
```

```
print(g)
print(h)
print(i)
```

返回结果为：

```
DatetimeIndex(['2020-02-28', '2020-03-01'], dtype='datetime64[ns]', freq=None)
DatetimeIndex(['2020-02-28', '2020-03-01'], dtype='datetime64[ns]', freq=None)
DatetimeIndex(['2020-02-28', '2020-03-01'], dtype='datetime64[ns]', freq=None)
DatetimeIndex(['2020-02-28 12:00:00', '2020-02-28 12:00:00'], dtype='datetime64[ns]', freq=None)
DatetimeIndex(['2020-02-28 12:00:00', '2020-03-01 12:00:00'], dtype='datetime64[ns]', freq=None)
DatetimeIndex(['2020-02-28 12:00:00', '2020-03-01 12:00:00'], dtype='datetime64[ns]', freq=None)
DatetimeIndex(['2020-02-28 12:00:50', '2020-02-28 12:00:50'], dtype='datetime64[ns]', freq=None)
DatetimeIndex(['2020-02-28 12:00:50', '2020-03-01 12:00:50'], dtype='datetime64[ns]', freq=None)
DatetimeIndex(['2020-02-28 12:00:50', '2020-03-01 12:00:50'], dtype='datetime64[ns]', freq=None)
```

2. 特殊格式的时间字符串

对于某些非标准格式的时间字符串，需要指定 format 参数。format 参数表示的是输入字符串的时间格式，其由特定的时间字符串格式符组成，时间字符串格式符如表 4-2 所示。

表 4-2 时间字符串格式符

格式符	说明
%Y	4 位数的年份
%y	两位数的年份
%m	两位数的月份
%d	两位数的日期
%H	两位数的小时数
%M	两位数的分钟数
%S	两位数的秒数

对于特殊格式的时间字符串，示例如下：

```
import pandas as pd

a = pd.to_datetime(['2020年02月28日', '2020年03月28日'], format='%Y年%m月%d日')
b = pd.to_datetime(['202002(28)', '202003(28)'], format='%Y%m(%d)')
c = pd.to_datetime(['20200228(1200)', '20200328(1200)'], format='%Y%m%d(%H%M)')

print(a)
print(b)
print(c)
```

返回结果为：

```
DatetimeIndex(['2020-02-28', '2020-03-28'], dtype='datetime64[ns]', freq=None)
DatetimeIndex(['2020-02-28', '2020-03-28'], dtype='datetime64[ns]', freq=None)
DatetimeIndex(['2020-02-28 12:00:00', '2020-03-28 12:00:00'], dtype='datetime64[ns]', freq=None)
```

4.4.3 to_timedelta()——将序列转换为时间差类型

使用 to_timedelta() 函数可以将数值或字符串序列转换为时间差类型。

时间类型用于描述某个绝对时间，例如某年某月某日；时间差类型则用于描述相对时间，例如几天、几小时。两个绝对时间相减，可以获得时间差；绝对时间和时间差加减，可以获得另一个绝对时间。

将数值转换为时间差类型时需要指定单位，使用 unit 参数；将字符串类型转换为时间差类型时，需要字符串本身包含单位信息。

时间差单位如表 4-3 所示。

表 4-3　时间差单位

单位	说明
W	周
D/days/day	天
m/minute/min/minutes/T	分钟
S/seconds/sec/second	秒
ms/milliseconds/millisecond/milli/millis/L	毫秒
us/microseconds/microsecond/micro/U	微秒
ns/nanoseconds/nano/nanos/N	纳秒

示例如下：

```
import pandas as pd

a = pd.to_timedelta(['1 day', '10 min', '20S'])
b = pd.to_timedelta([1, 3, 5], unit='D')


print(a)
print(b)
```

返回结果为：

```
TimedeltaIndex(['1 days 00:00:00', '0 days 00:10:00', '0 days 00:00:20'], dtype='timedelta64[ns]', freq=None)
TimedeltaIndex(['1 days', '3 days', '5 days'], dtype='timedelta64[ns]', freq=None)
```

4.4.4 date_range()——生成时间序列

date_range() 函数与 NumPy 的 np.arange() 函数相似，只不过 date_range() 函数生成的是时间的等差数列。

示例如下：

```
import pandas as pd

a = pd.date_range(start='2020-03-01', periods=3, freq='3H')
b = pd.date_range(start='2020-03-01', end='2020-03-03', freq='D')
c = pd.date_range(start='2020-03-01', end='2020-03-03')

print(a)
print(b)
print(c)
```

返回结果为：

```
DatetimeIndex(['2020-03-01 00:00:00', '2020-03-01 03:00:00',
               '2020-03-01 06:00:00'],
```

```
           dtype='datetime64[ns]', freq='3H')
DatetimeIndex(['2020-03-01', '2020-03-02', '2020-03-03'], dtype='datetime64[ns]', freq='D')
DatetimeIndex(['2020-03-01', '2020-03-02', '2020-03-03'], dtype='datetime64[ns]', freq='D')
```

- freq 参数用于指定时间步长（时间周期字符串请见 4.2.5 节），当缺少 freq 参数时，默认周期为 1 天；
- start 参数用于指定起始时间；
- end 参数用于指定终止时间；
- periods 参数用于指定生成元素的个数。

4.4.5 merge()——按值连接两个 pd.DataFrame

merge() 函数用于按照键值连接两个 pd.DataFrame，类似于 SQL 中的 join 和 Excel 中的 VLOOKUP()函数。

merge() 函数支持左连接（left）、右连接（right）、内连接（inner）和外连接（outer）这几种连接方式，具体逻辑如图 4-9 所示。

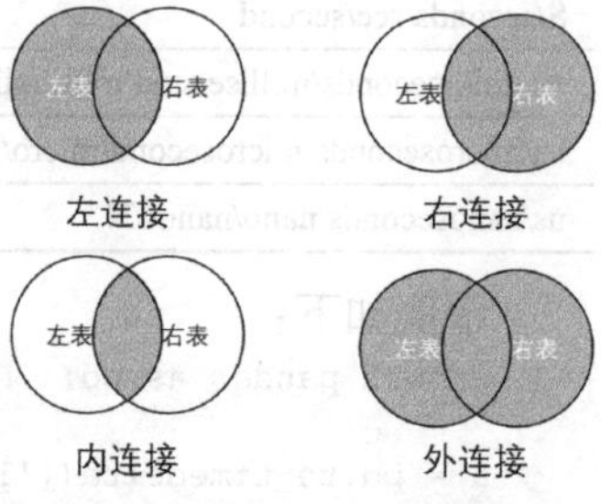

图 4-9　4 种连接方式的逻辑

进行连接的两个 pd.DataFrame 分别称为左表和右表。左连接保留左表所有的键，右表缺少对应键的部分填充 NaN；右连接等效于将两个表交换位置然后执行左连接；内连接意味着只保留左、右表所共有的键；外连接保留左、右表所有的键。

创建两个 pd.DataFrame，用其来测试 4 种连接方式：

```
import pandas as pd

a = pd.DataFrame([['sunny', 983, 0.64],
                  ['rain', 991, 0.75],
                  ['fog', 973, 0.83],
                  ['haze', 1001, 0.93]],
                 index=['d1', 'd2', 'd3', 'd4'],
                 columns=['weather', 'p', 'rh']
                 )

b = pd.DataFrame([['rain', '0121'],
                  ['windy', '1123'],
                  ['fog', '1234'],
                  ['sunny', '2234']],
                 columns=['weather', 'code']
                 )

print(a)
print('------')
print(b)
```

返回结果为：

```
  weather     p    rh
d1   sunny   983  0.64
d2   rain    991  0.75
```

```
d3    fog    973  0.83
d4   haze   1001  0.93
------
  weather  code
0    rain  0121
1   windy  1123
2     fog  1234
3   sunny  2234
```

下面介绍在 a 中根据天气现象列（weather）数据，添加 b 中对应的代码列（code）数据。这时候 weather 列中的数据又被称为键。

1. 左连接

一般来说，左表中会是更为重要的数据，右表用来查表并添加对应的列数据，所以左连接保留左表所有的键通常会更符合实际需求。例如：

```
c = pd.merge(left=a, right=b, left_on='weather', right_on='weather', how='left')

print(c)
```

返回结果为：

```
  weather     p    rh  code
0   sunny   983  0.64  2234
1    rain   991  0.75  0121
2     fog   973  0.83  1234
3    haze  1001  0.93   NaN
```

在本例中，haze 并不存在于右表，所以对应的 code 被填充为 NaN；右表中的 windy 键被丢弃。

2. 右连接

右连接保留右表所有的键，丢弃左表中缺少的键。

例如：

```
c = pd.merge(left=a, right=b, left_on='weather', right_on='weather', how='right')

print(c)
```

返回结果为：

```
  weather      p    rh  code
0    rain  991.0  0.75  0121
1   windy    NaN   NaN  1123
2     fog  973.0  0.83  1234
3   sunny  983.0  0.64  2234
```

在本例中，haze 并不存在于右表，所以左表对应的 haze 键被丢弃；右表的 windy 键被保留，由于左表不存在对应的 p 和 rh，因此被填充为 NaN。

3. 内连接

内连接仅保留左表和右表所共有的键，其他键被丢弃。内连接也是 merge() 函数的默认连接方式。例如：

```
c = pd.merge(left=a, right=b, left_on='weather', right_on='weather', how='inner')

print(c)
```

返回结果为：

```
  weather    p    rh  code
0   sunny  983  0.64  2234
1    rain  991  0.75  0121
2     fog  973  0.83  1234
```

4. 外连接

外连接保留左、右表所有的键，缺少的值填充 NaN。例如：

```
c = pd.merge(left=a, right=b, left_on='weather', right_on='weather', how='outer')

print(c)
```

返回结果为：

```
  weather       p    rh  code
0   sunny   983.0  0.64  2234
1    rain   991.0  0.75  0121
2     fog   973.0  0.83  1234
3    haze  1001.0  0.93   NaN
4   windy     NaN   NaN  1123
```

4.4.6 concat()——合并多个 pd.DataFrame

使用 `concat()` 函数可以直接按照行或列合并多个 `pd.DataFrame`。例如：

```
import pandas as pd

a = pd.DataFrame([['sunny', 983, 0.64],
                  ['rain', 991, 0.75],
                  ['fog', 973, 0.83],
                  ['haze', 1001, 0.93]],
                 index=['d1', 'd2', 'd3', 'd4'],
                 columns=['weather', 'p', 'rh']
                )

print(pd.concat([a, a]))
print('-----')
print(pd.concat([a, a], axis=1))
```

返回结果为：

```
   weather     p    rh
d1   sunny   983  0.64
d2    rain   991  0.75
d3     fog   973  0.83
d4    haze  1001  0.93
d1   sunny   983  0.64
d2    rain   991  0.75
d3     fog   973  0.83
d4    haze  1001  0.93
-----
   weather     p    rh  weather     p    rh
d1   sunny   983  0.64    sunny   983  0.64
d2    rain   991  0.75     rain   991  0.75
d3     fog   973  0.83      fog   973  0.83
d4    haze  1001  0.93     haze  1001  0.93
```

05 第5章 栅格数据处理

5.1 xarray 与气象栅格数据处理

栅格数据（也称为网格数据、格点数据）就是将空间分割成有规律的网格（每一个网格称为一个单元）并在各单元上赋予相应的属性值来表示实体的一种数据形式。xarray 是一个用于处理带有标签的多维数组的 Python 包，它高效、方便，非常适用于处理栅格数据。xarray 的灵感来源于 pandas，它以维度、坐标和属性的形式在原始 NumPy 数组上引入了标签。它特别适合用于处理 NetCDF 文件。NetCDF 文件是 xarray 数据模型的来源，与 Dask 紧密集成以实现并行计算。

5.1.1 xarray 的安装

xarray 的简单安装方法是使用 conda 来进行安装。要使用 conda 命令行工具安装具有推荐依赖项的 xarray，请执行以下命令：

```
conda install -c conda-forge xarray dask netCDF4 bottleneck
```

如果不使用 conda，请首先确保安装了所需的依赖项（NumPy 和 pandas）。然后用 pip 安装 xarray，命令如下：

```
pip install xarray
```

5.1.2 xarray 基础知识

在讲解关于 xarray 的具体操作之前，首先介绍一些 xarray 中常用的术语。

- 数据数组（DataArray）：具有标签或命名维度的多维数组。DataArray 对象会向底层“未标记”的数据结构（如 NumPy 和 Dask 数组）添加元数据，如维度名称、坐标和属性等。

- 数据集（dataset）：具有对齐维度的 DataArray 对象的类似字典类型的集合。可以在单个 DataArray 的维度上执行的大多数操作都可以在数据集上执行。数据集有数据变量、维度、坐标和属性。
- 变量（variable）：一种类似 NetCDF 的变量，由描述单个数组的维度、数据和属性组成。变量与 NumPy 数组在功能上的主要区别在于对变量的数值运算可以实现按维度名称的数组广播。每个 DataArray 都有一个基础变量可以通过 DataArray.variable 访问。但是，单独的 Variable 对象在脱离 Dataset 或 DataArray 之后无法表达完整的信息。
- 维度（dimension）：在 xarray 中，DataArray 对象的维度指的是具有名字的坐标轴，第 *i* 个维度是 DataArray.dims[*i*]。如果在创建时没有赋予名称，则默认维度名称为 dim_0、dim_1 等，以此类推。
- 坐标（coordinate）：为 DataArray 对象的维度或维度集添加标签的数组。在通常的一维情况下，Coordinate 数组的值可以看作沿维度的记号标签。坐标包含维度坐标和非维度坐标。一个 DataArray 可以有比维度更多的坐标，因为一个维度可以被多个坐标数组标记。但是，只能将一个坐标数组指定为特定标注的标注坐标数组。
- 维度坐标（dimension coordinate）：一种分配给 DataArray 的具有名称和维度名称的一维坐标数组，用于基于标签的索引和对齐。
- 非维度坐标（non-dimension coordinate）：分配给 DataArray 的具有 DataArray.coords 名称的坐标数组，不具有 DataArray.dims 的名称，通常用于辅助标记。非维度坐标不会被索引，并且任何利用索引的非维度坐标操作都将失败。
- 索引（index）：索引是一种为有效地选择和切片关联数组而优化的数据结构。xarray 为维度坐标创建索引，这样沿维度的操作速度很快，而非维度坐标不会被索引。
- 名称（name）：维度、坐标、DataArray 对象和数据变量的名称。最好使用字符串类型的名称。
- 标量（scalar）：标量不是数组，当它被转换为数组时，它是 0 维。例如整数、浮点数和字符串对象是标量，而列表或元组则不是。
- duck array（duck 数组）：duck 数组类似于 NumPy 数组。对于 duck 数组，必须定义形状、数据类型和.ndim 属性。

5.1.3　数据数组

5.1.2 小节提到，数据数组（DataArray）是一种具有标签或维度名称的多维数组，本小节将详细介绍 `DataArray` 的属性、创建方法、操作方法等。

我们首先可以尝试创建一个 `DataArray`。创建 `DataArray` 需要以下几个参数。

- `data`：多维数组，用于存放 `DataArray` 的值（可以是 `np.ndarray`、`pd.Series`、`pd.DataFrame` 或 `pd.Panel`）。
- `dims`：每个轴的维度的名称，如 `x`、`y`、`z`。

- coords：序列型或字典型的坐标。如果是序列型，则它的第一个元素是维度名称，第二个元素是对应的坐标的数组对象，如（dims, data）；如果是字典型，则为{coordname: DataArray}。
- attrs：字典，用于给实例添加属性。
- name：字符串，用于命名实例。

在创建 DataArray 时，只有 data 是必要的，在不设置其他参数时，其他参数会以默认值进行填充。如下所示：

```
import xarray as xr
import numpy as np
data = np.random.rand(4, 3)
foo = xr.DataArray(data)
print(foo)
```

返回结果：

```
<xarray.DataArray (dim_0: 4, dim_1: 3)>
array([[0.97511099, 0.07661686, 0.04195102],
       [0.38679391, 0.77797517, 0.94909517],
       [0.03712771, 0.1211445 , 0.73122781],
       [0.9631847 , 0.1027708 , 0.72096314]])
Dimensions without coordinates: dim_0, dim_1
```

如上所示，在没有提供维度名称时，维度名称默认以 dim_N 进行填充。

当然，我们也可以手动传入参数，让 DataArray 的结构更加完整：

```
import xarray as xr
import numpy as np
import pandas as pd
data = np.random.rand(4, 3)
locs = ["level", "latitude", "longitude"]
times = pd.date_range("2000-01-01", periods=4)
foo = xr.DataArray(data, coords=[times, locs], dims=["time", "space"])
print(foo)
```

返回结果：

```
<xarray.DataArray (time: 4, space: 3)>
array([[0.03282489, 0.66093514, 0.82088494],
       [0.31618968, 0.17018884, 0.67360588],
       [0.41339069, 0.48869428, 0.80545596],
       [0.75360471, 0.37273115, 0.49838041]])
Coordinates:
  * time     (time) datetime64[ns] 2000-01-01 2000-01-02 2000-01-03 2000-01-04
  * space    (space) <U9 'level' 'latitude' 'longitude'
```

对于熟悉 pandas 操作的读者，也可以选择使用 pandas 中的 pd.Series、pd.DataFrame 以及 pd.Panel 来创建 DataArray。DataArray 构造函数中任何未指定的参数都将按 pandas 对象的填充。如下所示：

```
df = pd.DataFrame({"lat": [0, 1], "lon": [2, 3]}, index=["2000-01-01", "2000-01-02"])
df.index.name = "time"
df.columns.name = "space"
print(df)
foo = xr.DataArray(df)
print(foo)
```

返回结果：

```
space       lat  lon
time
2000-01-01   0    2
2000-01-02   1    3
<xarray.DataArray (time: 2, space: 2)>
array([[0, 2],
       [1, 3]])
Coordinates:
  * time     (time) object '2000-01-01' '2000-01-02'
  * space    (space) object 'lat' 'lon'
```

本小节开始时曾提到 coords 可以通过列表或字典的形式来设置。这里我们进行进一步的解释。

（1）利用列表设置 coords。

列表的长度值等同于维度的数量值，其为每个维度提供坐标标签。每个值必须为以下几种形式之一。

- DataArray 或 Variable。
- 元组形式(dims, data[, attrs])，会被转换成 Variable 的参数。
- pandas 对象或标量值，会被转换成 DataArray。
- 一维数组或列表，会被转换为与它名称相同的维度的坐标变量的值。

例如下面一个示例，以元组组成的列表形式设置 coords：

```
foo = xr.DataArray(data, coords=[("time", times), ("space", locs)])
print(foo)
```

返回结果：

```
<xarray.DataArray (time: 4, space: 3)>
array([[0.03282489, 0.66093514, 0.82088494],
       [0.31618968, 0.17018884, 0.67360588],
       [0.41339069, 0.48869428, 0.80545596],
       [0.75360471, 0.37273115, 0.49838041]])
Coordinates:
  * time (time) datetime64[ns] 2000-01-01 2000-01-02 2000-01-03 2000-01-04
      * space (space) <U9 'level' 'latitude' 'longitude'
```

（2）利用字典设置 coords。

字典结构为{coord_name: coord}，其中的值与列表形式的相同。如果用字典形式设置 coords，则必须显式提供 dims。

例如以下示例，以字典形式设置 coords：

```
foo = xr.DataArray(data,coords={"time": times,"space": locs},dims=["time", "space"])
print(foo)
```

返回结果：

```
<xarray.DataArray (time: 4, space: 3)>
array([[0.03282489, 0.66093514, 0.82088494],
       [0.31618968, 0.17018884, 0.67360588],
       [0.41339069, 0.48869428, 0.80545596],
       [0.75360471, 0.37273115, 0.49838041]])
Coordinates:
```

```
  * time (time) datetime64[ns] 2000-01-01 2000-01-02 2000-01-03 2000-01-04
     * space (space) <U9 'level' 'latitude' 'longitude'
```

我们可以通过名称或索引数据数组来访问 coords，如：

```
print(foo.coords["time"])
```

或：

```
print(foo["time"])
```

两种方式返回的结果是相同的：

```
<xarray.DataArray 'time' (time: 4)>
array(['2000-01-01T00:00:00.000000000', '2000-01-02T00:00:00.000000000',
       '2000-01-03T00:00:00.000000000', '2000-01-04T00:00:00.000000000'],
     dtype='datetime64[ns]')
Coordinates:
  * time (time) datetime64[ns] 2000-01-01 2000-01-02 2000-01-03 2000-01-04
```

也可以使用类似字典的语法设置或删除坐标，如重新设置 coords：

```
foo["time"] = pd.date_range("1999-01-01", periods=4)
print(foo)
```

返回结果为：

```
<xarray.DataArray (time: 4, space: 3)>
array([[0.35229769, 0.28652124, 0.83355925],
       [0.48751657, 0.47856374, 0.66044734],
       [0.35663747, 0.78121972, 0.64127356],
       [0.12663368, 0.63057606, 0.08596455]])
Coordinates:
  * time    (time) datetime64[ns] 1999-01-01 1999-01-02 1999-01-03 1999-01-04
  * space   (space) <U9 'level' 'latitude' 'longitude'
```

或删除 coords：

```
del foo["time"]
print(foo)
```

返回结果为：

```
<xarray.DataArray (time: 4, space: 3)>
array([[0.35229769, 0.28652124, 0.83355925],
       [0.48751657, 0.47856374, 0.66044734],
       [0.35663747, 0.78121972, 0.64127356],
       [0.12663368, 0.63057606, 0.08596455]])
Coordinates:
  * space (space) <U9 'level' 'latitude' 'longitude'
Dimensions without coordinates: time
```

创建好的 DataArray 作为一个具有标签的多维数组，有以下几个主要属性。

- values：np.ndarray 存放的数组的数值。
- dims：每个轴的维度的名称，如 x、y、z。
- coords：一种类似于字典的数组（坐标）容器，用于给每个坐标添加标签。
- attrs：用于保存元数据（属性）。

我们可以随时查看已经创建好的 DataArray 的属性：

```
data = np.random.rand(4, 3)
foo = xr.DataArray(data,coords={"time": times,"space": locs},dims=["time", "space"])
print(foo.values)
#返回数值
[[0.43923803 0.31038462 0.43671652]
```

```
 [0.75353593 0.03405488 0.74397344]
 [0.33654894 0.60547532 0.94519949]
 [0.13619154 0.95429392 0.33909923]]
print(foo.dims)
#返回维度名称
('time', 'space')
print(foo. coords)
#返回坐标标签
Coordinates:
  * time     (time) datetime64[ns] 2000-01-01 2000-01-02 2000-01-03 2000-01-04
  * space    (space) <U9 'level' 'latitude' 'longitude'
```

我们可以随时修改 DataArray 的 values 属性，如：

```
data = np.random.rand(4, 3)
foo = xr.DataArray(data,coords={"time": times,"space": locs},dims=["time", "space"])
print(foo.values)
foo.values = 2 * foo.values
print(foo.values)
```

返回结果：

```
[[0.02124085 0.59945883 0.74129781]
 [0.17708492 0.07232157 0.42967536]
 [0.44443652 0.22302855 0.05334757]
 [0.22659428 0.36250687 0.93829101]]

[[0.04248171 1.19891765 1.48259561]
 [0.35416985 0.14464315 0.85935072]
 [0.88887305 0.4460571  0.10669514]
 [0.45318856 0.72501374 1.87658201]]
```

我们也可以随时为 DataArray 补充缺失的属性，如：

```
data = np.random.rand(4, 3)
foo = xr.DataArray(data,coords={"time": times,"space": locs},dims=["time", "space"])
foo.name = "foo"
foo.attrs["units"] = "meters"
print(foo)
```

返回结果：

```
<xarray.DataArray 'foo' (time: 4, space: 3)>
array([[0.47704691, 0.97396419, 0.18011283],
       [0.77389709, 0.69540337, 0.59188188],
       [0.66067936, 0.59112188, 0.66616642],
       [0.25193916, 0.55263994, 0.74227963]])
Coordinates:
  * time (time) datetime64[ns] 2000-01-01 2000-01-02 2000-01-03 2000-01-04
  * space (space) <U9 'level' 'latitude' 'longitude'
Attributes:
units:   meters
```

此外，还可以使用 rename()方法来修改 DataArray 的名字，如：

```
foo_new = foo.rename("foo_new")
print(foo_new)
```

返回结果：

```
<xarray.DataArray 'foo_new' (time: 4, space: 3)>
array([[0.95039881, 0.06047781, 0.6032535 ],
       [0.19054572, 0.06259254, 0.2003493 ],
       [0.11069071, 0.25487683, 0.74977564],
```

```
        [0.47935493, 0.36554475, 0.60419731]])
Coordinates:
  * time (time) datetime64[ns] 2000-01-01 2000-01-02 2000-01-03 2000-01-04
  * space (space) <U9 'level' 'latitude' 'longitude'
Attributes:
units:    meters
```

5.1.4 数据集

数据集（Dataset）是一个类似字典的容器，包含对齐维度的带有标签的数据数组（DataArray）。它被设计用来表达 NetCDF 文件格式中的数据模型。除了数据集本身具有类似字典的接口（可用于访问数据集中的任何变量）的属性外，数据集还有 4 个关键属性。

- data_vars：一个键为变量名、值为数据数组对象的类似字典的容器，如 Data variables: temperature (time, lat, lon) float 64。
- dims：包含维度名称和维度固定长度的字典映射，如{'x': 6, 'y': 6, 'time': 8}。
- coords：一种类似字典的数组（坐标）容器，用于标记 data_vars 中的点。
- attrs：用于保存元数据（属性）的字典。

图 5-1 所示为气象数据集结构示例（该图引用自 xarray 官方文档）。

图 5-1 中，temperature 和 precipitation 是数据变量（data variable）；所有其他数组称为坐标变量（coordinate variable），因为它们标记了沿维度的点。

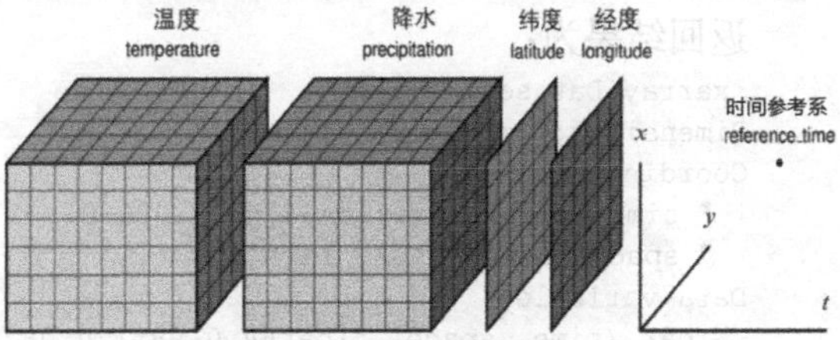

图 5-1　气象数据集结构示例

在了解了数据集（Dataset）的结构后，我们可以通过 xr.Dataset() 函数来创建数据集（Dataset）。创建一个数据集（Dataset），需要提供以下几个参数。

- data_vars：字典，变量名称作为键，值有以下几种情况。
  - 数据数组（DataArray）或 Variable。
  - (dims, data[, attrs])结构的元组，它可以被转换为 Variable 的参数。
  - pandas 对象，它可以被转换为数据数组（DataArray）。
  - 一维数组或列表。
- coords：与 data_vars 结构相同的字典。
- attrs：字典。

根据以上说明，我们使用随机生成的数组来创建数据集（Dataset）：

```
temp = 15 + 8 * np.random.randn(2, 2, 3)
precip = 10 * np.random.rand(2, 2, 3)
lon = [[-99.83, -99.32], [-99.79, -99.23]]
lat = [[42.25, 42.21], [42.63, 42.59]]
ds = xr.Dataset({"temperature": (["x", "y", "time"], temp),
            "precipitation": (["x", "y", "time"], precip),},
```

```
                coords={"lon": (["x", "y"], lon),
                        "lat": (["x", "y"], lat),
                        "time": pd.date_range("2014-09-06", periods=3),
                        "reference_time": pd.Timestamp("2014-09-05")} )
print(ds)
```

返回结果：

```
<xarray.Dataset>
Dimensions:         (time: 3, x: 2, y: 2)
Coordinates:
   lon             (x, y) float64 -99.83 -99.32 -99.79 -99.23
   lat             (x, y) float64 42.25 42.21 42.63 42.59
  * time            (time) datetime64[ns] 2014-09-06 2014-09-07 2014-09-08
   reference_time  datetime64[ns] 2014-09-05
Dimensions without coordinates: x, y
Data variables:
   temperature  (x, y, time) float64 30.29 6.213 11.89 ... 20.94 20.47 32.43
precipitation  (x, y, time) float64 3.236 8.823 8.519 ... 8.652 9.67 4.067
```

或者我们可以通过传递数据数组（DataArray）来创建数据集（Dataset）：

```
data = np.random.rand(4, 3)
locs = ["IA", "IL", "IN"]
times = pd.date_range("2000-01-01", periods=4)
foo = xr.DataArray(data, coords=[times, locs], dims=["time", "space"])
ds = xr.Dataset({"bar": foo})
print(ds)
```

返回结果为：

```
<xarray.Dataset>
Dimensions:  (space: 3, time: 4)
Coordinates:
  * time  (time) datetime64[ns] 2000-01-01 2000-01-02 2000-01-03 2000-01-04
  * space  (space) <U2 'IA' 'IL' 'IN'
Data variables:
   bar  (time, space) float64 0.9851 0.08284 0.416 ... 0.9092 0.158 0.8683
```

这里我们首先创建了一个名为 foo 的数据数组，然后利用这个数据数组创建了数据集。

我们也可以通过 pandas 对象来创建数据集：

```
data = np.random.rand(4, 3)
locs = ["IA", "IL", "IN"]
times = pd.date_range("2000-01-01", periods=4)
foo = xr.DataArray(data, coords=[times, locs], dims=["time", "space"])
ds = xr.Dataset({"bar": foo.to_pandas()})
print(ds)
```

返回结果为：

```
<xarray.Dataset>
Dimensions:  (space: 3, time: 4)
Coordinates:
  * time  (time) datetime64[ns] 2000-01-01 2000-01-02 2000-01-03 2000-01-04
  * space  (space) <U2 'IA' 'IL' 'IN'
Data variables:
   bar  (time, space) float64 0.9851 0.08284 0.416 ... 0.9092 0.158 0.8683
```

这个示例中，我们将 foo 转换成了一个 pandas 对象，但这并不影响我们利用其创建数据集。

访问数据集中的变量可以通过以下方法实现：

```
temp = 15 + 8 * np.random.randn(2, 2, 3)
precip = 10 * np.random.rand(2, 2, 3)
lon = [[-99.83, -99.32], [-99.79, -99.23]]
lat = [[42.25, 42.21], [42.63, 42.59]]
ds = xr.Dataset({"temperature": (["x", "y", "time"], temp),
              "precipitation": (["x", "y", "time"], precip),},
             coords={"lon": (["x", "y"], lon),
                    "lat": (["x", "y"], lat),
                    "time": pd.date_range("2014-09-06", periods=3),
                    "reference_time": pd.Timestamp("2014-09-05")} )
print(ds["temperature"])
```

返回结果为：

```
<xarray.DataArray 'temperature' (x: 2, y: 2, time: 3)>
array([[[ 6.63229322, 15.43016625, 19.10284597],
       [ 5.55036653, 10.39902225, -3.72272506]],

      [[27.29783139, 29.54217793,  9.88750946],
       [24.90866361,  5.18997179, 36.89599276]]])
Coordinates:
   lon (x, y) float64 -99.83 -99.32 -99.79 -99.23
   lat (x, y) float64 42.25 42.21 42.63 42.59
  * time (time) datetime64[ns] 2014-09-06 2014-09-07 2014-09-08
   reference_time datetime64[ns] 2014-09-05
Dimensions without coordinates: x, y
```

使用 print(ds.temperature) 可以得到同样的结果。与上类似，还可以通过 ds.data_vars、ds.coords 等返回对应的元数据。

类似于数据数组（DataArray），我们也可以在创建数据集（DataSet）后使用类似字典的语法来更新它。这里我们给出一个示例，使用类似字典的语法完整创建一个数据集：

```
ds = xr.Dataset()
ds["temperature"] = (("x", "y", "time"), temp)
ds["temperature_double"] = (("x", "y", "time"), temp * 2)
ds["precipitation"] = (("x", "y", "time"), precip)
ds.coords["lat"] = (("x", "y"), lat)
ds.coords["lon"] = (("x", "y"), lon)
ds.coords["time"] = pd.date_range("2014-09-06", periods=3)
ds.coords["reference_time"] = pd.Timestamp("2014-09-05")
print(ds)
```

返回结果为：

```
<xarray.Dataset>
Dimensions:   (time: 3, x: 2, y: 2)
Coordinates:
   lat   (x, y) float64 42.25 42.21 42.63 42.59
   lon  (x, y) float64 -99.83 -99.32 -99.79 -99.23
  * time   (time) datetime64[ns] 2014-09-06 2014-09-07 2014-09-08
   reference_time  datetime64[ns] 2014-09-05
Dimensions without coordinates: x, y
Data variables:
   temperature (x, y, time) float64 6.632 15.43 19.1 ... 5.19 36.9
   temperature_double (x, y, time) float64 13.26 30.86 38.21 ... 10.38 73.79
   precipitation  (x, y, time) float64 1.119 5.729 5.276 ... 0.7601 3.354
```

我们也可以通过 ds.copy() 方法来复制数据集，然而复制是“浅层”的，只复制容器：

数据集中的数组仍存储在同一底层的 np.ndarray 对象中。可以通过添加参数来进行"深层"复制，如 ds.copy(deep=True)。

除了使用类似字典的语法，还可以使用其他方法（如 pandas 的方法）来处理数据集。比如可以通过 drop ()等方法删除变量：

```
print(ds)
ds = ds.drop("temperature")
print(ds)
```

两个 print 语句返回的结果为：

```
<xarray.Dataset>
Dimensions:          (time: 3, x: 2, y: 2)
Coordinates:
   lat             (x, y) float64 42.25 42.21 42.63 42.59
   lon             (x, y) float64 -99.83 -99.32 -99.79 -99.23
  * time            (time) datetime64[ns] 2014-09-06 2014-09-07 2014-09-08
   reference_time     datetime64[ns] 2014-09-05
Dimensions without coordinates: x, y
Data variables:
   temperature       (x, y, time) float64 6.632 15.43 19.1 ... 5.19 36.9
   temperature_double  (x, y, time) float64 13.26 30.86 38.21 ... 10.38 73.79
precipitation      (x, y, time) float64 1.119 5.729 5.276 ... 0.7601 3.354
```

以及：

```
<xarray.Dataset>
Dimensions:          (time: 3, x: 2, y: 2)
Coordinates:
   lat             (x, y) float64 42.25 42.21 42.63 42.59
   lon             (x, y) float64 -99.83 -99.32 -99.79 -99.23
  * time            (time) datetime64[ns] 2014-09-06 2014-09-07 2014-09-08
   reference_time     datetime64[ns] 2014-09-05
Dimensions without coordinates: x, y
Data variables:
   temperature_double  (x, y, time) float64 13.26 30.86 38.21 ... 10.38 73.79
precipitation      (x, y, time) float64 1.119 5.729 5.276 ... 0.7601 3.354
```

从两者的区别可以看出，drop()可以用于删除数据集中的变量。与上类似，drop_dims()可以用于删除数据集的维度。

可以使用 assign()来修改或替换数据集的值：

```
print(ds)
ds.assign(temperature2=2 * ds.temperature)
print(ds)
```

两个 print 语句返回的结果为：

```
<xarray.Dataset>
Dimensions:          (time: 3, x: 2, y: 2)
Coordinates:
   lat             (x, y) float64 42.25 42.21 42.63 42.59
   lon             (x, y) float64 -99.83 -99.32 -99.79 -99.23
  * time            (time) datetime64[ns] 2014-09-06 2014-09-07 2014-09-08
   reference_time     datetime64[ns] 2014-09-05
Dimensions without coordinates: x, y
Data variables:
   temperature       (x, y, time) float64 6.632 15.43 19.1 ... 5.19 36.9
```

```
    temperature_double  (x, y, time) float64 13.26 30.86 38.21 ... 10.38 73.79
  precipitation      (x, y, time) float64 1.119 5.729 5.276 ... 0.7601 3.354
```

以及：

```
<xarray.Dataset>
Dimensions:          (time: 3, x: 2, y: 2)
Coordinates:
    lat              (x, y) float64 42.25 42.21 42.63 42.59
    lon              (x, y) float64 -99.83 -99.32 -99.79 -99.23
  * time             (time) datetime64[ns] 2014-09-06 2014-09-07 2014-09-08
    reference_time      datetime64[ns] 2014-09-05
Dimensions without coordinates: x, y
Data variables:
    temperature        (x, y, time) float64 6.632 15.43 19.1 ... 5.19 36.9
    temperature_double  (x, y, time) float64 13.26 30.86 38.21 ... 10.38 73.79
    precipitation      (x, y, time) float64 1.119 5.729 5.276 ... 0.7601 3.354
temperature2     (x, y, time) float64 13.26 30.86 38.21 ... 10.38 73.79
```

我们也可以使用 `assign_coords()` 对 `DataArray` 的坐标标签进行重新声明，例如可以将一个经度为 0° 到 359° 的数据修改为经度为−180° 到 180° 的数据：

```
da = xr.DataArray(np.random.rand(4),coords=[np.array([358, 359, 0, 1])],dims="lon")
print(da)
da.assign_coords(lon=(((da.lon + 180) % 360) - 180))
print(da)
```

两个 `print()` 返回的结果为：

```
<xarray.DataArray (lon: 4)>
array([0.5488135 , 0.71518937, 0.60276338, 0.54488318])
Coordinates:
  * lon      (lon) int64 358 359 0 1
```

以及：

```
<xarray.DataArray (lon: 4)>
array([0.5488135 , 0.71518937, 0.60276338, 0.54488318])
Coordinates:
  * lon      (lon) int64 -2 -1 0 1
```

此外，对于一个已创建好的数据集，我们可以通过 `rename()` 对变量进行重命名，如：

```
ds.rename({"temperature": "temp", "precipitation": "precip"})。
```

5.1.5 数据数组与数据集的处理

前文已经介绍了数据数组（DataArray）与数据集（DataSet）的创建和数据结构，本小节将介绍如何利用 xarray 提供的函数和方法实现对数据数组（DataArray）与数据集（DataSet）的处理。

1. 索引和选择数据

访问 DataArray 对象元素的基本方法是使用 Python 的“[]”，例如 `array[i,j]`，其中 `i` 和 `j` 都是整数。由于 `xarray` 对象可以存储数组每个维度对应的坐标，因此也可以利用类似 `pd.DataFrame` 的 `.loc` 属性实现基于标签的索引。在基于标签的索引中，元素位置 `i` 是针对坐标值而言的。`xarray` 对象的维度有名称，因此也可以按名称查找维度，而不必依赖它们的位置和顺序来查找。总体来说，`xarray` 总共支持 4 种不同类型的索引。如对于一个数据数组 `da`：

```
<xarray.DataArray (time: 4, space: 3)>
array([[0.03282489, 0.66093514, 0.82088494],
```

```
       [0.31618968, 0.17018884, 0.67360588],
       [0.41339069, 0.48869428, 0.80545596],
       [0.75360471, 0.37273115, 0.49838041]])
Coordinates:
  * time     (time) datetime64[ns] 2000-01-01 2000-01-02 2000-01-03 2000-01-04
  * space    (space) <U9 'level' 'latitude' 'longitude'
```

和一个数据集 ds：

```
<xarray.Dataset>
Dimensions:       (time: 3, x: 2, y: 2)
Coordinates:
   lon            (x, y) float64 -99.83 -99.32 -99.79 -99.23
   lat            (x, y) float64 42.25 42.21 42.63 42.59
  * time           (time) datetime64[ns] 2014-09-06 2014-09-07 2014-09-08
   reference_time  datetime64[ns] 2014-09-05
Dimensions without coordinates: x, y
Data variables:
   temperature   (x, y, time) float64 30.29 6.213 11.89 ... 20.94 20.47 32.43
  precipitation  (x, y, time) float64 3.236 8.823 8.519 ... 8.652 9.67 4.067
```

实现数据索引和选择的方法如表 5-1 所示，维度查找和索引查找可实现数据索引和选择。

表 5-1 数据索引和选择的方法

维度查找	索引查找	DataArray（举例）	Dataset（举例）
位置	整数	da[:, 1]	不支持
位置	标签	da.loc[:, 'lat']	不支持
名称	整数	da.isel(space=1)或 da[dict(space=1)]	ds.isel(space=1)或 ds[dict(space=1)]
名称	标签	da.sel(space=' latitude ')或 da.loc[dict(space= 'latitude')]	ds.sel(space=' latitude ')或 ds.loc[dict(space=' latitude ')]

在对索引进行详细的说明之前，我们首先创建一个数据数组：

```
da = xr.DataArray(np.random.rand(4, 3),
                  [("time", pd.date_range("2000-01-01", periods=4)),("space", ["level", "lat",
"lon"])])
print(da)
```

返回结果为：

```
<xarray.DataArray (time: 4, space: 3)>
array([[0.53818607, 0.99869078, 0.45909676],
       [0.7852948 , 0.30638769, 0.61481017],
       [0.68714108, 0.80394239, 0.25027088],
       [0.17692495, 0.4475342 , 0.6344137 ]])
Coordinates:
  * time     (time) datetime64[ns] 2000-01-01 2000-01-02 2000-01-03 2000-01-04
  * space    (space) <U5 'level' 'lat' 'lon'
```

（1）利用位置进行索引。

类似 NumPy 数组的索引方式，这里直接索引数据数组，返回对象仍为数据数组，如：

```
print(da[0, 0])
print(da[:, [2, 1]])
```

返回结果为：

```
<xarray.DataArray ()>
array(0.53818607)
```

```
Coordinates:
    time     datetime64[ns] 2000-01-01
    space    <U5 'level'
```

和：

```
<xarray.DataArray (time: 4, space: 2)>
array([[0.45909676, 0.99869078],
       [0.61481017, 0.30638769],
       [0.25027088, 0.80394239],
       [0.6344137 , 0.4475342]])
Coordinates:
* time     (time) datetime64[ns] 2000-01-01 2000-01-02 2000-01-03 2000- 01-04
           * space    (space) <U5 'lon' 'lat'
```

可以发现这种索引方式是直接针对数据的位置进行索引的，并且可以按照需要的顺序进行索引。xarray 还支持基于标签的索引，其操作类似于 pandas 中的操作。需要说明的是，基于标签进行索引的速度仍然是非常快的。要进行基于标签的索引，请使用.loc 属性，如：

```
print(da.loc["2000-01-01":"2000-01-02", "lat"])
```

返回结果为：

```
<xarray.DataArray (time: 2)>
array([0.99869078, 0.30638769])
Coordinates:
* time     (time) datetime64[ns] 2000-01-01 2000-01-02
space    <U5 'lat'
```

在本例中，索引的目标是数组的一部分，范围为"2000-01-01"到"2000-01-02"，且第二个坐标空间的值为 lat 的子数据。与 pandas 一样，xarray 中基于标签的索引包含开始和停止边界。

同样可以利用基于标签的索引来修改数据的值，如：

```
da.loc["2000-01-01", ["lat", "lon"]] = -10
print(da)
```

返回结果为：

```
<xarray.DataArray (time: 4, space: 3)>
array([[  0.53818607, -10.        , -10.        ],
       [  0.7852948 ,   0.30638769,   0.61481017],
       [  0.68714108,   0.80394239,   0.25027088],
       [  0.17692495,   0.4475342 ,   0.6344137 ]])
Coordinates:
  * time     (time) datetime64[ns] 2000-01-01 2000-01-02 2000-01-03 2000-01-04
  * space    (space) <U5 'level' 'lat' 'lon'
```

（2）利用维度名称进行索引。

我们无须依赖维度的顺序，可以显式地使用维度名称对数据进行切片和索引。可以使用字典作为数组位置索引的参数，如下面两个示例。

利用整数数组位置索引：

```
da[dict(space=0, time=slice(None, 2))]
```

返回结果为：

```
<xarray.DataArray (time: 2)>
array([0.53818607, 0.7852948])
Coordinates:
  * time     (time) datetime64[ns] 2000-01-01 2000-01-02
    space    <U5 'level'
```

利用维度坐标标签索引：

```
print(da.loc[dict(time=slice("2000-01-01", "2000-01-02"))])
```

返回结果为：

```
<xarray.DataArray (time: 2, space: 3)>
array([[  0.53818607, -10.        , -10.        ],
       [  0.7852948,   0.30638769,   0.61481017 ]])
Coordinates:
  * time     (time) datetime64[ns] 2000-01-01 2000-01-02
  * space    (space) <U5 'level' 'lat' 'lon'
```

也可以使用便捷的方法，如使用 isel()或 sel()：

```
print(da.isel(space=0, time=slice(None, 2)))
print(da.sel(time=slice("2000-01-01", "2000-01-02")))
```

返回的结果和利用字典索引的方法的结果一致。

对于基于标签的方法 sel()，可以通过设置 method 参数，如将其设置为 nearest、backfill 或者 pad 来实现邻近模糊索引。首先创建一个简单的数据数组：

```
da = xr.DataArray([1, 2, 3], [("x", [0, 1, 2])])
print(da)
```

返回结果为：

```
<xarray.DataArray (x: 3)>
array([1, 2, 3])
Coordinates:
  * x        (x) int64 0 1 2
```

我们分别使用 method 参数的 3 种值来实现邻近模糊索引。

选择 method="nearest"来索引最近位置的数据：

```
print(da.sel(x=[1.1, 1.9], method="nearest"))
```

返回结果为：

```
<xarray.DataArray (x: 2)>
array([2, 3])
Coordinates:
  * x        (x) int64 1 2
```

选择 method="backfill"来向后索引最近位置的数据：

```
print(da.sel(x=0.1, method="backfill"))
```

返回结果为：

```
<xarray.DataArray ()>
array(2)
Coordinates:
x        int64 1
```

选择 method="pad"来向前索引最近位置的数据：

```
print(da.sel(x=[0.5, 1, 1.5, 2, 2.5], method="pad"))
```

返回结果为：

```
<xarray.DataArray (x: 5)>
array([1, 2, 2, 3, 3])
Coordinates:
  * x        (x) float64 0.5 1.0 1.5 2.0 2.5
```

除了 method 参数，还可以使用 tolerance 参数设置模糊索引允许的最大偏差范围：

```
da = xr.DataArray([1, 2, 3], [("x", [0, 1, 2])])
print(da.reindex(x=[0.9, 1.1, 1.5], method="nearest", tolerance=0.2))
```

返回结果为：

```
<xarray.DataArray (x: 3)>
array([ 2.,  2., nan])
Coordinates:
  * x        (x) float64 0.9 1.1 1.5
```

对数据集进行索引的方法与对数据数组进行索引的方法类似，这里不再赘述。

对数据进行索引通常返回的是数据的子集，但是有时我们需要保持数据的原始形状，且需要掩盖某些元素，这时可以使用 where()：

```
da = xr.DataArray(np.arange(16).reshape(4, 4), dims=["x", "y"])
print(da.where(da.y < 2))
```

返回结果为：

```
<xarray.DataArray (x: 4, y: 4)>
array([[ 0.,  1., nan, nan],
       [ 4.,  5., nan, nan],
       [ 8.,  9., nan, nan],
       [12., 13., nan, nan]])
Dimensions without coordinates: x, y
```

默认情况下，使用 where() 能保持数据的原始形状。我们也可以使用 drop=True 来“切掉”缺测的部分：

```
print(da.where(da.y < 2, drop=True))
```

返回结果为：

```
<xarray.DataArray (x: 4, y: 2)>
array([[ 0.,  1.],
       [ 4.,  5.],
       [ 8.,  9.],
       [12., 13.]])
Dimensions without coordinates: x, y
```

2. 数据运算

（1）基础运算。

对 DataArray 进行算术运算会自动进行矢量化。比如对于一个数据数组：

```
arr = xr.DataArray(np.random.RandomState(0).randn(2, 3), [("x", ["a", "b"]), ("y", [10, 
20, 30])])
print(arr)
```

返回结果为：

```
<xarray.DataArray (x: 2, y: 3)>
array([[ 1.76405235,  0.40015721,  0.97873798],
       [ 2.2408932 ,  1.86755799, -0.97727788]])
Coordinates:
  * x        (x) <U1 'a' 'b'
  * y        (y) int64 10 20 30
```

我们可以直接对其进行类似于 arr - 3 或 abs(arr) 的基础运算或使用 NumPy、SciPy 的大部分函数，如 np.sin(arr)、arr.round(2)、arr.T 等。类似的运算方法也可以直接对数据集使用。

（2）缺测值处理。

对于气象数据而言，数据数组存在缺测值是十分常见的。xarray 库借用了 pandas 中处理缺测值的方法，可以通过 isnull()、notnull()、count()、dropna()、fillna()、ffill()等来实现对缺测值的处理。

比如对于一个数据数组：

```
x = xr.DataArray([0, 1, np.nan, np.nan, 2], dims=["x"])
print(x)
```

返回结果为：

```
<xarray.DataArray (x: 5)>
array([ 0.,  1., nan, nan,  2.])
Dimensions without coordinates: x
```

可以通过以下一些方法对其缺测值进行处理。

x.isnull()可实现根据 x 中缺测值的位置返回布尔值。

```
print(x.isnull())
```

返回结果为：

```
<xarray.DataArray (x: 5)>
array([False, False,  True,  True, False])
Dimensions without coordinates: x
```

x.notnull()可实现根据 x 中非缺测值的位置返回布尔值。

```
print(x.notnull())
```

返回结果为：

```
<xarray.DataArray (x: 5)>
array([ True,  True, False, False,  True])
Dimensions without coordinates: x
```

x.count()可实现返回 x 中非缺测值的个数。

```
print(x.count())
```

返回结果为：

```
<xarray.DataArray ()>
array(3)
```

x.dropna(dim="x")可实现将数据数组 x 中名为 x 的维度上的缺测值去除。

```
print(x.dropna(dim="x"))
```

返回结果为：

```
<xarray.DataArray (x: 3)>
array([0., 1., 2.])
Dimensions without coordinates: x
```

x.fillna(-1)可实现将数据数组 x 中的缺测值替换为-1。

```
print(x.fillna(-1))
```

返回结果为：

```
<xarray.DataArray (x: 5)>
array([ 0.,  1., -1., -1.,  2.])
Dimensions without coordinates: x
```

x.ffill("x")可实现将数据数组中的缺测值替换为向前最近的一个非缺测值。

```
print(x.ffill("x"))
```

返回结果为：

```
<xarray.DataArray (x: 5)>
array([0., 1., 1., 1., 2.])
Dimensions without coordinates: x
```

x.bfill("x")可实现将数据数组中的缺测值替换为向后最近的一个非缺测值。

```
print(x.bfill("x"))
```

返回结果为：

```
<xarray.DataArray (x: 5)>
array([0., 1., 2., 2., 2.])
Dimensions without coordinates: x
```

（3）聚合运算。

聚合运算指的是从一组数据的运算中得到一个值，比如常见的数组求和、求数组的标准差等。在 xarray 中进行聚合运算时使用 dim 参数，可为沿特定维度进行运算提供便利。

比如对于一个数据数组：

```
arr = xr.DataArray(np.random.RandomState(0).randn(2, 3), [("lat", [5, 10]), ("lon", [15, 20, 25])])
print(arr)
```

返回结果为：

```
<xarray.DataArray (lat: 2, lon: 3)>
array([[ 1.76405235,  0.40015721,  0.97873798],
       [ 2.2408932 ,  1.86755799, -0.97727788]])
Coordinates:
  * lat      (lat) int64 5 10
  * lon      (lon) int64 15 20 25
```

对其沿 lat 轴求和：

```
print(arr.sum(dim="lat"))
```

返回结果为：

```
<xarray.DataArray (lon: 3)>
array([4.00494555e+00, 2.26771520e+00, 1.46010423e-03])
Coordinates:
  * lon      (lon) int64 15 20 25
```

对整个数据数组求标准差：

```
print(arr.std(["lat", "lon"]))
```

返回结果为：

```
<xarray.DataArray ()>
array(1.09038344)
```

返回整个数据数组的最小值：

```
print(arr.min())
```

返回结果为：

```
<xarray.DataArray ()>
array(-0.97727788)
```

在未给出聚合的维度时，程序默认会对整个数据数组进行聚合运算。

需要特别注意的是，这些操作会跳过缺测值，可以通过设置 skipna=False 来禁止这一行为。运行：

```
print(xr.DataArray([1, 2, np.nan, 3]).mean())
```

返回结果为：

```
<xarray.DataArray ()>
array(2.)
```

运行：

```
print(xr.DataArray([1, 2, np.nan, 3]).mean(skipna=False))
```

返回结果为：

```
<xarray.DataArray ()>
array(nan)
```

（4）数据滑动。

DataArray 对象包含 rolling() 方法，此方法支持滑动窗口的聚合。

例如对于一个数据数组：

```
arr = xr.DataArray(np.arange(0, 7.5, 0.5).reshape(3, 5), dims=("lat", "lon"))
print(arr)
```

返回结果为：

```
<xarray.DataArray (lat: 3, lon: 5)>
array([[0. , 0.5, 1. , 1.5, 2. ],
       [2.5, 3. , 3.5, 4. , 4.5],
       [5. , 5.5, 6. , 6.5, 7. ]])
Dimensions without coordinates: lat, lon
```

rolling() 针对数据数组的某一个维度，使用维度名称作为键（例如 lat）、窗口大小数据作为值（例如 3）。使用 rolling() 会返回一个 Rolling 对象：

```
print(arr.rolling(lon=3))
```

返回结果为：

```
DataArrayRolling [window->3,center->False,dim->lon]
```

前文提到的聚合运算的方法可以直接对 Rolling 对象使用，如：

```
r = arr.rolling(lon=3)
print(r.mean())
```

返回结果为：

```
<xarray.DataArray (lat: 3, lon: 5)>
array([[nan, nan, 0.5, 1. , 1.5],
       [nan, nan, 3. , 3.5, 4. ],
       [nan, nan, 5.5, 6. , 6.5]])
Dimensions without coordinates: lat, lon
```

默认情况下，聚合运算的结果将坐标指定为每个滑动窗口的末尾，但在构造 Rolling 对象时，可以通过传递 center=True 来让结果居中，如：

```
r = arr.rolling(lon=3, center=True)
print(r.mean())
```

返回结果为：

```
<xarray.DataArray (lat: 3, lon: 5)>
array([[nan, 0.5, 1. , 1.5, nan],
       [nan, 3. , 3.5, 4. , nan],
       [nan, 5.5, 6. , 6.5, nan]])
Dimensions without coordinates: lat, lon
```

在这个示例中，与数组边界重叠的位置在聚合后会生成缺测值。在调用 rolling() 时设置 min_periods 将更改窗口中的最小滑动长度，以便在聚合时具有值，如：

```
r = arr.rolling(lon=3, center=True, min_periods=2)
print(r.mean())
```

返回结果为：

```
<xarray.DataArray (lat: 3, lon: 5)>
array([[0.25, 0.5 , 1.  , 1.5 , 1.75],
```

```
        [2.75, 3.  , 3.5 , 4.  , 4.25],
        [5.25, 5.5 , 6.  , 6.5 , 6.75]])
Dimensions without coordinates: lat, lon
```

对于 0.17 版本以上的 xarray，`rolling()` 支持多维度的滑动，如：

```
r = arr.rolling(lat=2, lon=3, min_periods=2)
```

返回结果为：

```
<xarray.DataArray (lat: 3, lon: 5)>
array([[ nan, 0.25, 0.5 , 1.  , 1.5 ],
        [1.25, 1.5 , 1.75, 2.25, 2.75],
        [3.75, 4.  , 4.25, 4.75, 5.25]])
Dimensions without coordinates: lat, lon
```

3. 数据的拆分与组合

xarray 使用与 pandas 相同的 API 来支持 groupby 操作（见 4.2.5 节和 4.3.7 节），以实现对数据的拆分和组合。下面将主要介绍如何将数据进行拆分，并对拆分的各个部分进行函数运算，以及将不同的部分合并为单个的数据对象。group by 操作对数据集和数据数组都起作用。

首先创建一个数据集：

```
ds = xr.Dataset({"foo": (("x", "y"), np.random.rand(4, 3))},coords={"x": [10, 20, 30, 40],
"letters": ("x", list("abba"))})
arr = ds["foo"]
print(ds)
```

返回结果为：

```
<xarray.Dataset>
Dimensions:  (x: 4, y: 3)
Coordinates:
    * x        (x) int64 10 20 30 40
    letters  (x) <U1 'a' 'b' 'b' 'a'
Dimensions without coordinates: y
Data variables:
   foo      (x, y) float64 0.2371 0.3732 0.6157 0.3725 ... 0.2972 0.5602 0.1859
```

如果按数据集中变量或坐标的名称进行分组（或者直接对 DataArray 分组），则会返回 `GroupBy` 对象：

```
print(ds.groupby("letters"))
```

返回结果为：

```
DatasetGroupBy, grouped over 'letters'
2 groups with labels 'a', 'b'.
```

这个对象的工作方式与 pandas 中的 `GroupBy` 对象的非常相似。可以使用 `.groups` 属性查看组索引：

```
print(ds.groupby("letters").groups)
```

返回结果为：

```
{'a': [0, 3], 'b': [1, 2]}
```

并且可以对每个分组进行函数运算：

```
print(ds["foo"].groupby("letters").mean(dim="x"))
```

返回结果为：

```
<xarray.DataArray 'foo' (letters: 2, y: 3)>
array([[0.57095961, 0.21778203, 0.32278549],
```

```
       [0.58863184, 0.72541069, 0.24584142]])
Coordinates:
  * letters  (letters) object 'a' 'b'
Dimensions without coordinates: y
```

4. 数据的变形和重组

（1）变换维度顺序。

通常在创建数据数组或数据集时，我们会指定数据数组或数据集的维度顺序。在使用过程中，我们可以使用 transpose() 方法对数据的维度进行重新排序，如下面几个例子。

首先创建一个数据集：

```
ds = xr.Dataset({"foo": (("x", "y", "z"), [[[42]]]), "bar": (("y", "z"), [[24]])})
```

返回结果为：

```
<xarray.Dataset>
Dimensions:  (x: 1, y: 1, z: 1)
Dimensions without coordinates: x, y, z
Data variables:
    foo      (x, y, z) int64 42
    bar      (y, z) int64 24
```

使用 transpose("y", "z", "x") 调整其维度：

```
print(ds.transpose("y", "z", "x"))
```

返回结果为：

```
<xarray.Dataset>
Dimensions:  (x: 1, y: 1, z: 1)
Dimensions without coordinates: x, y, z
Data variables:
    foo      (y, z, x) int64 42
    bar      (y, z) int64 24
```

当不传入参数时，则默认逆转全部维度顺序：

```
print(ds.transpose())
```

返回结果为：

```
<xarray.Dataset>
Dimensions:  (x: 1, y: 1, z: 1)
Dimensions without coordinates: x, y, z
Data variables:
    foo      (z, y, x) int64 42
    bar      (z, y) int64 24
```

可以发现，当不传递任何参数给 transpose() 时，程序会默认将维度倒序重置。

（2）扩充和删除维度。

可以使用 expand_dims() 来扩充数据的维度，这会使得数据增加一个大小为 1 的维度：

```
expanded = ds.expand_dims("w")
print(expanded)
```

返回结果为：

```
<xarray.Dataset>
Dimensions:  (w: 1, x: 1, y: 1, z: 1)
Dimensions without coordinates: w, x, y, z
Data variables:
    foo      (w, x, y, z) int64 42
    bar      (w, y, z) int64 24
```

若想删除数据集或数据数组中大小为 1 的维度，可使用 squeeze()方法：

```
print(expanded.squeeze("w"))
```

返回结果为：

```
<xarray.Dataset>
Dimensions:  (x: 1, y: 1, z: 1)
Dimensions without coordinates: x, y, z
Data variables:
   foo      (x, y, z) int64 42
   bar      (y, z) int64 24
```

（3）数据集和数据数组的转换。

可以使用 to_array()方法将数据集转换为数据数组：

```
ds = xr.Dataset({"foo": (("x", "y", "z"), [[[42]]]), "bar": (("y", "z"), [[24]])})
print(ds.to_array())
```

返回结果为：

```
<xarray.DataArray (variable: 2, x: 1, y: 1, z: 1)>
array([[[[42]]],
      [[[24]]]])
Coordinates:
  * variable  (variable) <U3 'foo' 'bar'
Dimensions without coordinates: x, y, z
```

此方法会实现将数据集中的所有数据变量相互广播，在保留坐标的同时，将它们沿新维度连接到新数组中。

类似地，也可以使用 to_dataset()将数据数组转换为数据集：

```
ds = xr.Dataset({"foo": (("x", "y", "z"), [[[42]]]), "bar": (("y", "z"), [[24]])})
arr = ds.to_array()
print(arr.to_dataset(dim="variable"))
```

返回结果为：

```
<xarray.Dataset>
Dimensions:  (x: 1, y: 1, z: 1)
Dimensions without coordinates: x, y, z
Data variables:
   foo      (x, y, z) int64 42
   bar      (x, y, z) int64 24
```

（4）数据维度的堆栈与出栈。

xarray 通过 stack()和 unstack()方法来实现数据维度的合并（堆栈）和拆分（出栈）。

首先创建一个数据数组：

```
array = xr.DataArray(np.random.randn(2, 3), coords=[("x", ["a", "b"]), ("y", [0, 1, 2])])
print(array)
```

返回结果为：

```
<xarray.DataArray (x: 2, y: 3)>
array([[ 0.3644151 , -1.09473491, -0.04343605],
      [-0.54890237, -0.46530444, -0.42153037]])
Coordinates:
   * x       (x) <U1 'a' 'b'
   * y       (y) int64 0 1 2
```

对数据的 x 和 y 维度进行堆叠：

```
stacked = array.stack(z=("x", "y"))
print(stacked)
```

返回结果为：

```
<xarray.DataArray (z: 6)>
array([-0.43294908, -1.84014389, -0.65531783,  0.48509213,  2.00346944,
        0.34748093])
Coordinates:
  * z        (z) MultiIndex
  - x        (z) object 'a' 'a' 'a' 'b' 'b' 'b'
  - y        (z) int64 0 1 2 0 1 2
```

使用unstack()方法将堆叠的数据拆分：

```
print(stacked.unstack("z"))
```

返回结果为：

```
<xarray.DataArray (x: 2, y: 3)>
array([[-1.66845099,  1.03593818, -1.79479945],
       [-1.22039569,  0.61115743,  0.20449112]])
Coordinates:
  * x        (x) object 'a' 'b'
  * y        (y) int64 0 1 2
```

（5）数据的移动和滚动。

可以使用shift()和roll()方法来移动和滚动数据。从下面的例子可以看出两者的区别。

首先创建一个数据数组：

```
array = xr.DataArray([1, 2, 3, 4], dims="x")
print(array)
```

返回结果为：

```
<xarray.DataArray (x: 4)>
array([1, 2, 3, 4])
Dimensions without coordinates: x
```

将数据向右侧移动两次：

```
print(array.shift(x=2))
```

返回结果为：

```
<xarray.DataArray (x: 4)>
array([nan, nan,  1.,  2.])
Dimensions without coordinates: x
```

将数据向右滚动两次：

```
print(array.roll(x=2, roll_coords=True))
```

返回结果为：

```
<xarray.DataArray (x: 4)>
array([3, 4, 1, 2])
Dimensions without coordinates: x
```

5. 数据合并

xarray支持多种数据合并方式，主要包括concatenate、merge、combine、combining.multi 4种类型。

（1）concatenate：沿单个维度合并数据集或数据数组。

创建一个数据数组：

```
arr = xr.DataArray(np.random.randn(2, 3), [("x", ["a", "b"]), ("y", [10, 20, 30])])
print(arr)
```

返回结果为：

```
<xarray.DataArray (x: 2, y: 3)>
array([[1, 2, 3],
       [4, 5, 6]])
Coordinates:
  * x       (x) <U1 'a' 'b'
  * y       (y) int64 10 20 30
```

合并数据数组 arr 的两个子数组：

```
print(xr.concat([arr[:, 2:], arr[:, 1:]], dim="y"))
```

返回结果为：

```
<xarray.DataArray (x: 2, y: 3)>
array([[3, 2, 3],
       [6, 5, 6]])
Coordinates:
  * x       (x) <U1 'a' 'b'
  * y       (y) int64 30 20 30
```

（2）merge：使用不同变量合并数据集或数据数组。

例如：

```
print(xr.merge([xr.DataArray(n, name="var%d" % n) for n in range(5)]))
```

返回结果为：

```
<xarray.Dataset>
Dimensions:  ()
Data variables:
    var0     int64 0
    var1     int64 1
    var2     int64 2
    var3     int64 3
    var4     int64 4
```

（3）combine：使用不同索引或缺测值合并数据集或数据数组。

首先创建两个数据数组：

```
ar0 = xr.DataArray([[0, 0], [0, 0]], [("x", ["a", "b"]), ("y", [-1, 0])])
ar1 = xr.DataArray([[1, 1], [1, 1]], [("x", ["b", "c"]), ("y", [0, 1])])
```

利用 combine_first()方法将其合并：

```
print(ar0.combine_first(ar1))
```

返回结果为：

```
<xarray.DataArray (x: 3, y: 3)>
array([[ 0.,  0., nan],
       [ 0.,  0.,  1.],
       [nan,  1.,  1.]])
Coordinates:
  * x       (x) object 'a' 'b' 'c'
  * y       (y) int64 -1 0 1
```

这里将 ar0 和 ar1 的位置进行调换，方便读者理解其用法：

```
print(ar0.combine_first(ar1))
```

返回结果为：

```
<xarray.DataArray (x: 3, y: 3)>
array([[ 0.,  0., nan],
       [ 0.,  1.,  1.],
       [nan,  1.,  1.]])
```

```
Coordinates:
  * x        (x) object 'a' 'b' 'c'
  * y        (y) int64 -1 0 1
```

（4）combining.multi：沿多个维度合并数据集或数据数组。

具体来说，沿多个维度合并数据分为 combine_nested() 和 combine_by_coords() 两种方法。

使用 combine_nested() 需要指定对象的合并顺序：

```
arr = xr.DataArray(name="temperature", data=[[1,2],[3,4]], dims=["x", "y"])
ds_grid = [[arr, arr], [arr, arr]]
print(xr.combine_nested(ds_grid, concat_dim=["x", "y"]))
```

返回结果为：

```
<xarray.DataArray 'temperature' (x: 4, y: 4)>
array([[1, 2, 1, 2],
       [3, 4, 3, 4],
       [1, 2, 1, 2],
       [3, 4, 3, 4]])
Dimensions without coordinates: x, y
```

使用 combine_by_coords() 可以实现从数据的坐标自动推断顺序：

```
x1 = xr.DataArray(name="foo", data=[1,3,5], coords=[("x", [1,3,5])])
x2 = xr.DataArray(name="foo", data=[2,4,6], coords=[("x", [2,4,6])])
```

这里将创建好的 x1 和 x2 根据坐标合并：

```
print(xr.combine_by_coords([x2, x1]))
```

返回结果为：

```
<xarray.Dataset>
Dimensions:  (x: 6)
Coordinates:
  * x        (x) int64 1 2 3 4 5 6
Data variables:
    foo      (x) float64 1.0 2.0 3.0 4.0 5.0 6.0
```

6. 时间序列数据

对于时间序列数据的处理，xarray 提供了诸多实用的方法。因此，在大多数情况下，xarray 核心功能的实现依赖于 pandas。

（1）创建 datetime64 格式的数据。

xarray 使用 NumPy 中的 datetime64 和 timedelta64 数据类型来表示 datetime 数据，它们支持使用 NumPy 的矢量化操作以及 pandas 的滑动集合操作（如 pandas 中的滑动窗口 rolling() 函数）。可以使用 pd.to_datetime() 或 pd.date_range() 来将数据转换成 datetime64 数据或创建新的 datetime64 格式的数据。如：

```
print(pd.to_datetime(["2000-01-01", "2000-02-02"]))
```

返回结果为：

```
DatetimeIndex(['2000-01-01', '2000-02-02'], dtype='datetime64[ns]', freq=None)
```

以及：

```
print(pd.date_range("2000-01-01", periods=365))
```

返回结果为：

```
DatetimeIndex(['2000-01-01', '2000-01-02', '2000-01-03', '2000-01-04',
               '2000-01-05', '2000-01-06', '2000-01-07', '2000-01-08',
```

```
                 '2000-01-09', '2000-01-10',
                 ...
                 '2000-12-21', '2000-12-22', '2000-12-23', '2000-12-24',
                 '2000-12-25', '2000-12-26', '2000-12-27', '2000-12-28',
                 '2000-12-29', '2000-12-30'],
                dtype='datetime64[ns]', length=365, freq='D')
```

也可以提供 Python 的 datetime 对象。当 datetime 对象的数组在 xarray 对象中被用作参数时，这些参数将被自动转换为 datetime64 数据类型：

```
import datetime
print(xr.Dataset({"time": datetime.datetime(2000, 1, 1)}))
```

返回结果为：

```
<xarray.Dataset>
Dimensions:  ()
Data variables:
   time     datetime64[ns] 2000-01-01
```

（2）datetime 索引。

xarray 参考了 pandas 强大的索引机制，允许使用几种有用且简洁的索引形式，对于 datetime64 数据类型来说尤其如此。例如支持使用单个字符串和切片对象进行索引。

首先创建一个数据集：

```
time = pd.date_range("2000-01-01", freq="H", periods=365 * 24)
ds = xr.Dataset({"foo": ("time", np.arange(365 * 24)), "time": time})
```

使用单个字符串进行索引（选出日期为 2000 年 1 月的数据）：

```
print(ds.sel(time="2000-01"))
```

返回结果为：

```
<xarray.Dataset>
Dimensions:  (time: 744)
Coordinates:
  * time     (time) datetime64[ns] 2000-01-01 ... 2000-01-31T23:00:00
Data variables:
    foo      (time) int64 0 1 2 3 4 5 6 7 8 ... 736 737 738 739 740 741 742 743
```

使用切片对象进行索引（选出 2000 年 6 月 1 日到 2000 年 6 月 10 日的数据）：

```
print(ds.sel(time=slice("2000-06-01", "2000-06-10")))
```

返回结果为：

```
<xarray.Dataset>
Dimensions:  (time: 240)
Coordinates:
  * time     (time) datetime64[ns] 2000-06-01 ... 2000-06-10T23:00:00
Data variables:
    foo     (time) int64 3648 3649 3650 3651 3652 ... 3883 3884 3885 3886 3887
```

还可以使用 datetime.time 对象进行索引（选出所有时间为 12 时的数据）：

```
print(ds.sel(time=datetime.time(12)))
```

返回结果为：

```
<xarray.Dataset>
Dimensions:  (time: 365)
Coordinates:
  * time     (time) datetime64[ns] 2000-01-01T12:00:00 ... 2000-12-30T12:00:00
Data variables:
    foo      (time) int64 12 36 60 84 108 132 ... 8628 8652 8676 8700 8724 8748
```

5.2 MetPy 入门

MetPy 是一个用于气象数据分析的开源项目。MetPy 与 NumPy、SciPy 和 Matplotlib 充分结合，并添加了专用于气象学的高级功能，包括数据的读取、天气学相关计算以及诊断分析、可视化等功能。

5.2.1 MetPy 的安装

如果你是使用 conda 的用户，则可以通过 conda-forge 安装最新版本的 MetPy（及其依赖）：

```
conda install -c conda-forge metpy
```

此外也可以通过 pip 安装 MetPy（及其依赖）：

```
pip install metpy
```

5.2.2 MetPy 的单位制

不同于其他用于气象数据分析的库，MetPy 在语法上主要的特点就是在给 MetPy 传递函数之前，通常需要将单位属性附加给数组。这样可以保证更高的计算准确性，并不用再次进行单位的转换。

在使用 MetPy 的单位制功能时，需先调用以下模块：

```
import numpy as np
from metpy.units import units
```

下面的例子提供了使用单位的基本方法：

```
distance = np.arange(1, 5) * units.meters
```

或者使用 units.Quantity 函数直接建立带有单位的数组：

```
time = units.Quantity(np.arange(1, 5), 'sec')
```

使用带有单位的数组进行计算，计算结果会直接给出相应的单位：

```
print(distance / time)
```

返回结果：

```
[ 0.5  0.5  0.5  0.5] meter / second
```

如果是同一类型的变量（如均为长度变量），即使单位不同，也可以进行计算（MetPy 会自动进行单位转换）：

```
print(3 * units.inch + 5 * units.cm)
```

返回结果：

```
4.968503937007874 inch
```

对于单位之间的互相转换，可以调用方法 to() 来实现。如将英寸转换为毫米：

```
print((1 * units.inch).to(units.mm))
```

返回结果：

```
25.4 millimeter
```

为了简化单位，可使用 to_base_units() 方法将单位转换为国际单位制，如：

```
Lf = 3.34e6 * units('J/kg')
print(Lf, Lf.to_base_units(), sep='\n')
```

返回结果：

```
3340000.0 joule / kilogram
3340000.0 meter ** 2 / second ** 2
```

然而对于温度单位来说，功能的实现相对更加复杂。想象一下，10℃加 100℃，答案是 110℃还是 383.15K（开）呢？为了避免计算结果混淆，偏移量单位的增量单位诞生了。

从下面的减法示例可以看出偏移量单位的作用：

```
print(10 * units.degC - 5 * units.degC)
```

返回结果：

```
5 delta_degree_Celsius
```

或对偏移量单位进行增量的相加：

```
print(25 * units.degC + 5 * units.delta_degC)
```

返回结果：

```
30 degree_Celsius
```

而开尔文（K）这样的绝对温度单位没有偏移量，可以直接进行加减计算而不需要增量单位：

```
print(273 * units.kelvin + 10 * units.kelvin)
```

返回结果：

```
283 kelvin
```

下面我们通过一个利用温度和相对湿度计算露点温度的例子，来展示应如何使用带有单位的变量进行 MetPy 中的函数计算：

```
import numpy as np
import metpy.calc as mpcalc
from metpy.units import units
#以下代码展示了两种为数值赋单位的方法
temperature = 73.2 * units("degF")#通过unit()函数传入单位字符串，当单位字符串包含空格及符号时只能用此方法
rh = 64 * units.percent #通过units.xxx赋单位
dewpoint = mpcalc.dewpoint_from_relative_humidity(temperature, rh)
print(dewpoint)
```

返回结果：

```
15.726236381245268 degree_Celsius
```

这里我们给出一些常用单位对应的 MetPy 的单位字符串，如表 5-2 所示，以方便读者查阅。

表 5-2　常用单位对应的 MetPy 的单位字符串

基础单位	单位字符串
长度单位：米	Meter、m、metre
时间单位：秒	second、s、sec
电流单位：安培	ampere、A、amp
发光强度单位：坎德拉	candela、cd、candle
质量单位：克	gram、g
物质的量单位：摩尔	mole、mol
热力学温度单位：开尔文	kelvin、K、degK、degree_Kelvin

除了上述 7 个基本单位，这里再介绍一些单位之间的转换的内容。

- 角度单位字符串

  turn (revolution、cycle、circle) = 2 × π × radian

  degree (deg、arcdeg、arcdegree、angular_degree) = π / 180 × radian

- 时间单位字符串

  minute (min) = 60 × second

  hour (hr) = 60 × minute

  day (d) = 24 × hour

  week = 7 × day

  fortnight = 2 × week

  year (a、yr、julian_year) = 365.25 × day

  month = year / 12

  century (centuries) = 100 × year

  millennium (millennia) = 1e3 × year

- 温度单位字符串

  degree_Celsius (°C、celsius、degC、degreeC) = kelvin; offset: 273.15

  degree_Fahrenheit (°F、fahrenheit、degF、degreeF) = 5 / 9 * kelvin; offset: 233.15 + 200 / 9

- 面积单位字符串

  are = 100 × meter^2

  barn = 1e-28 * meter^2 = b

  darcy = centipoise × centimeter^2 / (second * atmosphere)

  hectare (ha) = 100 * are

- 气压单位字符串

  pascal (Pa) = newton / meter^2

  bar = 1e5 × pascal

5.2.3 MetPy 的常用常数

气象数据的计算常常涉及一些具有气象学意义的常数以及一些具有热力学性质的常数。本书整理了 MetPy 中常用的常数，关于地球的常数如表 5-3 所示。

表 5-3 关于地球的常数

名称	符号	单位	描述
earth_avg_radius	R_e	m	地球平均半径
earth_gravity	g	m/s^2	地球平均重力加速度
gravitational_constant	G	N · m^2/kg^2	引力常数
earth_avg_angular_vel	Ω	rad/s	地球平均角速度

续表

名称	符号	单位	描述
earth_sfc_avg_dist_sun	d	m	地球与太阳的平均距离
earth_solar_irradiance	S	W/m^2	地球平均太阳辐照度
earth_max_declination	δ	°	地球最大太阳偏角
earth_orbit_eccentricity	e	—	地球轨道平均偏心率
earth_mass	m_e	kg	地球总质量

关于干空气的常数如表 5-4 所示。

表 5-4　关于干空气的常数

名称	符号	单位	描述
dry_air_molecular_weight	M_d	1	地表干空气的相对分子质量
dry_air_gas_constant	R_d	m/s^2	地表干空气的气体常数
dry_air_spec_heat_press	C_{pd}	J/(kg · K)	干空气定压比热
dry_air_spec_heat_vol	C_{vd}	J/(kg · K)	干空气定容比热
dry_air_density_stp	ρ_d	kg/m^3	0℃和 1000mb 下的干空气密度

常用气象常数如表 5-5 所示。

表 5-5　常用气象常数

名称	符号	单位	描述
pot_temp_ref_press	P_0	Pa	位温的参考压力
poisson_exponent	κ	—	泊松方程中的指数（R_d/C_{pd}）
dry_adiabatic_lapse_rate	γ_d	K/km	干绝热衰减率
molecular_weight_ratio	ϵ	—	水分子量与干燥空气分子量之比

MetPy 中常数的使用方法十分简单，在计算时可直接使用常数。比如选用地球平均重力加速度进行计算，如下：

```
import metpy.constants as constants
print(5*units.m * constants.g)
```

返回结果：

```
49.033249999999995 meter ** 2 / second ** 2
```

06 第6章 常用气象数据读取和预处理

6.1 文本文件

文本文件的扩展名通常是.txt、.asc 等。文本文件是可以用记事本或其他文本编辑软件打开，且内容可以被人以肉眼识别的文件。

在读取和写入文本文件之前，需要了解文本文件的编码方式。选用错误的编码方式可能会导致读取出的内容为乱码，甚至报错。

后文介绍的数据读取内容，所有站点数据均用 pd.Series 或 pd.DataFrame 类型；栅格数据均用 xr.DataArray 或 xr.Dataset 类型。

6.1.1 什么是文件字符编码

计算机只能识别二进制串，所有字符都至少有一套规则：从字符本身对应某一串二进制数。而这套从字符映射到二进制数的规则，就称为编码方式。

计算机发明后，最初出现的 ASCII（由 ANSI 制定）编码只能处理空格、数字、大小写英文字母和英文标点符号。后来计算机在世界各地迅速发展，不同的语言文字也需要有自己的编码方式。

汉字也需要有自己的编码方式，于是中国制定了一套名为 GB2312 的编码方式。它在支持 ASCII 编码的基础上，拓展了对 6000 多个汉字的支持，但是后来因为使用需求增大，中国又在 GB2312 的基础上制定了 GBK 编码方式，新增了对约 20000 个汉字的支持。

世界各国研发了自己的编码方式，且它们互相都不兼容，这造成了很大的麻烦。于是国际标准化组织出台了 Unicode 编码方式，它拥有足够的空间可以存储用来表示几乎所有国家的语言文字，但是由于它本身占据过多空间，不利于文件存储和传输，因此在 Unicode 的基础上又研发出了 UTF-8 编码方式。Unicode 用于操作系统和编程语言在内存中处理字符，UTF-8 用于保存和传输字符。

现在大多数操作系统（包括 Windows、Linux 和 macOS）和大多数高级语言（Python 3）已经统一使用 Unicode 处理字符，而用于保存文本文件的编码格式在中国常见的有 ASCII、GBK、UTF-8 这三种编码方式。

1. 读取时

由于编码方式的兼容关系不同，不同的文件用不同的编码读取会有不同的表现。

- ASCII 文件，ASCII 编码读取：正常。
- ASCII 文件，GBK 编码读取：正常。
- ASCII 文件，UTF-8 编码读取：正常。
- GBK 文件，GBK 编码读取：正常。
- GBK 文件，ASCII 编码读取：错误。
- GBK 文件，UTF-8 编码读取：错误。
- UTF-8 文件，UTF-8 编码读取：正常。
- UTF-8 文件，ASCII 编码读取：错误。
- UTF-8 文件，GBK 编码读取：错误。

通常情况下，我们不会使用 ASCII 来读取和写入文件，而只使用 UTF-8 和 GBK。在写入时除非有特殊要求，否则通常更倾向于使用 UTF-8 编码。

2. 写入时

由于 GBK、UTF-8 与 ASCII 文件兼容，所以如果需要写入的字符串只包含 ASCII 字符（ASCII 表示的所有字符称为 ASCII 字符），那么保存结果的编码方式也将与 ASCII 编码方式相同。

- ASCII 字符串，ASCII 编码写入：ASCII 编码文件。
- ASCII 字符串，GBK 编码写入：ASCII 编码文件。
- ASCII 字符串，UTF-8 编码写入：ASCII 编码文件。
- 非 ASCII 字符串，ASCII 编码写入：报错。
- 非 ASCII 字符串，GBK 编码写入：GBK 编码文件。
- 非 ASCII 字符串，UTF-8 编码写入：UTF-8 编码文件。

3. 查看文件编码方式

如果在没有事先约定文件编码方式的情况下，需要读取一个文件，可以先查看文件的编码方式。

（1）Linux。

在 Linux 上使用 `file` 命令可以查看文件编码方式。使用“`file` +文件路径”即可查看，示例文件的编码方式如图 6-1 所示。

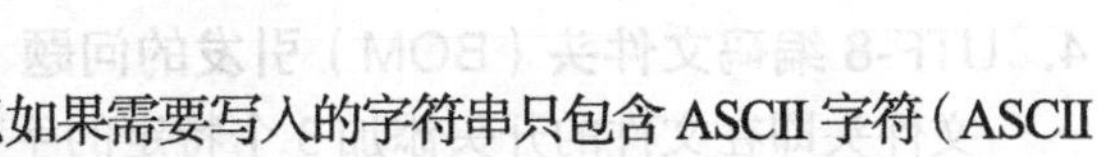
→ ~ ls
Downloads base conf dev example.txt hp-check.log miniconda3
→ ~ file example.txt
example.txt: ASCII text

图 6-1 示例文件的编码方式（此示例中文件路径是相对路径）

（2）**Windows**。

在 Windows 中可以使用第三方文件编辑器打开文件，编辑器会显示文件编码方式，这里介绍使用 VS Code 打开示例文件来查看其编码方式，如图 6-2 所示。

图 6-2 使用 VS Code 查看示例文件的编码方式

这里显示的是 UTF-8，前文提到过 UTF-8 编码兼容 ASCII 编码，所以也可以使用 UTF-8 编码打开这个文件。

4. UTF-8 编码文件头（BOM）引发的问题

文件头即在文件的开头添加 3 个特定的字节，表明这个文件的编码方式是 UTF-8 编码方式。而标准的 UTF-8 文件是不需要文件头的，带有文件头的 UTF-8 文件在 Python 中可能会引发读取错误。

带有文件头的 UTF-8 文件通常由 Windows 的记事本创建，所以应尽可能不使用 Windows 记事本作为文件编辑工具。

6.1.2 CSV 文件

CSV 文件通常为站点类型文件。这里介绍使用 pandas 来读取 CSV 文件。

下面有一个样例文件：

```
time,station,t,tmax,tmin
2020-03-01 00:00:00,58238,8.7,12.5,1.3
2020-03-01 00:00:00,58235,7.5,11.3,0.8
2020-03-01 00:00:00,58237,8.5,11.8,1.2
2020-03-02 00:00:00,58238,9.5,13.3,4.4
2020-03-02 00:00:00,58235,8.3,12.8,4.0
2020-03-02 00:00:00,58237,8.8,12.9,4.2
2020-03-03 00:00:00,58238,13.1,14.5,10.1
2020-03-03 00:00:00,58235,12.4,13.7,9.6
2020-03-03 00:00:00,58237,13.0,14.1,10.0
```

```
2020-03-04 00:00:00,58238,10.3,13.8,5.2
2020-03-04 00:00:00,58235,9.8,12.9,4.5
2020-03-04 00:00:00,58237,10.1,13.1,4.8
```

使用下面的代码进行读取，同时将时间字符串解析为时间戳类型：

```
import pandas as pd
dat = pd.read_csv('resource/read/sta.csv', parse_dates=['time'])
print(dat.dtypes)
print('--------')
print(dat)
```

输出结果为：

```
time       datetime64[ns]
station             int64
t                 float64
tmax              float64
tmin              float64
dtype: object
--------
         time  station     t  tmax  tmin
0  2020-03-01    58238   8.7  12.5   1.3
1  2020-03-01    58235   7.5  11.3   0.8
2  2020-03-01    58237   8.5  11.8   1.2
3  2020-03-02    58238   9.5  13.3   4.4
4  2020-03-02    58235   8.3  12.8   4.0
5  2020-03-02    58237   8.8  12.9   4.2
6  2020-03-03    58238  13.1  14.5  10.1
7  2020-03-03    58235  12.4  13.7   9.6
8  2020-03-03    58237  13.0  14.1  10.0
9  2020-03-04    58238  10.3  13.8   5.2
10 2020-03-04    58235   9.8  12.9   4.5
11 2020-03-04    58237  10.1  13.1   4.8
```

在这个例子中，因为原文件中站点（station）号全部为数字，所以 pandas 自动推断出的类型为 int64，如果需要将其指定为字符串类型则可以指定 dtype 参数：

```
import numpy as np
import pandas as pd
dat = pd.read_csv('resource/read/sta.csv',
              parse_dates=['time'],
              dtype={'station': np.unicode_})
print(dat.dtypes)
print('--------')
print(dat)
```

输出结果为：

```
time       datetime64[ns]
station            object
t                 float64
tmax              float64
tmin              float64
dtype: object
--------
         time station     t  tmax  tmin
0  2020-03-01   58238   8.7  12.5   1.3
1  2020-03-01   58235   7.5  11.3   0.8
2  2020-03-01   58237   8.5  11.8   1.2
```

```
3  2020-03-02   58238   9.5  13.3   4.4
4  2020-03-02   58235   8.3  12.8   4.0
5  2020-03-02   58237   8.8  12.9   4.2
6  2020-03-03   58238  13.1  14.5  10.1
7  2020-03-03   58235  12.4  13.7   9.6
8  2020-03-03   58237  13.0  14.1  10.0
9  2020-03-04   58238  10.3  13.8   5.2
10 2020-03-04   58235   9.8  12.9   4.5
11 2020-03-04   58237  10.1  13.1   4.8
```

更多 pd.read_csv() 样例请参见 4.3.3 节。

6.1.3　空格（制表符）作为分隔符的文件

空格（制表符）作为分隔符的文件相比 CSV 文件更为“自由”，这类文件可以存储站点数据，也可以存储栅格数据。

站点数据类型的、空格（制表符）作为分隔符的文件和 CSV 文件相似，只是分隔符替换成空格或制表符；栅格数据类型的、空格（制表符）作为分隔符的文件则需要参照数据写入规则进行读取，还需要针对栅格生成对应的经纬度坐标。

1. 站点数据类型

以下为示例文件：

```
time station t tmax tmin
2020-03-01 00:00:00 58238 8.7 12.5 1.3
2020-03-01 00:00:00 58235 7.5 11.3 0.8
2020-03-01 00:00:00 58237 8.5 11.8 1.2
2020-03-02 00:00:00 58238 9.5 13.3 4.4
2020-03-02 00:00:00 58235 8.3 12.8 4.0
2020-03-02 00:00:00 58237 8.8 12.9 4.2
2020-03-03 00:00:00 58238 13.1 14.5 10.1
2020-03-03 00:00:00 58235 12.4 13.7 9.6
2020-03-03 00:00:00 58237 13.0 14.1 10.0
2020-03-04 00:00:00 58238 10.3 13.8 5.2
2020-03-04 00:00:00 58235 9.8 12.9 4.5
2020-03-04 00:00:00 58237 10.1 13.1 4.8
```

对于站点数据类型的、空格（制表符）作为分隔符的文件的读取，替换 pd.read_csv() 中的 sep 参数即可（参见 6.1.2 节）：

```
import numpy as np
import pandas as pd
dat = pd.read_csv('resource/read/sta.txt',
                  sep='\t', #如果是空格分隔符，则此处参数值为 1s
                  parse_dates=['time'],
                  dtype={'station': np.unicode_})
print(dat.dtypes)
print('--------')
print(dat)
```

输出结果为：

```
time       datetime64[ns]
station            object
t                 float64
```

```
tmax           float64
tmin           float64
dtype: object
--------
         time station     t  tmax  tmin
0  2020-03-01   58238   8.7  12.5   1.3
1  2020-03-01   58235   7.5  11.3   0.8
2  2020-03-01   58237   8.5  11.8   1.2
3  2020-03-02   58238   9.5  13.3   4.4
4  2020-03-02   58235   8.3  12.8   4.0
5  2020-03-02   58237   8.8  12.9   4.2
6  2020-03-03   58238  13.1  14.5  10.1
7  2020-03-03   58235  12.4  13.7   9.6
8  2020-03-03   58237  13.0  14.1  10.0
9  2020-03-04   58238  10.3  13.8   5.2
10 2020-03-04   58235   9.8  12.9   4.5
11 2020-03-04   58237  10.1  13.1   4.8
```

2. 栅格数据类型

栅格数据类型的、以空格（制表符）作为分隔符的文件通常有以下两种情况：

- 数据行列按照经纬栅格进行分隔的文件；
- 数据行列与经纬栅格无关的文件。

对于栅格数据，我们使用 NumPy 进行读取，借助 xarray 进行处理，目的是生成 xr.DataArray 对象（使用 xr.DataArray 对象处理栅格数据有很多好处，就像使用 pd.DataFrame 类型处理站点数据一样，在需要时也可以方便地将其转换为 np.ndarray 对象，所以非常推荐随时使用 xr.DataArray 对象保存栅格数据）。

（1）行列与经纬栅格相关。

行列与经纬栅格相关，通常情况下，每一行代表一个纬度上所有的点，另一行代表的就是另一个纬度上所有的点，数据在文件中的形状与实际栅格的形状相同。

样例数据如图 6-3 所示。

```
1  10.12 11.15 11.30 10.25 9.97
2  10.23 11.54 11.12 10.01 9.85
3  10.07 11.37 10.98 10.42 9.58
4  10.33 12.01 10.38 10.36 10.12
5
```

图 6-3　行列与经纬栅格相关的文本文件

假设：数据为等经纬栅格数据，第一行纬度为 10°N，第四行纬度为 13°N，第一列经度为 120°E，第五列经度为 122.5°E（此处的数据为假设数据，具体真实数据需要根据实际情况判断，或询问数据提供者）。

使用 NumPy 读取原始数据：

```
import numpy as np
import xarray as xr
array_raw = np.loadtxt('resource/read/grid_1.txt', dtype=np.float64)
print(array_raw) # 这一行用于演示读取结果，并非必要输入，数据量过大时可能会导致卡顿
```

输出结果为：

```
[[10.12 11.15 11.3  10.25  9.97]
 [10.23 11.54 11.12 10.01  9.85]
 [10.07 11.37 10.98 10.42  9.58]
 [10.33 12.01 10.38 10.36 10.12]]
```

已知第一行纬度为 10°N，第四行纬度为 13°N，第一列经度为 120°E，第五列经度为 122.5°E，

这里创建对应的经纬度坐标：

```
lon = np.linspace(120, 122.5, 5)
lat = np.linspace(10, 13, 4)
print(lon) # 此行仅用于演示
print(lat) # 此行仅用于演示
```

输出结果为：

```
[120. 120.625 121.25  121.875 122.5  ]
[10. 11. 12. 13.]
```

根据读取的多维数组和创建的经纬度坐标，生成 DataArray 对象：

```
t_grid = xr.DataArray(array_raw, coords=[lat, lon], dims=["lat", "lon"])
print(t_grid)
```

输出结果为：

```
<xarray.DataArray (lat: 4, lon: 5)>
array([[10.12, 11.15, 11.3 , 10.25,  9.97],
       [10.23, 11.54, 11.12, 10.01,  9.85],
       [10.07, 11.37, 10.98, 10.42,  9.58],
       [10.33, 12.01, 10.38, 10.36, 10.12]])
Coordinates:
  * lat      (lat) float64 10.0 11.0 12.0 13.0
  * lon      (lon) float64 120.0 120.6 121.2 121.9 122.5
```

（2）行列与经纬栅格无关。

对于行列与经纬栅格无关的文件，不能再依靠文件本身的行列确定数据的形状，而应该由数据提供者或者写入规则确定数据的形状和顺序。

行列与经纬栅格无关的文本文件如图 6-4 所示。

```
10.12 11.15 11.30 10.25 9.97 10.23 11.54 11.12 10.01 9.85
10.07 11.37 10.98 10.42 9.58 10.33 12.01 10.38 10.36 10.12

```

图 6-4 行列与经纬栅格无关的文本文件

已知数据为等经纬栅格数据，纬向栅格数为 5，经向栅格数为 4；内层循环为经度，从西往东；外层循环为纬度，从南到北；起始纬度为 10°N，终止纬度为 13°N；起始经度为 120°E，终止经度为 122.5°E。

```
import numpy as np
import xarray as xr

array_raw = np.loadtxt('resource/read/grid_2.txt', dtype=np.float64)
print(array_raw) # 这一行用于演示结果，并非必要输入，数据量过大时可能会导致卡顿
array_raw = array_raw.reshape((4, 5))
print(array_raw) # 这一行用于演示结果，并非必要输入，数据量过大时可能会导致卡顿
```

输出结果为：

```
[[10.12 11.15 11.3  10.25  9.97 10.23 11.54 11.12 10.01  9.85]
 [10.07 11.37 10.98 10.42  9.58 10.33 12.01 10.38 10.36 10.12]]
[[10.12 11.15 11.3  10.25  9.97]
 [10.23 11.54 11.12 10.01  9.85]
```

```
 [10.07 11.37 10.98 10.42  9.58]
 [10.33 12.01 10.38 10.36 10.12]]
```

由于 `np.ndarray` 默认遵循 C 语言的行优先存储规则，所以若最终目标数据的形状为(*m*, *n*)，则 *n* 是内层循环，*m* 是外层循环；对应已知数据，经度为内层循环，纬度为外层循环，所以 *m*=5、*n*=4。在读取出文件原始数据之后，通过 `reshape(4, 5)` 将数据变形为目标形状。

根据经度从西往东、纬度从南往北可以获得对应的经纬度序列：

```
lon = np.linspace(120, 122.5, 5)
lat = np.linspace(10, 13, 4)
print(lon) # 此行仅用于演示
print(lat) # 此行仅用于演示
```

输出结果为：

```
[120.    120.625 121.25  121.875 122.5  ]
[10. 11. 12. 13.]
```

通过多维数组和经纬度序列生成 `DataArray` 对象：

```
t_grid = xr.DataArray(array_raw, coords=[lat, lon], dims=["lat", "lon"])
print(t_grid)
```

输出结果为：

```
<xarray.DataArray (lat: 4, lon: 5)>
array([[10.12, 11.15, 11.3 , 10.25,  9.97],
       [10.23, 11.54, 11.12, 10.01,  9.85],
       [10.07, 11.37, 10.98, 10.42,  9.58],
       [10.33, 12.01, 10.38, 10.36, 10.12]])
Coordinates:
  * lat      (lat) float64 10.0 11.0 12.0 13.0
  * lon      (lon) float64 120.0 120.6 121.2 121.9 122.5
```

6.2 Excel 文件

Excel 文件的扩展名通常为.xlsx 和.xls。可以通过 pandas 便捷地打开 Excel 文件，但是读取扩展名为.xlsx 的文件需要依赖 openpyxl 模块，读取扩展名为.xls 的文件需要 xlrd 模块作为解析引擎。

可在对应的 conda 环境中执行以下命令：

```
pip install openpyxl xlrd
```

以安装 openpyxl 和 xlrd 这两个解析引擎。

```
import pandas as pd
dat = pd.read_excel('resource/read.xlsx', sheet_name='Sheet1')
print(dat)
print('-----')
print(dat.dtypes)
```

输出结果为：

```
          时间  最高温度  降水
0 2020-01-01   10.3   0
1 2020-01-02   13.3   0
2 2020-01-03   12.1   0
3 2020-01-04    9.9   0
-----
时间      datetime64[ns]
```

```
最高温度          float64
降水             int64
dtype: object
```

6.3 NetCDF 文件

NetCDF 文件的扩展名为.nc。NetCDF 文件是一种自描述的二进制数据文件，使用者不需要为其编写任何描述文件，也不需要提前了解数据维度等信息。后文将 NetCDF 文件简称为 nc 文件。

这里介绍使用 xarray 读取 nc 文件。使用 xarray 读取 nc 文件需要安装 netCDF4 和 cftime 两个库，如图 6-5 所示。

```
(jupyter) → ~ conda install -c conda-forge netCDF4 cftime
Collecting package metadata (current_repodata.json): | ▌
```

图 6-5　netCDF4 和 cftime 库的安装命令

使用 xr.open_dataset()函数打开 nc 文件：

```
import xarray as xr
# 将文件路径改为自己的
dataset = xr.open_dataset('resource/read/1980060106.nc')
print(dataset)
```

输出结果为：

```
<xarray.Dataset>
Dimensions:    (latitude: 361, level: 13, longitude: 721, time: 1)
Coordinates:
  * longitude  (longitude) float32 0.0 0.25 0.5 0.75 ... 179.5 179.75 180.0
  * latitude   (latitude) float32 90.0 89.75 89.5 89.25 ... 0.75 0.5 0.25 0.0
  * level      (level) int32 1000 975 925 850 700 600 ... 300 250 200 150 100
  * time       (time) datetime64[ns] 1980-06-01T06:00:00
Data variables:
    pv         (time, level, latitude, longitude) float32 ...
    z          (time, level, latitude, longitude) float32 ...
    t          (time, level, latitude, longitude) float32 ...
    q          (time, level, latitude, longitude) float32 ...
    w          (time, level, latitude, longitude) float32 ...
    vo         (time, level, latitude, longitude) float32 ...
    d          (time, level, latitude, longitude) float32 ...
    u          (time, level, latitude, longitude) float32 ...
    v          (time, level, latitude, longitude) float32 ...
    r          (time, level, latitude, longitude) float32 ...
    clwc       (time, level, latitude, longitude) float32 ...
Attributes:
    Conventions:  CF-1.6
    history:      2017-03-27 13:09:45 GMT by grib_to_netcdf-2.1.0: grib_to_ne...
```

nc 文件中有 xr.DataSet 对象，可以看到 nc 文件包含多个变量：

```
t = dataset['t']
print(t)
```

输出结果为：

```
<xarray.DataArray 't' (time: 1, level: 13, latitude: 361, longitude: 721)>
[3383653 values with dtype=float32]
```

```
Coordinates:
  * longitude  (longitude) float32 0.0 0.25 0.5 0.75 ... 179.5 179.75 180.0
  * latitude   (latitude) float32 90.0 89.75 89.5 89.25 ... 0.75 0.5 0.25 0.0
  * level      (level) int32 1000 975 925 850 700 600 ... 300 250 200 150 100
  * time       (time) datetime64[ns] 1980-06-01T06:00:00
Attributes:
    units:          K
    long_name:      Temperature
    standard_name:  air_temperature
```

可以从 xr.DataSet 类型中获取需要的变量，单一变量是 xr.DataArray 类型。

6.4 GRIB 文件

GRIB 文件的扩展名通常为.grb、.grib、.grb2 等（并不绝对，比如 GFS 预报以预报时次作为文件扩展名）。实际上 GRIB 文件分为 GRIB1 和 GRIB2 两个版本，但是此处暂不进行区分。

GRIB 文件也可以使用 xr.open_dataset()函数打开，但是需要指定 GRIB 文件专用的解析引擎。xarray 支持两种 GRIB 文件的解析引擎。

- PyNIO：由 NCAR 开发，来源于 NCL，不支持 Windows。因为它的底层与 NCL 同源，所以它对 GRIB 的支持非常好，并且对 NCEP 使用的非标准 GRIB 特征有完善的支持，在读取大部分 GRIB 文件时都会有良好的表现。但是，PyNIO 现在处于非积极维护状态，且与 1.5.3 版本以上的 netCDF4 冲突，在某些较新版本的 Python 上大量读取时可能会出现内存泄漏问题，未来 xarray 可能会停止对 PyNIO 的支持。
- cfgrib：由 ECMWF 开发，支持 Windows、Linux 和 macOS 等。由于处在早期开发阶段，参数可能会有较大变动，且 cfgrib 对某些 GRIB 文件的支持不够好——对于某些非标准 GRIB 特征不提供支持（这些非标准 GRIB 特征通常会被 NCEP 提供的数据集使用，例如 GFS 数据集和 FNL 数据集），所以在读取数据（如 GFS）时，会出现异常报错或者缺失（大多数报错可通过设置参数跳过）。但是因为 cfgrib 是 Windows 上唯一的解析引擎选项，所以 Windows 用户必须选 cfgrib 作为 GRIB 解析引擎。

6.4.1 使用 PyNIO

使用 PyNIO 作为解析引擎，需要先进行安装，安装命令如图 6-6 所示。

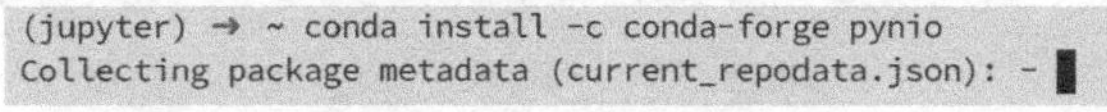
(jupyter) → ~ conda install -c conda-forge pynio
Collecting package metadata (current_repodata.json): -

图 6-6 PyNIO 的安装命令

运行以下代码：

```
import xarray as xr
dataset = xr.open_dataset('resource/read/fnl_201906011800.grib2', engine='pynio') # 将文件路径改为自己的
print(dataset)
```

返回结果为：

```
<xarray.Dataset>
Dimensions:             (lat_0: 181, lon_0: 360, lv_AMSL1: 3, lv_DBLL11: 4, lv_HTGL2: 3, lv_HTGL4: 2, lv_HTGL7: 3, lv_ISBL0: 31, lv_ISBL10: 17, lv_ISBL6: 21, lv_ISBL8: 26, lv_PVL3: 2, lv_SIGL5: 4, lv_SPDL9: 2)
Coordinates:
  * lv_ISBL10          (lv_ISBL10) float32 100.0 200.0 300.0 ... 3.5e+04 4e+04
  * lv_ISBL8           (lv_ISBL8) float32 1e+03 2e+03 3e+03 ... 9.75e+04 1e+05
  * lv_HTGL7           (lv_HTGL7) float32 10.0 80.0 100.0
  * lv_ISBL6           (lv_ISBL6) float32 1e+04 1.5e+04 ... 9.75e+04 1e+05
  * lv_HTGL4           (lv_HTGL4) float32 2.0 80.0
  * lv_PVL3            (lv_PVL3) float32 -2e-06 2e-06
  * lv_HTGL2           (lv_HTGL2) float32 2.0 80.0 100.0
  * lv_AMSL1           (lv_AMSL1) float32 1.829e+03 2.743e+03 3.658e+03
  * lv_ISBL0           (lv_ISBL0) float32 100.0 200.0 300.0 ... 9.75e+04 1e+05
  * lat_0              (lat_0) float32 90.0 89.0 88.0 ... -88.0 -89.0 -90.0
  * lon_0              (lon_0) float32 0.0 1.0 2.0 3.0 ... 357.0 358.0 359.0
Dimensions without coordinates: lv_DBLL11, lv_SIGL5, lv_SPDL9
Data variables: (12/98)
    TMP_P0_L1_GLL0      (lat_0, lon_0) float32 ...
    TMP_P0_L6_GLL0      (lat_0, lon_0) float32 ...
    TMP_P0_L7_GLL0      (lat_0, lon_0) float32 ...
    TMP_P0_L100_GLL0    (lv_ISBL0, lat_0, lon_0) float32 ...
    TMP_P0_L102_GLL0    (lv_AMSL1, lat_0, lon_0) float32 ...
    TMP_P0_L103_GLL0    (lv_HTGL2, lat_0, lon_0) float32 ...
    ...                  ...
    lv_DBLL11_l1        (lv_DBLL11) float32 ...
    lv_DBLL11_l0        (lv_DBLL11) float32 ...
    lv_SPDL9_l1         (lv_SPDL9) float32 ...
    lv_SPDL9_l0         (lv_SPDL9) float32 ...
    lv_SIGL5_l1         (lv_SIGL5) float32 ...
    lv_SIGL5_l0         (lv_SIGL5) float32 ...
```

取其中某一变量进行查看：

```
data = dataset['TMP_P0_L1_GLL0']
print(data)
```

返回结果为：

```
<xarray.DataArray 'TMP_P0_L1_GLL0' (lat_0: 181, lon_0: 360)>
array([[273.23535, 273.23535, 273.23535, ..., 273.23535, 273.23535, 273.23535],
       [273.13535, 273.13535, 273.13535, ..., 273.13535, 273.13535, 273.13535],
       [273.13535, 273.13535, 273.13535, ..., 273.03537, 273.03537, 273.13535],
       ...,
       [219.43535, 219.43535, 219.53535, ..., 219.83536, 219.73535, 219.53535],
       [218.63536, 218.63536, 218.63536, ..., 218.63536, 218.63536, 218.73535],
       [219.93535, 219.93535, 219.93535, ..., 219.93535, 219.93535, 219.93535]],
      dtype=float32)
Coordinates:
  * lat_0    (lat_0) float32 90.0 89.0 88.0 87.0 ... -87.0 -88.0 -89.0 -90.0
  * lon_0    (lon_0) float32 0.0 1.0 2.0 3.0 4.0 ... 356.0 357.0 358.0 359.0
Attributes:
    center:                            US National Weather Servi...
    production_status:                  Operational products
    long_name:                          Temperature
    units:                             K
    grid_type:                          Latitude/longitude
```

```
    parameter_discipline_and_category:              Meteorological products, ...
    parameter_template_discipline_category_number:  [0 0 0 0]
    level_type:                                     Ground or water surface
    level:                                          [0.]
    forecast_time:                                  [0]
    forecast_time_units:                            hours
    initial_time:                                   06/01/2019 (18:00)
```

6.4.2 使用 cfgrib

使用 cfgrib 作为解析引擎，也需要手动进行安装，安装命令如图 6-7 所示。

cfgrib 目前只支持单个 typeOfLevel 文件的直接读取，对于多个 typeOfLevel 文件需要指定参数进行过滤。

```
(jupyter) → read conda install -c conda-forge cfgrib
Collecting package metadata (current_repodata.json): -
```

图 6-7 cfgrib 的安装命令

可以在安装了 cfgrib 的环境中使用“grib_ls + 文件名”查看 GRIB 文件的信息。

这里对示例文件进行测试，执行以下命令：

```
grib_ls fnl_201906011800.grib2
```

输出如下：

```
fnl_201906011800.grib2
edition  centre  date      dataType  gridType    stepRange  typeOfLevel   level  shortName
packingType
2        kwbc    20190601  fc        regular_ll  0          unknown       0      u
grid_complex_spatial_differencing
2        kwbc    20190601  fc        regular_ll  0          unknown       0      v
grid_complex_spatial_differencing
2        kwbc    20190601  fc        regular_ll  0          unknown       0      VRATE
grid_complex_spatial_differencing
2        kwbc    20190601  fc        regular_ll  0          surface       0      gust
grid_complex_spatial_differencing
2        kwbc    20190601  fc        regular_ll  0          isobaricInhPa 1      gh
grid_complex_spatial_differencing
2        kwbc    20190601  fc        regular_ll  0          isobaricInhPa 1      t
grid_complex_spatial_differencing
2        kwbc    20190601  fc        regular_ll  0          isobaricInhPa 1      r
grid_complex_spatial_differencing
2        kwbc    20190601  fc        regular_ll  0          isobaricInhPa 1      u
grid_complex_spatial_differencing
......
```

可以看到示例文件中有多个不同的 typeOfLevel，且使用了非标准 GRIB 特征，出现了未知的 typeOfLevel。

常见的 typeOfLevel 如下所示。

- surface：地面。
- isobaricInhPa：以 hPa 为单位的等压面。
- meanSea：海平面。
- depthBelowLandLayer：地面深度层。
- heightAboveGround：距地面高度（低空）。

- heightAboveGroundLayer：距地面高度（高空）。
- tropopause：对流层顶。
- heightAboveSea：距海平面高度。
- isothermZero：零摄氏度等温面。
- pressureFromGroundLayer：距地面压力。
- sigmaLayer：等 sigma 面。
- potentialVorticity：位势涡度。

这里尝试提取以 hPa 为单位的等压面变量：

```
import xarray as xr
# 将文件路径改为自己的
dataset = xr.open_dataset('resource/read/fnl_201906011800.grib2',
                          engine='cfgrib',
                          backend_kwargs={
                              'filter_by_keys': {
                                  'typeOfLevel': 'isobaricInhPa'
                              }
                          }
                         )
print(dataset)
```

输出如下：

```
<xarray.Dataset>
Dimensions:      (isobaricInhPa: 31, latitude: 181, longitude: 360)
Coordinates:
   time          datetime64[ns] ...
   step          timedelta64[ns] ...
  * isobaricInhPa  (isobaricInhPa) int64 1000 975 950 925 900 850 ... 7 5 3 2 1
  * latitude      (latitude) float64 90.0 89.0 88.0 87.0 ... -88.0 -89.0 -90.0
  * longitude     (longitude) float64 0.0 1.0 2.0 3.0 ... 357.0 358.0 359.0
   valid_time     datetime64[ns] ...
Data variables:
   gh           (isobaricInhPa, latitude, longitude) float32 ...
   t            (isobaricInhPa, latitude, longitude) float32 ...
   r            (isobaricInhPa, latitude, longitude) float32 ...
   u            (isobaricInhPa, latitude, longitude) float32 ...
   v            (isobaricInhPa, latitude, longitude) float32 ...
Attributes:
   GRIB_edition:          2
   GRIB_centre:           kwbc
   GRIB_centreDescription:  US National Weather Service - NCEP
   GRIB_subCentre:         0
   Conventions:           CF-1.7
   institution:           US National Weather Service - NCEP
   history:              2021-03-02T22:32:59 GRIB to CDM+CF via cfgrib-0....
```

查看其中一个变量：

```
print(dataset['u'])
```

输出如下：

```
<xarray.DataArray 'u' (isobaricInhPa: 31, latitude: 181, longitude: 360)>
[2019960 values with dtype=float32]
```

```
Coordinates:
    time         datetime64[ns] ...
    step         timedelta64[ns] ...
  * isobaricInhPa  (isobaricInhPa) int64 1000 975 950 925 900 850 ... 7 5 3 2 1
  * latitude       (latitude) float64 90.0 89.0 88.0 87.0 ... -88.0 -89.0 -90.0
  * longitude      (longitude) float64 0.0 1.0 2.0 3.0 ... 357.0 358.0 359.0
    valid_time     datetime64[ns] ...
Attributes: (12/29)
    GRIB_paramId:                             131
    GRIB_shortName:                            u
    GRIB_units:                               m s**-1
    GRIB_name:                               U component of wind
    GRIB_cfName:                              eastward_wind
    GRIB_cfVarName:                            u
    ...                                     ...
    GRIB_jScansPositively:                       0
    GRIB_latitudeOfFirstGridPointInDegrees:   90.0
    GRIB_latitudeOfLastGridPointInDegrees:    -90.0
    long_name:                               U component of wind
    units:                                  m s**-1
    standard_name:                            eastward_wind
```

6.5 GrADS 二进制文件

GrADS 的二进制文件的扩展名通常为.grd，并带有与之配套的.ctl 描述文件。grd 二进制文件同时支持站点数据和栅格数据两种类型。

6.5.1 站点数据

定义如下读取函数：

```
import numpy as np
import pandas as pd
def grads_sta(path_file, n_sta, n_time):
    dt = np.dtype([('sta', 'S8'), ('lat', 'f4'), ('lon', 'f4'),
                   ('time', 'f4'), ('nlev', 'i4'), ('nflag', 'i4'),
                   ('var', 'f4')])
    df_group = []
    with open(path_file, 'rb') as fid:
        for t in range(n_time):
            data_raw = np.frombuffer(fid.read(n_sta * 32), dtype=dt)
            fid.read(28)
            df = pd.DataFrame(data_raw)
            try:
                df['sta'] = [x.decode() for x in df['sta']]
            except:
                pass
            df_group.append(df)
    return df_group
```

函数中 path_file 参数为站点的 grd 文件的路径，n_sta 为站点数，n_time 为时次数（站点数和时次数在与之配套的 .ctl 文件中可以看到）。

使用上面定义的函数读取示例文件：

```
dat = grads_sta('resource/read/r160.grd', 160, 1) # 将文件路径改为自己的
print(dat)
print(type(dat))
```

输出如下：

```
[               sta          lat         lon  time  nlev  nflag      var
0    '1       '  51.720001  126.650002   0.0     1      1  0.098331
1    '2       '  48.770000  121.919998   0.0     1      1 -0.167619
2    '3       '  49.220001  119.750000   0.0     1      1 -0.064597
3    '4       '  50.450001  121.699997   0.0     1      1 -0.046360
4    '5       '  49.169998  125.230003   0.0     1      1  0.017577
..          ...         ...         ...   ...   ...    ...      ...
155  '156     '  47.730000   88.080002   0.0     1      1 -0.036620
156  '157     '  46.730000   83.000000   0.0     1      1  0.071207
157  '158     '  44.430000   84.660004   0.0     1      1 -0.205051
158  '159     '  43.950001   81.330002   0.0     1      1  0.170275
159  '160     '  43.779999   87.620003   0.0     1      1 -0.103539

[160 rows x 7 columns]]
<class 'list'>
```

输出结果为一个由 pd.DataFrame 对象组成的列表，列表顺序对应.ctl 文件描述的时间顺序。

如果.ctl 文件描述了 3 个时次，则会输出元素数为 3 的列表，3 个 pd.DataFrame 对象分别对应 3 个时次。

取出输出列表的第一个时次：

```
print(dat[0])
```

输出如下：

```
               sta          lat         lon  time  nlev  nflag      var
0       '1       '  51.720001  126.650002   0.0     1      1  0.098331
1       '2       '  48.770000  121.919998   0.0     1      1 -0.167619
2       '3       '  49.220001  119.750000   0.0     1      1 -0.064597
3       '4       '  50.450001  121.699997   0.0     1      1 -0.046360
4       '5       '  49.169998  125.230003   0.0     1      1  0.017577
..          ...         ...         ...   ...   ...    ...      ...
155  '156     '  47.730000   88.080002   0.0     1      1 -0.036620
156  '157     '  46.730000   83.000000   0.0     1      1  0.071207
157  '158     '  44.430000   84.660004   0.0     1      1 -0.205051
158  '159     '  43.950001   81.330002   0.0     1      1  0.170275
159  '160     '  43.779999   87.620003   0.0     1      1 -0.103539

[160 rows x 7 columns]
```

6.5.2 栅格数据

定义如下读取函数：

```
import numpy as np
import xarray as xr
import pandas as pd
def grads_grid(path_file, nx, ny, nt,
               lon_0, lon_step, lat_0, lat_step,
               t_0, t_freq, var_list, z_list):
```

```
    data_raw = np.fromfile(path_file, dtype=np.float32)
    n_var = len(var_list)
    nz = len(z_list)
    data_raw = data_raw.reshape((nt, n_var, nz, ny, nx))
    time_list = pd.date_range(t_0, periods=nt, freq=t_freq)
    lon = np.arange(lon_0, lon_0 + lon_step * nx, lon_step)
    lat = np.arange(lat_0, lat_0 + lat_step * ny, lat_step)
    data = xr.DataArray(data_raw,
                        coords=[time_list, var_list, z_list, lat, lon],
                        dims=['time', 'var', 'level', 'lat', 'lon']
                       ).to_dataset('var')
    return data
```

使用上面定义的函数读取示例文件：

```
# 将文件路径改为自己的
dataset = grads_grid('resource/read/hgt500.grd',
                     nx=144, ny=73, nt=732,
                     lon_0=0, lon_step=2.5, lat_0=-90, lat_step=2.5,
                     t_0='1948-01-01', t_freq='1M', var_list=['hgt'],
                     z_list=[500])
print(dataset)
```

输出如下：

```
<xarray.Dataset>
Dimensions:  (lat: 73, level: 1, lon: 144, time: 732)
Coordinates:
  * time     (time) datetime64[ns] 1948-01-31 1948-02-29 ... 2008-12-31
  * level    (level) int64 500
  * lat      (lat) float64 -90.0 -87.5 -85.0 -82.5 -80.0 ... 82.5 85.0 87.5 90.0
  * lon      (lon) float64 0.0 2.5 5.0 7.5 10.0 ... 350.0 352.5 355.0 357.5
Data variables:
    hgt      (time, level, lat, lon) float32 5.189e+03 5.189e+03 ... 5.075e+03
```

从 Dataset 对象中取出 hgt 变量：

```
print(dataset['hgt'])
```

输出如下：

```
<xarray.DataArray 'hgt' (time: 732, level: 1, lat: 73, lon: 144)>
array([[[[5189.4194, 5189.4194, 5189.4194, ..., 5189.4194, 5189.4194,
          5189.4194],
         [5188.8066, 5189.032 , 5189.2583, ..., 5188.1934, 5188.355 ,
          5188.516 ],
         [5191.968 , 5192.7095, 5193.5806, ..., 5189.645 , 5190.5483,
          5191.2905],
         ...,
         [5011.9033, 5013.387 , 5014.7417, ..., 5007.4194, 5009.    ,
          5010.484 ],
         [4987.9033, 4989.    , 4990.032 , ..., 4985.    , 4985.968 ,
          4986.9355],
         [4982.1934, 4982.1934, 4982.1934, ..., 4982.1934, 4982.1934,
          4982.1934]]],
        [[[5119.1377, 5119.1377, 5119.1377, ..., 5119.1377, 5119.1377,
          5119.1377],
         [5111.8276, 5111.4136, 5111.1035, ..., 5112.6895, 5112.3794,
          5112.0347],
         [5111.276 , 5110.8623, 5110.3447, ..., 5112.207 , 5112.069 ,
...
```

```
         5112.7666],
        [5111.967 , 5112.1665, 5112.1333, ..., 5112.   , 5111.967 ,
         5111.967 ],
        [5120.2334, 5120.2334, 5120.2334, ..., 5120.2334, 5120.2334,
         5120.2334]]],
       [[[5067.5806, 5067.5806, 5067.5806, ..., 5067.5806, 5067.5806,
         5067.5806],
        [5080.9355, 5082.2583, 5083.613 , ..., 5076.8066, 5078.2905,
         5079.5483],
        [5087.1934, 5090.0645, 5092.871 , ..., 5078.3228, 5081.387 ,
         5084.1934],
        ...,
        [5071.0645, 5071.4517, 5071.968 , ..., 5069.645 , 5070.0967,
         5070.5806],
        [5067.5806, 5067.7095, 5067.968 , ..., 5067.0967, 5067.2256,
         5067.3228],
        [5074.9355, 5074.9355, 5074.9355, ..., 5074.9355, 5074.9355,
         5074.9355]]]], dtype=float32)
Coordinates:
  * time     (time) datetime64[ns] 1948-01-31 1948-02-29 ... 2008-12-31
  * level    (level) int64 500
  * lat      (lat) float64 -90.0 -87.5 -85.0 -82.5 -80.0 ... 82.5 85.0 87.5 90.0
  * lon      (lon) float64 0.0 2.5 5.0 7.5 10.0 ... 350.0 352.5 355.0 357.5
```

6.6 WRF-ARW 输出文件

气象研究与预报（Weather Research and Forecasting，WRF）模式是美国国家大气研究中心（NCAR）等科研机构开发的一种中尺度数值天气预报和天气研究模式。WRF 分为 WRF-Advanced Research WRF(ARW)和 WRF-Non-hydrostatic Mesoscale Model(NMM)两种，其中 WRF-ARW 被用作天气气象的数值模拟。WRF-ARW 模式可以输出多种格式的文件，这里以输出 NetCDF 格式的文件为例进行介绍。

解析 WRF 模式输出的文件需要用到 wrf-python 和 netCDF4 两个第三方包，在目标环境中执行以下命令：

```
"conda install -c conda-forge wrf-python netcdf4"
```

进行安装，wrf-python 的安装命令如图 6-8 所示。

如果安装了 PyNIO，则有可能出现冲突导致 wrf-python 安装失败，可执行 `conda remove --force pynio` 命令先卸载 PyNIO 再进行 wrf-python 的安装。

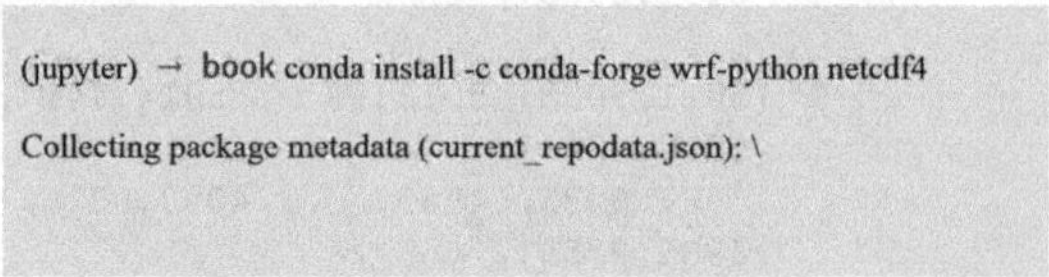
(jupyter) → book conda install -c conda-forge wrf-python netcdf4
Collecting package metadata (current_repodata.json): \

图 6-8　wrf-python 的安装命令

因为 WRF 模式输出的文件并非等压面数据，所以如果需要等压面数据，必须先利用 wrf-python 中的 `getvar()` 函数提取需要的诊断量（为了插值到等压面，需要同时提取气压(pressure)），然后通过 `interplevel()` 函数将数据插值到等压面。

提取示例文件中的诊断量：

```
import xarray as xr
import wrf
from netCDF4 import Dataset
# 将文件路径改为自己的
ncfile = Dataset('resource/read/wrfout_d01_2017-08-10_000000.nc')
p = wrf.getvar(ncfile,  'pressure', timeidx=wrf.ALL_TIMES)   # 对于 getvar()函数，可以指定
timeidx 参数的值为整数以选择提取时次，例如 timeidx=0
rh = wrf.getvar(ncfile,  'rh', timeidx=wrf.ALL_TIMES) # timeidx=wrf.ALL_TIMES 表明提取全部时次
print(rh)
```

输出结果为：

```
<xarray.DataArray 'rh' (Time: 5, bottom_top: 29, south_north: 49, west_east: 79)>
array([[[[87.765434 , 85.98064  , 84.91124  , ..., 81.3592   ,
          79.81483  , 81.41704  ],
         [87.995636 , 86.22767  , 85.25411  , ..., 83.49108  ,
          81.253586 , 81.55239  ],
         [88.70185  , 87.21322  , 86.30212  , ..., 84.36489  ,
          83.808624 , 83.382866 ],
         ...,
         [43.890274 , 45.305763 , 46.74152  , ..., 79.794525 ,
          79.27631  , 78.8375   ],
         [39.819405 , 41.26361  , 42.63604  , ..., 79.73092  ,
          79.23843  , 78.76903  ],
         [37.56467  , 38.025745 , 39.262104 , ..., 79.73279  ,
          79.23924  , 78.71969  ]],
        [[89.051445 , 86.849625 , 85.17071  , ..., 79.81156  ,
          78.14068  , 79.16232  ],
         [89.22471  , 87.07232  , 85.47679  , ..., 81.908   ,
          80.53091  , 80.28641  ],
         [89.795204 , 87.968445 , 86.57346  , ..., 83.796936 ,
          82.867424 , 82.598114 ],
...
         [ 4.049299 ,  4.0986323,  4.12636  , ...,  6.4341807,
           6.5087857,  6.608485 ],
         [ 3.9992058,  4.052754 ,  4.0801926, ...,  6.392681 ,
           6.4727077,  6.563373 ],
         [ 3.947622 ,  3.9738657,  4.002276 , ...,  6.363432 ,
           6.4367847,  6.513951 ]],
        [[ 4.21838  ,  4.2060227,  4.201893 , ...,  5.0465074,
           5.0882134,  5.14203  ],
         [ 4.2712355,  4.2646527,  4.2615657, ...,  5.06661  ,
           5.1020627,  5.126723 ],
         [ 4.3191833,  4.324505 ,  4.3139987, ...,  5.089982 ,
           5.105507 ,  5.109809 ],
         ...,
         [ 3.166993 ,  3.1939094,  3.2173321, ...,  4.870332 ,
           4.891847 ,  4.9187264],
         [ 3.1322336,  3.1641045,  3.1914012, ...,  4.8407125,
           4.8697286,  4.8977094],
         [ 3.100257 ,  3.123251 ,  3.1545112, ...,  4.8102155,
           4.8391423,  4.8720045]]]], dtype=float32)
Coordinates:
   XLONG     (south_north, west_east) float32 113.2 113.3 113.4 ... 121.3 121.4
   XLAT      (south_north, west_east) float32 29.68 29.68 29.68 ... 33.99 33.99
```

```
    XTIME     (Time) float32 0.0 180.0 360.0 540.0 720.0
  * Time      (Time) datetime64[ns] 2017-08-10 ... 2017-08-10T12:00:00
Dimensions without coordinates: bottom_top, south_north, west_east
Attributes:
    FieldType:     104
    MemoryOrder:   XYZ
    description:   relative humidity
    units:         %
    stagger:
    coordinates:   XLONG XLAT XTIME
    projection:    LambertConformal(stand_lon=117.19999694824219, moad_cen_lat...
```

将数据插值到等压面：

```
rh_500 = wrf.interplevel(rh, p, 500) # interplevel()函数支持同时插值到多个等压面
rh_850_to_500 = wrf.interplevel(rh, p, [850, 700, 500])
print(rh_850_to_500)
```

输出结果为：

```
<xarray.DataArray 'rh_interp' (Time: 5, level: 3, south_north: 49, west_east: 79)>
array([[[[ 49.581455 ,  49.90141  ,  49.964336 , ...,  93.02744  ,
           92.50517  ,  91.436905 ],
         [ 49.854908 ,  50.216183 ,  50.33729  , ...,  94.29466  ,
           93.958336 ,  92.881165 ],
         [ 50.29943  ,  50.652588 ,  50.81059  , ...,  94.8869   ,
           94.64059  ,  94.331085 ],
         ...,
         [ 43.85136  ,  44.185024 ,  44.534695 , ...,  65.72999  ,
           66.07933  ,  66.988106 ],
         [ 43.501328 ,  43.93895  ,  44.335472 , ...,  66.38105  ,
           66.68885  ,  67.59361  ],
         [ 43.071743 ,  43.59577  ,  44.11645  , ...,  67.04757  ,
           67.32303  ,  68.26489  ]],
        [[ 59.510532 ,  58.794968 ,  58.20066  , ...,  88.38223  ,
           89.8404   ,  90.4845   ],
         [ 60.2473   ,  59.721775 ,  59.27535  , ...,  88.13034  ,
           89.4728   ,  90.00002  ],
         [ 60.890114 ,  60.67282  ,  60.48124  , ...,  87.15515  ,
           88.844986 ,  89.848656 ],
...
         [ 32.703304 ,  32.478714 ,  32.44395  , ...,  50.050068 ,
           50.41752  ,  50.632175 ],
         [ 33.32784  ,  33.011208 ,  32.852413 , ...,  48.91975  ,
           49.255787 ,  49.405983 ],
         [ 34.13029  ,  33.958523 ,  33.643333 , ...,  47.629578 ,
           47.947124 ,  48.399437 ]],
        [[ 24.025608 ,  23.000294 ,  21.980774 , ...,  16.391787 ,
           17.90786  ,  19.738607 ],
         [ 20.825268 ,  20.007761 ,  19.12427  , ...,  12.906076 ,
           14.448949 ,  16.162752 ],
         [ 18.05197  ,  17.35045  ,  16.605772 , ...,  12.18835  ,
           12.27763  ,  14.094156 ],
         ...,
         [  4.564085 ,   4.439832 ,   4.360229 , ...,  18.472599 ,
           19.609535 ,  19.641474 ],
         [  4.6399007,   4.5138626,   4.4195275, ...,  18.654158 ,
           19.900602 ,  20.3621   ],
```

```
        [  4.7261467,   4.597047 ,   4.4673424, ...,  18.454733 ,
          19.761063 ,  20.774572 ]]]], dtype=float32)
Coordinates:
    XLONG    (south_north, west_east) float32 113.2 113.3 113.4 ... 121.3 121.4
    XLAT     (south_north, west_east) float32 29.68 29.68 29.68 ... 33.99 33.99
    XTIME    (Time) float32 0.0 180.0 360.0 540.0 720.0
  * Time     (Time) datetime64[ns] 2017-08-10 ... 2017-08-10T12:00:00
  * level    (level) int64 850 700 500
Dimensions without coordinates: south_north, west_east
Attributes:
    FieldType:      104
    units:          %
    stagger:
    coordinates:    XLONG XLAT XTIME
    projection:     LambertConformal(stand_lon=117.19999694824219, moad_cen_l...
    missing_value:   9.969209968386869e+36
    _FillValue:     9.969209968386869e+36
    vert_units:     hPa
```

wrf.getvar()函数支持的诊断量如下。

- 直接诊断量。
- TODO。
- 二次诊断量。
- TODO。

6.7 雷达基数据文件

雷达基数据文件的文件名通常以.bin.bz2 结尾。

解析雷达基数据文件需要用到 cinrad 包，因为这个包只发布在 PyPi 上，所以只能通过 pip 命令安装它：

```
pip install cinrad
```

打开示例雷达基数据文件：

```
import cinrad
f = cinrad.io.CinradReader('Z_RADR_I_Zxxxx_xxxx_O_DOR_SA_CAP.BIN.BZ2')
print(f.available_product(0))
```

输出结果为：

```
['REF', 'VEL', 'SW', 'azimuth', 'RF']
```

读取反射率：

```
tilt_number = 0
data_radius = 230
r = f.get_data(tilt_number, data_radius, 'REF')
print(r)
```

输出结果为：

```
<xarray.Dataset>
Dimensions:    (azimuth: 366, distance: 230)
Coordinates:
  * azimuth    (azimuth) float64 5.883 5.9 5.917 5.934 ... 5.85 5.868 5.885
```

```
  * distance  (distance) float64 1.0 2.0 3.0 4.0 ... 227.0 228.0 229.0 230.0
Data variables:
   REF        (azimuth, distance) float64 nan 1.0 0.5 10.0 ... nan nan nan nan
   longitude  (azimuth, distance) float64 113.4 113.3 113.3 ... 112.5 112.5
   latitude   (azimuth, distance) float64 23.01 23.02 23.03 ... 24.91 24.91
   height     (azimuth, distance) float64 0.1892 0.1977 0.2064 ... 5.176 5.211
Attributes:
   elevation:       0.4779052734375
   range:          230
   scan_time:       2019-04-21 11:06:00.567000
   site_code:       Z9200
   site_name:       广州
   site_longitude:   113.355
   site_latitude:    23.003888888888888
   tangential_reso:  1.0
   nyquist_vel:      8.36
   task:            VCP21
```

6.8 CIMISS 的使用

CIMISS（China Integrated Meteorological Information Service System）即全国综合气象信息共享平台，目前其只能在内网环境中使用，且需要有经过授权的账号。CIMISS 本身提供包括 Web 接口在内的多种访问方案。为了方便调用，可以通过 cimiss-python 这个第三方包进行数据查询。这个包同样只发布在 PyPi 上，可通过 pip 命令安装：

```
pip install cimiss-python
```

生成客户端实例：

```
import cimiss
import numpy as np
# host 不带 HTTP 前缀，通常为 zero-ice 服务的纯 IP 地址
client = cimiss.Query(user_id='myuserid', password='mypasswd', host='myhost')
```

获取站点数据：

```
resp_array_2d = client.array_2d(
   interface_id="getSurfEleByTime",
   params={
      "dataCode": "SURF_CHN_MUL_HOR",
      "elements": "Station_ID_C,PRE_1h,PRS",
      "times": "20181224000000",
      "orderby": "Station_ID_C:ASC",
      "limitCnt": "3",
   },
   dtypes={'PRE_1h': np.float, 'PRS': np.float}
)
print(resp_array_2d)
```

输出结果为：

```
       Station_ID_C     PRE_1h  PRS
0      58235            8.7       988.0
1      58237            7.5       987.0
2      58238            8.5       986.0
```

07 第7章 气象数据插值

因为气象数据具有离散性特征，所以很多时候需要插值才能满足使用需求。对气象数据的特征维度来说，插值可以分为空间插值和时间插值。

7.1 空间插值

所谓空间插值即在同一个时间维度下，将具有空间属性的气象数据插值到特定的空间位置上。

7.1.1 从站点到栅格

绘制等值线需要使用栅格数据，如果要绘制站点数据的等值线，就需要先将其插值到栅格上，再进行绘制。

将数据从站点插值到栅格，需要注意栅格“分辨率”的大小：过密的栅格可能会导致插值结果出现异常值，例如负数的降水值；过稀的栅格可能会导致最后的结果遗漏某些较小的高、低值中心。需要根据具体的站点数据和插值结果对栅格分辨率进行调整。

将数据从站点插值到栅格有多种数学模型，这里介绍几种常用的插值方案。

1. 克里金插值

克里金插值法是一种对已知样本进行加权平均以估计平面上的未知点，并使得估计值与真实值的数学期望相同且方差最小的方法。

克里金插值法有多种变体，其中常规克里金插值法是较常用且效果较好的一种。

第三方包 PyKrige 封装了多种克里金插值法，这里我们介绍借助其封装的常规克里金插值法进行插值。

执行`conda install -c conda-forge pykrige`来安装 PyKrige。

这里我们利用某一时刻 160 个气象站的降水距平示例数据展示插值（三列数据从左到右分别为观测站的纬度、经度和降水距平）：

```
    51.72000       126.6500      9.8330766E-02
    48.77000       121.9200    -0.1676187
    49.22000       119.7500    -6.4596616E-02
    50.45000       121.7000    -4.6360116E-02
    49.17000       125.2300     1.7576953E-02
    47.38000       123.9200    -5.1061593E-02
......
```

读取数据：

```
import pandas as pd
df = pd.read_csv('resource/r160.txt', sep='\s+', names=['lat', 'lon', 'pre_ano'])
print(df)
```

输出结果为：

```
       lat     lon     pre_ano
0    51.72  126.65  0.098331
1    48.77  121.92 -0.167619
2    49.22  119.75 -0.064597
3    50.45  121.70 -0.046360
4    49.17  125.23  0.017577
..     ...     ...       ...
155  47.73   88.08 -0.036620
156  46.73   83.00  0.071207
157  44.43   84.66 -0.205051
158  43.95   81.33  0.170275
159  43.78   87.62 -0.103539

[160 rows x 3 columns]
```

查看数据的最小值、最大值特征：

```
print(df.agg(['min', 'max']))
```

输出结果为：

```
       lat     lon   pre_ano
min  20.03   75.98 -0.593987
max  51.72  131.98  0.170275
```

由此可以看出站点数据的纬度范围为 20.03°N～51.72°N，经度范围为 75.98°E～131.98°E。

根据站点数据的经纬度范围，这里把插值目标栅格范围指定为 20.5°N～51.5°N 和 76.0°E～131.5°E，栅格步长为 0.5°。怎么得出目标栅格范围和网格步长的呢？

- 为了保证插值结果足够准确，插值范围尽量不要超出站点数据的空间范围。
- 栅格步长根据需求和实际数据的疏密情况决定，这里的 0.5°为展示用，不一定是最佳步长。
- 根据栅格步长对栅格边缘取整，将数据插值在较为规整的栅格坐标上，以便于插值结果数据的使用。

创建克里金插值对象，这时候并不会立即开始插值：

```
from pykrige.ok import OrdinaryKriging
krige = OrdinaryKriging(
        df['lon'],
        df['lat'],
        df['pre_ano'],
```

```
            variogram_model="linear",
            verbose=False,
            enable_plotting=False,
        )
```

根据前面确定的目标栅格范围和栅格步长，创建插值目标栅格：

```
import numpy as np
lon = np.arange(76.0, 131.5+0.5, 0.5) # np.arange()函数创建的数组不包含参数传入的终点值
lat = np.arange(20.5, 51.5+0.5, 0.5) # 所以在终点值后再加入一个步长以确保最后一个值被包含在结果中
print(lon.shape, lat.shape)
```

输出结果为：

```
(112,) (63,)
```

可以看出目标栅格是一个经度×纬度=112×63 的栅格。

进行插值：

```
pre_grid, ss = krige.execute("grid", lon, lat)
print(pre_grid)
```

输出结果为：

```
[[-0.15622859370852882 -0.1564825892040236 -0.15672021221496393 ...
  -0.3558845320521906 -0.3556384447992064 -0.3553328018118527]
 [-0.15581808376697145 -0.15608308671485657 -0.15633166324842798 ...
  -0.3562488394087836 -0.35594182795181306 -0.35557738603729844]
 [-0.15542212068538022 -0.1556996571560719 -0.1559608134687758 ...
  -0.3565414282670577 -0.35617328199254494 -0.35575001008104257]
 ...
 [-0.0915976451139823 -0.0913171053287455 -0.0910519814187893 ...
  -0.1530199028487186 -0.15621297956436458 -0.15929682511691595]
 [-0.09074511194514986 -0.09049225182400089 -0.0902577585197327 ...
  -0.14914743856512627 -0.15239194941623652 -0.15552477952763732]
 [-0.08994261309662811 -0.08971654784633555 -0.08951118327821178 ...
  -0.14560469697726247 -0.14886873088702854 -0.15202349664972092]]
```

插值对象的 execute()方法的第一个返回值为在目标栅格上的插值结果，第二个返回值为插值结果的方差。

将插值结果包装为 xr.DataArray 对象：

```
import xarray as xr
pre_da = xr.DataArray(pre_grid, coords=[lat, lon], dims=['lat', 'lon'])
print(pre_da)
```

输出结果为：

```
<xarray.DataArray (lat: 63, lon: 112)>
array([[-0.15622859, -0.15648259, -0.15672021, ..., -0.35588453,
        -0.35563844, -0.3553328 ],
       [-0.15581808, -0.15608309, -0.15633166, ..., -0.35624884,
        -0.35594183, -0.35557739],
       [-0.15542212, -0.15569966, -0.15596081, ..., -0.35654143,
        -0.35617328, -0.35575001],
       ...,
       [-0.09159765, -0.09131711, -0.09105198, ..., -0.1530199 ,
        -0.15621298, -0.15929683],
       [-0.09074511, -0.09049225, -0.09025776, ..., -0.14914744,
        -0.15239195, -0.15552478],
       [-0.08994261, -0.08971655, -0.08951118, ..., -0.1456047 ,
        -0.14886873, -0.1520235 ]])
Coordinates:
```

```
  * lat        (lat) float64 20.5 21.0 21.5 22.0 22.5 ... 49.5 50.0 50.5 51.0 51.5
  * lon        (lon) float64 76.0 76.5 77.0 77.5 78.0 ... 130.0 130.5 131.0 131.5
```

2. Cressman 插值

Cressman 插值法是一种反距离权重插值法，它使用网栅格与在一定范围内所有站点的距离的反比作为权重，并以此计算网栅格值的插值模型。

这里介绍借助第三方包 MetPy 进行插值，如果之前未曾安装过 MetPy，则可执行 `conda install -c conda-forge metpy` 进行安装。

这里同样使用前文用到的 160 个气象站的降水距平示例数据进行介绍：

```
import numpy as np
from metpy.interpolate import inverse_distance_to_grid

lon = np.arange(76.0, 131.5+0.5, 0.5)
lat = np.arange(20.5, 51.5+0.5, 0.5)
lon_grid, lat_grid = np.meshgrid(lon, lat) # 生成交织的二维经纬栅格
# 注意：inverse_distance_to_grid()使用的目标栅格为交织后的二维经纬栅格
pre_grid = inverse_distance_to_grid(
            df['lon'].values,
            df['lat'].values,
            df['pre_ano'].values,
            lon_grid,
            lat_grid,
            r=15,
            min_neighbors=3
        )

print(pre_grid)
```

输出结果为：

```
[[        nan         nan         nan ... -0.41675891 -0.41730563
  -0.41772805]
 [        nan         nan         nan ... -0.41783573 -0.41883586
  -0.42000272]
 [        nan         nan         nan ... -0.41931729 -0.41991869
  -0.42128663]
 ...
 [-0.04594149 -0.04876271 -0.05241695 ... -0.15684901 -0.15684024
  -0.15693899]
 [-0.04011599 -0.04204267 -0.04612476 ... -0.1527561  -0.15290136
  -0.15305936]
 [-0.03320475 -0.03582687 -0.03862931 ... -0.14872947 -0.14882568
  -0.14891597]]
```

`inverse_distance_to_grid()` 函数中的 `r` 参数为最大搜索半径，即对目标栅格最大半径 `r` 内的站点计算反距离权重；`min_neighbors` 参数为最小邻点数，目标栅格在最大半径 `r` 内的站点数必须大于等于 `min_neighbors` 的值，否则赋值为 NaN。

使用该函数时需要根据站点密度和栅格步长调整这两个参数，过小的 `r` 值或过大的 `min_neighbors` 值会导致插值结果较为“空洞”即出现 NaN；过大的 `r` 值或过小的 `min_neighbors` 值会导致插值结果过于平滑，被抹除部分极值点。

将结果包装为 `xr.DataArray` 对象：

```
import xarray as xr

pre_da = xr.DataArray(pre_grid, coords=[lat, lon], dims=['lat', 'lon'])

print(pre_da)
```

输出结果为：

```
<xarray.DataArray (lat: 63, lon: 112)>
array([[        nan,        nan,        nan, ..., -0.41675891,
        -0.41730563, -0.41772805],
       [        nan,        nan,        nan, ..., -0.41783573,
        -0.41883586, -0.42000272],
       [        nan,        nan,        nan, ..., -0.41931729,
        -0.41991869, -0.42128663],
       ...,
       [-0.04594149, -0.04876271, -0.05241695, ..., -0.15684901,
        -0.15684024, -0.15693899],
       [-0.04011599, -0.04204267, -0.04612476, ..., -0.1527561 ,
        -0.15290136, -0.15305936],
       [-0.03320475, -0.03582687, -0.03862931, ..., -0.14872947,
        -0.14882568, -0.14891597]])
Coordinates:
  * lat      (lat) float64 20.5 21.0 21.5 22.0 22.5 ... 49.5 50.0 50.5 51.0 51.5
  * lon      (lon) float64 76.0 76.5 77.0 77.5 78.0 ... 130.0 130.5 131.0 131.5
```

7.1.2 从栅格到站点

除了从站点插值到栅格，从栅格插值到站点也很常见。

利用 xr.DataArray 的 `interp()` 方法，我们可以很方便地实现从栅格插值到站点。

这里直接使用前文的 `xr.DataArray` 对象进行演示：

```
print(pre_da)
```

输出结果为：

```
<xarray.DataArray (lat: 63, lon: 112)>
array([[        nan,        nan,        nan, ..., -0.41675891,
        -0.41730563, -0.41772805],
       [        nan,        nan,        nan, ..., -0.41783573,
        -0.41883586, -0.42000272],
       [        nan,        nan,        nan, ..., -0.41931729,
        -0.41991869, -0.42128663],
       ...,
       [-0.04594149, -0.04876271, -0.05241695, ..., -0.15684901,
        -0.15684024, -0.15693899],
       [-0.04011599, -0.04204267, -0.04612476, ..., -0.1527561 ,
        -0.15290136, -0.15305936],
       [-0.03320475, -0.03582687, -0.03862931, ..., -0.14872947,
        -0.14882568, -0.14891597]])
Coordinates:
  * lat      (lat) float64 20.5 21.0 21.5 22.0 22.5 ... 49.5 50.0 50.5 51.0 51.5
  * lon      (lon) float64 76.0 76.5 77.0 77.5 78.0 ... 130.0 130.5 131.0 131.5
```

生成站点对应的 `xr.DataArray` 对象：

```
import xarray as xr

station_list = ['a', 'b', 'c', 'd']
```

```
x = xr.DataArray([80, 90, 100, 120], coords=[station_list], dims=['sta'])
y = xr.DataArray([25, 30, 35, 40], coords=[station_list], dims=['sta'])

print(x)
print('------')
print(y)
```

输出结果为：

```
<xarray.DataArray (sta: 4)>
array([ 80,  90, 100, 120])
Coordinates:
  * sta      (sta) <U1 'a' 'b' 'c' 'd'
------
<xarray.DataArray (sta: 4)>
array([25, 30, 35, 40])
Coordinates:
  * sta      (sta) <U1 'a' 'b' 'c' 'd'
```

进行插值：

```
pre_sta = pre_da.interp(lon=x, lat=y, method='linear')
print(pre_sta)
```

输出结果为：

```
<xarray.DataArray (sta: 4)>
array([-0.21968786, -0.15096128, -0.16724911, -0.19281679])
Coordinates:
    lon      (sta) int64 80 90 100 120
    lat      (sta) int64 25 30 35 40
  * sta      (sta) <U1 'a' 'b' 'c' 'd'
```

xr.DataArray 的 interp()方法除了可将参数设置为 linear，还支持其他插值方案，具体如下。

- linear：线性插值。
- nearest：最邻近插值。
- slinear：一阶样条插值。
- quadratic：二次插值。
- cubic：三次插值。

为了便于使用，可以将插值结果转换为 pd.DataFrame 对象：

```
pre_df = pre_sta.to_dataframe('pre_ano')
print(pre_df)
```

输出结果为：

```
     lon  lat   pre_ano
sta
a     80   25 -0.219688
b     90   30 -0.150961
c    100   35 -0.167249
d    120   40 -0.192817
```

7.1.3 从栅格到栅格

从栅格插值到栅格也可以利用 xr.DataArray 对象来实现。

这里直接使用前面的 xr.DataArray 对象进行演示（如果使用的数据不是 DataArray 对象，建议按照 5.13 节 xarray.DataArray 对象的创建方法将数据改为 DataArray 对象）：

```
print(pre_da)
```

输出结果为：

```
<xarray.DataArray (lat: 63, lon: 112)>
array([[        nan,         nan,         nan, ..., -0.41675891,
        -0.41730563, -0.41772805],
       [        nan,         nan,         nan, ..., -0.41783573,
        -0.41883586, -0.42000272],
       [        nan,         nan,         nan, ..., -0.41931729,
        -0.41991869, -0.42128663],
       ...,
       [-0.04594149, -0.04876271, -0.05241695, ..., -0.15684901,
        -0.15684024, -0.15693899],
       [-0.04011599, -0.04204267, -0.04612476, ..., -0.1527561 ,
        -0.15290136, -0.15305936],
       [-0.03320475, -0.03582687, -0.03862931, ..., -0.14872947,
        -0.14882568, -0.14891597]])
Coordinates:
  * lat      (lat) float64 20.5 21.0 21.5 22.0 22.5 ... 49.5 50.0 50.5 51.0 51.5
  * lon      (lon) float64 76.0 76.5 77.0 77.5 78.0 ... 130.0 130.5 131.0 131.5
```

同样使用 xr.DataArray 的 interp() 方法：

```
pre_grid1 = pre_da.interp(lon=[80, 90, 100, 120],
                          lat=[25, 30, 35, 40],
                          method='linear')

print(pre_grid1)
```

输出结果为：

```
<xarray.DataArray (lat: 4, lon: 4)>
array([[-0.21968786, -0.10781199, -0.14104121, -0.25932471],
       [-0.20796519, -0.15096128, -0.15195536, -0.23523718],
       [-0.17082126, -0.18280949, -0.16724911, -0.21516262],
       [-0.14082038, -0.17348001, -0.18678123, -0.19281679]])
Coordinates:
  * lon      (lon) int64 80 90 100 120
  * lat      (lat) int64 25 30 35 40
```

可以注意到从栅格插值到栅格与从栅格插值到站点的区别：这里 lat 和 lon 参数是列表，而从栅格插值到站点是另外的 DataArray 对象。

7.2 时间插值

气象数据除了拥有空间维度，通常也拥有时间维度。所以对于气象数据，也可以针对时间维度进行插值。根据现有数据对未来数据进行插值，称为外推；根据现有数据对时间范围内的某个时间点进行插值，称为内插。下面介绍的是内插。

7.2.1 站点时间内插

站点时间内插可借助 pd.DataFrame 对象的 resample()方法快捷地实现。

这里假设站点数据已经被包装为 pd.DataFrame 对象，如果不是，请参阅 4.3.1 节来创建。

需要注意的是，使用 pd.DataFrame.resample()方法，需要将时间字符串解析为时间戳类型，同时需要将时间戳列设置为索引。关于如何解析时间字符串部分，请参阅 4.4.2 节，这里从如何将普通时间戳列转换成索引开始介绍。

假设对一组站点数据 df 进行站点时间内插，首先查看数据的详细信息：

```
import pandas as pd
#构造数组
df = pd.DataFrame([[21.7, 983, 0.64],
                   [19.2, 991, 0.75],
                   [13.4, 973, 0.83]],
                  columns=['t', 'p', 'rh']
                 )
df['time'] = pd.to_datetime(['2020-02-19', '2020-02-20', '2020-02-22'])
print(df)
print('------')
print(df.dtypes)
```

返回结果为：

```
      t    p    rh       time
0  21.7  983  0.64 2020-02-19
1  19.2  991  0.75 2020-02-20
2  13.4  973  0.83 2020-02-22
------
t              float64
p                int64
rh             float64
time    datetime64[ns]
dtype: object
```

将 time 列设置为索引：

```
df = df.set_index('time')
print(df)
```

返回结果为：

```
               t    p    rh
time
2020-02-19  21.7  983  0.64
2020-02-20  19.2  991  0.75
2020-02-22  13.4  973  0.83
```

通过 resample()方法进行插值（具体的 resample()方法的参数和使用请参阅 4.2.5 节）：

```
df_interp = df.resample('1D').interpolate(method='linear')
print(df_interp)
```

输出结果为：

```
               t      p    rh
time
2020-02-19  21.7  983.0  0.64
```

```
    2020-02-20  19.2  991.0  0.75
    2020-02-21  16.3  982.0  0.79
    2020-02-22  13.4  973.0  0.83
```

7.2.2 栅格时间内插

栅格时间内插可以使用 `xarray.DataArray` 对象的 `interp()` 方法实现。

这里假设站点数据已经被包装为 `xr.DataArray` 对象，如果不是，请参阅 5.1.3 节来创建。与站点时间内插 `pd.DataFrame.resample()` 方法不同的是，`xr.DataArray.interp()` 方法并不要求时间坐标轴一定是时间戳类型的，它可以是时间戳类型的也可以是数值类型的。

假设对栅格数据 da 做栅格时间内插，查看数据的详细信息：

```
import pandas as pd
import xarray as xr
import numpy as np
#构造数组
da = xr.DataArray(np.abs(np.random.randn(3, 3, 3)*5+15),coords=[pd.to_datetime(['2020-02-19', '2020-02-20', '2020-02-22']),[20, 25, 30], [120, 125, 130]],dims=['time', 'lat', 'lon'])
print(da)
```

输出结果为：

```
<xarray.DataArray (time: 3, lat: 3, lon: 3)>
array([[[13.19355679,  9.88839095,  3.20835357],
        [19.84678528,  4.23631583, 14.79704735],
        [19.89449082,  9.98568866, 21.68978496]],
       [[23.82027735, 17.2049437 , 18.97142035],
        [25.72863278, 18.89652851, 16.2466369 ],
        [10.173017  , 13.65807871, 20.85661435]],
       [[19.44382833, 19.69685984, 16.62724487],
        [11.6128122 , 24.06549667, 17.24081478],
        [17.01262829, 18.73916981, 11.03273192]]])
Coordinates:
  * time     (time) datetime64[ns] 2020-02-19 2020-02-20 2020-02-22
  * lat      (lat) int64 20 25 30
  * lon      (lon) int64 120 125 130
```

进行插值（添补数组中缺失的 2020 年 2 月 21 日）：

```
da_interp = da.interp(time=['2020-02-21'], method='linear')
print(da_interp)
```

输出结果为：

```
<xarray.DataArray (time: 1, lat: 3, lon: 3)>
array([[[21.63205284, 18.45090177, 17.79933261],
        [18.67072249, 21.48101259, 16.74372584],
        [13.59282264, 16.19862426, 15.94467313]]])
Coordinates:
  * lat      (lat) int64 20 25 30
  * lon      (lon) int64 120 125 130
  * time     (time) datetime64[ns] 2020-02-21
```

08

第 8 章 Python 绘图基础

本章将详细介绍使用 Python 的 Matplotlib 库实现数据可视化的方法，以及结合 cartopy、MetPy 等库实现常用的气象绘图的方法。Matplotlib 是 Python 中应用极其广泛的 2D 绘图库，在安装一些扩展工具后它也可以实现 3D 绘图。Matplotlib 支持多种图形的显示接口与输出格式，可以较为容易地实现折线图、散点图、柱状图、等值线图等的绘制。使用 Matplotlib 绘图的代码语句简洁、结构清晰，和利用 MATLAB 语言及 NCL 绘图有一定的相似性，便于具有一定其他语言基础的读者学习。cartopy 是一个开源、免费的第三方 Python 扩展库，由英国的气象科学家们开发，直接目的是以简单、直观的方式生成地图等地理绘图要素，并提供对 Matplotlib 的接口。目前，在 Basemap 停止更新后，cartopy 几乎是 Python 绘图库中最好的选择。MetPy 是 Python 语言下的一个用于读取数据、可视化数据和执行天气数据计算的库，该库可用于实现一些气象中独有的绘图类型，还可实现一些气象物理量的计算、数据插值等，本章主要介绍 MetPy 中的数据可视化。

介绍本章内容之前，需要先说明的是：本书绘图部分的介绍尽可能地避开了面向对象的相关概念，但由于绘图框架设计的基础理念完全面向对象，仍然会涉及一些面向对象的相关概念，因此推荐在学习绘图部分之前优先阅读第 2 章中关于面向对象的部分。

这里重申面向对象的相关规则。

- 命名法。
  - 类的命名采用以大写字母开头的大驼峰命名法，例如 Axes、GeoAxes。
  - 类的实例或普通变量的命名采用小写下划线命名法，例如 ax、ax_cb。
- 类与类的实例。
  - 类是基础框架，例如，人类指的就是人这个类，这个概念包含所有个体的人。
  - 类的实例是类的具象化个例，例如，小明同学就是人类这个概念的具象化个例。

- 方法。
  - 实例方法是类实现的针对实例的一种函数调用，例如，吃就是人类所实现的实例方法。
  - 实例方法只能对实例调用，人类.吃()是错误的用法，而小明同学.吃()是正确的使用方法。

注意：后文提到的 ax、ax1 等以“ax”开头加某数字的字符串指代 Axes 或 GeoAxes 的实例，它们由 add_subplot()创建。在 Matplotlib 的官方文档中，采用类的方法描述参数，例如后文提到的 ax.plot(values, *args, **kwargs)在官方文档中为 matplotlib.axes.Axes.plot(self, values, *args, **kwargs)。在官方文档中 self 参数意味着这个方法是实例方法，在实际调用时不需要手动传入；*args 指代一系列位置参数，并非名为 args 的单个参数；**kwargs 指代一系列命名参数，星号*在函数定义中的使用详见 2.7.2 小节。

8.1 Matplotlib 与 cartopy 基础知识

在深入学习数据可视化前，首先需要了解一些 Matplotlib 的基础知识和常见术语。

8.1.1 绘图结构

Matplotlib 从结构的角度来看可以被分为 3 层：Backend（后端）、Artist（绘图对象）和 pyplot（函数式封装）。

这里以一个通俗的比喻来形容这三者的关系，顾客去一家餐厅吃饭：Backend 对应的就是厨房里的厨具，它们在厨师手中就能用来做各种菜；Artist 对应的就是厨师，厨师会操作厨具以完成烹饪；pyplot 对应的就是菜单。作为一个顾客，进入这家餐厅之后，可以方便地直接通过菜单点菜，厨师会遵照点的菜进行烹饪；也可以直接找到一个厨师，让他做出菜单上并没有的菜；甚至可以直接进到厨房，拿起厨具自己做菜（Matplotlib 并没有限制具体的使用方法）。

介绍完餐厅的例子，我们再来看这三者的真正含义。众所周知，图像由很多像素组成，而 Backend 负责像素填色和图像的编码，其中还包含例如抗锯齿、压缩等操作。Artist 则能对 Backend 进行具体的绘制操作，例如在绘图区域的某个地方画一个半径是 2.5 像素的圆。pyplot 则封装了一些函数和方法，并在初始化的时候自动读取本地的配置文件作为默认配置，并且会设置一个默认的 Backend。

pyplot 也封装了一些绘图方法，使得调用者不需要关心 Artist 的建立和维护（对于简单的需求来说通常就够了，但是对于更多复杂的需求则仍然需要对 Artist 进行直接操作）。

下面，我们对 Backend、Artist 和 pyplot 进行较为详细的介绍。

1. 基础设施 Backend

Matplotlib 下常用的 Backend 分为静态后端和交互式后端。对于静态后端，只能调用图像的保存方法，将绘图结果保存成图像；对于交互式后端，则可以调用显示方法，将结果绘制在窗口中，甚至可以在其中添加相应的交互功能。

常用的静态后端如表 8-1 所示。

表 8-1 常用的静态后端

引擎名	支持的输出文件的扩展名	描述
AGG	.png	带抗锯齿的光栅绘图引擎
PS	.ps、.eps	矢量绘图引擎
PDF	.pdf	矢量绘图引擎
SVG	.svg	矢量绘图引擎
Cairo	.png、.ps、.pdf、.svg 等	矢量绘图引擎

优先推荐使用矢量绘图引擎。由于矢量图的特性，它可以实现任意倍数地缩放，且不会变模糊。其中 Cairo 可以输出多种格式的文件，但是需要额外安装。Cairo 后端在 Python 里对应的封装包名为 Pycairo。

在 conda 环境中执行以下命令安装 Pycairo：

```
conda install -c conda-forge pycairo
```

可以使用以下方法切换绘图引擎：

```
import Matplotlib as mpl
mpl.use('Cairo')
```

2. 万物皆 Artist

Artist 层的作用是将抽象的绘图对象（例如一个点或者一条线段）转换为对应的绘图引擎上的坐标描述信息。

在这一层，图像上的所有元素都被封装成了 Artist，它们拥有各自的属性和对应的包含关系。Matplotlib 官网的 Artist 组件拆解如图 8-1 所示，Artist 所属层级关系如图 8-2 所示。

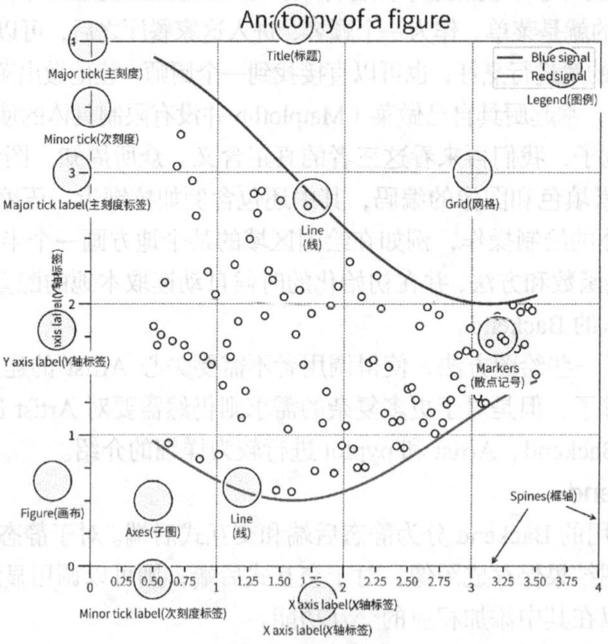

图 8-1 Artist 组件拆解

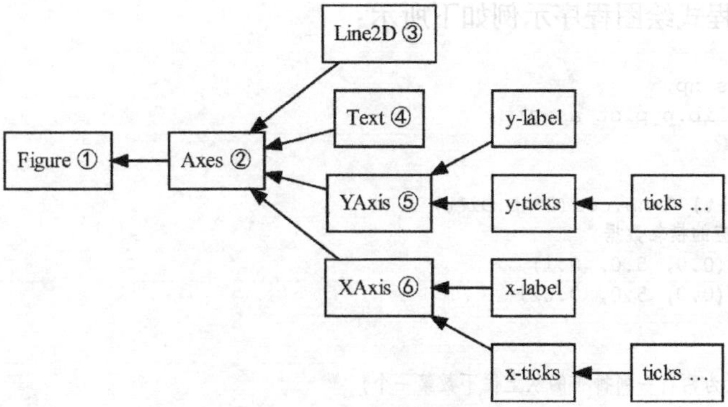

图 8-2 Artist 所属层级关系

Artist 分为两种类型：一种是容器（container）类，另一种是原始（primitive）类。容器类 Artist 负责描述容器属性并且其包含原始类 Artist，它们并不直接负责图上的具体图形元素。原始类 Artist 则描述具体图形元素，例如线段、多边形、文字等。

Figure（画布）描述画布的整体属性，包括尺寸、分辨率等信息。一个画布包含一个或多个 Axes（子图），这些子图可以在 Figure 这张大画布上任意摆放（实际上画布是不能直接包含原始类 Artist 的，因为它缺乏子图的一些功能，例如从数据坐标转换为画布坐标）。

子图包含一些容器类 Artist（如坐标轴）和一些原始类 Artist（如线段、文字）。

但是我们在使用的时候并不会手动生成对应的原始类 Artist，而是使用 Axes 对象封装的助手方法，助手方法能帮助调用者完成很多杂项的处理工作，Artist 对应的助手方法如表 8-2 所示。

表 8-2 Artist 对应的助手方法

助手方法	原始类 Artist	容器类 Artist
ax.annotate	Annotate	ax.texts
ax.bar	Rectangle	ax.patches
ax.errorbar	Line2D Rectangle	ax.lines ax.patches
ax.fill	Polygon	ax.patches
ax.hist	Rectangle	ax.patches
ax.imshow	AxesImage	ax.images
ax.legend	Legend	ax.legends
ax.plot	Line2D	ax.lines
ax.scatter	PathCollection	ax.collections
ax.text	Text	ax.texts

3. 便捷的 pyplot

`pyplot` 提供了类似 MATLAB 的绘图函数封装，直接使用 `pyplot` 的函数式封装则完全不需要考虑 Figure、Axes 等方面的问题，只需要调用对应的命令即可完成绘图。

pyplot 的过程式绘图程序示例如下所示：

```
# 引入绘图库
import numpy as np
import Matplotlib.pyplot as plt
# 绘图数据计算函数
def f(t):
return np.exp(-t) * np.cos(2*np.pi*t)
# 生成两个子图对应的横轴数据
t1 = np.arange(0.0, 5.0, 0.1)
t2 = np.arange(0.0, 5.0, 0.02)
# 生成 figure
plt.figure(1)
# 生成子图 1(位置为两行一列排布的从上往下数第一个)
plt.subplot(211)
plt.plot(t1, f(t1), 'bo', t2, f(t2), 'k')
# 生成子图 2(位置为两行一列排布的从上往下数第二个)
plt.subplot(212)
plt.plot(t2, np.cos(2*np.pi*t2), 'r--')
# 进行绘图
plt.show()
```

pyplot 的过程式绘图结果如图 8-3 所示。

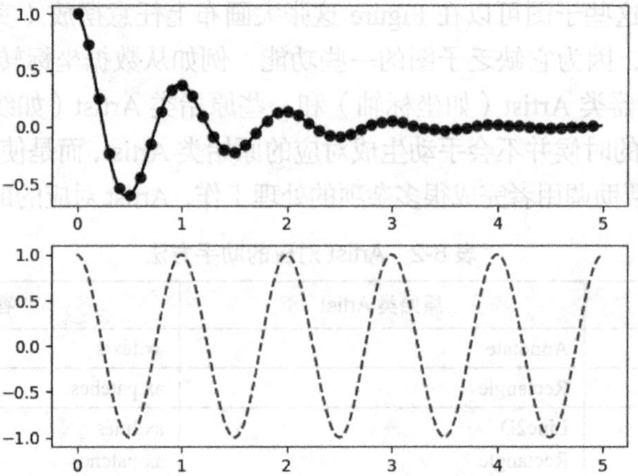

图 8-3　pyplot 的过程式绘图结果

以上代码展示了调用 pyplot 的过程式绘图函数的步骤，pyplot 内部封装并维护了 Figure 和 Axes 的状态，使得整个绘图过程变得与 MATLAB 相似。但是在某些需要特殊定制的场景下，被封装的 Axes 并不利于绘图者的使用。初学者也难以通过使用函数式绘图封装了解 Matplotlib。

8.1.2 Figure、Axes 与 GeoAxes

正如前文所说，Figure、Axes 和 GeoAxes 是容器类 Artist（它们可以容纳其他 Artist）。Figure 描述画布的整体属性和 Backend 配置，Axes 描述子图的内部属性和数据坐标转换为画布坐标的转换规则。GeoAxes 是由 cartopy 地理绘图库实现的 Axes 子类，它包含 Axes 类的所有功能，还实现了一些常用于地理绘图的方法和属性。

1. Figure

通常我们会使用 pyplot 的 figure()函数创建 Figure 对象：

```
import Matplotlib.pyplot as plt
fig = plt.figure()
```

pyplot 的 figure()函数有 3 个常用的参数，如表 8-3 所示。

表 8-3 pyplot 的 figure()函数的常用参数

参数	参数类型	参数说明
num	整数	Figure 编号（不存在或不指定则新建 Figure）
figsize	元组	Figure 的尺寸
dpi	浮点数	Figure 的分辨率

2. 子图 Axes

Figure 对象有两种工厂函数（生成新对象的辅助方法）可以让使用者创建对应的 Axes 对象。这两种方法是 fig.add_subplot 与 fig.add_axes。我们通过一个示例来展示两者的区别，如下所示：

```
import numpy as np
import Matplotlib.pyplot as plt
fig=plt.figure(figsize=(12,6))
for i in range(6):
    ax=fig.add_subplot(2,3,i+1)
    ax.text(0.5,0.5,f'{i+1}', fontsize=20,ha='center',va='center')
    ax.text(0.5,0.2,f'ax=fig.add_subplot(2,3,{i+1})', fontsize=10,ha='center',va='center')
ax = fig.add_axes([0.3, 0.35, 0.3, 0.2])
ax.text(0.5,0.5,'ax=fig.add_axes([0.3, 0.35, 0.2, 0.2])', fontsize=10, ha='center', va='center')
# 这里的[0.3, 0.35, 0.2, 0.2]指 Axes 的左轴距离左边界 0.3 个 Figure 的宽度
# 下轴距离下边界 0.35 个 Figure 的高度，Axes 宽度为 0.2 个 Figure 的宽度
# Axes 的高度为 0.2 个 Figure 的高度
fig.show()
```

输出结果如图 8-4 所示。

对于 add_subplot 来说，整个 Figure 对象是一个栅格。在第一种情况中，add_subplot 可以接收 3 个整数参数，它们分别是栅格的行数、列数和格子号，第二种情况则是把 3 个数组合成一个数。

add_axes 接收一个长度为 4 的 list 对象，list 对象中的元素分别表示[左轴距离,下轴距离,宽度,高度]，这里的距离与高度指的都是相对于整个 Figure 对象的比例，值的范围为 0～1。

注意：左轴距离和下轴距离是按照坐标轴计算的，也就是说，坐标轴上的刻度和刻度对应的文字，并不计算到距离、宽度和高度中。例如，当左轴距离被设置为 0 时，Axes 将会实现左对齐 Figure，同时 axes 的纵轴标签和刻度会超出 Figure 的。axes 因为超出了 Figure 对象的范围，所以无法被绘制出来。

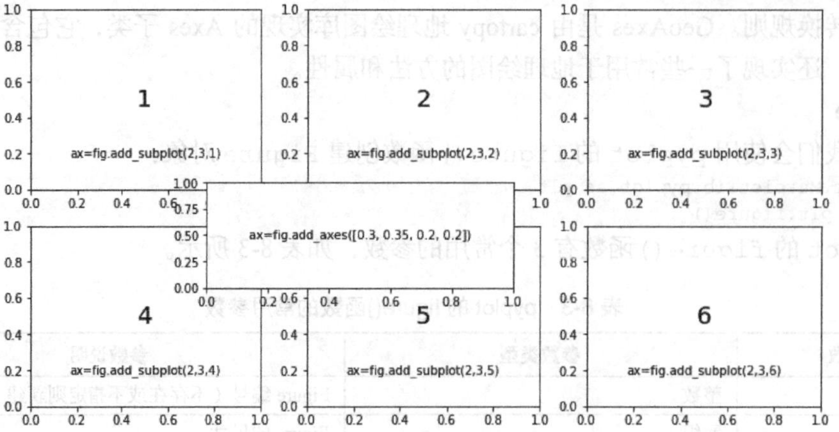

图 8-4 输出结果

3. 地理子图（GeoAxes）

气象绘图与常规绘图主要的区别体现在投影上，平面图形的坐标轴往往代表实际的地理坐标，这就要求我们在绘图时选用不同的坐标进行投影，将数据按比例在平面图内缩放，同时还要在图形上叠加海岸线、各类界线、河流等地理信息。因此需要绘制在地理子图 GeoAxes 而不是常规的 Axes 上。

以下代码展示了如何创建基础的 GeoAxes。

```
import Matplotlib.pyplot as plt
# cartopy.crs 是 cartopy 重要的组成部分之一，包含常用的变换器类 (crs: 参考坐标系)
import cartopy.crs as ccrs
fig = plt.figure(figsize=[10, 5])
# 生成 projection 时指定对应的投影变换器实例
ax1 = fig.add_subplot(1, 1, 1, projection=ccrs.PlateCarree())
```

代码中的 `projection` 参数的设置使得 ax1 从普通的 Axes 变为 GeoAxes。

（1）投影与变换器。

`ccrs.PlateCarree()` 将会创建一个变换器实例，变换器实例在生成 GeoAxes 实例的 `projection` 参数里作为显示输出的投影变换器，负责输出（绘图）时的投影转换；在绘图时的 `transform` 参数里作为输入数据的坐标变换器，负责描述输入数据的投影方式。

```
ax1 = fig.add_subplot(1, 1, 1, projection=ccrs.PlateCarree())
ax.contourf(lon, lat, data, transform=ccrs.PlateCarree())
```

在这个例子里，`projection=ccrs.PlateCarree()` 将目标坐标系指定为 PlateCarree（等经纬栅格）。在调用 GeoAxes 绘图方法时有一个名为 `transform` 的参数，这个参数指定了数据的源坐标系。例如，`transform=ccrs.Geodetic()` 或 `transform=ccrs.PlateCarree()` 指明数据坐标系为 WGS84 坐标系（常用的经纬度坐标系）。

注意：在实际操作中有可能会遇到 CGCS2000 坐标系的数据，CGCS2000 坐标系与 WGS84 坐标系定义基本一致，虽然其参数有细微差别，但是数据差别在当前测量精度水平下可以忽略。

我们以一个简单的例子来展示用 Axes 和 GeoAxes 绘制气象数据图的区别，具体如下：

```
import xarray as xr
import Matplotlib.pyplot as plt
import cartopy.crs as ccrs
f = xr.open_dataset('./1980060106.nc')
z = f['z'].loc[:,500,:,:][0] #取出第一个时刻的 500hPa 的位势场
lat = f['latitude']
lon = f['longitude']
plt.figure(figsize=(5, 5))
#ax1 为 Axes
ax1 = plt.subplot(1,2,1)
c1 = ax1.contour(lon, lat, z)
ax1.set_title('Axes')
#ax2 为 GeoAxes
ax2 = plt.subplot(1,2,2, projection=ccrs.PlateCarree())
c2 = ax2.contour(lon, lat, z,transform=ccrs.PlateCarree())
ax2.set_title('GeoAxes')
```

其中，z 的信息如下：

```
<xarray.DataArray 'z' (latitude: 361, longitude: 721)>
[260281 values with dtype=float32]
Coordinates:
  * longitude  (longitude) float32 0.0 0.25 0.5 0.75 ... 179.5 179.75 180.0
  * latitude   (latitude) float32 90.0 89.75 89.5 89.25 ... 0.75 0.5 0.25 0.0
    level      int32 500
    time       datetime64[ns] 1980-06-01T06:00:00
Attributes:
   units:          m**2 s**-2
   long_name:      Geopotential
   standard_name:  geopotential
```

可以看到 z 是范围为 0°～90°N、0°～180°的 500hPa 的位势场。

用 Axes 和 GeoAxes 绘制的气象数据图如图 8-5 所示。

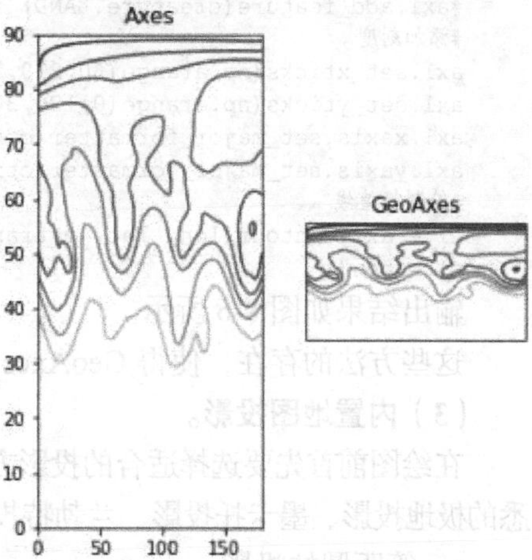

图 8-5　用 Axes 和 GeoAxes 绘制的气象数据图

不难看出，GeoAxes 呈现的比例对应的才是正确的等经纬栅格，同时这个例子也提示我们，在绘制组图时，利用 subplot()函数实现 GeoAxes 与 Axes 的混合绘制时，会出现子图大小比例失衡的情况。

简单来说，绘制带有地理底图的图形时，GeoAxes 的 projection 参数用来指定输出的投影坐标，绘图方法的 transform 参数用来指定数据的输入坐标系。

（2）GeoAxes 的常用方法。

GeoAxes 实现了一些地理绘图相关的方法，表 8-4 所示为 GeoAxes 的常用方法。

表 8-4　GeoAxes 的常用方法

方法	说明
set_extent()	设置绘制范围
set_global()	将绘制范围设置为全球范围，对于某些投影无效
add_feature()	添加特征（常用于添加 cartopy 内置地图图形）
add_geometries()	添加几何图形（常用于添加 shapefile 或 GeoJSON 的几何数据）
gridlines()	添加栅格线
natural_earth_shp()	添加地形
set_boundary()	设置图形边界
coastlines()	添加海岸线

通过对用 Axes 和 GeoAxes 绘制气象数据图的代码进行加工来展示几种常用的方法，比如说明地图范围的设置、添加栅格线以及海岸线等：

```
import xarray as xr
import matplotlib.pyplot as plt
import cartopy.crs as ccrs
import cartopy.feature as cfeature
f = xr.open_dataset('./1980060106.nc')
z = f['z'].loc[:,500,:,:][0]
lat = f['latitude']
lon = f['longitude']
plt.figure(figsize=(8, 6))
ax1 = plt.subplot(1,1,1, projection=ccrs.PlateCarree())
ax1.set_extent([60,180,0,90]) #设置 GeoAxes 的范围，4 个数字分别代表左、右、上、下边界的经纬度
ax1.gridlines() #添加栅格线
#ax1.coastlines() #添加海岸线
#ax1.add_feature(cfeature.LAND) #添加大陆特征
#添加刻度
ax1.set_xticks(np.arange(60,210,30), crs=ccrs.PlateCarree())
ax1.set_yticks(np.arange(0,120,30), crs=ccrs.PlateCarree())
ax1.xaxis.set_major_formatter(cticker.LongitudeFormatter())
ax1.yaxis.set_major_formatter(cticker.LatitudeFormatter())
#绘制等值线
c1 = ax1.contour(lon, lat, z,transform=ccrs.PlateCarree())
plt.show()
```

输出结果如图 8-6 所示。

这些方法的存在，使得 GeoAxes 可以很好地满足用户绘制地理图形的需求。

（3）内置地图投影。

在绘图前首先要选择适合的投影方式，目前 cartopy 提供了多种投影方式，其中包含我们熟悉的极地投影、墨卡托投影、兰勃特投影等。下面将介绍几种常用投影方式的设置及使用方法。

- 等距圆柱投影。

等距圆柱投影（PlateCarree）是一种基础的投影方式，它是将经纬栅格设置成等经纬栅格，实际上数据并没有进行坐标转换。

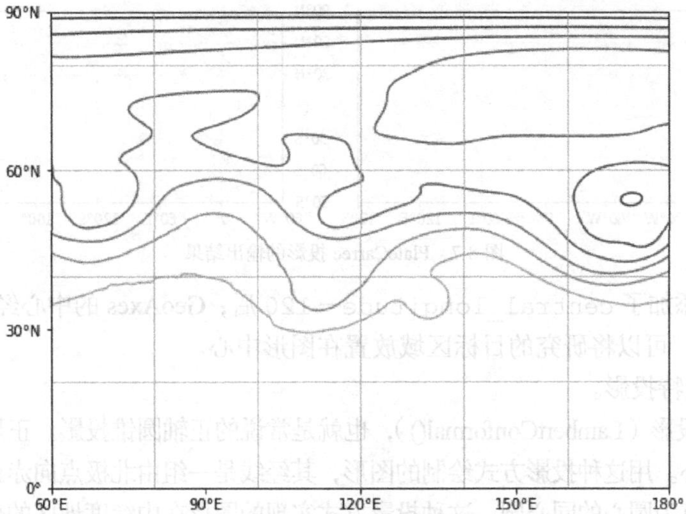

图 8-6 输出结果

该投影的基本函数如下：

```
cartopy.crs.PlateCarree(central_longitude=0.0)
```

其常用参数如表 8-5 所示。

表 8-5 PlateCarree 投影的常用参数

参数	作用
central_longitude	GeoAxes 的中心经度，默认为 0°

该投影的绘制方式代码如下所示：

```
import matplotlib.pyplot as plt
import cartopy.crs as ccrs
import cartopy.feature as cfeature
fig = plt.figure(figsize=[10, 5])
ax1 = fig.add_subplot(1, 2, 1,projection=ccrs.PlateCarree())
ax1.set_xticks(np.arange(-180,240,60), crs=ccrs.PlateCarree())
ax1.set_yticks(np.arange(-90,120,30), crs=ccrs.PlateCarree())
ax1.xaxis.set_major_formatter(cticker.LongitudeFormatter())
ax1.yaxis.set_major_formatter(cticker.LatitudeFormatter())
ax1.gridlines() #添加栅格线
# ax1.add_feature(cfeature.COASTLINE.with_scale('110m'))
ax2 = fig.add_subplot(1, 2, 2, projection=ccrs.PlateCarree(central_longitude = 120))
ax2.set_xticks(np.arange(-180,240,60), crs=ccrs.PlateCarree())
ax2.set_yticks(np.arange(-90,120,30), crs=ccrs.PlateCarree())
ax2.xaxis.set_major_formatter(cticker.LongitudeFormatter())
ax2.yaxis.set_major_formatter(cticker.LatitudeFormatter())
ax2.gridlines() #添加栅格线
# ax2.add_feature(cfeature.COASTLINE.with_scale('110m'))
plt.show()
```

输出结果如图 8-7 所示。

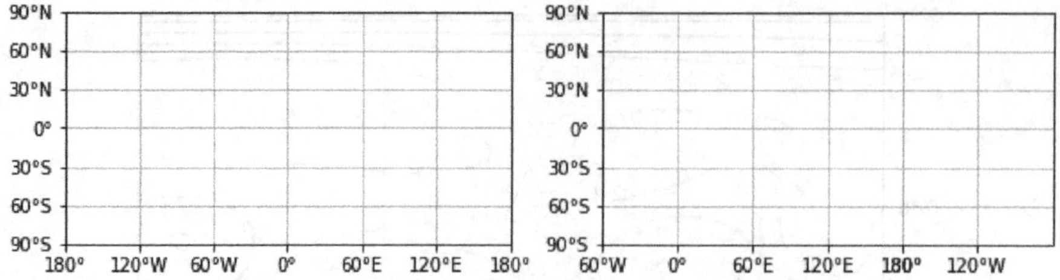

图 8-7 PlateCarree 投影的输出结果

不难发现，添加了 `central_longitude = 120` 后，GeoAxes 的中心经度变为了 120°E，通过调节该参数，可以将研究的目标区域放置在图形中心。

- 正形兰勃特投影。

正形兰勃特投影（LambertConformal()），也就是常说的正轴圆锥投影。正形兰勃特投影的投影光源在地球球心。用这种投影方式绘制的图形，其经线是一组由北极点向赤道辐射的直线，纬线是一组以北极点为圆心的同心圆。这种投影方式实现的图形在中纬度地区的变形较小，所以其适用于绘制中纬度地区的气象图形，比如以欧亚大陆为研究区域时就可以考虑采用这种投影方式。

该投影的基本函数如下：

```
cartopy.crs.LambertConformal(central_longitude=-96.0, central_latitude=39.0, false_easting=0.0, false_northing=0.0, standard_parallels=None, cutoff=-30)
```

其常用参数如表 8-6 所示。

表 8-6 正形兰勃特投影的常用参数

参数	作用
central_longitude	GeoAxes 的中心经度，默认为 96°W
central_latitude	GeoAxes 的中心纬度，默认为 39°N
false_easting	东伪偏移，默认为 0m
false_northing	北伪偏移，默认为 0m
standard_parallels	标准纬度，默认为 33°N～45°N 的区间，这两个纬度不发生变形
cutoff	截止纬度，即最南边界纬度，默认为 30°S

正形兰勃特投影的绘制方式代码如下所示：

```
import matplotlib.pyplot as plt
import cartopy.crs as ccrs
import cartopy.feature as cfeature
fig = plt.figure(figsize=[10, 5])
ax1 = fig.add_subplot(1, 2, 1, projection=ccrs.LambertConformal())
gl1 = ax1.gridlines(draw_labels=True,x_inline=False, y_inline=False) #添加栅格线，绘制刻度标签，但禁止在栅格线内绘制标签
gl1.rotate_labels = False #禁止刻度标签旋转
ax2 = fig.add_subplot(1, 2, 2, projection=ccrs.LambertConformal(central_longitude=120, cutoff=0))
gl2 = ax2.gridlines(draw_labels=True,x_inline=False, y_inline=False) #添加栅格线
gl2.rotate_labels = False
plt.show()
```

输出结果如图 8-8 所示。

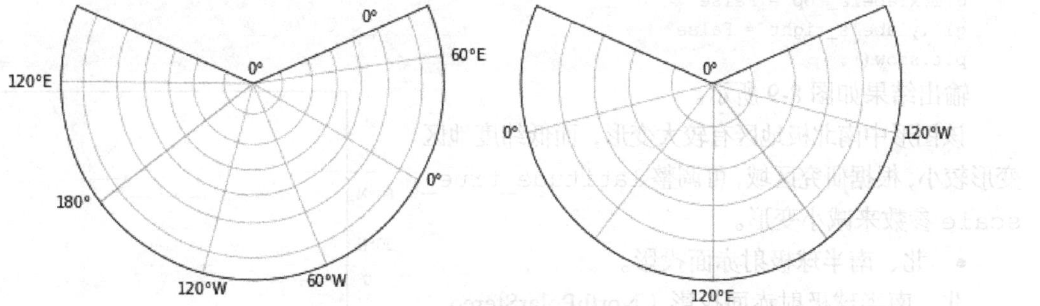

图 8-8 正形兰勃特投影的输出结果

LambertConformal 实例默认的参数是无法设置东、西边界经度以及北边界纬度的，但可以通过 set_extent()方法对 GeoAxes 进行设置来实现图形范围的进一步精确化。

- 墨卡托投影。

墨卡托投影（Mercator）的光源在地球的中心（假设地球为正球体），其映像面是一个与地球表面赤道相切的圆柱面。用这种投影方式制成的图形，其经线是间距相等且互相平行的直线，而纬线是与经线相垂直的直线。由于这种投影方式实现的图形在低纬度地区的变形比较小，所以通过其绘制出的图形适用于低纬度地区的研究。

该投影的基本函数如下：

```
cartopy.crs.Mercator(central_longitude=0.0, min_latitude=-80.0, max_latitude=84.0, latitude_
true_scale=None, false_easting=0.0, false_northing=0.0)
```

其常用参数如表 8-7 所示。

表 8-7 墨卡托投影的常用参数

参数	作用
central_longitude	GeoAxes 的中心经度，默认为 0°
min_latitude	GeoAxes 南边界纬度，默认为 80°S
max_latitude	GeoAxes 北边界纬度，默认为 84°N
latitude_true_scale	比例尺为 1 的纬度，默认为 equator（赤道）
false_easting	东伪偏移，默认为 0m
false_northing	北伪偏移，默认为 0m

墨卡托投影的绘制方式代码如下所示：

```
import matplotlib.pyplot as plt
import cartopy.crs as ccrs
import cartopy.feature as cfeature
fig = plt.figure(figsize=[10, 5])
ax1 = fig.add_subplot(1, 2, 1, projection=ccrs.Mercator())
```

```
gl1 = ax1.gridlines(draw_labels=True,x_inline=False, y_inline=False) #添加栅格线
#隐藏上、右坐标轴刻度
gl1.xlabels_top = False
gl1.ylabels_right = False
plt.show()
```

输出结果如图 8-9 所示。

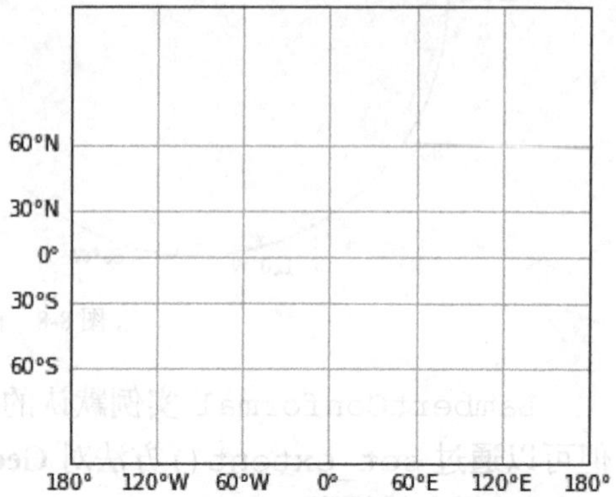

图 8-9 墨卡托投影的输出结果

该图形中南北极地区有较大变形，而低纬度地区变形较小，根据研究区域，可调整 `latitude_true_scale` 参数来减小变形。

- 北、南半球极射赤面投影。

北、南半球极射赤面投影（NorthPolarStereo、SouthPolarStereo）的投影光源在南、北极，其映像面是一个与地球表面相割的平面。用北、南半球极射赤面投影方式制成的图形，其经线是一组由北、南极点向赤道辐射的直线，纬线是一组以北、南极点为圆心的同心圆。由于它们实现的图形在高纬度地区变形比较小，所以它们多用作极地天气图或北、南半球天气图的底图。

北、南半球极射赤面投影的基本函数如下：

```
cartopy.crs.NorthPolarStereo(central_longitude=0.0, true_scale_latitude=None)
cartopy.crs.SouthPolarStereo(central_longitude=0.0, true_scale_latitude=None)
```

北、南半球极射赤面投影的常用参数如表 8-8 所示。

表 8-8 北、南半球极射赤面投影的常用参数

参数	作用
central_longitude	GeoAxes 的中心经度，默认为 0°
true_scale_latitude	比例尺为 1 的纬度，默认为 None

北、南半球极射赤面投影的绘制方式代码如下所示：

```
import matplotlib.pyplot as plt
import cartopy.crs as ccrs
import cartopy.feature as cfeature
fig = plt.figure(figsize=[10, 5])
ax1 = fig.add_subplot(1, 2, 1, projection=ccrs.NorthPolarStereo())
gl1 = ax1.gridlines(draw_labels=True,x_inline=False, y_inline=True) #添加栅格线
ax2 = fig.add_subplot(1, 2, 2, projection=ccrs.SouthPolarStereo())
gl2 = ax2.gridlines(draw_labels=True,x_inline=False, y_inline=True) #添加栅格线
plt.show()
```

输出结果如图 8-10 所示。

北、南半球极射赤面投影并没有设置截止纬度的参数，因此默认情况下绘制出的图形为全球范围的，同样需要通过 `set_extent()` 方法对 GeoAxes 进行设置来控制图形范围。

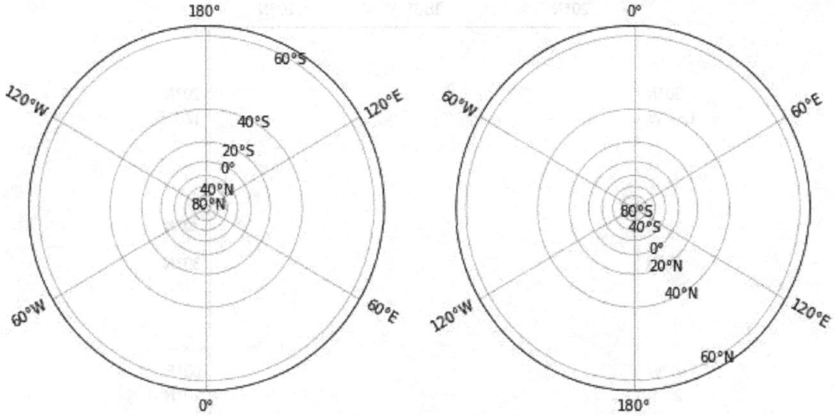

图 8-10　北、南半球极射赤面投影的输出结果

（4）设置图形范围及图形边界。

根据前文介绍的 5 种投影方式，可以发现一个问题，那就是为什么在投影的参数设置中没有设置范围呢，比如设置东、南、西、北 4 个边界？画图时只想放大某一个范围怎么办呢？cartopy 提供了设置范围的方法：

```
cartopy.mpl.geoaxes.GeoAxes.set_extent(extents, crs=None)
```

该方法的参数如表 8-9 所示。

表 8-9　set_extent()方法的常用参数

参数	作用
extents	以元组表示的边界范围，格式为[left,right,down,up]
crs	extents 的投影方式，如果给的是上、下、左、右边界的经纬度，则 crs = ccrs.PlateCarree()

下面，我们以北半球极射赤面投影为例，进行图形范围的设置：

```
import matplotlib.path as mpath
import matplotlib.pyplot as plt
import numpy as np
import cartopy.crs as ccrs
import cartopy.feature as cfeature
fig = plt.figure(figsize=[5, 5])
ax1 = fig.add_subplot(1, 1, 1, projection=ccrs.NorthPolarStereo())
ax1.set_extent([-180, 180, 30, 90], ccrs.PlateCarree())
gl1 = ax1.gridlines(draw_labels=True,x_inline=False, y_inline=False) #添加栅格线
gl1.rotate_labels = False #禁止标签旋转，设置为 True 时标签与栅格线平行
# ax1.add_feature(cfeature.COASTLINE.with_scale('50m'))
plt.show()
```

输出结果如图 8-11 所示。

但是这导致了另一个问题的出现，那就是设置了范围的投影，边界重新变成了矩形，有没有什么办法既能设置范围，又能恢复边界的形状呢？答案当然是有的，cartopy 中存在一个函数 `set_boundary()`，可以通过输入一个 `Matplotlib.path.Path` 对象来设置图形的边界形状。

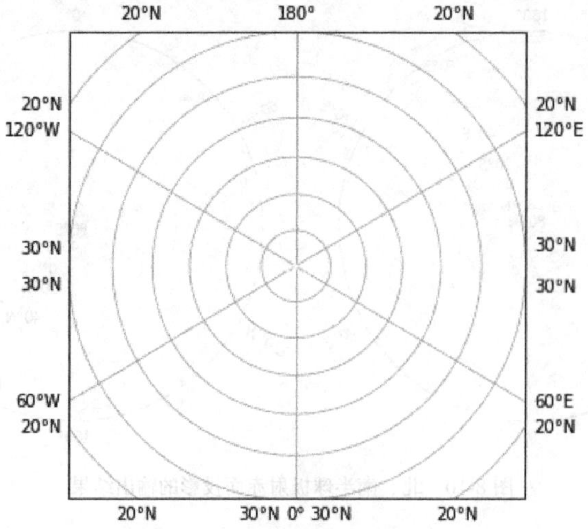

图 8-11 范围设置结果

该函数的使用如下：

```
cartopy.mpl.geoaxes.GeoAxes.set_boundary(path, transform=None, use_as_clip_path=True)
```

表 8-10 所示为 `set_boundary()` 函数的常用参数。

表 8-10 set_boundary()函数的常用参数

参数	作用
path	Matplotlib.path.Path 对象，表示目标边界的形状
transform	给定 Matplotlib.path.Path 对象的投影方式，可以直接从 GeoAxes 中获取 transAxes 属性
use_as_clip_path	布尔型，默认为 True，即裁减边界外的图形

利用该函数，可以在图 8-11 的基础上绘制出圆形边界的投影，代码如下：

```
import Matplotlib.path as mpath
import Matplotlib.pyplot as plt
import numpy as np
import cartopy.crs as ccrs
import cartopy.feature as cfeature
fig = plt.figure(figsize=[5, 5])
ax1 = fig.add_subplot(1, 1, 1, projection=ccrs.NorthPolarStereo())
ax1.set_extent([-180, 180, 30, 90], ccrs.PlateCarree())
ax1.gridlines()
ax1.add_feature(cfeature.COASTLINE.with_scale('50m'))
# 生成一个圆形的 Path
theta = np.linspace(0, 2*np.pi, 100)
center, radius = [0.5, 0.5], 0.5
verts = np.vstack([np.sin(theta), np.cos(theta)]).T
circle = mpath.Path(verts * radius + center)
# 将该 Path 设置为 GeoAxes 的边界
ax1.set_boundary(circle, transform=ax1.transAxes)
plt.show()
```

8.2 地理绘图基础

对于气象领域的绘图，不可避免地需要在对应的图上叠加地理地图信息。cartopy 自带的 feature 子模块包含的地理地图数据通常不能满足需要，这时我们可以使用 shapefile 或 GeoJSON 的地理地图数据。

虽然 cartopy 自带的 shapefile 库可以读取 shapefile 文件，但是这个库对国内常见 shapefile 文件的编码方式的支持不够好，所以这里我们使用另一个库作为文件读取支持库——GeoPandas。

先在激活了对应 conda 环境的 Bash 命令行窗口中执行以下命令安装 GeoPandas：

```
conda install -y geopandas -c conda-forge
```

8.2.1 shapefile/GeoJSON 数据读取

我们使用一个 GeoJSON 文件作为示例。先引入 GeoPandas 库并观察对应文件的结构：

```
import geopandas as gpd
gdf = gpd.GeoDataFrame.from_file('./circle.json', encoding='utf8')
print(gdf)
```

这里指定了文件对应的编码类型，通常情况下可以不加 `encoding` 参数。GeoPandas 库会自动检测文件对应的编码类型，但是有可能检测失败。这时我们就需要手动指定编码类型，对于国内常见的 shapefile 与 GeoJSON 文件编码类型通常为 UTF-8 或 GBK。如果读取失败或者读取之后数据出现乱码可以更换编码类型重新进行读取。

代码输出结果（gdf 变量的字段结构）如下所示：

```
   name              geometry
0    A  POLYGON ((119.07304 32.91344, 118.62422 32.840...
1    B  POLYGON ((119.09877 29.91718, 118.62422 29.986...
```

`gdf` 是 GeoPandas 库中 `GeoDataFrame` 的一个实例。实际上 `GeoDataFrame` 类是 pandas 库的 `DataFrame` 类的子类，也就是说对于 `GeoDataFrame` 类的实例（这里是 gdf 变量），我们可以将其等同于 `DataFrame` 来操作，包括但不限于筛选与统计操作。

GeoJSON 文件或 shapefile 文件的来源不同，读取出的字段是不同的（但是一定都含有 `geometry` 字段，这是绘制地图时需要用到的地理地图数据），绘制时可以根据需要通过调整相应的字段进行筛选。

8.2.2 在 GeoAxes 上绘制

使用 GeoAxes 的 `add_geometries()` 方法可以添加对应的图层。在 GeoAxes 上添加 geometry 信息的方法如下所示：

```
import matplotlib.pyplot as plt
import cartopy.crs as ccrs
import cartopy.mpl.ticker as cticker
import geopandas as gpd
fig = plt.figure(figsize=(10,8))
ax = fig.add_subplot(1, 1, 1, projection=ccrs.PlateCarree())
```

```
ax.set_extent([115.5, 123, 29.5, 36.5], ccrs.PlateCarree())
ax.add_geometries(gdf['geometry'], crs=ccrs.PlateCarree(), facecolor='none', edgecolor='black')
# 设置轴刻度
ax.set_xticks(np.arange(116, 123, 1), crs=ccrs.PlateCarree())
ax.set_yticks(np.arange(30, 36, 1), crs=ccrs.PlateCarree())
ax.xaxis.set_major_formatter(cticker.LongitudeFormatter())
ax.yaxis.set_major_formatter(cticker.LatitudeFormatter())
plt.show()
```

输出结果如图 8-12 所示。

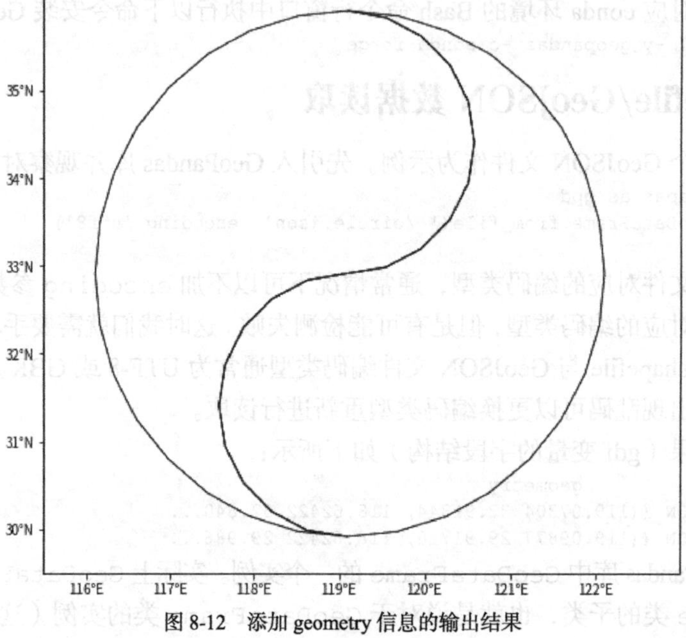

图 8-12 添加 geometry 信息的输出结果

上面这段示例代码中，我们往 GeoAxes 的 `add_geometries()`方法中传递了两个额外的参数 `facecolor` 和 `edgecolor`，它们分别用于控制多边形面颜色和边缘颜色。`facecolor='none'`表明无面颜色（透明）。

8.2.3 几何数据筛选示例

8.2.2 小节展示了绘制完整几何数据的示例，这里我们展示如何通过类似于 pandas 的 DataFrame 的操作，选择出想要关注的区域。

从 8.2.2 小节中介绍的读取到的 `gdf` 变量的字段结构可以看到，有一个字段名为 `name`，对应所属的不同多边形。（这里再次说明，不同的 shapefile/GeoJSON 文件的字段结构不一样，需要根据对应文件的字段情况进行筛选，不可以直接使用下面的代码照搬。）

这里我们选出属于 `A` 的多边形：

```
name_a = gdf.loc[gdf['name']=='A']
print(name_a)
```

代码输出如下：

```
name    geometry
0       A       POLYGON ((119.07304 32.91344, 118.62422 32.840...
```

从上面的输出结果可以看到，变量 name_a 筛选出了属于 A 的多边形。

将 8.2.2 小节介绍的完整绘图代码中 ax.add_geometries 调用的 gdf 变量换成 name_a 变量，并重新绘制：

```
import matplotlib.pyplot as plt
import cartopy.crs as ccrs
import cartopy.mpl.ticker as cticker
import geopandas as gpd
fig = plt.figure(figsize=(10,8))
ax = fig.add_subplot(1, 1, 1, projection=ccrs.PlateCarree())
ax.set_extent([115.5, 123, 29.5, 36.5], ccrs.PlateCarree())
ax.add_geometries(name_a['geometry'], crs=ccrs.PlateCarree(), facecolor='none', edgecolor=
'black')
# 设置轴刻度
ax.set_xticks(np.arange(116, 123, 1), crs=ccrs.PlateCarree())
ax.set_yticks(np.arange(30, 36, 1), crs=ccrs.PlateCarree())
ax.xaxis.set_major_formatter(cticker.LongitudeFormatter())
ax.yaxis.set_major_formatter(cticker.LatitudeFormatter())
plt.show()
```

输出结果如图 8-13 所示。

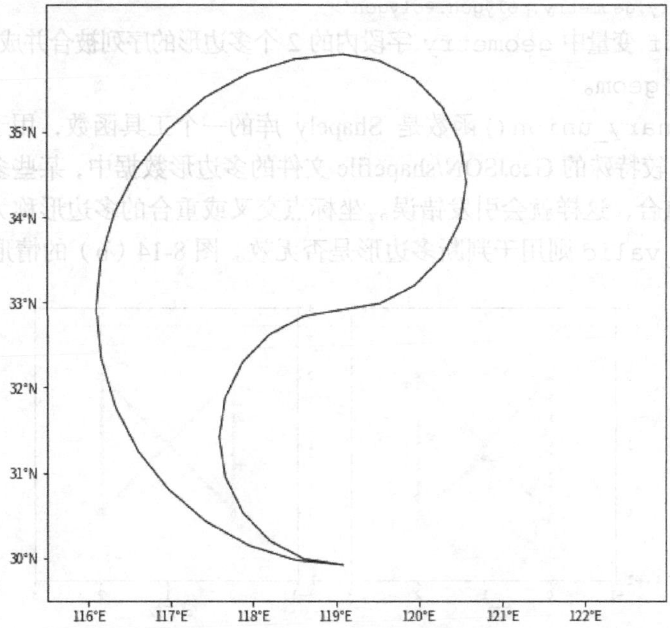

图 8-13　绘制多边形 A 的输出结果

这里只是展示简单的筛选过程，更多复杂的筛选过程可以参考 4.3.5 节。

8.2.4 多边形合并

根据 shapefile/GeoJSON 文件获取的原始几何数据或筛选后的几何数据，我们可以发现每个多边形都是相互独立的，但是在进行类似于图像白化的操作时，相互独立的多边形将会带来"麻烦"，因此需要将多个多边形进行合并。

这里会用到 Shapely 这个库。

在激活了 conda 环境的命令行环境里执行以下命令：

```
conda install -y -c conda-forge shapely
```

我们仍以 8.2.3 节中的具有两个多边形的 GeoJSON 文件为例：

```
import matplotlib.pyplot as plt
from shapely.ops import unary_union
import geopandas as gpd
import cartopy.crs as ccrs
# 读取 GeoJSON 文件
gdf = gpd.GeoDataFrame.from_file('data/circle.json', encoding='utf8') #也可以是 shapefile
# 合并多边形
geom = unary_union([geom if geom.is_valid else geom.buffer(0) for geom in gdf['geometry']])

print(type(gdf['geometry']), len(gdf['geometry']))
print(type(geom))
```

输出结果为：

```
<class 'geopandas.geoseries.GeoSeries'> 2
<class 'shapely.geometry.polygon.Polygon'>
```

可以看到，gdf 变量中 geometry 字段内的 2 个多边形的序列被合并成了一个单一的多边形（Polygon）变量 geom。

在代码中，unary_union() 函数是 Shapely 库的一个工具函数，用于多个多边形的合并。但是在某些比较特殊的 GeoJSON/shapefile 文件的多边形数据中，某些多边形的坐标点可能会出现交叉或重合，这样就会引发错误。坐标点交叉或重合的多边形称为无效多边形。代码中的 geom.is_valid 则用于判断多边形是否无效。图 8-14（b）的情形就是无效的。

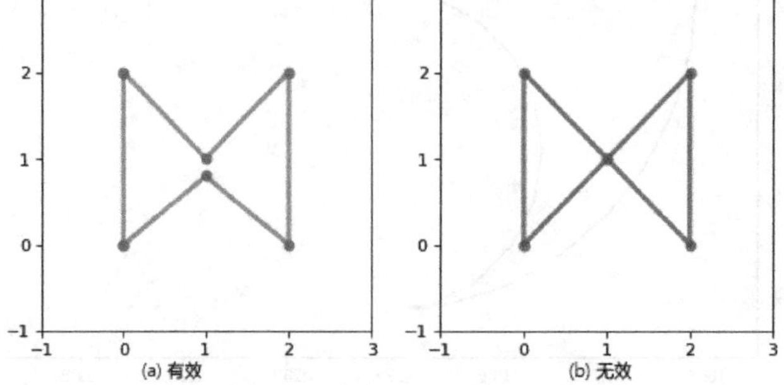

图 8-14 有效多边形与无效多边形

如果多边形是无效的，则需要用 buffer() 方法使坐标点不再交叉或重合。

8.3 颜色表（colormap）

RGB 即红（Red）、绿（Green）、蓝（Bule），称为光学三原色。对计算机图像来说，需要 RGB 对应的 3 个分量才能表达出一种确定的颜色。那么在绘制填色图的时候，是怎么绘制出颜色的？这就不得不提到颜色表（colormap），简称为 cmap。

colormap 通过一定的规则将单一维度的数据（例如温度、降水量等数据）映射到 RGB 通道，这样最后绘制出的图像就是彩色的。

在 Matplotlib 中，颜色使用 Matplotlib.colors.Colormap 对象（简称 Colormap 对象）保存。但是 Colormap 对象并不保存任何关于值的等级划分信息，对于 Colormap 对象，只接收范围为 0～1 的数。所以如果将颜色与值对应，就需要用到 Matplotlib.colors.Normalize 对象（简称 Normalize 对象），Normalize 对象将原始数据映射到 0～1（称为归一化）。在 Matplotlib 中，原始数据映射到颜色的流程为：原始数据→归一化数据→颜色数据。

8.3.1 Matplotlib 的内置色标

Matplotlib 内置了很多色标，使用者在绘图时可以方便地直接使用色标。色标的具体说明可以在 Matplotlib 的官方页面中查阅。

对于内置色标，色标名后加_r 意味着这个色标是原始色标的翻转。例如，原始名为 jet 的色标，它的翻转色标名就为 jet_r。

Matplotlib 的内置色标有以下两种使用方法。

使用 `pyplot` 的 `get_cmap()` 函数通过色标名获取 `colormap` 实例，如：

```
import Matplotlib.pyplot as plt
colormap = plt.get_cmap('jet')
# 使用 jet 色标绘制填色图
ax.contourf(lon, lat, data, cmap=colormap)
```

直接使用 `colormap` 的字符串名称，如：

```
# 使用 jet 色标绘制填色图
ax.contourf(lon, lat, data, cmap='jet')
```

8.3.2 MetPy 库的内置色标

MetPy 库也提供了一些气象领域会用到的色标，例如雷达反射率的色标。

色标的具体说明可参照 MetPy 库的官方文档。

MetPy 库的内置色标的使用方法如下：

```
import metpy.plots.ctables as mpctables
# 引入名为 ir_drgb 的色标
colormap = mpctables.colortables.get_colortable('ir_drgb')
ax.contourf(lon, lat, data, cmap=colormap)
```

8.3.3 创建自定义色标

创建自定义色标之前，我们需要先了解在 Matplotlib 中，可以被识别的颜色的表示方法。在 Matplotlib 中，可以被识别的颜色的表示方法有以下几种。

- RGB 或 RGBA 元组：其中 R、G、B 分别为红色、绿色和蓝色的分量，取值范围为 0～1。A 指 Alpha 通道，即不透明度，取值范围为 0～1，0 为完全透明，1 为完全不透明。(0.4, 0.3, 0.8)和(0.4, 0.3, 0.8, 0.9)都是合法的颜色。
- 以#字符开头的标准十六进制的 RGB 或 RGBA 字符串：每个分量占两个字符，不区分大小写，'#FFFFFF'(RGB)和'#030a3aff'(RGBA)都是合法的颜色。
- 十六进制的 RGB 或 RGBA 字符串的特殊形式：每个分量占一个字符，每个分量的字符将被复制，例如，'#abc'等同于'#aabbcc'，'#abcd'等同于'#aabbccdd'。
- 0～1 的任意浮点数（包括 0 与 1）：用于表示灰度，0 为黑色，1 为白色。
- {'b', 'g', 'r', 'c', 'm', 'y', 'k', 'w'}中的任意一个字符：b、g、r、c、m、y、k、w 分别为 blue（蓝色）、green（绿色）、red（红色）、cyan（青色）、magenta（品红）、yellow（黄色）、black（黑色）、white（白色）的缩写。
- X11/CSS4 颜色名：需区分大小写。
- xkcd 颜色表中的颜色名：以 xkcd:开头，需区分大小写。例如，'xkcd:sky blue'为合法的颜色。详细颜色名可查阅 xkcd 的官方网站。
- Tableau 内 T10 调色板的颜色名：以 tab:开头，需区分大小写。例如，'tab:red'为合法的颜色。

了解了 Matplotlib 中颜色的表示方法之后，我们就可以创建自己的色标了。

1. 创建自定义 Colormap

Matplotlib.colors.Colormap 实际上是 colormap 的父类（父类是子类的框架，但不直接使用，更多关于父类与子类的说明请参见第 2 章）。我们所使用的实际上是 ListedColormap 和 LinearSegmentedColormap 这两个类。

这两个 colormap 类的区别如下：

- ListedColormap 实现的颜色完全源于创建时所提供的颜色；
- LinearSegmentedColormap 使用线性插值的方式对提供的颜色实现连续化。

以一个示例来展示两者的区别：

```
import matplotlib.colors as mcolors
cmap_listed = mcolors.ListedColormap(['r', 'g', 'b'], 'listed_cmap')
cmap_linear = mcolors.LinearSegmentedColormap.from_list('linear_cmap', ['r', 'g', 'b'])
```

下面具体讲述两种颜色表的创建方式。

开始创建之前需要先引入 matplotlib.colors：

```
import matplotlib.colors as mcolors
```

第一种是通过 ListedColormap 创建，代码如下：

```
mcolors.ListedColormap(colors, name='from_list', N=None)
```

- colors 为多个颜色组成的可迭代对象，包括列表、元组、多维数组。
- name 为颜色表的名称。
- 当 N 的值小于颜色的数量时，将会截取前 N 个颜色；当 N 的值大于颜色的数量时，将会按顺序循环从 cmap 中选取颜色直到选出的颜色数量等于 N。

第二种是通过 LinearSegmentedColormap 创建。

LinearSegmentedColormap 通过静态方法 from_list()创建均匀、平滑的 colormap 实例：

```
mcolors.LinearSegmentedColormap.from_list(name, colors, N=256, gamma=1.0)
```

- name 为色标的名称。
- colors 为多个颜色组成的可迭代对象。
- N 为颜色细分数量，默认值 256 意味着将创建 256 个连续变化的颜色。
- gamma 为颜色偏移分布，值为 1 表示均匀分布。

2. 创建自定义归一化

归一化（Normalize）正如其名字，作用是将原始数据从原始的数值范围映射到 0～1，用于映射从 colormap 中得到对应的颜色。

matplotlib.colors 自带两类归一化类，一类是连续性归一化类，另一类是离散性归一化类。连续性归一化类中包括：Normalize（线性归一化）、LogNorm（对数归一化）、PowerNorm（幂律归一化）、SymLogNorm（对称对数归一化）、TwoSlopeNorm（双坡归一化）。离散性归一化类中包括 BoundaryNorm（边界归一化）。不同归一化的对比如图 8-15 所示（norms 全称为 normalize，在参数设置中的参数名是 norms）。

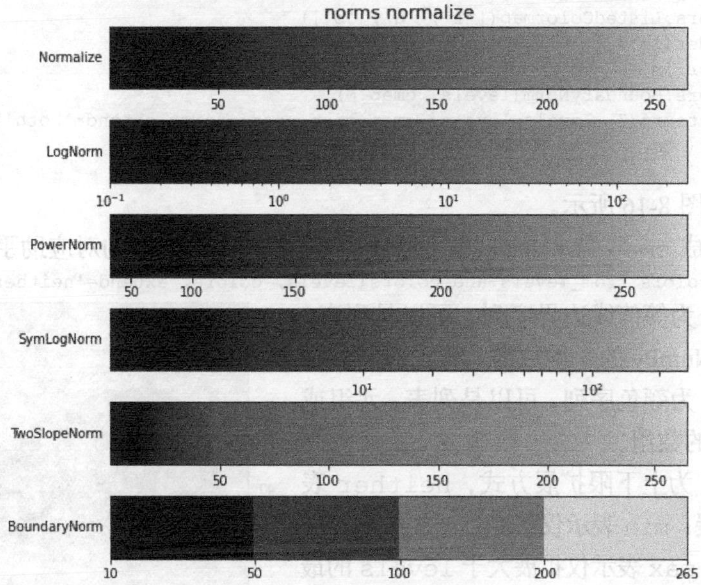

图 8-15 不同归一化的对比

下面介绍边界归一化、线性归一化、对数归一化和双坡归一化对应的创建方法。

（1）边界归一化。

因为在气象绘图中常用的填色图（例如降水填色图）色标通常都有对应的数值等级划分，所以边界归一化是气象绘图中经常使用的一种归一化方式。它可以按照对应的数值等级划分颜色表，每个等级对应一个颜色。如果数据小于最小边界的数值或者大于最大边界的数值，则对应的 colormap 实例需要通过 set_under() 和 set_over() 方法设置对应的颜色。

BoundaryNorm 的初始化参数：

```
matplotlib.colors.BoundaryNorm(boundaries, ncolors, clip=False)
```

- boundaries 为等级边界，可以是列表、元组或者 NumPy 的一维数组。
- ncolors 为对应 colormap 中的颜色数。
- clip 的默认值为 False，当值为 True 时，超出边界等级的数值会被剪裁到边界，会使得 colormap 的 set_under、set_over 失效，一般默认为 False。

结合 ListedColormap 与 BoundaryNorm 的方法绘制填色图的示例如下：

```
import numpy as np
import matplotlib.pyplot as plt
import matplotlib.colors as mcolors
# 样例数据生成，此段可以忽略
N = 100
X, Y = np.mgrid[-3:3:complex(0, N), -2:2:complex(0, N)]
Z1 = np.exp(-X**2 - Y**2)
Z2 = np.exp(-(X - 1)**2 - (Y - 1)**2)
Z = (Z1 - Z2) * 2
fig = plt.figure()
ax = fig.add_subplot(1, 1, 1)
levels = [0.1, 0.3, 0.5, 0.9]
cmap = mcolors.ListedColormap(['r', 'g', 'b'])
cmap.set_under('c')
cmap.set_over('m')
norm = mcolors.BoundaryNorm(levels, cmap.N)
pcm = ax.contourf(Z, levels=levels, cmap=cmap, norm=norm, extend='both')
fig.colorbar(pcm, ax=ax, extend='both')
plt.show()
```

运行结果如图 8-16 所示。

除了手动生成 cmap 与 norm，也可以使用 Matplotlib 封装好的对应助手函数生成它们：

```
matplotlib.colors.from_levels_and_colors(levels, colors, extend='neither')
```

- levels 为等值线边界序列，可以是列表、元组或 NumPy 的一维数组。
- colors 为颜色序列，可以是列表、元组或 NumPy 的数组。
- extend 为上下限扩展方式，neither 表示不扩展；min 表示仅扩展小于 levels 的最小值；max 表示仅扩展大于 levels 的最大值；both 表示同时扩展小于 levels 的最小值和大于 levels 的最大值。

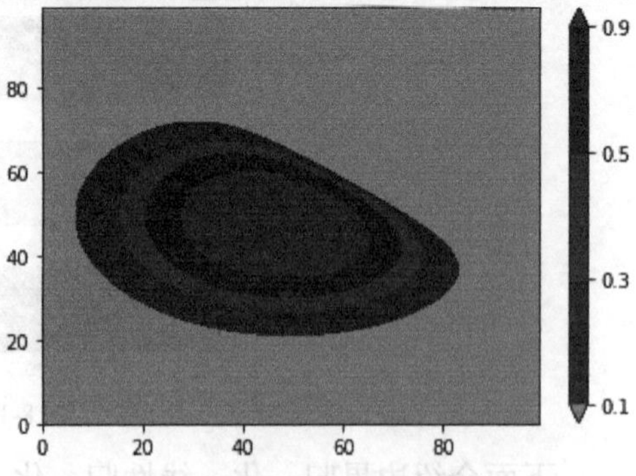

图 8-16 BoundaryNorm 效果

注意：当 extend 的值为 neither 时，颜色数=等级数-1；当 extend 的值为 both 时，颜色数=等级数+1。

将上面的代码转换为使用 from_levels_and_colors() 函数：

```
import numpy as np
import matplotlib.pyplot as plt
import matplotlib.colors as mcolors
N = 100
X, Y = np.mgrid[-3:3:complex(0, N), -2:2:complex(0, N)]
Z1 = np.exp(-X**2 - Y**2)
Z2 = np.exp(-(X - 1)**2 - (Y - 1)**2)
Z = (Z1 - Z2) * 2
fig = plt.figure()
ax = fig.add_subplot(1, 1, 1)
levels = [0.1, 0.3, 0.5, 0.9]
cmap, norm = mcolors.from_levels_and_colors(levels, ['c', 'r', 'g', 'b', 'm'], 'both')
pcm = ax.contourf(Z, levels=levels, cmap=cmap, norm=norm, extend='both')
fig.colorbar(pcm, ax=ax, extend='both')
plt.show()
```

（2）线性归一化。

按照均匀映射的方式，原始数据会被映射到 0～1：

```
matplotlib.colors.Normalize(vmin=None, vmax=None, clip=False)
```

- vmin 为关注范围最小值，省略时取数据的最小值。
- vmax 为关注范围最大值，省略时取数据的最大值。
- clip 的默认值为 False，当值为 True 时，超出边界等级的数值会被剪裁到边界，从而使得 colormap 的 set_under、set_over 失效，一般默认为 False。

（3）对数归一化。

对数归一化要求数据大于 0：

```
matplotlib.colors.LogNorm(vmin=None, vmax=None, clip=False)
```

- vmin 为关注范围最小值，省略时取数据的最小值。
- vmax 为关注范围最大值，省略时取数据的最大值。
- clip 的默认值为 False，当值为 True 时，超出边界等级的数值会被剪裁到边界，从而使 colormap 的 set_under、set_over 失效，一般默认为 False。

（4）双坡归一化。

双坡归一化的意义在于确定一个数据分割点，对分割点两端的数据分别进行不同的线性归一化：

```
matplotlib.colors.TwoSlopeNorm(vcenter, vmin=None, vmax=None)
```

- vcenter 为数据分割点。
- vmin 为关注范围最小值，省略时取数据的最小值。
- vmax 为关注范围最大值，省略时取数据的最大值。

8.4 图像显示与保存

本节将介绍如何将绘制好的图像进行显示输出以及保存为文件。

8.4.1 图像显示

在日常使用中，我们很难一次就成功绘制出自己满意的图像，往往需要多次调整细节，因此在调整过程中我们不需要每次都生成一个图像文件并将其保存下来，只需要将绘制的图像临时显示在我们的显示器上，以方便进行进一步调整。这时便会用到 Matplotlib 库的 show() 函数。

我们以基本的正弦函数的绘制来介绍该函数的用法：

```
import numpy as np
import matplotlib.pyplot as plt
#生成正弦函数
x = np.linspace(0, 10, 500)
y = np.sin(x)
#绘制图像
fig = plt.figure(figsize=(10, 8))
ax1 = fig.add_subplot(1,1,1)
ax1.plot(x, y)
#显示图像
plt.show()
```

图像显示结果如图 8-17 所示。

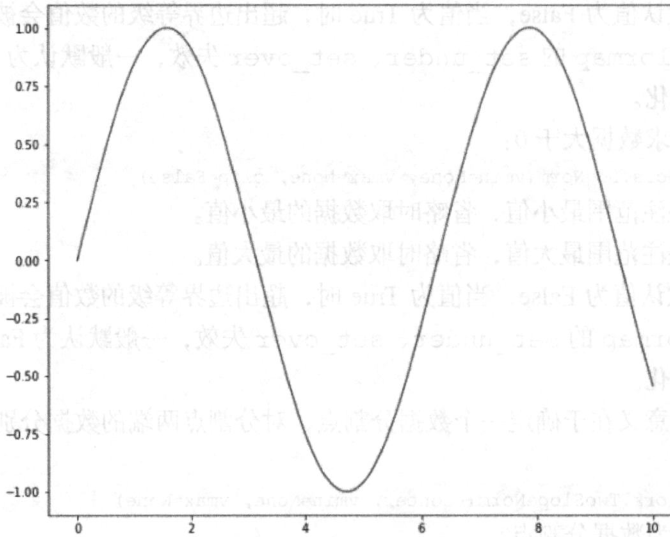

图 8-17 图像显示结果

如果将最后一行代码进行注释，则不会显示图像。

8.4.2 图像保存

当绘制的图像达到了自己的要求后，就可以以文件的形式更好地保存在本地。Matplotlib 库的 savefig() 函数便是专门解决这一问题的。该函数附带的参数十分丰富，可以满足用户的复杂需求，该函数的常用参数如表 8-11 所示。

表 8-11 savefig()函数的常用参数

参数	作用
fname	输出文件的路径及文件名，若 format 参数没有指定，则从 fname 参数的扩展名中获取相应格式
dpi	分辨率，单位为每个英寸的像素
quality	图像质量，值的范围为 1（最差）到 95（最好）。仅适用于.jpg 或.jpeg 格式
optimize	如果值为 True，则表示 JPEG 编码器应该对图像进行额外的传递，以选择最佳的编码器设置。仅适用于.jpg 或.jpeg 格式，否则被忽略。默认为 False
progressive	如果值为 True，则表示此图像应被存储为渐进式.jpeg 文件（仅适用于.jpg 或.jpeg 格式），否则被忽略。默认为 False
facecolor	图像底色，默认为白色
edgecolor	图像边缘颜色，默认为白色
format	输出文件格式，可在 fname 参数中指定，如 png、pdf、svg、eps 等
bbox_inches	如果值为 tight 则输出图像紧凑，即图形留白较小

比如我们想将前文介绍的正弦函数图保存到本地（脚本所在文件夹），保存为紧凑图形格式、dpi 为 400 的.png 格式的文件，代码如下所示：

```
import numpy as np
import matplotlib.pyplot as plt
#生成正弦函数
x = np.linspace(0, 10, 500)
y = np.sin(x)
#绘制图像
fig = plt.figure(figsize=(10, 8))
ax1 = fig.add_subplot(1,1,1)
ax1.plot(x, y)
plt.savefig('./sinx.png', dpi=400, bbox_inches='tight')
```

若需保存为.pdf 或.eps 等格式的矢量图，则将.png 替换为目标格式即可。

09

第9章 基本绘图类型与气象绘图

本章将介绍如何利用 Matplotlib 库实现几种基本图形，以及结合 cartopy、MetPy 等地理绘图库绘制常用气象图形。

9.1 折线图

折线图是常用的基础图形，在气象领域有着十分广泛的应用，比如指数的绘制、时间序列的绘制等。首先介绍绘制折线图所运用的绘图函数：

```
ax.plot( x, y, **kwargs)
```

表 9-1 所示为该函数的常用参数。

表 9-1　ax.plot()函数的常用参数

参数	说明
x	数组型或标量，为数据的水平坐标，x 的默认值为 range(len(y))
y	数组型或标量，为数据的垂直坐标
fmt	字符串，可选，用于设置图形的基本属性

其中，fmt 参数可控制折线图的数据点标记（marker）、线形（line style）和颜色（color），详细说明如表 9-2、表 9-3 和表 9-4 所示。

表 9-2　标记

参数	效果
'.'	点
','	像素标记
'o'	圆圈

续表

参数	效果
'v'	倒三角形
'^'	三角形
'<'	向左的三角形
'>'	向右的三角形
'1'	向下的箭头
'2'	向上的箭头
'3'	向左的箭头
'4'	向右的箭头
's'	方形
'p'	五边形
'*'	星号
'h'	六角形 1
'H'	六角形 2
'+'	加号
'x'	X 标记
'D'	菱形
'd'	小菱形
'|'	垂直标记
'_'	水平标记

表 9-3 线形

参数	效果
'-'	实线
'--'	虚线
'-.'	点实线
':'	点线

表 9-4 颜色

参数	效果
'b'	蓝色
'g'	绿色
'r'	红色
'c'	青色
'm'	品红色
'y'	黄色
'k'	黑色
'w'	白色

设置 fmt 参数时，可从表 9-2、表 9-3、表 9-4 中分别选取 0～1 个字符构成一个字符串，如 fmt='ro-'指画带有圆圈标记的红色实线。如果 fmt 参数只被设置了颜色属性，则可以使用 Matplotlib 定义的任何其他颜色，例如使用'purple'或使用十六进制字符串'008000'。

ax.plot()函数除了 x、y、fmt 参数，还可以使用任何一个 Line2D 对象通用的属性，Line2D 对象常见的通用属性如表 9-5 所示。

表 9-5 常见的 Line2D 对象通用属性

属性	说明
agg_filter	
alpha	透明度，浮点型或 None
animated	动画
antialiased 或 aa	抗锯齿
clip_box	边界框
color 或 c	颜色
label	标签
linestyle 或 ls	线形
linewidth 或 lw	线宽，浮点型
marker	标记
markeredgecolor 或 mec	标记边缘颜色
markeredgewidth 或 mew	标记宽度
markerfacecolor 或 mfc	标记填充颜色
markersize 或 ms	标记大小，浮点型
transform	转换器
visible	可见性，布尔型
zorder	优先级，浮点型

接下来将通过一系列关于气象应用的示例来介绍折线图的绘制。

9.1.1 基本折线图

从基本折线图的绘制开始介绍，AO.txt 中存放了 1950—2019 年逐月的北极涛动（AO）指数（数据来源于 NOAA），我们将 1950—2019 年 1 月的 AO 指数演变的时间序列绘制成折线图来实现数据可视化：

```
import pandas as pd
import matplotlib.pyplot as plt
#读取数据
ao = pd.read_csv("AO.txt",sep='\s+',header=None, names=['year','month','AO'])
ao_jan = ao[ao.month==1]
#创建 Figure
fig = plt.figure(figsize=(10, 8))
#创建 Axes
ax1 = fig.add_subplot(1,1,1)
#绘制折线图
ax1.plot(np.arange(1950,2020,1),ao_jan.AO, 'ko-')
```

```
#添加图题
ax1.set_title('1950-2019 January AO Index')
#添加 y=0 水平参考线
ax1.axhline(0,ls=':',c='r')
#添加 x=1990 垂直参考线
ax1.axvline(1990,ls='--',c='g')
plt.show()
```

输出结果如图 9-1 所示。

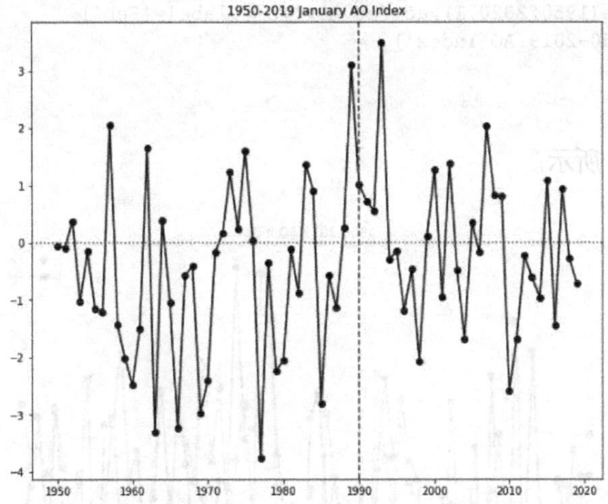

图 9-1 基本折线图

其中 ao 数组包含的信息如下：

```
     year  month        AO
0    1950      1 -0.060310
1    1950      2  0.626810
2    1950      3 -0.008128
3    1950      4  0.555100
4    1950      5  0.071577
..    ...    ...       ...
835  2019      8 -0.721770
836  2019      9  0.306200
837  2019     10 -0.082195
838  2019     11 -1.193400
839  2019     12  0.412070
[840 rows x 3 columns]
```

可见，绘制基本折线图，只需设置 x、y 及 fmt 这 3 个参数即可，这里将 fmt 参数设置为'ko-'，意为黑色、带点的实线。该示例还通过 axhline()以及 axvline()函数添加了垂直和水平参考线。同样可以设置颜色、线性等，设置方法与 ax.plot()函数的相似。

9.1.2 多折线图

如果想叠加多个序列，依次绘制即可：

```
import pandas as pd
import matplotlib.pyplot as plt
```

```
import numpy as np
ao = pd.read_csv("AO.txt",sep='\s+',header=None, names=['year','month','AO'])
ao_jan = ao[ao.month==1]
ao_feb = ao[ao.month==2]
fig = plt.figure(figsize=(10, 8))
ax1 = fig.add_subplot(2,1,1)
#绘制第一个序列
ax1.plot(np.arange(1950,2020,1),ao_jan.AO,'ko-',label='Jan')
#绘制第二个序列
ax1.plot(np.arange(1950,2020,1),ao_feb.AO,'rs-',label='Feb')
ax1.set_title('1950-2019 AO Index')
#添加图例
ax1.legend()
plt.show()
```

输出结果如图 9-2 所示。

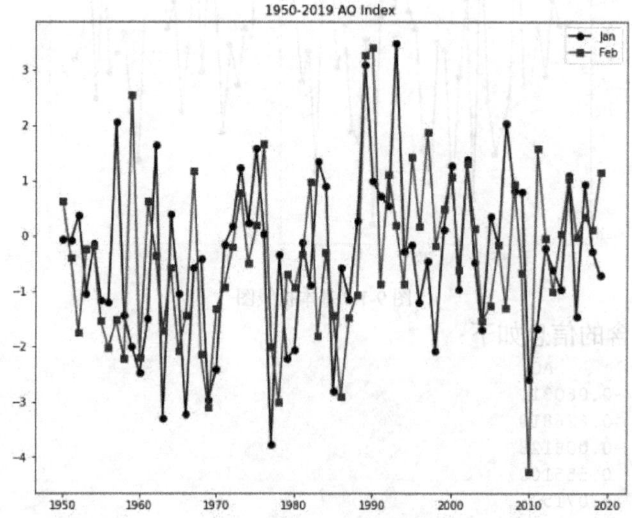

图 9-2 多折线图

9.1.3 多 y 轴折线图

气象绘图中有时需要将多条时间序列放在同一 Axes 上进行对比，然而各个时间序列的量级与单位是不同的，这时需要绘制多 y 轴折线图。这里以双 y 轴及多 y 轴折线图为例进行介绍，绘制双 y 轴折线图的代码如下所示：

```
import matplotlib.pyplot as plt
import numpy as np
#读取数据
ao = pd.read_csv("AO.txt",sep='\s+',header=None, names=['year','month','AO'])
ao_jan = ao[ao.month==1]
ao_feb = ao[ao.month==2]
#创建 Figure
fig = plt.figure()
```

```
#绘制单 y 轴折线图
ax1 = fig.add_subplot(1,1,1)
ax1.plot(np.arange(1950,2020,1),ao_jan.AO,'ko-',label='Jan')
ax1.set_ylabel('January',c='r')
ax1.set_title('1950-2019 AO Index')
#创建第二个 y 轴
ax2 = ax1.twinx()
ax2.plot(np.arange(1950,2020,1),ao_feb.AO,'rs-',label='Feb')
ax2.set_ylim(-4,4)
ax2.set_ylabel('February',c='k')
plt.show()
```

输出结果如图 9-3 所示。

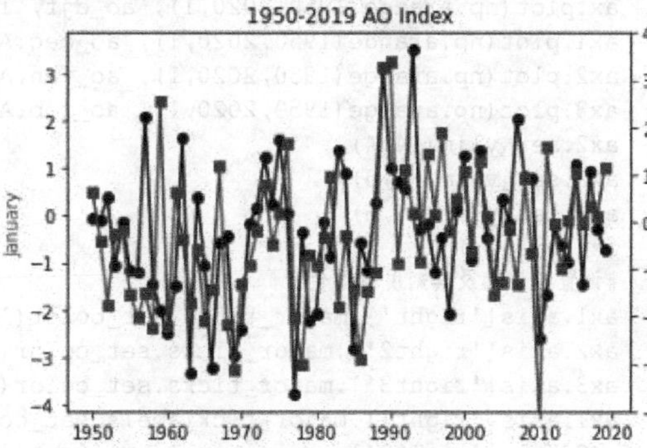

图 9-3 双 y 轴折线图

创建第二个 y 轴的关键在于 `ax2 = ax1.twinx()` 语句，通过新建一个 Axes 的方式创建一个"兄弟轴"，在新的 Axes 上绘制折线。

而多 y 轴折线图要比双 y 轴折线图更加复杂，创建"兄弟轴"的方式无法满足其需要。创建多 y 轴折线图，首先要创建主轴，然后创建基于主轴的独立 y 轴，并使这些轴可以共享 x 轴：

```
from mpl_toolkits.axisartist.parasite_axes import HostAxes, ParasiteAxes
import matplotlib.pyplot as plt
import numpy as np
#读取数据
ao = pd.read_csv("AO.txt",sep='\s+',header=None, names=['year','month','AO'])
ao_dec = ao[ao.month==12]
ao_jan = ao[ao.month==1]
ao_feb = ao[ao.month==2]
ao_djf = (ao_jan.AO.values+ao_feb.AO.values+ao_dec.AO.values)/3
#创建 Figure
fig = plt.figure()
#创建主轴
ax = HostAxes(fig, [0, 0, 0.9, 0.9])  #[left, bottom, weight, height]
#创建共享 x 轴的其他 y 轴
ax1 = ParasiteAxes(ax, sharex=ax)
ax2 = ParasiteAxes(ax, sharex=ax)
ax3 = ParasiteAxes(ax, sharex=ax)
ax.parasites.append(ax1)
ax.parasites.append(ax2)
ax.parasites.append(ax3)
#将主轴的右轴隐藏，同时开始设置第二个轴的可见性
ax.axis['right'].set_visible(False)
ax1.axis['right'].set_visible(True)
ax1.axis['right'].major_ticklabels.set_visible(True)
ax1.axis['right'].label.set_visible(True)
#设置各轴的标签
ax.set_ylabel('DJF')
ax.set_xlabel('year')
```

```
ax1.set_ylabel('Dec')
ax2.set_ylabel('Jan')
ax3.set_ylabel('Feb')
#设置第三个和第四个 y 轴的位置
axisline2 = ax2.get_grid_helper().new_fixed_axis
axisline3 = ax3.get_grid_helper().new_fixed_axis
ax2.axis['right2'] = axisline2(loc='right', axes=ax2, offset=(40,0))
ax3.axis['right3'] = axisline3(loc='right', axes=ax3, offset=(80,0))
#将设置好的主轴的 Axes 放在 Figure 上
fig.add_axes(ax)
#绘制折线
ax.plot(np.arange(1950,2020,1), ao_djf, label="DJF", color='black')
ax1.plot(np.arange(1950,2020,1), ao_dec.AO, label="Dec", color='red')
ax2.plot(np.arange(1950,2020,1), ao_jan.AO, label="Jan", color='green')
ax3.plot(np.arange(1950,2020,1), ao_feb.AO, label="Feb", color='orange')
ax2.set_ylim(-4,4)
ax3.set_ylim(-5,5)
ax4.set_ylim(-6,6)
ax.legend()
#设置各个轴及其刻度的颜色
ax1.axis['right'].major_ticks.set_color('red')
ax2.axis['right2'].major_ticks.set_color('green')
ax3.axis['right3'].major_ticks.set_color('blue')
ax1.axis['right'].major_ticklabels.set_color('red')
ax2.axis['right2'].major_ticklabels.set_color('green')
ax3.axis['right3'].major_ticklabels.set_color('blue')
ax1.axis['right'].line.set_color('red')
ax2.axis['right2'].line.set_color('green')
ax3.axis['right3'].line.set_color('blue')
plt.show()
```

输出结果如图 9-4 所示。

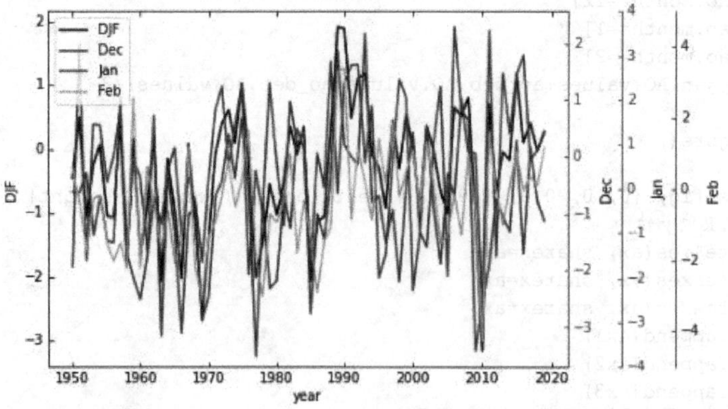

图 9-4　多 y 轴折线图

9.1.4　非等比坐标轴图

气象绘图中常涉及非等比坐标轴图形的绘制，比如绘制高度坐标轴时，就需要将坐标轴设置为对数坐标轴。在 Matplotlib 中，有一个函数可以用来控制坐标轴的尺度。首先介绍该函数的基本形式及可选值：

```
ax.set_yscale(value, **kwargs)
```

其 value 可选值如表 9-6 所示。

表 9-6 **ax.set_yscale()** 函数的 **value** 可选值

可选值	说明
linear	默认选项，线性比例
log	标准对数刻度，只绘制正值
symlog	对数刻度，正、负值均可绘制
logit	将(0,1)的数据绘制为对数比例形式

下面通过对 2005 年 7 月 45°N、120°E 上空温度廓线图的绘制，来介绍对数坐标轴的设置方法：

```
import xarray as xr
import matplotlib.pyplot as plt
import cartopy.crs as ccrs
import cartopy.feature as cfeature
import pandas as pd
import matplotlib.ticker as ticker
#读取数据
f = xr.open_dataset('./data.nc')
t = f['air'].loc['2005-07-01',:,45,120]
lev = t.level
#创建 Figure
fig = plt.figure(figsize=(15,5))
#设置为 log
ax1 = fig.add_subplot(1,3,1)
ax1.plot(t,lev)
ax1.set_ylim(1000,100)
ax1.set_yscale('log')
ax1.set_title('log')
ax1.set_yticks([1000,850,700,500,300,200,100])
ax1.set_yticklabels([1000,850,700,500,300,200,100])
#隐藏次坐标刻度
ax1.yaxis.set_minor_formatter(ticker.NullFormatter())
#设置为 symlog
ax2 = fig.add_subplot(1,3,2)
ax2.plot(t,lev)
ax2.set_ylim(1000,100)
ax2.set_yscale('symlog')
ax2.set_title('symlog')
ax2.set_yticks([1000,850,700,500,300,200,100])
ax2.set_yticklabels([1000,850,700,500,300,200,100])
#设置为 linear
ax3 = fig.add_subplot(1,3,3)
ax3.plot(t,lev)
ax3.invert_yaxis()
ax3.set_yscale('linear')
ax3.set_title('linear')
```

```
    ax3.set_yticks([1000,850,700,500,300,200,100])
    ax3.set_yticklabels([1000,850,700,500,300,200,100])
    plt.show()
```

输出结果如图 9-5 所示。

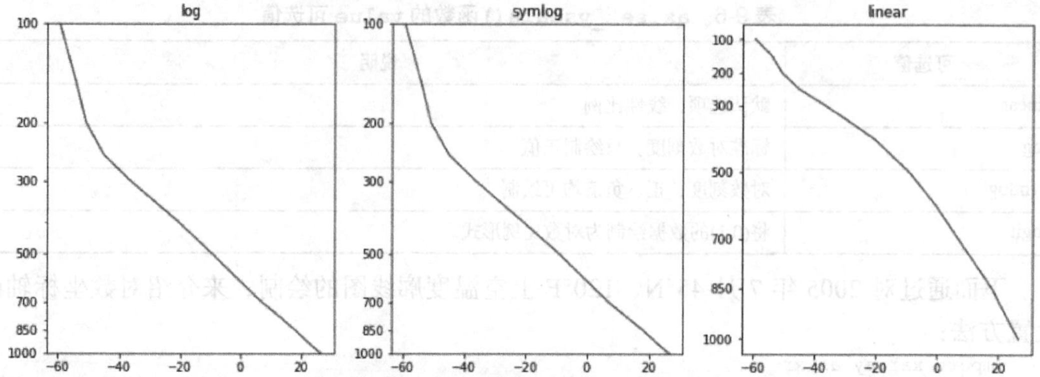

图 9-5 非等比坐标轴折线图

这里我们介绍了 3 种坐标轴尺度参数的设置，可以发现，对于正数来说，设置为 log 与 symlog 是没有区别的，然而利用 log 参数绘图时，会默认显示次坐标刻度，因此 ax1 通过 yaxis.set_minor_formatter(ticker.NullFormatter()) 来将次坐标刻度隐藏。而在默认情况下，*y* 轴从下到上对应的数值是从小到大变化的，然而对于气压来说，1000hPa 应在下，100hPa 应在上，因而这里给出了两种方法来将 *y* 轴反转，一种是设置 set_ylim(1000,100)，规定范围为从 1000hPa 到 100hPa；另一种则是通过 invert_yaxis() 来将 *y* 轴反转。

9.2 散点图

散点图也是一种常用的基础图形，数据点不由线条连接，而是独立地分布在图形中。首先介绍绘制散点图所运用的绘图函数：

```
    ax.scatter(x, y, s=None, c=None, marker=None, cmap=None, norm=None, vmin=None, vmax=None, alpha=None, linewidths=None, verts=<deprecated parameter>, edgecolors=None, *, plotnonfinite=False, data=None, **kwargs)
```

表 9-7 所示为该函数的常用参数。

表 9-7 **ax.scatter()** 函数的常用参数

参数	说明
x	数组型或标量，为数据的水平坐标
y	数组型或标量，为数据的垂直坐标
s	数组型或标量，可选，为散点的大小
c	颜色
marker	标记

续表

参数	说明
cmap	色板
norm	通过标准化将数据缩放至 0～1
vmin、vmax	利用 vmin、vmax 和 norm 对数据进行归一化。如果值为 None，则使用颜色数组的最小值和最大值
alpha	透明度
linewidths	标记边缘线宽
edgecolors	标记边缘线颜色

接下来将通过一系列示例来展示散点图的绘制。

9.2.1 基础散点图

绘制基础散点图，只需提供数据点的 x、y 坐标。进一步地，可以提供数据点的大小、颜色、形状等信息。绘制基础散点图的代码如下所示：

```
import matplotlib.pyplot as plt
import numpy as np
rng = np.random.RandomState(0).rand(5)
markers = ['o','+','*','s','<']
labels = ['CNRM-CM3','GFDL-CM2.0','GISS-AOM','MIROC3.2','CCSM3',]
#绘制散点图
fig = plt.figure()
ax1 = fig.add_subplot(1,1,1)
#通过循环，每次绘制一种标记的散点，循环 5 次
for i in range(5):
    ax1.scatter(rng,rng,marker=markers[i],label=labels[i])
ax1.legend()
plt.show()
```

输出结果如图 9-6 所示。

通过 np.random.RandomState(0).rand(5) 生成了每个模式的 5 个随机数，将其绘制成不同标记的散点分布图。这里通过循环进行绘制的原因是每次绘制散点图时，只能指定绘制成同一种标记形式，当然也可以利用类似多折线图绘制的方法，多次利用 ax.scatter() 函数进行绘制。

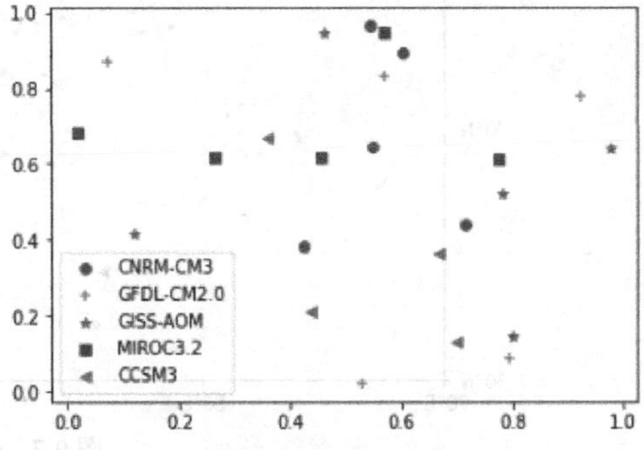

图 9-6　基础散点图

9.2.2 带有地图投影的散点图

气象绘图往往会涉及站点数据的绘制，虽然其实现的图从本质上来讲还是散点图，但是叠加了地图投影，使其从 Axes 转为 GeoAxes。绘制多个气象站的站点的三维分布图（通过散点颜色表示站点所在的海拔高度）的代码如下所示（图形仅展示了部分区域）：

```
import pandas as pd
import matplotlib.pyplot as plt
```

```
import cartopy.crs as ccrs
import cartopy.feature as cfeature
import cartopy.mpl.ticker as cticker
import cartopy.io.shapereader as shpreader
data = pd.read_csv("./825station.txt",sep='\s+',header=None, names=['stat','lat','lon','high'])
fig = plt.figure(figsize=(10, 8))
ax1 = fig.add_subplot(1,1,1,projection = ccrs.PlateCarree(central_longitude=105) )
#设置图形范围及刻度
ax1.set_extent([70,110,30,60], crs=ccrs.PlateCarree())
ax1.set_xticks(np.arange(70,120,10), crs=ccrs.PlateCarree())
ax1.set_yticks(np.arange(30,70,10), crs=ccrs.PlateCarree())
ax1.xaxis.set_major_formatter(cticker.LongitudeFormatter())
ax1.yaxis.set_major_formatter(cticker.LatitudeFormatter())
#绘制站点的三维分布图
s = ax1.scatter(data.lon,data.lat,s = 5,c = data.high,cmap='jet',transform=ccrs.PlateCarree())
#添加色标，fraction 参数用于设置色标缩放比例
fig.colorbar(s,ax=ax1,fraction=0.034)
#添加海岸线等特征
# ax1.add_feature(cfeature.COASTLINE.with_scale('50m'))
# china = shpreader.Reader('/data/home/zenggang/yxy/shp/bou2_4l.dbf').geometries()
# ax1.add_geometries(china, ccrs.PlateCarree(),facecolor='none', edgecolor='black',zorder = 1)
plt.show()
```

输出结果如图 9-7 所示。

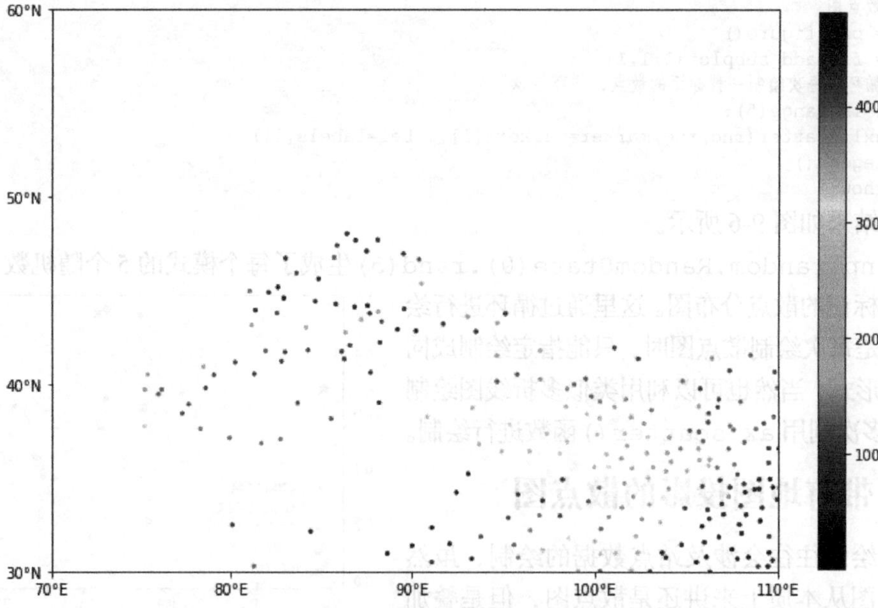

图 9-7 带有地图投影的散点图

其中 data 存放的信息如下：

```
     stat   lat     lon    high
0   50136  52.97  122.52  433.0
1   50246  52.35  124.72  361.9
```

```
  2    50247  52.03  123.57  514.5
  3    50349  51.67  124.40  501.5
  4    50353  51.72  126.65  177.4
  ..     ...    ...     ...    ...
  820  59855  19.23  110.47   24.0
  821  59948  18.22  109.58  419.4
  822  59954  18.55  110.03   36
  823  59981  16.83  112.33   4.7
  824  59985  16.53  111.62   4.0
  [825 rows x 4 columns]
```

通过该例可以发现，带有地图投影的散点图在绘制时需要注意以下三点。

- 创建 Axes 时，指定 `projection` 后，Axes 转变为带有地图投影的 GeoAxes。
- 绘制图形时，指定输入数据的投影方式，如上例中的输入数据为等经纬栅格数据，`transform=ccrs.PlateCarree()`。
- 需设置地图范围以及坐标刻度格式。

除此以外，该例还展示了如何调用颜色表及添加色标。

9.3 柱状图

柱状图是折线图的另一种表现形式，可用柱状图来表示数据的分布及变化。首先介绍绘制柱状图所运用的绘图函数：

```
ax.bar(x, height, width=0.8, bottom=None, align='center', data=None, **kwargs)
```

表 9-8 所示为该函数的常用参数。

表 9-8 `ax.bar()` 函数的常用参数

参数	说明
x	*x* 轴坐标
height	柱状条的高度，实际上就是数据值的大小
width	柱状条的宽度，默认值为 0.8
bottom	柱状条在 *y* 轴的起始值
align	`{'center', 'edge'}`，默认设置为`'center'`，柱状条中心对应 *x* 轴坐标的位置
color	柱状条颜色
edgecolor	柱状条边缘颜色
linewidth	柱状条边缘线宽
tick_label	柱状条刻度标签，默认情况下为无
xerr、yerr	水平、垂直误差线
ecolor	误差线颜色
capsize	误差线长度
error_kw	以字典形式传递给误差线的参数
log	用于设置是否将 *y* 轴设置为对数坐标轴

9.3.1 单变量柱状图

从基础的单变量柱状图的绘制开始介绍，我们仍使用前文折线图示例中用过的 AO 指数数据进行绘制。这次我们绘制 1950—2019 年 1 月 AO 指数的单变量柱状图：

```
import pandas as pd
import matplotlib.pyplot as plt
#读取数据
ao = pd.read_csv("AO.txt",sep='\s+',header=None, names=['year','month','AO'])
ao_jan = ao[ao.month==1]
#创建 Figure 及 Axes
fig = plt.figure(figsize=(10, 8))
ax1 = fig.add_subplot(1,1,1)
ax1.set_title('1950-2019 January AO Index')
#绘制单变量柱状图
ax1.bar(np.arange(1950,2020,1),ao_jan.AO)
#添加 0 值参考线
ax1.axhline(0,c='k')
plt.show()
```

输出结果如图 9-8 所示。

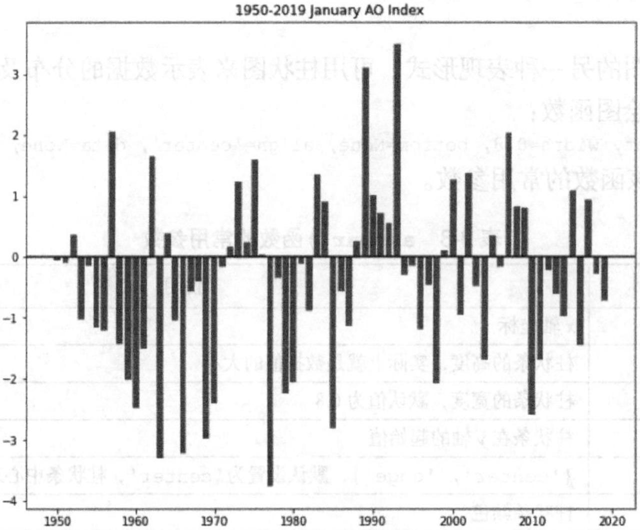

图 9-8 单变量柱状图 1

进一步，我们可以对颜色参数进行设置，使得值大于等于 0 的柱状条呈红色，值小于 0 的呈蓝色：

```
import pandas as pd
import matplotlib.pyplot as plt
#读取数据
ao = pd.read_csv("AO.txt",sep='\s+',header=None, names=['year','month','AO'])
ao_jan = ao[ao.month==1]
#创建颜色数组
```

```
colors = np.zeros(ao_jan.AO.shape,dtype=np.str)
colors[ao_jan.AO>=0] = 'red'
colors[ao_jan.AO<0] = 'blue'
#创建 Figure 及 Axes
fig = plt.figure(figsize=(10, 8))
ax1 = fig.add_subplot(1,1,1)
ax1.set_title('1950-2019 January AO Index')
#绘制单变量柱状图
ax1.bar(np.arange(1950,2020,1),ao_jan.AO,color=colors)
#添加 0 值参考线
ax1.axhline(0,c='k')
plt.show()
```

输出结果如图 9-9 所示。

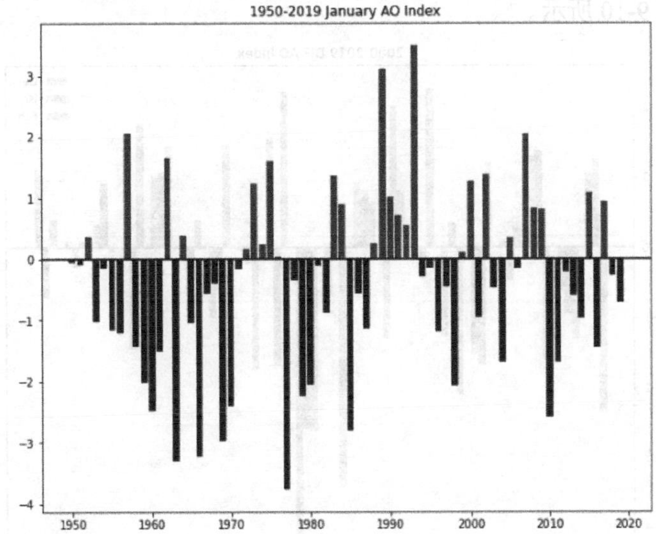

图 9-9 单变量柱状图 2

9.3.2 多变量柱状图

柱状图除了用于表现序列的变化，还常用于进行多变量的对比（这就是多变量柱状图的作用）。多变量柱状图一般有两种表现形式，一种是并列排放的，另一种是垂直堆叠的。下面我们分别介绍这两种多变量柱状图的绘制方法。

首先介绍并列排放的多变量柱状图。下面的示例展示了 2000—2019 年 12 月至次年 2 月逐月的 AO 指数：

```
import pandas as pd
import matplotlib.pyplot as plt
#数据读取
ao = pd.read_csv("AO.txt",sep='\s+',header=None, names=['year','month','AO'])
ao_dec = ao[ao.month==12]
ao_jan = ao[ao.month==1]
ao_feb = ao[ao.month==2]
```

```
#创建 Figure 及 Axes
fig = plt.figure(figsize=(10, 8))
ax1 = fig.add_subplot(1,1,1)
ax1.set_title('2000—2019 DJF AO Index')
#绘制柱状图，ao_dec.AO[50:]表明从 2000 年开始绘制
ax1.bar(np.arange(2000,2020,1)-0.25, ao_dec.AO[50:], width=0.25, color='r', label='Dec')
ax1.bar(np.arange(2000,2020,1),ao_jan.AO[50:],width=0.25,color='b',label='Jan')
ax1.bar(np.arange(2000,2020,1)+0.25,ao_feb.AO[50:],width=0.25,color='g',label='Feb')
#添加 0 值参考线
ax1.axhline(0,c='k')
ax1.legend()
#由于多变量柱状图对应的 x 轴的刻度不一定为整数，因此我们指定 x 轴刻度以避免小数出现
ax1.set_xticks([2000,2005,2010,2015,2020])
plt.show()
```

输出结果如图 9-10 所示。

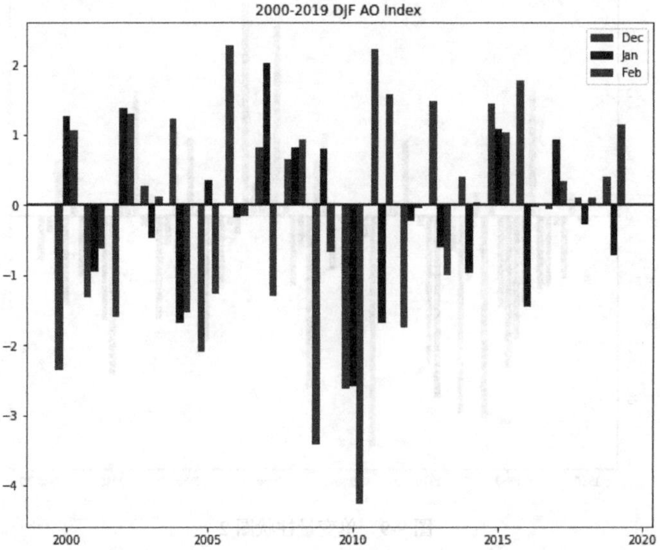

图 9-10　并列排放的多变量柱状图

不难发现并列排放的多变量柱状图相当于是经过了水平位移后的多变量柱状图图层的简单叠加，在绘制过程中应注意位移距离的调整。

而垂直堆叠的多变量柱状图则利用了柱状图绘图函数的 bottom 参数。比如下面这个示例中，第二个变量对应的柱状条堆叠在第一个变量对应的柱状条上，第三个变量对应的柱状条堆叠在第二个变量对应的柱状条上：

```
import numpy as np
import matplotlib.pyplot as plt
#生成数据
labels = ['A', 'B', 'C', 'D']
v1 = np.array([20, 35, 30, 35])
v2 = np.array([25, 32, 34, 20])
v3 = np.array([11, 14, 20, 18])
v1_std = np.array([2, 3, 4, 1])
```

```
v2_std = np.array([3, 5, 2, 3])
v3_std = np.array([2, 3, 4, 1])
width = 0.35
fig = plt.figure(figsize=(10, 8))
ax1 = fig.add_subplot(1,1,1)
#绘制垂直堆叠的多变量柱状图
ax1.bar(labels, v1, width, yerr=v1_std, label='v1')
ax1.bar(labels, v2, width, yerr=v2_std, bottom=v1,label='v2')
ax1.bar(labels, v3, width, yerr=v3_std, bottom=v2+v1,label='v3')
ax1.legend()
plt.show()
```

输出结果如图 9-11 所示。

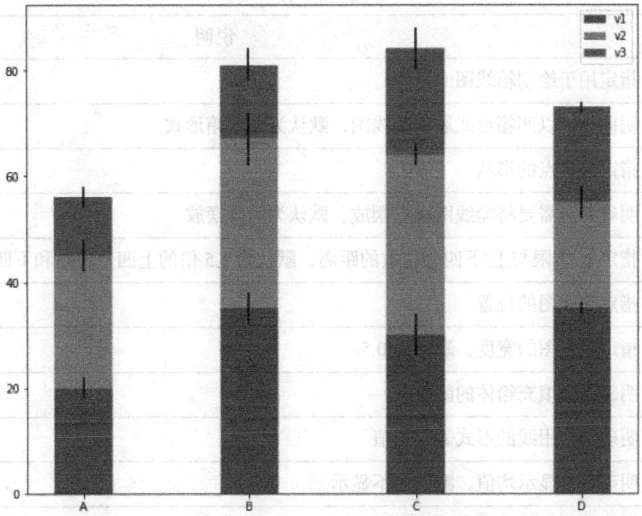

图 9-11 垂直堆叠的多变量柱状图

绘制垂直堆叠的多变量柱状图时一定要注意 bottom 参数的设置，否则会导致堆叠位置错误。该例同时展示了误差线的绘制。除了表示误差范围，误差线也可使用变量的标准差进行绘制，用来反映变量的变化幅度。

9.4 箱线图

箱线图，又称盒须图，是用来显示数据分散情况的统计图。通常而言，箱体细长表明数据分布范围广，而箱体短粗则表明数据分布范围集中，异常值以及上、下限用于查看数据极端值的位置。Matplotlib 库中默认的箱线图结构如图 9-12 所示。

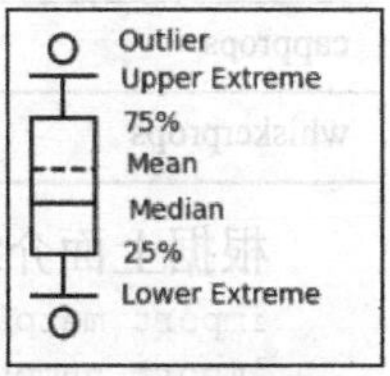

图 9-12 箱线图结构

箱线图可以显示一组数据中的均值（Mean）、中位数（Median）、第一四分位数（25%）、第三四分位数（75%）、上/下限（Upper Extreme/Lower

Extreme）以及异常值（Outlier）。其中，上（下）限表示第三（一）四分位数加（减）1.5 倍的第一四分位数和第三四分位数的间距。

首先介绍绘制箱线图的基本函数：

```
ax.boxplot(x, notch=None, sym=None, vert=None, whis=None, positions=None, widths=None,
patch_artist=None, bootstrap=None, usermedians=None, conf_intervals=None, meanline=None,
showmeans=None, showcaps=None, showbox=None, showfliers=None, boxprops=None, labels=None,
flierprops=None, medianprops=None, meanprops=None, capprops=None, whiskerprops=None, manage_
ticks=True, autorange=False, zorder=None, *, data=None)
```

表 9-9 所示为该函数的常用参数。

表 9-9 **ax.boxplot()** 函数的常用参数

参数	说明
x	指定用于绘制箱线图的数据
notch	明确是否以凹箱形式展现箱线图，默认为非凹箱形式
sym	指定异常点的形状
vert	明确是否需要将箱线图垂直摆放，默认为垂直摆放
whis	指定上/下限与上/下四分位数的距离，默认为 1.5 倍的上四分位数和下四分位数的间距
positions	指定箱线图的位置
widths	指定箱线图的宽度，默认为 0.5
patch_artist	明确是否填充箱体的颜色
meanline	明确是否用线的形式表示均值
showmeans	明确是否显示均值，默认为不显示
showcaps	明确是否显示箱线图顶端和末端的两条线，默认为显示
showbox	明确是否显示箱线图的箱体，默认为显示
showfliers	明确是否显示异常值，默认为显示
boxprops	设置箱体的属性，如边框色、填充色等
labels	为箱线图添加标签
flierprops	设置异常值的属性，如异常点的形状、大小、填充色等
medianprops	设置中位数的属性，如线的类型、粗细等
meanprops	设置均值的属性，如点的大小、颜色等
capprops	设置箱线图顶端和末端线条的属性，如颜色、粗细等
whiskerprops	设置须的属性，如颜色、粗细、线的类型等

根据上面介绍的绘制箱线图的函数和参数，现在介绍一个简易箱线图的绘制示例：

```
import matplotlib.pyplot as plt
import numpy as np
#生成数据
```

```
    data=[np.random.normal(0,std,100) for std in range(1,4)]
    #绘制箱线图
    fig = plt.figure(figsize=(10, 8))
    ax1 = fig.add_subplot(1,1,1)
    ax1.boxplot(data,vert=True,whis=1.2,patch_artist=True,boxprops={'color':'black','facecolor':
'red'})
    plt.show()
```

输出结果如图 9-13 所示。

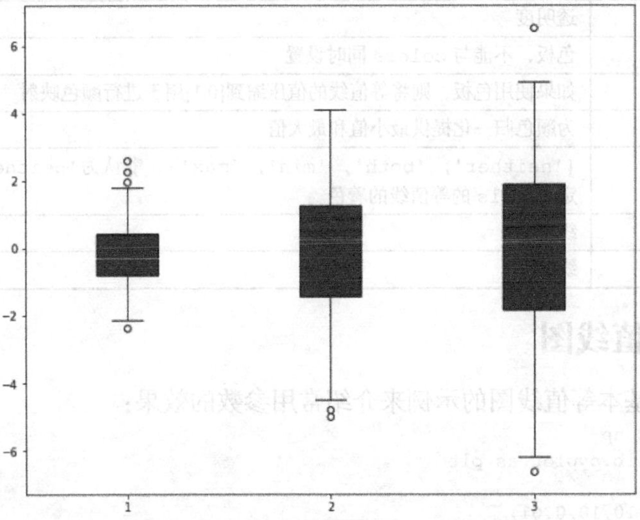

图 9-13　箱线图

通过设置给定的参数，我们绘制箱线图拥有了极高的自由度，可以很好地满足气象数据统计绘图的需求。

9.5 等值线图

等值线图是气象绘图中常见的图形，任何由二维变量数组构成的场都可以通过等值线图的形式实现数据可视化。简单的例子就是地面天气图上的气压场，图上的每一个经纬度点(lat,lon)都有一个气压值，把具有 n 个纬度与 m 个经度的气压场(n,m)以等值线的形式绘制在平面上，就形成了一张等值线图。由于在 Matplotlib 中带有填色形式的等值线图与不带填色形式的等值线图是由不同绘图函数实现的，因此本书将分别对其进行介绍。本节仅介绍不带填色形式的等值线图，带有填色形式的等值线图将作为填色图（色斑图）在 9.6 节中介绍。

首先介绍绘制等值线图的基本函数：

```
Axes.contour(x, y, z, **kwargs)
```

表 9-10 所示为该函数的常用参数。

表 9-10　`Axes.contour()`函数的常用参数

参数	说明
x、y	z 值对应的 *x*、*y* 坐标
z	数组型，形状如(*N*,*M*)
levels	整型或者数组型，用于指定绘制的等值线。如果是整型 *n*，则绘制 *n*+1 条等值线；如果是数组型，则指定绘制等值线的值，数组必须是递增的
colors	等值线的颜色
alpha	透明度
cmap	色板，不能与 colors 同时设置
norm	如果使用色板，则将等值线的值压缩到[0,1]用于进行颜色映射
vmin、vmax	为颜色归一化提供最小值和最大值
extend	{'neither', 'both', 'min', 'max'}，默认为'neither'，用于设置超过规定 levels 的等值线的着色
linewidths	线宽
linestyles	线形

9.5.1　基本等值线图

我们通过几个基本等值线图的示例来介绍常用参数的效果：

```
import numpy as np
import matplotlib.pyplot as plt
#生成数据
x = np.arange(-10,10,0.01)
y = np.arange(-10,10,0.01)
x_grid,y_grid = np.meshgrid(x,y)
z = x_grid**2+y_grid**2
#创建 Figure 及 Axes
fig = plt.figure(figsize=(10, 8))
ax1 = fig.add_subplot(2,2,1)
ax1.contour(x,y,z)
ax1.set_title('a')
ax2 = fig.add_subplot(2,2,2)
ax2.contour(x,y,z,linestyles=':')
ax2.set_title('b')
ax3 = fig.add_subplot(2,2,3)
ax3.contour(x,y,z,levels=np.arange(60,150,30),linewidths=5)
ax3.set_title('c')
ax4 = fig.add_subplot(2,2,4)
contour = ax4.contour(x,y,z,levels=np.arange(60,150,30))
ax4.clabel(contour,fontsize=10,colors='k')
ax4.set_title('d')
plt.show()
```

输出结果如图 9-14 所示。

以上 4 个 Axes 的对比有助于读者理解设置不同参数的效果。通过设置参数，可以调整等值线的稀疏、线形、线宽，还可以添加等值线数值标签等。这里进一步介绍关于等值线数值标签的函数及其相关参数的设置。

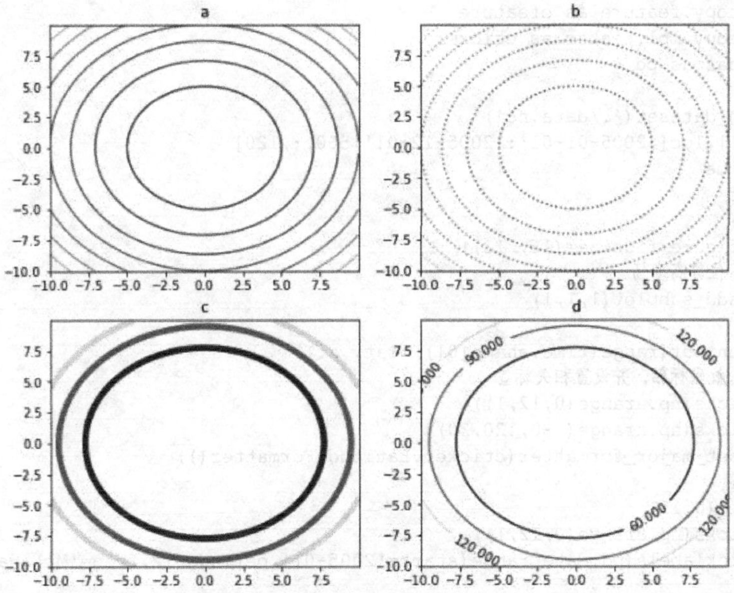

图 9-14　基本等值线图

用于添加等值线数值标签的函数如下：

```
ax.clabel(*args, **kwargs)
```

表 9-11 所示为该函数的常用参数。

表 9-11　**ax.clabel()** 函数的常用参数

参数	说明
cs	由 Axes.contour() 函数返回 ContourSet
levels	指定需要添加标签的等值线，如果未指定，则对所有等值线添加标签
fontsize	标签字符大小
colors	标签颜色
inline	设置标签是否在等值线行内
inline_spacing	当 inline=True 时，表示标签边缘与等值线的间距
fmt	标签格式。例如'%d'为整型
rightside_up	默认为 True，标签旋转为水平的 ± 90°

气象绘图中存在一类特殊的等值线图，即某变量的时间-经/纬度分布图，其特殊之处在于 *x* 轴、*y* 轴代表两种不同类型的变量，一个表示时间，另一个表示经/纬度。这既需要使用地理刻度坐标，又不需要使用地图投影，同时还需将另一个坐标轴的刻度设置为时间格式。这里我们以一个简单的时间-纬度分布图为例（图为 2005 年 120°E 处 500hPa 位势高度的时间-纬度分布）来介绍这类图形的绘制（不考虑图形所代表的物理意义）：

```
import xarray as xr
import matplotlib.pyplot as plt
import cartopy.crs as ccrs
```

```
import cartopy.feature as cfeature
import cartopy.mpl.ticker as cticker
import pandas as pd
#读取数据
f = xr.open_dataset('./data.nc')
z = f['hgt'].loc['2005-01-01':'2005-12-01',500,:,120]
time = z.time
lat = z.lat
#创建 Figure
fig = plt.figure(figsize=(16, 13))
#绘制 500hPa 位势高度场
ax1 = fig.add_subplot(1,1,1)
#绘制等值线
q1 = ax1.contour(range(time.shape[0]), lat, z.T)
#设置 y 轴为对数坐标轴，并设置相关标签
ax1.set_xticks(np.arange(0,12,1))
ax1.set_yticks(np.arange(-90,120,30))
ax1.yaxis.set_major_formatter(cticker.LatitudeFormatter())
#设置 x 轴标签
ax1.set_xlim(0,11)
ax1.set_xticks(np.arange(0,12,1))
ax1.set_xticklabels(pd.date_range(start='2005-01',periods=12,freq='M').date )
#添加图题
ax1.set_title('2005 500hPa Z',loc='center',fontsize=18)
plt.show()
```

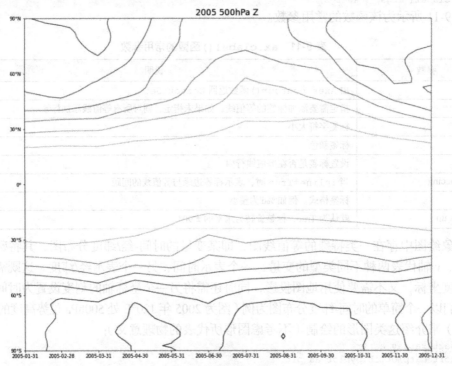

输出结果如图 9-15 所示。

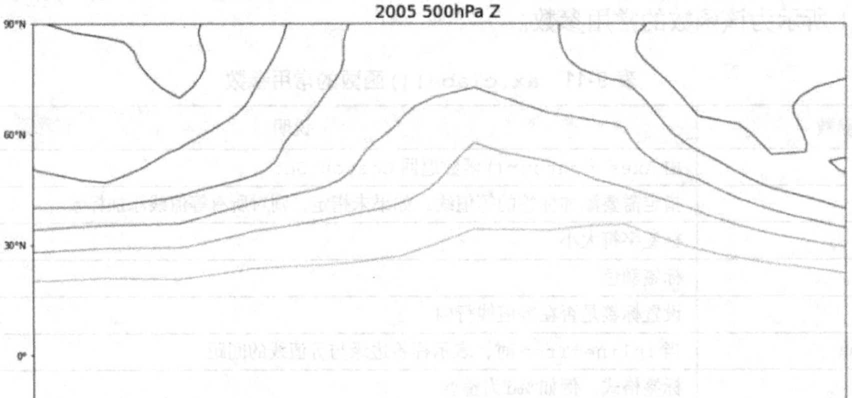

图 9-15　时间-纬度分布图

可以看到，通过对坐标轴的处理可以达到我们预期的目的，而等值线绘制部分并没有什么变化。

9.5.2 带有地图投影的等值线图

在气象绘图中，等值线图往往是带有地图投影的，添加地图投影的方式与 9.2.2 小节介绍的绘制带有地图投影的散点图的方式相似。接下来以一个示例展示 2005 年 7 月 500 hPa 位势高度场以及 700 hPa 温度场的绘制：

```
import xarray as xr
import matplotlib.pyplot as plt
import cartopy.crs as ccrs
import cartopy.feature as cfeature
import cartopy.mpl.ticker as cticker
#读取数据
f = xr.open_dataset('./data.nc')
z = f['hgt'].loc['2005-07-01',500,:,:]
t = f['air'].loc['2005-07-01',700,:,:]
lat = f['lat']
lon = f['lon']
#创建 Figure
fig = plt.figure(figsize=(15, 12))
#绘制 500hPa 位势高度场
ax1 = fig.add_subplot(1,2,1, projection=ccrs.PlateCarree())
#设置 ax1 的范围
ax1.set_extent([60,180,0,90])
#为 ax1 添加海岸线
#ax1.coastlines()
#为 ax1 添加地理经纬度标签及刻度
ax1.set_xticks(np.arange(60,210,30), crs=ccrs.PlateCarree())
ax1.set_yticks(np.arange(0,90,30), crs=ccrs.PlateCarree())
ax1.xaxis.set_major_formatter(cticker.LongitudeFormatter())
ax1.yaxis.set_major_formatter(cticker.LatitudeFormatter())
#从 5000 到 5800 每间隔 80 绘制一条黑色的等值线
c1 = ax1.contour(lon, lat, z,levels=np.arange(5000,5880,80), colors='k',transform=ccrs.
PlateCarree())
#为 c1 添加数值标签，标签格式为整型
ax1.clabel(c1, fmt='%d', fontsize=14.5,inline=True)
#单独绘制加粗且用虚线表示的 5880 副高特征线
c2 = ax1.contour(lon, lat, z,levels = [5880],colors='k',transform=ccrs.PlateCarree(),
linewidths=3,linestyles='--')
#为 c2 添加数值标签，标签格式为浮点型（保留一位小数）
ax1.clabel(c2, fmt='%d', fontsize=14.5,inline=True)
#添加图题
ax1.set_title('July 2005 500hPa Z',loc='center',fontsize=18)
ax1.set_title('unit: gpm',loc='right',fontsize=18)
#绘制 700hPa 温度场
ax2 = fig.add_subplot(1,2,2, projection=ccrs.PlateCarree())
ax2.set_extent([60,180,0,90])
ax2.set_xticks(np.arange(60,210,30), crs=ccrs.PlateCarree())
ax2.set_yticks(np.arange(0,90,30), crs=ccrs.PlateCarree())
ax2.xaxis.set_major_formatter(cticker.LongitudeFormatter())
ax2.yaxis.set_major_formatter(cticker.LatitudeFormatter())
```

```
    c3 = ax2.contour(lon, lat, t, levels=np.arange(-30,33,3),colors='k',transform=ccrs.Plate
Carree())
    ax2.clabel(c3, fmt='%.1f', fontsize=14.5,inline=True)
    ax2.set_title('July 2005 700hPa T',loc='center',fontsize=18)
    ax2.set_title('unit: $^\circ$C',loc='right',fontsize=18)
    plt.show()
```

输出结果如图 9-16 所示。

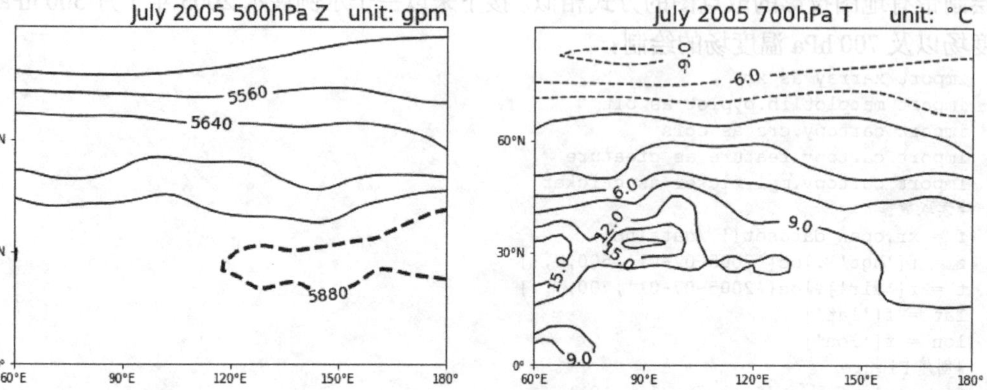

图 9-16　带有地图投影的等值线图

在该例中，为 Axes 添加地图投影使其变为 GeoAxes 的方法与 9.2.2 小节介绍的操作是一致的。对于这个例子，有几点需要注意。

- 在 500hPa 位势高度场的绘制中，利用单独绘制的方法将 5880 副高特征线进行了特殊处理。
- 在 700hPa 温度场的绘制中，并没有设置等值线的线形，仅将等值线颜色设置为黑色。Matplotlib 自动识别了数值的正负，将正值绘制为实线、负值绘制为虚线，要注意的是这种情况仅会在将颜色设置为黑色时出现。如果想统一线形，手动添加 linestyles 参数即可。

9.5.3　垂直剖面等值线图

垂直剖面等值线图是气象绘图中的重要类型，可以用于高低空系统配置的分析，垂直剖面等值线图的纵轴一般对应气象上的 level 维度（高度维度），横轴对应经度或者纬度，并且垂直剖面等值线图的绘制与地图投影无关。下面以一个示例展示 2005 年 7 月 80°E～150°E 区域平均温度场的纬度-高度分布图的绘制：

```
    import xarray as xr
    import matplotlib.pyplot as plt
    import cartopy.crs as ccrs
    import cartopy.feature as cfeature
    import cartopy.mpl.ticker as cticker
    import pandas as pd
    import numpy as np
    #读取数据
    f = xr.open_dataset('./data.nc')
```

```
t = f['air'].loc['2005-07-01',:,:,80:150].mean('lon')
lev = t.level
lat = t.lat
#创建 Figure
fig = plt.figure(figsize=(10, 8))
#绘制 500hPa 位势高度场
ax1 = fig.add_subplot(1,1,1)
#绘制温度场垂直剖面
cl = ax1.contour(lat, lev, t,colors='k')
ax1.clabel(cl, fmt='%d', fontsize=14.5,inline=True)
#设置 y 轴为对数坐标轴，并设置相关标签
ax1.set_yscale('symlog')
ax1.set_xticks(np.arange(0,12,1))
ax1.set_yticks([1000,850,700,500,300,200,100])
ax1.set_yticklabels([1000,850,700,500,300,200,100])
ax1.set_ylim(1000,100)
#为 ax1 的 x 轴添加地理经纬度标签及刻度
ax1.set_xticks(np.arange(-90,120,30))
ax1.xaxis.set_major_formatter(cticker.LongitudeFormatter())
#添加图题
ax1.set_title('July 2005 T',loc='center',fontsize=18)
```

输出结果如图 9-17 所示。

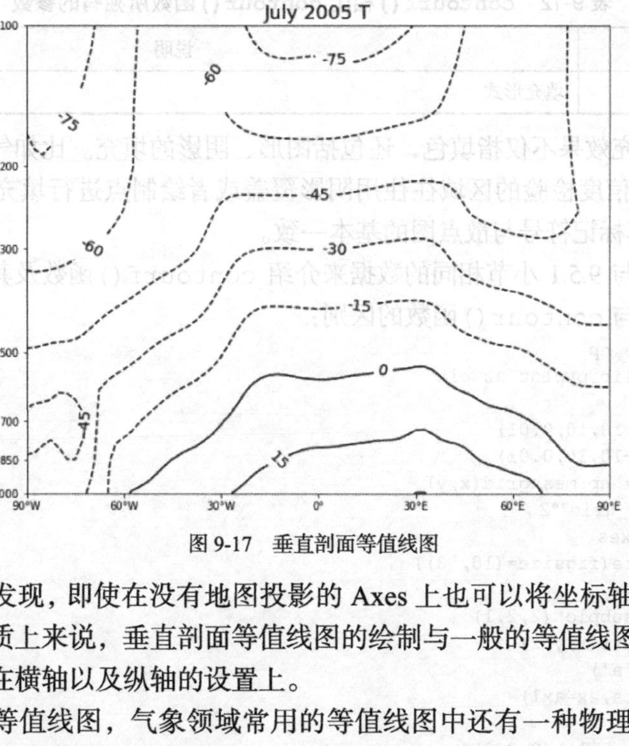

图 9-17 垂直剖面等值线图

通过该例可以发现，即使在没有地图投影的 Axes 上也可以将坐标轴的刻度设置为地理经纬度格式。从本质上来说，垂直剖面等值线图的绘制与一般的等值线图的绘制的方法是一致的，区别仅体现在横轴以及纵轴的设置上。

除了垂直剖面等值线图，气象领域常用的等值线图中还有一种物理量随时间变化的分布图。绘制时除了读取数据部分需要修改，其他部分则只需将横轴相关设置修改为时间变量即可。

9.6 填色图

9.5 节中提到的填色图（色斑图）实际上是等值线图的填色形式。在 NCL 这种绘图语言中，通过设置 cnFillOn 参数的值来选择是否使用填色形式，而在 Matplotlib 中，有不同的函数来实现。准确地讲，填色的等值线图也存在两种不同的形式。接下来，我们将一一介绍，并通过示例展示其异同。

9.6.1 contourf()

利用 contourf() 函数就可以绘制出带有填充效果的等值线图，从函数名上就可以直观地感受到绘图的效果，即对等高线进行了填充。contourf() 函数与 contour() 函数的使用方法和参数基本上是一致的，区别仅在于 contourf() 函数可以使用 hatches 参数。下面介绍该函数的基本形式及其 hatches 参数的说明。

```
ax.contourf(x, y, z, *args, **kwargs)
```

表 9-12 所示为 contourf() 函数相比 contour() 函数所独有的参数。

表 9-12 contourf() 相比 contour() 函数所独有的参数

参数	说明
hatches	填充形式

上面提到的填充效果不仅指填色，还包括图形、阴影的填充。比如气象上常用到各类统计检验，通过一定信度检验的区域往往用阴影覆盖或者绘制点进行填充，这时就需要运用 hatches 参数，其标记符号与散点图的基本一致。

我们首先使用与 9.5.1 小节相同的数据来介绍 contourf() 函数及其参数的基本用法，同时还可以对比其与 contour() 函数的区别：

```
import numpy as np
import matplotlib.pyplot as plt
#生成数据
x = np.arange(-10,10,0.01)
y = np.arange(-10,10,0.01)
x_grid,y_grid = np.meshgrid(x,y)
z = x_grid**2+y_grid**2
#创建 Figure 及 Axes
fig = plt.figure(figsize=(10, 8))
#基础填色图
ax1 = fig.add_subplot(2,2,1)
ca = ax1.contourf(x,y,z)
ax1.set_title('a')
fig1.colorbar(ca,ax=ax1)
#填充等值线图
ax2 = fig.add_subplot(2,2,2)
cb1 = ax2.contour(x,y,z,colors="k")
cb2 = ax2.contourf(x,y,z,hatches=['.',',,','-', '/', '\\', '//'],colors="none")
```

```
    ax2.set_title('b')
    fig1.colorbar(cb,ax=ax2)
    #特定 level 值的填色图 1
    ax3 = fig.add_subplot(2,2,3)
    cc = ax3.contourf(x,y,z,levels=np.arange(60,150,30))
    ax3.set_title('c')
    fig1.colorbar(cc,ax=ax3)
    #特定 level 值的填色图 2
    ax4 = fig.add_subplot(2,2,4)
    cd = contour = ax4.contourf(x,y,z,levels=np.arange(60,150,30),extend='both')
    ax4.set_title('d')
    fig1.colorbar(cd,ax=ax4)
    plt.show()
```

输出结果如图 9-18 所示。

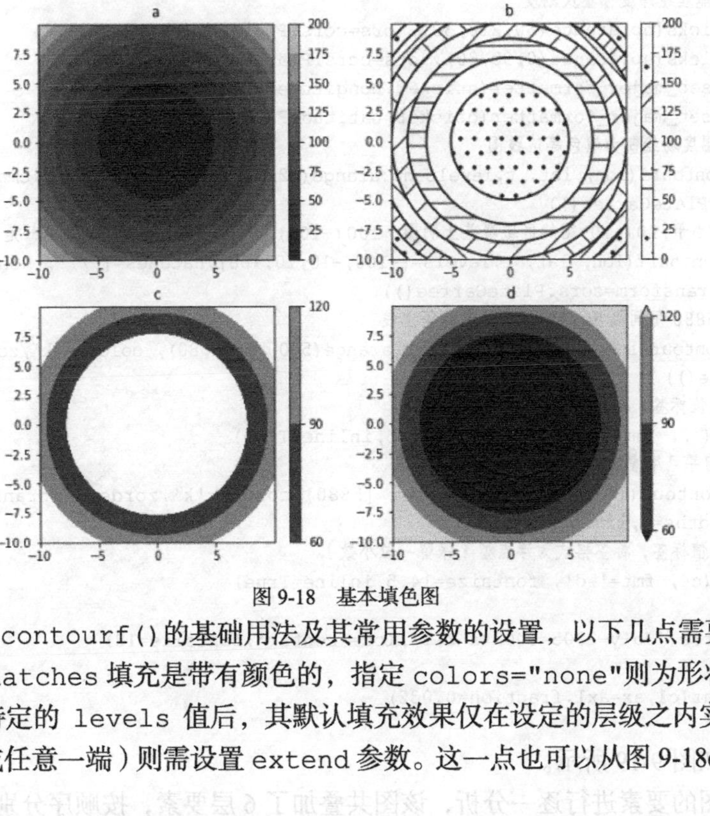

图 9-18　基本填色图

本例展示了 contourf() 的基础用法及其常用参数的设置，以下几点需要额外注意。

- 默认的 hatches 填充是带有颜色的，指定 colors="none"则为形状填充。
- 当设置特定的 levels 值后，其默认填充效果仅在设定的层级之内实现，如需扩充两端（或任意一端）则需设置 extend 参数。这一点也可以从图 9-18c 图和 d 图的色标看出。

接下来以 2005 年 7 月的高空 500hPa 的天气图为例，将等值线图与填色等值线图相结合，展示如何利用 Python 语言实现较为复杂的气象绘图：

```
import xarray as xr
import matplotlib.pyplot as plt
import cartopy.crs as ccrs
import cartopy.feature as cfeature
import cartopy.mpl.ticker as cticker
```

```
    #读取数据
    f = xr.open_dataset('./data.nc')
    z = f['hgt'].loc['2005-07-01',500,:,:]
    t = f['air'].loc['2005-07-01',700,:,:]
    lat = f['lat']
    lon = f['lon']
    #创建 Figure
    fig = plt.figure(figsize=(15, 12))
    #绘制 500hPa 位势高度场
    ax1 = fig.add_subplot(1,1,1, projection=ccrs.PlateCarree())
    #设置 ax1 的范围
    ax1.set_extent([60,180,0,90])
    #为 ax1 添加海岸线
    #ax1.coastlines()
    #为 ax1 添加地理经纬度标签及刻度
    ax1.set_xticks(np.arange(60,210,30), crs=ccrs.PlateCarree())
    ax1.set_yticks(np.arange(0,90,30), crs=ccrs.PlateCarree())
    ax1.xaxis.set_major_formatter(cticker.LongitudeFormatter())
    ax1.yaxis.set_major_formatter(cticker.LatitudeFormatter())
    #将 700hPa 温度场绘制为填色等值线图
    c1 = ax1.contourf(lon, lat, t,levels=np.arange(-21,22,1),extend='both',cmap='bwr',zorder=1,
transform=ccrs.PlateCarree())
    #把温度大于(小于)10(-10)℃的区域覆盖上阴影，100(-100)可以换为更大或更小的数，只是用于表明区间
    c2 = ax1.contourf(lon, lat, t,levels=[-100,-10,10,100],hatches=['//', None,'//'],zorder=2,
colors='none',transform=ccrs.PlateCarree())
    #从 5000 到 5880 每间隔 80 绘制一条黑色的等值线
    c3 = ax1.contour(lon, lat, z,levels=np.arange(5000,5880,80), colors='k',zorder=3,transform=
ccrs.PlateCarree())
    #为 c1 添加数值标签，标签格式为整型
    ax1.clabel(c3, fmt='%d', fontsize=14.5,inline=True)
    #单独绘制加粗并且用虚线表示的 5880 副高特征线
    c4 = ax1.contour(lon, lat, z,levels = [5880],colors='k',zorder=4,transform=ccrs.Plate
Carree(),linewidths=3,linestyles='--')
    #为 c2 添加数值标签，标签格式为浮点型(保留一位小数)
    ax1.clabel(c4, fmt='%d', fontsize=14.5,inline=True)
    #添加图题
    ax1.set_title('July 2005 500hPa Z&T',loc='center',fontsize=18)
    #添加色标
    fig.colorbar(c1,ax=ax1,fraction=0.032)
    plt.show()
```

输出结果如图 9-19 所示。

我们对该图的要素进行逐一分析，该图共叠加了 6 层要素，按顺序分别是温度场填色等值线图、阴影区域、位势高度场、位势高度场数值标签、5880 副高特征线、特征线数值标签。当实现多图层叠加时，我们必须要有清晰的思路，仔细考虑图层的先后顺序，比如如果先绘制等高线，再绘制填色等高线，就会导致等高线被覆盖。在上面的代码中，几个关键图层都使用了 zorder 参数来说明绘图顺序，由于这些图层都是按先后顺序添加的，因此删去上面代码中的 zorder 参数，也会得到相同的图形。

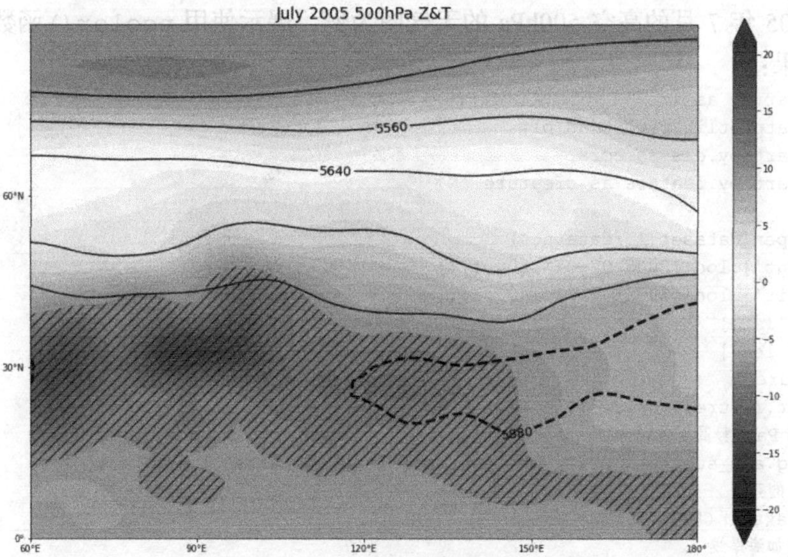

图 9-19 带有地图投影的填色图

9.6.2 pcolor()

pcolor()函数同样可以实现对二维数据的填色绘图，其与 contourf()函数的区别在于：contourf()函数会把二维数据首先拟合成等高线，然后进行填充；而pcolor()函数是直接将数据映射为颜色。因此使用 pcolor()函数绘制的填色图更接近真实情况，而使用 contourf()函数绘制的填色图实际上对数据进行了拟合和插值。所以，当数据存在缺测值或异常值时，使用 contourf()绘制会对这部分区域进行一定程度的拟合，而使用 pcolor()则会忽略缺测区域的绘制，并将异常值映射成对应数据的颜色。

首先介绍 pcolor()函数的基本形式及其相关参数：

```
ax.pcolor(x, y, c, *args, alpha=None, norm=None, cmap=None, vmin=None, vmax=None, data=None, **kwargs)
```

表 9-13 所示为该函数的常用参数。

表 9-13 **pcolor()**函数的常用参数

参数	说明
c	用来填色的二维数组
x、y	四边形色块的 4 个角的坐标，颜色填充于四边形内。x、y 的维数应比 c 的大 1，若是相同，那么 c 的最后一行和最后一列会被忽略
norm	将数据值归一化缩放以用于映射颜色
cmap	色板
vmin, vmax	色标的范围
edgecolors	边缘线颜色
alpha	透明度
snap	设置是否将栅格吸附到像素边界

仍以 2005 年 7 月的高空 500hPa 的天气图为例，展示使用 pcolor() 函数绘制填色图的方法与效果：

```
import xarray as xr
import matplotlib.pyplot as plt
import cartopy.crs as ccrs
import cartopy.feature as cfeature
#读取数据
f = xr.open_dataset('./data.nc')
z = f['hgt'].loc['2005-07-01',500,:,:]
t = f['air'].loc['2005-07-01',700,:,:]
lat = f['lat']
lon = f['lon']
#创建 Figure
fig = plt.figure(figsize=(15, 12))
#绘制 500hPa 位势高度场
ax1 = fig.add_subplot(2,2,1, projection=ccrs.PlateCarree())
#设置 ax1 的范围
ax1.set_extent([60,180,0,90])
#为 ax1 添加海岸线
#ax1.coastlines()
#为 ax1 添加地理经纬度标签及刻度
ax1.set_xticks(np.arange(60,210,30), crs=ccrs.PlateCarree())
ax1.set_yticks(np.arange(0,90,30), crs=ccrs.PlateCarree())
ax1.xaxis.set_major_formatter(cticker.LongitudeFormatter())
ax1.yaxis.set_major_formatter(cticker.LatitudeFormatter())
#将 700hPa 温度场绘制为填色等值线图
c1 = ax1.pcolor(lon, lat, t,vmin=-20, vmax=20,cmap='bwr',zorder=1,transform=ccrs.PlateCarree())
#添加图题
ax1.set_title('(a) July 2005 500hPa T',loc='center',fontsize=18)
#添加色标
fig.colorbar(c1,ax=ax1,fraction=0.032)
#ax2
ax2 = fig.add_subplot(2,2,2, projection=ccrs.PlateCarree())
#设置 ax2 的范围
ax2.set_extent([60,180,0,90])
#为 ax2 添加海岸线
#ax2.coastlines()
#为 ax2 添加地理经纬度标签及刻度
ax2.set_xticks(np.arange(60,210,30), crs=ccrs.PlateCarree())
ax2.set_yticks(np.arange(0,90,30), crs=ccrs.PlateCarree())
ax2.xaxis.set_major_formatter(cticker.LongitudeFormatter())
ax2.yaxis.set_major_formatter(cticker.LatitudeFormatter())
#将 700hPa 温度场绘制为填色等值线图
c2 = ax2.pcolor(lon, lat, t, vmin=-20, vmax=20, cmap='bwr', zorder=1, edgecolors='k',
transform=ccrs.PlateCarree())
#添加图题
ax2.set_title('(b) July 2005 500hPa T',loc='center',fontsize=18)
#添加色标
fig.colorbar(c2,ax=ax2,fraction=0.032)
#创建一个 t_copy 数组并将大于 15 的数据设置为缺测
t_copy = t.values.copy()
```

```
    t_copy[t_copy>15] = np.nan
    #ax3
    ax3 = fig.add_subplot(2,2,3, projection=ccrs.PlateCarree())
    #设置 ax3 的范围
    ax3.set_extent([60,180,0,90])
    #为 ax3 添加海岸线
    #ax3.coastlines()
    #为 ax3 添加地理经纬度标签及刻度
    ax3.set_xticks(np.arange(60,210,30), crs=ccrs.PlateCarree())
    ax3.set_yticks(np.arange(0,90,30), crs=ccrs.PlateCarree())
    ax3.xaxis.set_major_formatter(cticker.LongitudeFormatter())
    ax3.yaxis.set_major_formatter(cticker.LatitudeFormatter())
    #将 700hPa 温度场绘制为填色等值线图
    c3 = ax3.contourf(lon, lat, t_copy,levels=np.arange(-21,22,1), extend='both', cmap='bwr',
zorder=1, transform=ccrs.PlateCarree())
    #添加图题
    ax3.set_title('(c) July 2005 500hPa T',loc='center',fontsize=18)
    #添加色标
    fig.colorbar(c3,ax=ax3,fraction=0.032)
    #ax4
    ax4 = fig.add_subplot(2,2,4, projection=ccrs.PlateCarree())
    #设置 ax4 的范围
    ax4.set_extent([60,180,0,90])
    #为 ax4 添加海岸线
    #ax4.coastlines()
    #为 ax4 添加地理经纬度标签及刻度
    ax4.set_xticks(np.arange(60,210,30), crs=ccrs.PlateCarree())
    ax4.set_yticks(np.arange(0,90,30), crs=ccrs.PlateCarree())
    ax4.xaxis.set_major_formatter(cticker.LongitudeFormatter())
    ax4.yaxis.set_major_formatter(cticker.LatitudeFormatter())
    #将 700hPa 温度场绘制为填色等值线图
    c4 = ax4.pcolor(lon, lat, t_copy,vmin=-20, vmax=20,cmap='bwr',zorder=1,edgecolors='k',
transform=ccrs.PlateCarree())
    #添加图题
    ax4.set_title('(d) July 2005 500hPa T',loc='center',fontsize=18)
    #添加色标
    fig.colorbar(c4,ax=ax4,fraction=0.032)
    plt.show()
```

输出结果如图 9-20 所示。

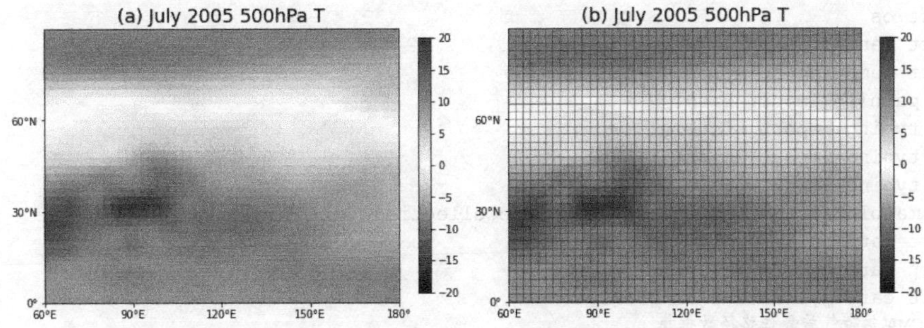

图 9-20 利用 pcolor()绘制填色图，以及它与用 contourf()实现的图的对比

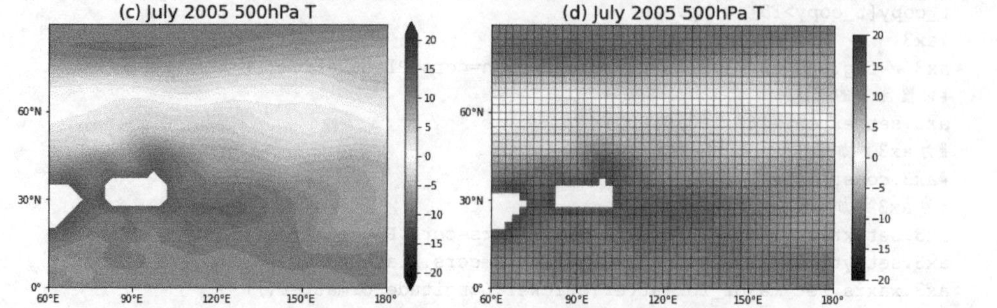

图 9-20 利用 pcolor()绘制填色图，以及它与用 contourf()实现的图的对比（续）

就颜色填充来说，其效果与图 9-19 相似，然而这里却存在一个“陷阱”。我们回顾关于 pcolor()的 x、y 参数的介绍，x、y 指的是四边形色块的 4 个角的坐标，这也就是说所填色的位置实际上是 4 个经纬度坐标所围成的矩形，而不是直接将坐标的位置映射为色块。那么 n 个经度点只能围成 $n-1$ 个色块，然而温度场数据的经度维数仍是 n，这就导致温度场经度纬度的最后一维数据没有被使用，对于纬度而言同理。对于大范围的绘图而言这种误差是可以忽略的，然而对于精细绘图来讲，这个问题就值得注意了，在绘制时必须调整好 x、y 坐标与绘图数据的形状，从而使得填色位置准确。而对比图 9-20 的（c）图和（d）图，可以清晰地看出两种填色方式对于缺测点的处理的差异。

9.7 轨迹绘制（以台风路径的绘制为例）

轨迹追踪图也是气象研究中常用的，追踪的轨迹有台风轨迹、冷高压轨迹、气旋轨迹、污染物轨迹等。这类图形不像填色图、散点图那样有自己单独的绘图函数，轨迹追踪图是对基础绘图方法 plot()的高级应用。我们以 2006 年的第 8 号台风“桑美”的轨迹追踪图的绘制为例，来展示这类图形的绘制方法。本节所使用的台风数据源于 CMA 热带气旋最佳路径数据集。代码如下（代码包含读取 CMA 热带气旋最佳路径数据集的完整方法，通过给定数据路径以及台风编号即可获得相关数据）：

```
import os
import pandas as pd
import numpy as np
from pathlib import Path
from typing import List
from typing import Union
from typing import Tuple
from matplotlib.collections import LineCollection
import matplotlib.pyplot as plt
import cartopy.crs as ccrs
import cartopy.feature as cfeature
#读取 CMA 热带气旋最佳路径数据集
def reader(
```

```
    typhoon_txt: os.PathLike, code: Union[str, int]
) -> Tuple[List[str], pd.DataFrame]:
    typhoon_txt = Path(typhoon_txt)
    if isinstance(code, int):
        code = "{:04}".format(code)
    with open(typhoon_txt, "r") as txt_handle:
        while True:
            header = txt_handle.readline().split()
            if not header:
                raise ValueError(f"没有在文件里找到编号为{code}的台风的数据")
            if header[4].strip() == code:
                break
            [txt_handle.readline() for _ in range(int(header[2]))]
        data_path = pd.read_table(
            txt_handle,
            sep=r"\s+",
            header=None,
            names=["TIME", "I", "LAT", "LONG", "PRES", "WND", "OWD"],
            nrows=int(header[2]),
            dtype={
                "I": np.int,
                "LAT": np.float32,
                "LONG": np.float32,
                "PRES": np.float32,
                "WND": np.float32,
                "OWD": np.float32,
            },
            parse_dates=True,
            date_parser=lambda x: pd.to_datetime(x, format=f"%Y%m%d%H"),
            index_col="TIME",
        )
        data_path["LAT"] = data_path["LAT"] / 10
        data_path["LONG"] = data_path["LONG"] / 10
        return header, data_path
#读取0608号台风的数据(数据为逐6小时的台风相关信息)
head, dat = reader(r"./CH2006BST.txt",'0608')
lat = dat.LAT
lon = dat.LONG
level = dat.I
pressure = dat.PRES
#创建Figure
fig = plt.figure(figsize=(15, 12))
#绘制台风路径
ax1 = fig.add_subplot(1,2,1, projection=ccrs.PlateCarree())
#设置ax1的范围
ax1.set_extent([100,160,-10,40])
#为ax1添加海岸线
ax1.coastlines()
#添加大陆特征ax1.add_feature(cfeature.LAND)
#为ax1添加地理经纬度标签及刻度
ax1.set_xticks(np.arange(100,170,10), crs=ccrs.PlateCarree())
ax1.set_yticks(np.arange(-10,50,10), crs=ccrs.PlateCarree())
ax1.xaxis.set_major_formatter(cticker.LongitudeFormatter())
ax1.yaxis.set_major_formatter(cticker.LatitudeFormatter())
#绘制台风路径,并标记逐6小时坐标点及其对应的台风强度
```

```
ax1.plot(lon,lat,linewidth=2)
s1 = ax1.scatter(lon,lat,c=pressure,s=(level+1)*13,cmap='Reds_r',vmax=1050,vmin=900,alpha=1)
fig.colorbar(s1,ax=ax1,fraction=0.04)
#绘制台风路径
ax2 = fig.add_subplot(1,2,2, projection=ccrs.PlateCarree())
#设置 ax2 的范围
ax2.set_extent([100,160,-10,40])
#为 ax2 添加海岸线
ax2.coastlines()
#添加大陆特征 ax2.add_feature(cfeature.LAND)
#为 ax2 添加地理经纬度标签及刻度
ax2.set_xticks(np.arange(100,170,10), crs=ccrs.PlateCarree())
ax2.set_yticks(np.arange(-10,50,10), crs=ccrs.PlateCarree())
ax2.xaxis.set_major_formatter(cticker.LongitudeFormatter())
ax2.yaxis.set_major_formatter(cticker.LatitudeFormatter())
#将经纬度数据存入同一数组
points = np.array([lon, lat]).T.reshape(-1, 1, 2)
segments = np.concatenate([points[:-1], points[1:]], axis=1)
#设置色标的标准化范围(即将 Z 维度的数据对应为颜色数组，Z 维度指 dat.WND[-1])
norm = plt.Normalize(0, 80)
#设置颜色线条
lc = LineCollection(segments, cmap='jet', norm=norm,transform=ccrs.PlateCarree())
lc.set_array(dat.WND[:-1])
#绘制线条
line = ax2.add_collection(lc)
fig.colorbar(lc,ax=ax2,fraction=0.04)
plt.show()
```

输出结果如图 9-21 所示。

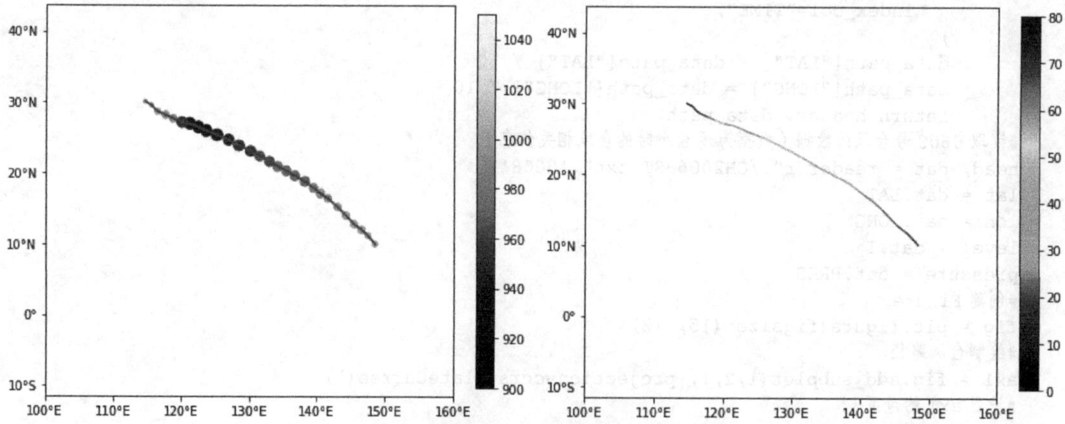

图 9-21 轨迹追踪图

在该例中，我们首先给出了完整的读取 CMA 热带气旋最佳路径数据集的方法，只需要利用封装好的函数、给定文件路径以及台风编号就可以读取出路径的头文件以及与台风相关的数据。得到数据后，我们给出了两种绘制路径的思路，一种是折线图与散点图相结合的方式，先绘制台风路径，然后将逐次记录的坐标通过散点图的形式绘制在路径上；另一种是绘制多色彩折线图的方式，利用颜色的差异表现出台风在不同位置的风速大小。

9.8 流线图

流线图是表示某一瞬间气流运行状况的图。流线图上绘有流线，用箭头表示气流的流向，流线上处处都与流线所在点的流向相切，流线的疏密程度与风速大小成正比。首先介绍绘制流线图的基本函数及其常用参数：

```
ax.streamplot (x, y, u, v, *args, **kwargs)
```

表 9-14 所示为该函数的常用参数。

表 9-14 ax. streamplot()函数的常用参数

参数	说明
x、y	一维或二维数组，代表箭头位置的 x 和 y 坐标。如果没有给出，它们将根据 u 和 v 的维数生成一个均匀整数栅格。如果 x 和 y 是 1 维的，而 u、v 是 2 维的，那么会通过 np.meshgrid(x, y)将其进行扩展，在这种情况下，len(x)和 len(y)必须匹配 u 和 v 的列和行
u、v	矢量数据的 x 和 y 方向的分量
density	流线密度，浮点数或两个浮点数构成的元组。当 density=1 时，全区域被分为 30×30 个区域，每个区域最多有一条流线。当 density=(density_x,density_y)时，用于表示两个方向的流线密度
linewidth	流线线宽
integration_direction	流线整合方向，{'forward', 'backward', 'both'}
start_points	流线起点
arrowstyle	流线箭头形状
arrowsize	流线箭头大小
maxlength	流线最大长度
minlength	流线最小长度
color/cmap	颜色/色板
norm	用于使颜色数组标准化

下面通过一个简单的示例来展示流线图的绘制：

```
import xarray as xr
import numpy as np
import matplotlib.pyplot as plt
import matplotlib.gridspec as gridspec
#读取数据
f = xr.open_dataset('./data.nc')
u = f['uwnd'].loc['2005-07-01',500,:,:].values
v = f['vwnd'].loc['2005-07-01',500,:,:].values
lat = f['lat']
lon = f['lon']
#创建 Figure
fig = plt.figure(figsize=(16, 13))
```

```
#绘制 500hPa 位势高度场
ax1 = fig.add_subplot(1,1,1, projection=ccrs.PlateCarree())
#设置 ax1 的范围
ax1.set_extent([80,140,0,40])
#为 ax1 添加海岸线
#ax1.coastlines()
#为 ax1 添加地理经纬度标签及刻度
ax1.set_xticks(np.arange(80,160,20), crs=ccrs.PlateCarree())
ax1.set_yticks(np.arange(0,60,20), crs=ccrs.PlateCarree())
ax1.xaxis.set_major_formatter(cticker.LongitudeFormatter())
ax1.yaxis.set_major_formatter(cticker.LatitudeFormatter())
#绘制 500hPa 风矢量流线图
q1 = ax1.streamplot(lon, lat, u, v,density=[1, 5],transform=ccrs.PlateCarree())
plt.show()
```

输出结果如图 9-22 所示。

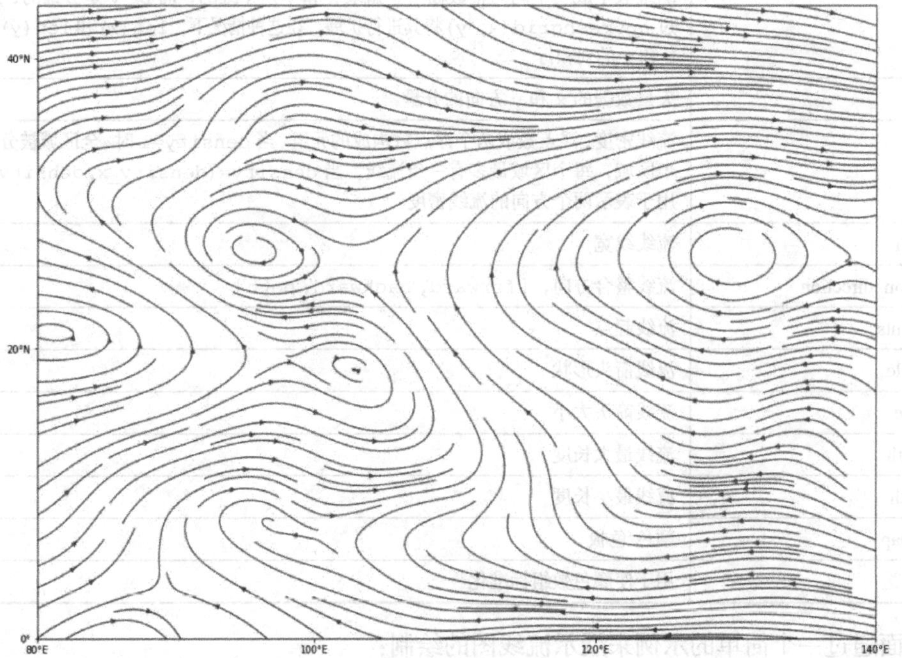

图 9-22　流线图

我们通过设置 density 参数改变了纬度方向的流线密度，将纬度方向的流线密度设置成了经度方向的流线密度的 5 倍，效果是显而易见的。相应地，通过设置其他参数也可以实现不同的效果，比如可通过对流线起点以及流线长度的控制来实现类似 NCL 中卷曲风矢量流线图的绘制。关于流线箭头格式的设置也有诸多选项，具体的可选参数如表 9-15 所示（使用时可在 ax_streamplot 函数内添加如 arrowstyle='→'或 arrowstyle='fancy' 等参数）。

表 9-15 设置 arrowstyle 可选的类型参数

箭头类型	相应参数	对应的箭头的详细属性
Curve	-	None
CurveB	->	head_length=0.4, head_width=0.2
BracketB	-[	widthB=1.0, lengthB=0.2, angleB=None
CurveFilledB	-|>	head_length=0.4, head_width=0.2
CurveA	<-	head_length=0.4, head_width=0.2
CurveAB	<->	head_length=0.4, head_width=0.2
CurveFilledA	<|-	head_length=0.4, head_width=0.2
CurveFilledAB	<|-|>	head_length=0.4, head_width=0.2
BracketA	]-	widthA=1.0, lengthA=0.2, angleA=None
BracketAB	]-[	widthA=1.0, lengthA=0.2, angleA=None, widthB=1.0, lengthB=0.2, angleB=None
Fancy	fancy	head_length=0.4, head_width=0.4, tail_width=0.4
Simple	simple	head_length=0.5, head_width=0.5, tail_width=0.2
Wedge	wedge	tail_width=0.3, shrink_factor=0.5
BarAB	|-|	widthA=1.0, angleA=None, widthB=1.0, angleB=None

9.9 矢量箭头图

在绘制风场、通量场这类矢量数据对应的图形时，必然会用到矢量箭头，矢量箭头在表现物理量大小的同时还可以表现物理量的方向。不同于 9.8 节介绍的流线图，矢量箭头图是在每一个栅格的位置，根据数据的大小和方向绘制的一个对应比例的箭头。下面介绍绘制矢量箭头图的基本函数及其常用参数：

```
ax.quiver(x, y, u, v, *args, **kwargs)
```

表 9-16 所示为该函数的常用参数。

表 9-16 `ax.quiver()`函数的常用参数

参数	说明
x、y	一维或二维数组，代表箭头位置的 x 和 y 坐标。如果没有给出，它们将根据 u 和 v 的维数生成一个均匀整数栅格。如果 x 和 y 是 1 维的，而 u、v 是 2 维的，那么会通过 np.meshgrid(x, y)将其进行扩展，在这种情况下，len(x)和 len(y)必须匹配 u 和 v 的列和行
u、v	矢量数据的 x 和 y 方向的分量
units	{'width', 'height', 'dots', 'inches', 'x', 'y' 'xy'}，默认为'width'，表示箭头尺寸的单位。 'width'、'height'：轴的宽度或者高度。 'dots'、'inches'：基于图片 dpi 的像素或者英寸。 'x'、'y'、'xy'：基于数据单位的 x、y 或 $\sqrt{x^2+y^2}$
angles	箭头角度设置，{'uv', 'xy'}或数组型，默认为'uv'。 'uv'：箭头轴长宽比为 1，因此如果 u == v，图上箭头的基准方向为沿 x 轴方向逆时针旋转 45° 'xy'：箭头从(x, y)指向(x+u, y+v)。通常用于绘制梯度场。 数组型用于指定角度，从水平轴逆时针方向指定，在这种情况下，u、v 只用于确定箭头的长度

续表

参数	说明
scale	箭头单位长度与数据绝对值的比，该参数值越小，箭头越长，默认不设置该参数时会自动缩放
scale_units	箭头单位长度的测量方式：{'width', 'height', 'dots', 'inches', 'x', 'y', 'xy'}
width	箭头主轴宽度
headwidth	以几倍箭头主轴的宽度作为箭头头部的宽度
headaxislength	箭头头部与主轴交点的长度
headlength	以几倍箭头长度的宽度作为箭头头部的长度
minshaft	箭头主轴的长度，以箭头头部的长度为单位
minlength	最小长度为轴宽的几倍，小于该长度的箭头用一个直径为此参数值大小的点代替
pivot	箭头在坐标点的位置，{'tail', 'mid', 'tip'}
color	颜色

可以发现大量的参数是针对箭头本身的形状的，我们通过一个示例来展示这些参数对矢量箭头形状产生的效果：

```
import matplotlib.pyplot as plt
fig = plt.figure(figsize=(15, 3))
ax1 = fig.add_subplot(1,2,1)
# 默认
q1 = ax1.quiver(0, 0, 1, 1)
# scale: 缩放比例，值越大，箭头越短
q2 = ax1.quiver(0.1, 0, 1, 1, scale=15)
# width: 主轴宽度
q3 = ax1.quiver(0.2, 0, 1, 1, width=0.05)
# headwidth: 矢量符号箭头头部的宽度
q4 = ax1.quiver(0.3, 0, 1, 1, headwidth=8)
# headlength: 矢量符号箭头头部的长度，从头部到尾部
q5 = ax1.quiver(0.4, 0, 1, 1, headlength=8)
# headaxislength: 矢量符号箭头的头部到矢量符号轴和箭头的交接处的长度
q6 = ax1.quiver(0.5, 0, 1, 1, headwidth=8, headlength=8, headaxislength=2)
# minlength: 最小箭头长度，当矢量长度小于此值时，矢量将被替换为正六边形
q7 = ax1.quiver(0.65, 0, 1, 1, headwidth=4, headlength=4, minlength=10)
ax1.set_axis_off()
```

输出结果如图 9-23 所示。

图 9-23　矢量箭头

矢量图的绘制还涉及一个重要因素，那就是参考矢量。Matplotlib 提供了一个单独的函数用来给矢量箭头图添加参考矢量：

```
Axes.quiverkey( Q, x, y, u, label, **kwargs)
```

表 9-17 所示为该函数的常用参数。

表 9-17 **Axes.quiverkey()** 函数的常用参数

参数	说明
Q	quiver()返回的 quiver 对象
x、y	参考矢量的 *x*、*y* 坐标
u	参考矢量的长度
label	参考矢量的标签
angle	参考矢量的旋转角度，从 *x* 轴开始以逆时针方向旋转
coordinates	坐标类型：{'axes', 'figure', 'data', 'inches'}，默认为'axes'。 'axes'、'figure'：归一化坐标系，(0,0)在左下角，(1,1)在右上角。 'data'是坐标轴数据坐标。 'inches'是 Figure 中的位置，单位为英寸，(0,0)位于 Figure 左下角
color	颜色
labelpos	标签在箭头上的位置：{'N', 'S', 'E', 'W'}
labelsep	标签与箭头的距离
labelcolor	标签颜色

在使用过程中根据数据的量级以及范围，灵活调整关于箭头样式的参数可以使得绘制的矢量图更加优美。接下来以 2005 年 7 月的高空 500hPa 的水平风场为例，介绍如何利用 `quiver()` 函数绘制气象矢量图。在这个示例中，我们选择使用墨卡托投影：

```
import xarray as xr
import matplotlib.pyplot as plt
import cartopy.crs as ccrs
import cartopy.feature as cfeature
#读取数据
f = xr.open_dataset('./data.nc')
u = f['uwnd'].loc['2005-07-01',500,:,:].values
v = f['vwnd'].loc['2005-07-01',500,:,:].values
lat = f['lat']
lon = f['lon']
#创建 Figure
fig = plt.figure(figsize=(16, 13))
#绘制 500hPa 位势高度场
ax1 = fig.add_subplot(1,2,1, projection=ccrs.Mercator())
#设置 ax1 的范围
ax1.set_extent([80,140,0,40])
#为 ax1 添加海岸线
ax1.coastlines()
#为 ax1 添加地理经纬度标签及刻度
ax1.set_xticks(np.arange(80,160,20), crs=ccrs.PlateCarree())
ax1.set_yticks(np.arange(0,60,20), crs=ccrs.PlateCarree())
ax1.xaxis.set_major_formatter(cticker.LongitudeFormatter())
ax1.yaxis.set_major_formatter(cticker.LatitudeFormatter())
#绘制 500hPa 水平风场
q1 = ax1.quiver(lon, lat, u,v,scale=200,transform=ccrs.PlateCarree())
#添加参考矢量
ax1.quiverkey(q1,0.9,1.01,U=30,label='30m/s')
```

```
    #添加图题
    ax1.set_title('(a) July 2005 500hPa UV',loc='center',fontsize=18)
    #绘制 ax2
    ax2 = fig.add_subplot(1,2,2, projection=ccrs.Mercator())
    #设置 ax2 的范围
    ax2.set_extent([80,140,0,40])
    #为 ax2 添加海岸线
    ax2.coastlines()
    #为 ax2 添加地理经纬度标签及刻度
    ax2.set_xticks(np.arange(80,160,20), crs=ccrs.PlateCarree())
    ax2.set_yticks(np.arange(0,60,20), crs=ccrs.PlateCarree())
    ax2.xaxis.set_major_formatter(cticker.LongitudeFormatter())
    ax2.yaxis.set_major_formatter(cticker.LatitudeFormatter())
    #绘制 500hPa 水平风场，[::2,::2]表示每隔两个栅格绘制一次，避免箭头过于密集
    q1 = ax2.quiver(lon[::2], lat[::2], u[::2,::2], v[::2,::2], scale=200, transform=ccrs.
PlateCarree())
    #添加参考矢量
    ax1.quiverkey(q1,0.9,1.01,U=30,label='30m/s')
    #添加图题
    ax2.set_title('(b) July 2005 500hPa UV',loc='center',fontsize=18)
    plt.show()
```

输出结果如图 9-24 所示。

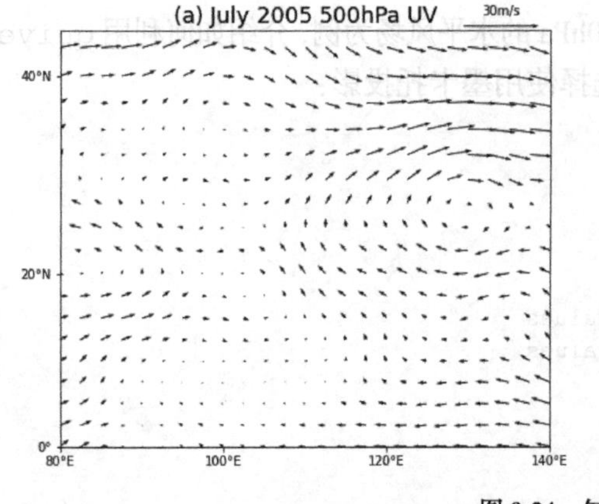

图 9-24　矢量箭头图

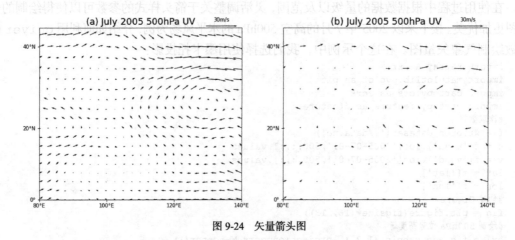

该例介绍了在默认设置下绘制带有墨卡托投影的水平风场，图 9-24（b）图提供了一个解决（a）图矢量箭头过密的方案，即每隔 2 个经纬度栅格绘制一个箭头。其他矢量场的绘制方法同该例的基本一样。除了水平矢量场以外，气象绘图中还会经常绘制一种平面矢量图，那便是垂直剖面矢量图。下面一个示例展示了 2005 年 120°E、35°N 上空风矢量逐月变化的分布情况：

```
    import xarray as xr
    import matplotlib.pyplot as plt
    import cartopy.crs as ccrs
    import cartopy.feature as cfeature
    import pandas as pd
    #读取数据
    f = xr.open_dataset('./data.nc')
```

```
u = f['uwnd'].loc['2005-01-01':'2005-12-01',:,35,120]
w = f['omega'].loc['2005-01-01':'2005-12-01',:,35,120]
time = u.time
lev = u.level
#创建 Figure
fig = plt.figure(figsize=(16, 13))
#绘制 500hPa 位势高度场
ax1 = fig.add_subplot(1,1,1)
#绘制 500hPa 水平风场
q1 = ax1.quiver(range(time.shape[0]), lev, u,w*200,pivot='mid')
#添加参考矢量
ax1.quiverkey(q1,0.9,1.01,U=30,label='30m/s')
#设置 y 轴为对数坐标轴，并设置相关标签
ax1.set_yscale('symlog')
ax1.set_xticks(np.arange(0,12,1))
ax1.set_yticks([1000,850,700,500,300,200,100])
ax1.set_yticklabels([1000,850,700,500,300,200,100])
ax1.set_ylim(1050,90)
#设置 x 轴标签
ax1.set_xlim(-1,12)
ax1.set_xticks(np.arange(0,12,1))
ax1.set_xticklabels(pd.date_range(start='2005-01',periods=12,freq='M').date )
#添加图题
ax1.set_title('2005 U&OMEGA',loc='center',fontsize=18)
plt.show()
```

输出结果如图 9-25 所示。

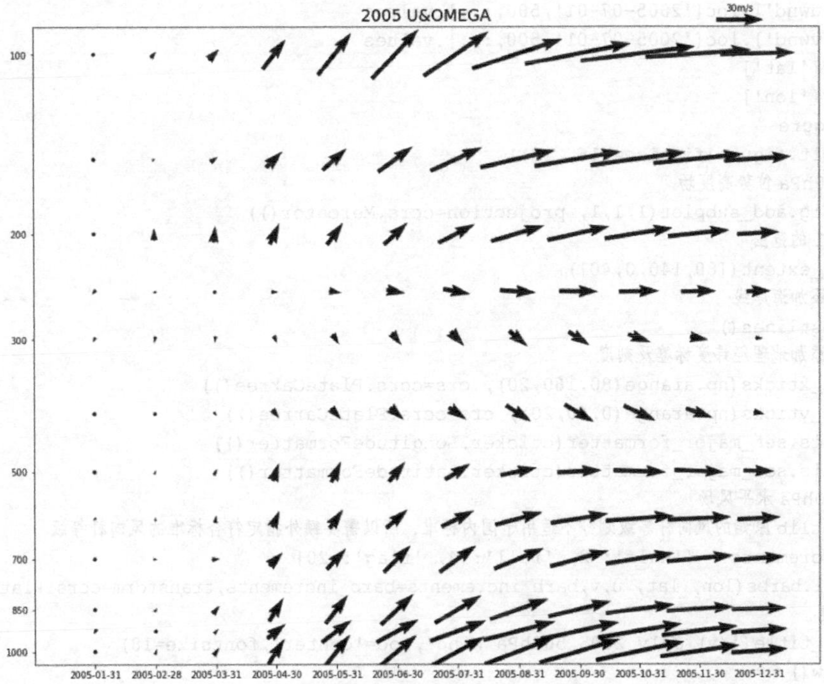

图 9-25 垂直剖面矢量图

在绘制垂直剖面矢量图时无须设置投影，但是要注意 x 轴、y 轴的刻度及标签的设置。在绘制矢量箭头时，我们选择添加了 pivot='mid'的参数设置，这是为了使箭头的中心固定在坐标点上。需注意，由于垂直速度量级过小，为了绘图效果更好这里将垂直速度放大了200倍。

9.10 风向杆图

在绘制天气图时常利用风向杆图来反映风向及风速的情况，风向杆上有风羽（或风三角）的一端指向风的来向，通过风羽表示风速的大小。根据中国气象局的标准，一短划（半羽）表示 2m/s，长划（全羽）表示 4m/s，一个风三角表示 20m/s，由于这一标准与 Matplotlib 中内置的标准不同，因此在绘制时需要额外设置。

我们以 2005 年 7 月 500hPa 的风场分布为例，介绍风向杆图的绘制方法：

```
import xarray as xr
import matplotlib.pyplot as plt
import cartopy.crs as ccrs
import cartopy.feature as cfeature
import cartopy.mpl.ticker as cticker
#读取数据
f = xr.open_dataset('./data/data.nc')
u = f['uwnd'].loc['2005-07-01',500,:,:].values
v = f['vwnd'].loc['2005-07-01',500,:,:].values
lat = f['lat']
lon = f['lon']
#创建 Figure
fig = plt.figure(figsize=(16, 13))
#绘制 500hPa 位势高度场
ax1 = fig.add_subplot(1,1,1, projection=ccrs.Mercator())
#设置 ax1 的范围
ax1.set_extent([80,140,0,40])
#为 ax1 添加海岸线
ax1.coastlines()
#为 ax1 添加地理经纬度标签及刻度
ax1.set_xticks(np.arange(80,160,20), crs=ccrs.PlateCarree())
ax1.set_yticks(np.arange(0,60,20), crs=ccrs.PlateCarree())
ax1.xaxis.set_major_formatter(cticker.LongitudeFormatter())
ax1.yaxis.set_major_formatter(cticker.LatitudeFormatter())
#绘制 500hPa 水平风场
#Matplotlib 原始的风向杆等级划分不适用于国内标准，所以需要额外指定符合标准的风向杆等级
barb_increments = {'half': 2, 'full': 4, 'flag': 20}
q1 = ax1.barbs(lon, lat, u,v,barb_increments=barb_increments,transform=ccrs.PlateCarree())
#添加图题
ax1.set_title('(a) July 2005 500hPa Wind',loc='center',fontsize=18)
plt.show()
```

输出结果如图 9-26 所示。

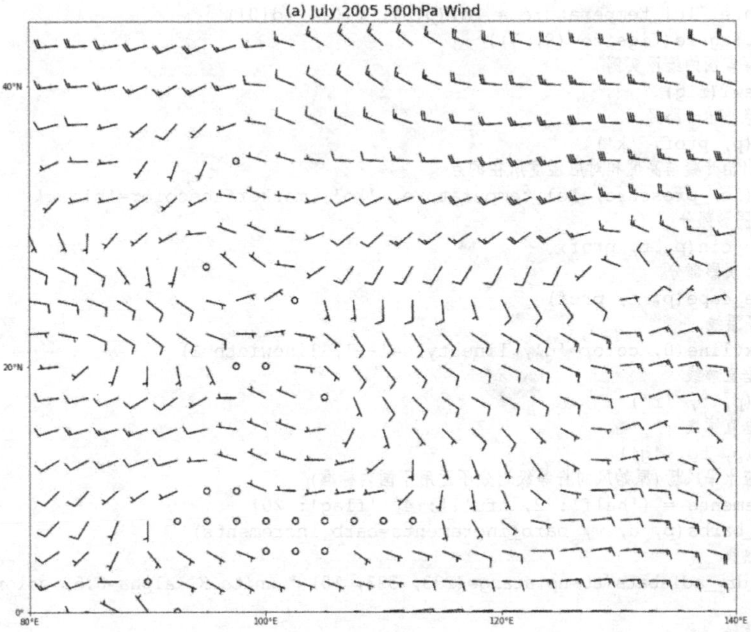

图 9-26 风向杆图

9.11 探空图

温度-对数压力（T-lnp）图又称探空图或埃玛图，是气象领域中普遍使用的一种热力学图形，它能反映出测站上空的层级稳定度。探空图的绘制需要引入 MetPy 库。下面介绍探空图的绘制示例（具体的代码含义在注释中均已详细说明）：

```
    import numpy as np
    # MetPy 中用于绘制探空图的类
    from metpy.plots import SkewT
    from metpy.units import units
    from metpy.calc import lcl
    from metpy.calc import parcel_profile
    # 探空数据，原始的 np.ndarray 数组需要带上单位，以转换为带单位的数据
    # 气压层
    p = np.array([1000, 925, 850, 700, 600, 500, 450, 400, 300, 250]) * units.hPa
    # 气压层对应温度
    t = np.array([4, 8, 3, -11, -21, -26, -33, -38, -55, -60]) * units.degC
    # 气压层对应露点
    td = np.array([-8, -9, -14, -18, -25, -34, -38, -43, -61, -67]) * units.degC
    # 气压层对应风的 U 分量
    u = np.array([-0.39, 0.11, 3.1, 10.7, 16.61, 24.0, 20.31, 33.43, 49.32, 59.21]) * units('m/s')
    # 气压层对应风的 V 分量
    v = np.array([-0.57, -0.75, -1.09, -0.79, -0.48, -0.04, -0.26, 0.96, 2.87, 4.14]) *
units('m/s')
    # 计算气块绝热抬升参数
    prof = parcel_profile(p, t[0], td[0]).to('degC')
    # 用最底层气压(这里是 1000hPa)、温度和露点，计算抬升凝结高度对应的气压和温度
```

```
    lcl_pressure, lcl_temperature = lcl(p[0], t[0], td[0])
    fig = plt.figure(figsize=(8, 7))
    # 用于绘制探空图的绘图实例
    skew = SkewT(fig)
    # 绘制气块绝热抬升路径
    skew.plot(p, prof, 'k')
    # 在图上标出抬升凝结高度和对应温度所在的点
    skew.plot(lcl_pressure, lcl_temperature, 'ko', markerfacecolor='black')
    # 绘制 CIN 阴影部分
    skew.shade_cin(p, t, prof)
    # 绘制 CAPE 阴影部分
    skew.shade_cape(p, t, prof)
    # 绘制 0℃等温线
    skew.ax.axvline(0, color='c', linestyle='--', linewidth=1)
    # 环境温度垂直廓线
    skew.plot(p, t, 'r')
    # 环境露点垂直廓线
    skew.plot(p, td, 'g')
    # 高度层对应水平风场(原始风向杆等级划分不适用于国内标准)
    barb_increments = {'half': 2, 'full': 4, 'flag': 20}
    skew.plot_barbs(p, u, v, barb_increments=barb_increments)
    # 绘制干绝热线
    skew.plot_dry_adiabats(t0=np.arange(233, 533, 10) * units.K, alpha=0.5, color='orangered',
linewidth=0.7)
    # 绘制湿绝热线
    skew.plot_moist_adiabats(t0=np.arange(233, 400, 5) * units.K, alpha=0.5, color='tab:green',
linewidth=0.7)
    # 绘制混合比线
    skew.plot_mixing_lines(p=np.arange(1000, 99, -20) * units.hPa, linestyle='dotted', color=
'tab:blue', linewidth=0.7)
    #设置 Y 轴(高度层)范围
    skew.ax.set_ylim(1000, 250)
    #设置 X 轴(温度)范围
    skew.ax.set_xlim(-40, 50)
    plt.show()
```

输出结果如图 9-27 所示。

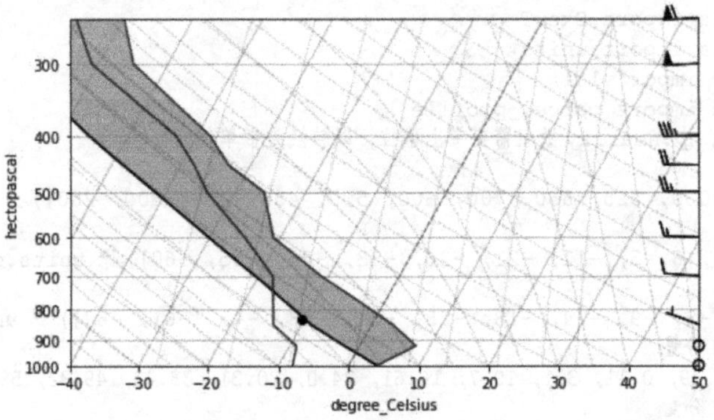

图 9-27 探空图

在探空图的绘制过程中，虽然引入了部分 MetPy 库的绘图函数来实现干、湿绝热线等图形要素的绘制，但实际上这些绘图函数的参数和使用方法与本章介绍的 Matplotlib 库中的基础绘图函数的参数和使用方法基本是一致的。读者只需调整本段代码中的数据读取部分，再加上这些绘图函数，即可绘制出相应的探空图。

9.12 泰勒图

简单地说，泰勒图就是一种可以同时对比一组数据的标准差、均方根误差和相关系数 3 个指标的图形，通常用于进行数据的精度评价，被广泛应用于模式评估与检验。泰勒图是在极坐标系的基础上绘制成的，本节将介绍 Matplotlib 中标准泰勒图的绘制方法。对于标准泰勒图，数据点到圆心的距离表示模式数据与观测数据的标准差之比，数据点和圆心的连线与水平轴的角度表示相关系数，参考点与数据点的距离表示均方根误差。泰勒图的绘制代码具体如下：

```
from matplotlib.projections import PolarAxes
from mpl_toolkits.axisartist import floating_axes
from mpl_toolkits.axisartist import grid_finder
import numpy as np
#绘制泰勒图坐标系
def set_tayloraxes(fig, location=111):
#新建极坐标系
trans = PolarAxes.PolarTransform()
#相关系数轴
   r1_locs = np.hstack((np.arange(1,10)/10.0,[0.95,0.99]))
   t1_locs = np.arccos(r1_locs)
   gl1 = grid_finder.FixedLocator(t1_locs)
   tf1 = grid_finder.DictFormatter(dict(zip(t1_locs, map(str,r1_locs))))
#标准差轴
   r2_locs = np.arange(0,2,0.25)
   r2_labels = ['0 ', '0.25 ', '0.50 ', '0.75 ', 'REF ', '1.25 ', '1.50 ', '1.75 ']
   gl2 = grid_finder.FixedLocator(r2_locs)
   tf2 = grid_finder.DictFormatter(dict(zip(r2_locs, map(str,r2_labels))))
   ghelper = floating_axes.GridHelperCurveLinear(tr,extremes=(0,np.pi/2,0,1.75),
                                      grid_locator1=gl1,tick_formatter1=tf1,
                                      grid_locator2=gl2,tick_formatter2=tf2)
   ax = floating_axes.FloatingSubplot(fig, location, grid_helper=ghelper)
fig.add_subplot(ax)
#设置各个轴的格式
   ax.axis["top"].set_axis_direction("bottom")
   ax.axis["top"].toggle(ticklabels=True, label=True)
   ax.axis["top"].major_ticklabels.set_axis_direction("top")
   ax.axis["top"].label.set_axis_direction("top")
   ax.axis["top"].label.set_text("Correlation")
   ax.axis["left"].set_axis_direction("bottom")
   ax.axis["left"].label.set_text("Standard deviation")
   ax.axis["right"].set_axis_direction("top")
   ax.axis["right"].toggle(ticklabels=True)
   ax.axis["right"].major_ticklabels.set_axis_direction("left")
   ax.axis["bottom"].set_visible(False)
   ax.grid()
   polar_ax = ax.get_aux_axes(trans)
   t = np.linspace(0,np.pi/2)
```

```
    r = np.zeros_like(t) + 1
polar_ax.plot(t,r,'k--')
#将垂直轴的 REF 改为 1.00
    polar_ax.text(np.pi/2+0.042,1.03, " 1.00", size=10.5,ha="right", va="top",
              bbox=dict(boxstyle="square",ec='w',fc='w'))
    return polar_ax
#在泰勒图上绘制数据点
def plot_taylor(axes, refsample, sample, *args, **kwargs):
    std = np.std(sample)
    corr = np.corrcoef(refsample, sample)
    theta = np.arccos(corr[0,1])
    t,r = theta,std
    d = axes.plot(t,r, *args, **kwargs)
return d
```

以上代码主要通过两个自定义函数来实现泰勒图的绘制，set_tayloraxes()函数用于建立泰勒图坐标系，而 plot_taylor()函数则用于绘制数据点。要注意该代码主要是为了绘制泰勒图坐标系，因此我们将绘制数据点部分的函数分离。plot_taylor()函数的设计较为简单，方便使用者根据自己的数据结构调整绘图参数。

接下来我们通过一些随机生成的观测数据和模式数据来测试泰勒图的绘制：

```
x = np.linspace(0,100*np.pi,100)
#生成观测数据
data = np.sin(x)
#生成 3 组与原始数据形状相同的对比数据
m1 = data + 0.4*np.random.randn(len(x))
m2 = 0.3*data + 0.6*np.random.randn(len(x))
m3 = np.sin(x-np.pi/10)
#绘图
fig = plt.figure(figsize=(10,4))
ax1 = set_tayloraxes(fig, 121)
d1 = plot_taylor(ax1,data,m1, 'bo')
d2 = plot_taylor(ax1,data,m2, 'ro')
d3 = plot_taylor(ax1,data,m3, 'go')
plt.show()
```

输出结果如图 9-28 所示。

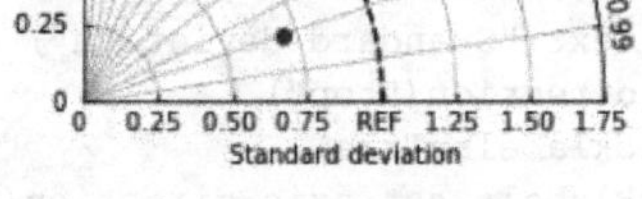

图 9-28　泰勒图

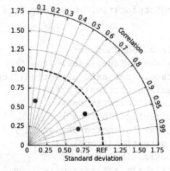

上面的代码生成了观测数据与 3 组对比数据，并将其绘制成了泰勒图，使用时可根据数据的格式来调整 plot_taylor()函数的形式。

第10章 常用气象物理量计算

气象物理量诊断分析是气象气候分析的一部分，它利用各种气象资料来计算大气物理量，并分析这些量的空间分布特征及其与天气系统的发展关系等。本章将介绍如何利用 Python 语言实现常用气象物理量的计算。需要特别说明的是，本章主要是在 MetPy 库的基础上介绍常用气象物理量的计算。在阅读本章内容前，请先掌握第 5 章介绍的 MetPy 的单位制的相关内容。由于本章介绍的计算函数较多，涉及的数据种类过多，因此仅对部分常用物理量的计算进行介绍。

10.1 干空气热力学（dry thermodynamics）物理量

本节介绍干空气热力过程中的常用气象物理量计算函数。

10.1.1 高于给定气压水平的某高度的气压

标准大气假设下，计算高于给定气压水平的某高度处的气压，核心实现代码如下：

```
metpy.calc.add_height_to_pressure(pressure, height)
```

参数含义如下。

- `pressure` (pint.Quantity 型，带有单位的量)：给定气压水平。
- `height`（pint.Quantity 型）：高于给定气压水平的高度。

返回：高于给定气压一定高度的相应气压（pint.Quantity 型）。

10.1.2 高于给定高度一定气压的高度

标准大气假设下，计算高于给定高度位置一定气压的高度，核心实现代码如下：

```
metpy.calc.add_pressure_to_height(height, pressure)
```

参数含义如下。

- height (pint.Quantity 型)：给定的高度。
- pressure (pint.Quantity 型)：高于给定高度的气压。

返回：高于给定高度位置一定气压的高度（pint.Quantity 型）。

10.1.3 空气密度

根据气块的气压、温度和混合比计算空气密度，遵循公式：

$$\rho = \frac{p}{R_d T_v}$$

实现代码如下：

```
metpy.calc.density(pressure,  temperature,  mixing, molecular_weight_ratio= <Quantity(0.
621980086, 'dimensionless')>)
```

参数含义如下。

- pressure（pint.Quantity 型）：气压。
- temperature（pint.Quantity 型）：气温。
- mixing（pint.Quantity 型）：混合比。
- molecular_weight_ratio（pint.Quantity 型或浮点型）：组成气体的分子量与假定的空气分子量的比率。默认为水蒸气与干燥空气的比值（数值为 0.622）。

返回：空气密度（pint.Quantity 型）。

10.1.4 干静力能

计算气块的干静力能，遵循公式：

$$E_d = C_P T + gz$$

```
metpy.calc.dry_static_energy(heights, temperature)
```

参数含义如下。

- heights (pint.Quantity 型)：高度。
- temperature (pint.Quantity 型)：气温。

返回：干静力能（pint.Quantity 型）。

10.1.5 位势与海拔高度的相互转换

利用海拔高度计算位势，遵循公式：

$$\phi = \frac{gR_e z}{R_e + z}$$

其中 g 为标准重力加速度，R_e 为地球半径。

核心实现代码如下：

```
metpy.calc.height_to_geopotential(height)
```

参数含义如下。

height (pint.Quantity 型)：高度。

返回：位势（pint.Quantity 型）。

类似地，可以利用位势计算海拔高度，遵循公式：

$$z = \frac{\phi R_e}{g R_e - \phi}$$

```
metpy.calc.geopotential_to_height(geopotential)
```

参数含义如下。

geopotential (pint.Quantity 型)：位势。

返回：对应的海拔高度（pint.Quantity 型）。

10.1.6 位温

利用气压和温度计算位温，遵循公式：

$$\theta = T\left(\frac{P_0}{P}\right)^{\kappa}$$

```
metpy.calc.potential_temperature(pressure, temperature)
```

参数含义如下。

- pressure (pint.Quantity 型)：气压。
- temperature (pint.Quantity 型)：气温。

返回：对应的位温（pint.Quantity 型）。

10.1.7 利用 Sigma 值计算气压

将 Sigma 坐标系的 Sigma 值计算为对应的气压，遵循公式：

$$p = \sigma \times (p_{\text{sfc}} - p_{\text{top}}) + p_{\text{top}}$$

其中 p_{sfc} 为模型下表面气压，p_{top} 为模型顶部气压。核心实现代码如下：

```
metpy.calc.sigma_to_pressure(sigma, psfc, ptop)
```

参数含义如下。

- sigma (多维数组型)：给定的 Sigma 值。
- psfc (pint.Quantity 型)：模型下表面气压。
- ptop (pint.Quantity 型)：模型顶部气压。

返回：对应的气压（pint.Quantity 型）。

10.1.8 垂直剖面的静力稳定度

计算垂直剖面的静力稳定度，遵循公式：

$$\sigma = -\frac{RT}{p}\frac{\partial \ln \theta}{\partial p}$$

其中 σ 为静力稳定度，p 为气压，T 为温度，θ 为位温，R 为气体常数。

核心实现代码如下：

```
metpy.calc.static_stability(pressure, temperature, axis=0)
```

参数含义如下。

- pressure (pint.Quantity 型)：垂直气压。
- temperature (pint.Quantity 型)：垂直温度。
- axis（整数型）：垂直坐标所在的轴，默认为第一维度（axis=0）。

返回：垂直剖面的静力稳定度（pint.Quantity 型）。

10.2 湿热力学（moist thermodynamics）物理量

本节介绍湿热力过程中的常用气象物理量计算函数。

10.2.1 露点温度

根据给定的水汽压计算露点温度，遵循公式：

$$T = \frac{243.5\lg\left(\frac{e}{6.112}\right)}{17.67 - \lg\left(\frac{e}{6.112}\right)}$$

核心实现代码如下：

```
metpy.calc.dewpoint(e)
```

参数含义如下。

e (pint.Quantity 型)：水汽压。

返回：对应的露点温度（pint.Quantity 型）。

也可通过相对湿度和温度来计算露点温度：

```
metpy.calc.dewpoint_from_relative_humidity(temperature, rh)
```

参数含义如下。

- temperature (pint.Quantity 型)：气温。
- rh (pint.Quantity 型)：相对湿度，范围为 0 ~ 1。

返回：对应的露点温度（pint.Quantity 型）。

其次还可以利用比湿、温度和气压来计算露点温度：

```
metpy.calc.dewpoint_from_specific_humidity(specific_humidity, temperature, pressure)
```

参数含义如下。

- specific_humidity (pint.Quantity 型)：比湿。

- temperature (pint.Quantity 型)：气温。
- pressure (pint.Quantity 型)：气压。

返回：对应的露点温度（pint.Quantity 型）。

10.2.2 相当位温

利用气块气压、温度以及露点温度计算相当位温，遵循公式：

$$\theta_E = \theta_{DL}\exp\left[\left(\frac{3036}{T_L}-1.78\right)\times r\left(1+0.448r\right)\right]$$

其中 θ_{DL} 和 T_L 分别为：

$$\theta_{DL} = T_K\left(\frac{1000}{p-e}\right)^k\left(\frac{T_K}{T_L}\right)^{0.28r}$$

$$T_L = \frac{1}{\frac{1}{T_D-56}+\frac{\ln(T_k/T_D)}{800}}+56$$

核心实现代码如下：

```
metpy.calc.equivalent_potential_temperature(pressure, temperature, dewpoint)
```

参数含义如下。

- pressure (pint.Quantity 型)：整层气压。
- temperature (pint.Quantity 型)：气块的气温。
- dewpoint (pint.Quantity 型)：气块的露点温度。

返回：气块的相当位温（pint.Quantity 型）。

10.2.3 气体混合比

利用分压和总气压计算气体质量混合比，核心实现代码如下：

```
metpy.calc.mixing_ratio(partial_press, total_press, molecular_weight_ratio)
```

参数含义如下。

- partial_press (pint.Quantity 型)：组分气体分压。
- total_press (pint.Quantity 型)：总气压。
- molecular_weight_ratio (pint.Quantity 型)：组成气体的分子量与假定的空气分子量的比率。默认为水蒸气与干燥空气的比值（数值约为 0.622）。

返回：（质量）混合比（pint.Quantity 型）。

也可以利用相对湿度、温度和气压计算质量混合比，代码如下：

```
metpy.calc.mixing_ratio_from_relative_humidity(pressure, temperature, relative_humidity)
```

参数含义如下。

- pressure (pint.Quantity 型)：整层气压。

- temperature (pint.Quantity 型)：气温。
- relative_humidity (pint.Quantity 型)：相对湿度。

返回：（质量）混合比（pint.Quantity 型）。

还可以利用比湿计算质量混合比，代码如下：

```
metpy.calc.mixing_ratio_from_specific_humidity(specific_humidity)
```

参数含义如下。

specific_humidity (pint.Quantity 型)：比湿。

返回：（质量）混合比（pint.Quantity 型）。

10.2.4 湿静力能

计算气块的湿静力能，核心代码如下：

```
metpy.calc.moist_static_energy(height, temperature, specific_humidity)
```

参数含义如下。

- height (pint.Quantity 型)：高度。
- temperature (pint.Quantity 型)：气温。
- specific_humidity (pint.Quantity 型)：比湿。

返回：湿静力能（pint.Quantity 型）。

10.2.5 可降水量

计算可降水量，遵循公式：

$$-\frac{1}{\rho g}\int_{p_{\text{bottom}}}^{p_{\text{top}}} r\mathrm{d}p$$

核心实现代码如下：

```
metpy.calc.precipitable_water(pressure, dewpoint, *, bottom=None, top=None)
```

参数含义如下。

- pressure (pint.Quantity 型)：大气垂直层气压。
- dewpoint (pint.Quantity 型)：大气垂直层露点温度。
- bottom (pint.Quantity 型)：底层气压。
- top (pint.Quantity 型)：顶层气压。

返回：可降水量（pint.Quantity 型）。

10.2.6 相对湿度

利用温度和露点温度计算相对湿度，核心实现代码如下：

```
metpy.calc.relative_humidity_from_dewpoint(temperature, dewpoint)
```

参数含义如下。

- temperature (pint.Quantity 型)：温度。
- dewpoint (pint.Quantity 型)：露点温度。

返回：相对湿度（pint.Quantity 型）。

利用混合比、温度和气压来计算相对湿度，核心实现代码如下：

```
metpy.calc.relative_humidity_from_mixing_ratio(pressure, temperature, mixing_ratio)
```

参数含义如下。

- pressure (pint.Quantity 型)：气压。
- temperature (pint.Quantity 型)：温度。
- mixing_ratio (pint.Quantity 型)：混合比。

返回：相对湿度（pint.Quantity 型）。

利用比湿、温度和气压计算相对湿度，核心实现代码如下：

```
metpy.calc.relative_humidity_from_specific_humidity(pressure, temperature, specific_humidity)
```

参数含义如下。

- pressure (pint.Quantity 型)：气压。
- temperature (pint.Quantity 型)：温度。
- specific_humidity (pint.Quantity 型)：比湿。

返回：相对湿度（pint.Quantity 型）。

利用干球温度和湿球温度计算相对湿度，核心实现代码如下：

```
metpy.calc.relative_humidity_wet_psychrometric(pressure, dry_bulb_temperature, wet_bulb_
temperature, **kwargs)
```

参数含义如下。

- pressure (pint.Quantity 型)：气压。
- dry_bulb_temperature (pint.Quantity 型)：干球温度。
- wet_bulb_temperature (pint.Quantity 型)：湿球温度。

返回：相对湿度（pint.Quantity 型）。

10.2.7 饱和水汽压

利用温度计算饱和水汽压，核心实现代码如下。

```
metpy.calc.saturation_vapor_pressure(temperature)
```

参数含义如下。

temperature (pint.Quantity 型)：温度。

返回：饱和水汽压（pint.Quantity 型）。

10.2.8 比湿

利用露点温度和气压计算比湿，核心实现代码如下：

```
metpy.calc.specific_humidity_from_dewpoint(pressure, dewpoint)
```

参数含义如下。

- pressure (pint.Quantity 型)：气压。
- dewpoint (pint.Quantity 型)：露点温度。

返回：比湿（pint.Quantity 型）。

也可以通过混合比计算比湿，核心实现代码如下：

```
metpy.calc.specific_humidity_from_mixing_ratio(mixing_ratio)
```

参数含义如下。

mixing_ratio (pint.Quantity 型)：混合比。

返回：比湿（pint.Quantity 型）。

10.2.9 某层的厚度

在给定的压力、温度和相对湿度下，计算某层的厚度，遵循公式：

$$Z_2 - Z_1 = -\frac{R_d}{y}\int_{P_1}^{P_2} T_v \ln p$$

核心实现代码如下：

```
metpy.calc.thickness_hydrostatic_from_relative_humidity(pressure, temperature, relative_
humidity, bottom=None, depth=None)
```

参数含义如下。

- pressure (pint.Quantity 型)：整层气压。
- temperature (pint.Quantity 型)：大气垂直方向各层的温度。
- relative_humidity (pint.Quantity 型)：大气垂直方向各层的相对湿度。
- bottom (pint.Quantity 型)：底层气压。
- depth (pint.Quantity 型)：以 hPa 为单位的层的深度。

返回：某层的厚度（pint.Quantity 型），单位为米。

10.2.10 虚位温

利用气块的气压、温度和混合比计算气块的虚位温，核心实现代码如下：

```
metpy.calc.virtual_potential_temperature(pressure, temperature, mixing_ratio, molecular_
weight_ratio)
```

参数含义如下。

- pressure (pint.Quantity 型)：整层气压。
- temperature (pint.Quantity 型)：气块的气温。
- mixing_ratio (pint.Quantity 型)：质量混合比。
- molecular_weight_ratio (pint.Quantity 型)：组成气体的分子量与假定的空气分子量的比率。默认为水蒸气与干燥空气的比值（数值约为 0.622）。

返回：气块的虚位温（pint.Quantity 型）。

10.2.11 虚温

利用气块的温度和混合比计算虚温，核心实现代码如下：

```
metpy.calc.virtual_temperature(temperature, mixing_ratio, molecular_weight_ratio)
```

参数含义如下。

- `temperature` (pint.Quantity 型)：初始气温。
- `mixing_ratio` (pint.Quantity 型)：质量混合比。
- `molecular_weight_ratio` (pint.Quantity 型)：组成气体的分子量与假定的空气分子量的比率。默认为水蒸气与干燥空气的比值（数值约为 0.622）。

返回：气块的虚温（pint.Quantity 型）。

10.2.12 湿球温度

利用诺曼定律（Normand's Rule）计算湿球温度，核心实现代码如下：

```
metpy.calc.wet_bulb_temperature(pressure, temperature, dewpoint)
```

参数含义如下。

- `pressure` (pint.Quantity 型)：初始气压。
- `temperature` (pint.Quantity 型)：初始气温。
- `dewpoint` (pint.Quantity 型)：初始露点温度。

返回：湿球温度（pint.Quantity 型）。

10.3 动力学（dynamics/kinetics）物理量

本节介绍如何使用 MetPy 库实现气象分析中一些常用的动力学物理量的计算。

10.3.1 绝对涡度

计算水平风的绝对涡度，核心实现代码如下：

```
metpy.calc.absolute_vorticity(u, v, dx, dy, lats, dim_order)
```

参数含义如下。

- `u` ((M, N) pint.Quantity 型)：纬向风分量。
- `v` ((M, N) pint.Quantity 型)：经向风分量。
- `dx` (pint.Quantity 型)：纬向上的栅格间距。
- `dy` (pint.Quantity 型)：经向上的栅格间距。
- `lats` (形状为(M, N)的数组型)：以弧度制表示的风的纬度数据。
- `dim_order` (字符串型，可选)：用于指明标量维度的顺序，例如`'xy'`表明 `y` 是最后一个维度，`'yx'`表明 `x` 是最后一个维度。

返回：水平风的绝对涡度((*M*, *N*) pint.Quantity 型)。

10.3.2 平流

计算标量场的平流，核心实现代码如下：

```
metpy.calc.advection(scalar, wind, deltas, dim_order)
```

参数含义如下。

- `scalar` (数组型)：需要计算平流的标量。
- `wind` (数组型)：对于水平平流，这是一个列表[u,v]，其中 u 和 v 都是二维数组。
- `deltas` (序列型或数组型)：栅格间距。
- `dim_order` (字符串型，可选)：用于指明标量维度的顺序，例如'xy'表明 y 是最后一个维度，'yx'表明 x 是最后一个维度。后面相关动力学物理量中的介绍与此相似。

返回：标量场的平流（数组型）。

10.3.3 非地转风（地转偏差）

根据高度或位势计算非地转风，核心实现代码如下：

```
metpy.calc.ageostrophic_wind(heights, f, dx, dy, u, v, dim_order)
```

参数含义如下。

- `heights` (形状为(*M*, *N*)的数组型)：高度场或位势场。
- `f` (数组型)：科里奥利参数。
- `dx` (pint.Quantity 型)：*x* 方向上的栅格间距。
- `dy` (pint.Quantity 型)：*y* 方向上的栅格间距。
- `u` (形状为(*M*, *N*)的 pint.Quantity 型)：纬向风场。
- `v` (形状为(*M*, *N*)的 pint.Quantity 型)：经向风场。

返回：非地转风的 u 分量和 v 分量（pint.Quantity 型）。

10.3.4 科里奥利参数

计算每个点的科里奥利参数，核心实现代码如下：

```
metpy.calc.coriolis_parameter(latitude)
```

参数含义如下。

`latitude` (数组型)：每个点的纬度。

返回：每个点对应的科里奥利参数（pint.Quantity 型）。

10.3.5 散度

计算向量的水平散度，核心实现代码如下：

```
metpy.calc.divergence(u, v, dx, dy, dim_order)
```

参数含义如下。

- u (形状为(M, N)的 pint.Quantity 型)：纬向风场。
- v (形状为(M, N)的 pint.Quantity 型)：经向风场。
- dx (pint.Quantity 型)：x 方向上的栅格间距。
- dy (pint.Quantity 型)：y 方向上的栅格间距。
- dim_order (字符串型，可选)：用于指明标量维度的顺序，例如'xy'表明 y 是最后一个维度，'yx'表明 x 是最后一个维度。

返回：水平散度(形状为(M, N)的 pint.Quantity 型)。

10.3.6 温度场的二维运动学锋生函数

计算温度场的二维运动学锋生函数，遵循公式：

$$F = \frac{1}{2}|\nabla\theta|\left[D\cos(2\beta) - \delta\right]$$

其中，F 为二维运动学锋生函数，θ 为位温，D 为总变型，β 是旋转轴和等熵线之间的夹角，δ 为散度，核心实现代码如下：

```
metpy.calc.frontogenesis(thta, u, v, dx, dy, dim_order)
```

参数含义如下。

- thta (形状为(M, N)的 pint.Quantity 型)：位温。
- u (形状为(M, N)的 pint.Quantity 型)：纬向风场。
- v (形状为(M, N)的 pint.Quantity 型)：经向风场。
- dx (pint.Quantity 型)：x 方向上的栅格间距。
- dy (pint.Quantity 型)：y 方向上的栅格间距。
- dim_order (字符串型，可选)：用于指明标量维度的顺序，例如'xy'表明 y 是最后一个维度，'yx'表明 x 是最后一个维度。

返回：温度场的二维运动学锋生函数（形状为(M, N)的 pint.Quantity 型）。

10.3.7 地转风

利用高度或位势计算地转风，核心实现代码如下：

```
metpy.calc.geostrophic_wind(heights, f, dx, dy, dim_order)
```

参数含义如下。

- heights (形状为(M, N)的数组型)：高度场或位势场。
- f (数组型)：科里奥利参数。
- dx (pint.Quantity 型)：x 方向上的栅格间距。
- dy (pint.Quantity 型)：y 方向上的栅格间距。
- dim_order (字符串型，可选)：用于指明标量维度的顺序，例如'xy'表明 y 是最后一个维度，'yx'表明 x 是最后一个维度。

返回：地转风的 u 分量和 v 分量（pint.Quantity 型）。

10.3.8 斜压位涡

计算斜压位涡，遵循公式：

$$\mathrm{PV}=-g\left(\frac{\partial u}{\partial p}\frac{\partial \theta}{\partial y}-\frac{\partial v}{\partial p}\frac{\partial \theta}{\partial x}+\frac{\partial \theta}{\partial p}(\xi+f)\right)$$

核心实现代码如下：

```
metpy.calc.potential_vorticity_baroclinic(potential_temperature, pressure, u, v, dx, dy, lats)
```

此函数只适用于(P,Y,X)格式的数据。如果数据的顺序不同，则需要对数据重新排序。

参数含义如下。

- potential_temperature (形状为(P, M, N)的 pint.Quantity 型)：位势温度场。
- pressure (形状为(P, M, N)的 pint.Quantity 型)：气压场。
- u (形状为(P, M, N)的 pint.Quantity 型)：纬向风场。
- v (形状为(P, M, N)的 pint.Quantity 型)：经向风场。
- dx (pint.Quantity 型)：x 方向上的栅格间距。
- dy (pint.Quantity 型)：y 方向上的栅格间距。
- lats (形状为(M, N)的数组型)：以弧度制表示的风场的纬度坐标。

返回：斜压位涡(形状为(P, M, N)的 pint.Quantity 型)。

10.3.9 正压位涡

计算正压位涡遵循如下公式：

$$\mathrm{PV}=\frac{f+\xi}{H}$$

核心实现代码如下：

```
metpy.calc.potential_vorticity_barotropic(heights, u, v, dx, dy, lats, dim_order)
```

参数含义如下。

- heights (形状为(M, N)的 pint.Quantity 型)：高度场。
- u (形状为(M, N)的 pint.Quantity 型)：纬向风场。
- v (形状为(M, N)的 pint.Quantity 型)：经向风场。
- dx (pint.Quantity 型)：x 方向上的栅格间距。
- dy (pint.Quantity 型)：y 方向上的栅格间距。
- lats (形状为(M, N)的 ndarray 型)：以弧度制表示的风场的纬度坐标。
- dim_order (字符串型，可选)：用于指明标量维度的顺序，例如'xy'表明 y 是最后一个维度，'yx'表明 x 是最后一个维度。

返回：正压位涡(形状为(M, N)的 pint.Quantity 型)。

10.3.10 水平风的剪切变形

计算水平风的剪切变形，核心实现代码如下：

```
metpy.calc.shearing_deformation(u, v, dx, dy, dim_order)
```

参数含义如下。

- u (形状为(M, N)的 pint.Quantity 型)：纬向风场。
- v (形状为(M, N)的 pint.Quantity 型)：经向风场。
- dx (pint.Quantity 型)：x 方向上的栅格间距。
- dy (pint.Quantity 型)：y 方向上的栅格间距。
- dim_order (字符串型，可选)：用于指明标量维度的顺序，例如'xy'表明 y 是最后一个维度，'yx'表明 x 是最后一个维度。

返回：水平风的剪切变形(形状为(M, N)的 pint.Quantity 型)。

10.3.11 水平风的拉伸变形

计算水平风的拉伸变形，核心实现代码如下：

```
metpy.calc.stretching_deformation(u, v, dx, dy, dim_order)
```

参数含义如下。

- u (形状为(M, N)的 pint.Quantity 型)：纬向风场。
- v (形状为(M, N)的 pint.Quantity 型)：经向风场。
- dx (pint.Quantity 型)：x 方向上的栅格间距。
- dy (pint.Quantity 型)：y 方向上的栅格间距。
- dim_order (字符串型，可选)：用于指明标量维度的顺序，例如'xy'表明 y 是最后一个维度，'yx'表明 x 是最后一个维度。

返回：水平风的拉伸变形(形状为(M, N)的 pint.Quantity 型)。

10.3.12 水平风的水平总变形

计算水平风的水平总变形，核心实现代码如下：

```
metpy.calc.total_deformation(u, v, dx, dy, dim_order)
```

参数含义如下。

- u (形状为(M, N)的 pint.Quantity 型)：纬向风场。
- v (形状为(M, N)的 pint.Quantity 型)：经向风场。
- dx (pint.Quantity 型)：x 方向上的栅格间距。
- dy (pint.Quantity 型)：y 方向上的栅格间距。
- dim_order (字符串型，可选)：用于指明标量维度的顺序，例如'xy'表明 y 是最后一个维度，'yx'表明 x 是最后一个维度。

返回：水平风的水平总变形(形状为(M, N)的 pint.Quantity 型)。

10.3.13 水平风的垂直涡度

计算水平风的垂直涡度，核心实现代码如下：

```
metpy.calc.vorticity(u, v, dx, dy, dim_order)
```

参数含义如下。

- u (形状为(*M*, *N*)的 pint.Quantity 型)：纬向风场。
- v (形状为(*M*, *N*)的 pint.Quantity 型)：经向风场。
- dx (pint.Quantity 型)：*x* 方向上的栅格间距。
- dy (pint.Quantity 型)：*y* 方向上的栅格间距。
- dim_order (字符串型，可选)：用于指明标量维度的顺序，例如'xy'表明 y 是最后一个维度，'yx'表明 x 是最后一个维度。

返回：水平风的垂直涡度(形状为(*M*, *N*)的 pint.Quantity 型)。

10.3.14 利用 u、v 分量计算风速（场）

利用纬向风分量（u）和经向风分量（v）计算风速（场），核心实现代码如下：

```
metpy.calc.wind_speed(u, v)
```

参数含义如下。

- u (pint.Quantity 型)：纬向风分量。
- v (pint.Quantity 型)：经向风分量。

返回：风速（场）(pint.Quantity 型)。

10.4 气象领域常用的数学计算方法

本节介绍其他气象诊断分析中常用的数学计算方法。MetPy 库根据常用的气象数据类型与格式，提供了部分具有针对性的数学计算方法。

10.4.1 切向量与法向量

计算向量场横截面的切向分量和法向分量，核心实现代码如下：

```
metpy.calc.cross_section_components(data_x, data_y)
```

参数含义如下。

- data_x (xarray.DataArray 型)：向量场 x 分量的输入数据数组。
- data_y (xarray.DataArray 型)：向量场 y 分量的输入数据数组。

返回结果如下。

- component_tangential (元组型)：向量场的切向分量。
- component_normal(元组型)：向量场的法向分量。

10.4.2 一阶导数

计算栅格数据的一阶导数，适用于具有规则间距的栅格数据和具有不同间距的栅格数据。对栅格边界处以外的数据进行中央差分，对栅格边界数据则使用前差或后差。核心实现代码如下：

```
metpy.calc.first_derivative(f, axis, x, delta)
```

参数含义如下。

- f (数组型)：用于计算一阶导数的数组。
- axis (整型或字符串型，可选)：计算导数的轴，如果 f 是数组型，则 axis 需为整数型；如果 f 是 DataArray 型，则 axis 可以为字符串型（对应轴的名称）或整型（对应轴的数字）。
- x (数组型，可选)：与 f 中的栅格点相对应的坐标值。
- delta (数组型，可选)：f 的栅格间距。

返回：沿选定轴计算的一阶导数（数组型）。

10.4.3 梯度

计算栅格数据的梯度，适用于具有规则间距的栅格数据和具有不同间距的栅格数据，核心实现代码如下：

```
metpy.calc.gradient(f, coordinates, delta, axes)
```

参数含义如下。

- f (数组型)：需要计算梯度的数组。
- coordinates (数组型，可选)：包含坐标值的数组序列，坐标值按轴顺序与 f 对应。
- delta (数组型，可选)：f 的栅格间距。
- axes (序列型，可选)：计算梯度的轴，默认对所有轴计算梯度。

返回：栅格数据选定轴的梯度（元组型）。

10.4.4 水平增量

计算 DataArray 型栅格数据网栅格之间的水平增量，核心实现代码如下：

```
metpy.calc.grid_deltas_from_dataarray(f)
```

参数含义如下。

- f (xarray.DataArray 型)：按水平/垂直栅格解析的 DataArray 数组，按(…,lat,lon)或(…,y,x)维度顺序排列。

返回结果如下。

- dx (数组型)：x 方向上的水平增量。
- dy (数组型)：y 方向上的水平增量。

10.4.5 拉普拉斯算子

计算栅格数据的拉普拉斯算子，适用于具有规则间距的栅格数据和具有不同间距的栅格数据。

```
metpy.calc.laplacian(f, coordinates, delta, axes)
```

参数含义如下。

- f (数组型)：需要计算梯度的数组。
- coordinates (数组型，可选)：对应于 f 中的栅格点的坐标值。
- delta (数组型，可选)：f 的栅格间距。
- axes (序列型，可选)：计算梯度的轴，默认对所有轴计算梯度。

返回：栅格数据的拉普拉斯算子（数组型）。

10.4.6 二阶导数

计算栅格数据的二阶导数，适用于具有规则间距的栅格数据和具有不同间距的栅格数据。对栅格边界以外的数据进行中央差分，对栅格边界数据则使用前差或后差。核心实现代码如下：

```
metpy.calc.second_derivative(f, axis, x, delta)
```

参数含义如下。

- f (字符串型)：需要计算一阶导数的数组。
- axis (整型或字符串型，可选)：计算导数的轴，如果 f 是字符串型，则 axis 需为整型；如果 f 是 DataArray 型，则 axis 可以为字符串型（对应轴的名称）或整型（对应轴的数字）。
- x (字符串型，可选)：与 f 中的网栅格相对应的坐标值。
- delta (字符串型，可选)：f 的栅格间距。

返回：沿选定轴计算的二阶导数（字符串型）。

第 11 章 常用气象统计方法与检验

本章将介绍如何利用 Python 语言实现气象、气候研究中常用的统计及检验方法。部分统计方法给出了多种实现方式，以便读者可以灵活掌握基础函数的应用以及使用不同的科学计算包实现统计算法。

11.1 基本气候状态统计量

基本气候状态统计量主要包括中心趋势、变化幅度、相关水平等基本统计量，这些是统计学中的基本内容，Python 的常用库中直接提供了大量的关于这些统计量的计算函数。这里给出几个常用的统计量的 Python 实现方法。

11.1.1 中心趋势统计量

中心趋势统计量用于统计数据的中心趋势。假设有某一站点的温度数据集 T，其包含 T_1、T_2、T_3、…、T_N 共 N 个观测值。那么对于数据集 T 来说，大部分观测值分布在何处？这个问题的核心反映了中心趋势的思想。一般而言，中心趋势统计量包括均值、百分位数等。下面我们将介绍如何用 Python 语言计算数据集的均值和百分位数。

1. 均值

在气候学中，均值是描述气候变量样本平均水平的统计量，是气候统计中常用的一个基本概念。对于包含 N 个观测值的气候变量 $X(x_1, x_2, x_3, \cdots, x_n)$来说，其均值（算术平均值的形式）为：

$$\bar{x} = \frac{1}{n}(x_1 + x_2 + x_3 + \cdots + x_n) = \frac{1}{n}\sum_{i=1}^{n} x_i$$

NumPy 库提供了直接用于计算数据均值的函数：

```
import numpy as np
numpy.mean(a, axis=None, dtype=None, out=None, keepdims=<no value>)
```

其中，各个参数的含义如下。

- a：数组型，为需要求均值的数组。
- axis：整型或整型数据构成的元组，为需要求均值的轴，默认为计算全部数据的均值。
- dtype：计算结果的数据类型，若输入数据为整型，则默认输出为数据 float64 型；若输入数据为浮点型，则默认输出数据与输入数据类型相同。
- out：用于存放输出结果的数组。
- keepdims：布尔型，用于设置是否保留维度。如果值为 True，则计算后减少的维度将保留 1 的大小。默认为 False。

对于气象数据来说，数据中包含缺测值是时有发生的，缺测值在 Python 中通常表现为 NaN 或是 Inf。在利用 mean() 函数进行计算的过程中，若数据包含缺测值，则计算结果便为相应的 NaN 或是 Inf。除了对缺测值进行插补以外，还可以使用 NumPy 库的另一个函数来计算数据的均值：

```
numpy.nanmean(a, axis=None, dtype=None, out=None, keepdims=<no value>)
```

其各个参数的含义同 mean() 函数的一致。假设存在某两个站点连续 7 天的温度观测数据，其中有一个站点第三天的数据缺测，利用 mean() 和 nanmean() 分别计算这两个站点 7 天平均温度的代码如下所示：

```
import numpy as np
station1 = np.array([27,29,28,26,24,25,28])
station2 = np.array([32,29,30,33,np.nan,33,36])
print(np.mean(station1))
print(np.mean(station2))
print(np.nanmean(station1))
print(np.nanmean(station2))out:
```

输出结果为：

```
26.714285714285715
nan
26.714285714285715
32.166666666666664
```

不难发现，nanmean() 函数实际上是剔除了数组中的缺测值的，计算出的结果是所有非缺测值的均值。

2. 百分位数

百分位数指的是将变量从小到大排序，然后计算相应的累计百分位，某一百分位对应的变量值为该百分位的百分位数（中位数即 50 百分位数）。percentile() 函数可以直接用于实现计算百分位数。在气象领域中，通常利用 90 百分位数或者 95 百分位数来作为极端事件的阈值。首先介绍 NumPy 库中计算百分位数的函数：

```
import numpy as np
np.percentile(a, q, axis=None, overwrite_input=False, interpolation='linear', keepdims=False)
```

其中，各个参数的含义如下。

- a：数组型，为计算百分位数的数据。
- q：0～100 的浮点型数据，为所需计算的分位。

- axis：整型或整型数据构成的元组，为指定计算百分位数的轴。
- overwrite_input：布尔型，用于设置是否重写数组来覆盖原本的数据，默认为 False。
- interpolation：当所需的分位数位于两个数据点之间时要使用的插值方法。可选：{'linear','lower','higher','midpoint','nearest'}。默认为'linear'。
- keepdims：布尔型，用于设置是否保留维度。如果值为 True，则计算后本应消失的维度将保留 1 的大小，如维度为（m,n）的数组经过计算后，变为（m,1）而不是（m）。默认为 False。

percentile()函数的基本用法及其参数的设置如下所示：

```
import numpy as np
data = np.array([[1,3,6], [7,5,3]])
print(np.percentile(data, 50))
print(np.percentile(data, 50, axis=0, interpolation='lower'))
print(np.percentile(data, 50, axis=1))
print(np.percentile(data, 50, axis=1, keepdims=True))
```

输出结果为：

```
4.0
[1 3 3]
[3. 5.]
[[3.]
 [5.]]
```

将上面代码中函数的参数 50 改为 90 或 95 即可求取数据的 90 百分位数或 95 百分位数。

11.1.2 变化幅度统计量

变化幅度统计量用于描述气候变量与正常情况的偏差和变化的波动状况，即利用离散特征量来表征变量距离分布中心的远近程度。常用的变化幅度统计量有距平、方差与标准差等。

1. 距平

距平是常用的表示气候变量偏离正常情况的统计量。一组气候变量数据 X 中的某一个数 x_i 与其均值 $\overline{x}$ 之间的差就是距平 x'：

$$x' = x_i - \overline{x}$$

11.1.1 小节介绍了均值的实现方法，在此基础上稍做修改即可实现距平的计算。除此以外，SciPy 库中的去趋势函数也可以用于计算数据的距平，具体内容将在 11.2.3 小节中介绍。计算数据的距平的实现代码具体如下：

```
import numpy as np
data = np.array([1,3,6,7,5,3])
data_anomaly = data - data.mean()
print(data_anomaly)
```

输出结果为：

```
[-3.16666667 -1.16666667  1.83333333  2.83333333  0.83333333 -1.16666667]
```

在计算距平的过程中，要注意数据是否含有缺测值，以及分清要对数据的哪个轴进行距平计算。

2. 方差与标准差

方差与标准差是用于衡量数据以其均值为中心的振动幅度的特征量。在气象中也常将标准差称为均方差。方差（标准差）越大，表明其振动幅度越大。

首先给出标准差（s）及方差（s^2）的计算公式：

$$s=\sqrt{\frac{1}{n}\sum_{i=1}^{n}(x_i-\overline{x})^2},\ s^2=\frac{1}{n}\sum_{i=1}^{n}(x_i-\overline{x})^2$$

除了根据计算公式利用基础语言实现算法以外，还可以利用 NumPy 库提供的 std()函数直接计算数据的标准差。

```
import numpy as np
np.std(a, axis=None, dtype=None, ddof=0, keepdims= False)
```

其中，各个参数的含义如下。

- a：数组型，为计算标准差的输入数据。
- axis：整型或由整型数据构成的元组，为需要求均值的轴，默认为计算全部数据的均值。
- dtype：计算结果的数据类型，若输入数据为整型，则默认输出数据为 float64 型；若输入数据为浮点型，则默认输出数据与输入数据类型相同。
- ddof：表示自由度。计算中使用的除数（计算公式中的 n）是 n - ddof，n 为元素个数，默认 ddof 为 0。
- keepdims：布尔型，用于设置是否保留维度。如果值为 True，则计算后减少的维度将保留 1 的大小。默认为 False。

类似于 mean()函数，NumPy 同样存在可用于计算存在缺测值的数组的标准差的函数 nanstd()。

std()和 nanstd()的使用方法如下所示：

```
import numpy as np
data = np.array([1,3,6,7,5,3,np.nan])
std1 =  np.std(data)
std2 =  np.nanstd(data)
print(std1)
print(std2)
```

输出结果为：

```
nan
2.034425935955617
```

11.1.3 相关统计量

在气象数据统计分析中经常需要判断两个变量之间的相关性是否显著，比如湿度与降水量的关系、温度与辐射的关系等，这便需要引入相关统计量来实现相应的判断。本小节主要介绍气象数据统计中常用的皮尔逊相关分析算法和简单线性回归分析算法的 Python 实现。

1. 相关分析（皮尔逊相关分析）

皮尔逊相关系数是描述两个随机变量线性相关水平的统计量，用 r 来表示。假设存在两组变量 $x_1, x_2, \cdots, x_n$ 和 $y_1, y_2, \cdots, y_n$，则两者的相关系数 r 的计算公式为：

$$r = \frac{\sum_{i=1}^{n}(x_i - \overline{x})(y_i - y_n)}{\sqrt{\sum_{i=1}^{n}(x_i - \overline{x})^2}\sqrt{\sum_{i=1}^{n}(y_i - \overline{y})^2}}$$

相关系数 r 的值的范围为−1～1，$r>0$ 表明两组变量为正相关，$r<0$ 表明两组变量为负相关；$|r|$越大，则表明两组变量的相关性越强。判断相关性是否显著还需进行显著性检验。

这里推荐大家使用 SciPy 库中的 pearsonr() 函数来实现皮尔逊相关系数的计算。相较于其他库中计算相关系数的函数，该函数的参数简单，方便使用，同时可以直接返回对应的双尾 p 值，方便作图时进行显著性检验。

```
from scipy.stats import pearsonr
pearsonr(x,y)
```

其中，各个参数的含义如下。

- x：数组型，一维，变量 x。
- y：数组型，一维，变量 y。

该函数的返回结果如下。

- r：相关系数。
- p：假设检验的双尾 p 值。

该函数的返回结果同时包含 r 和对应的 p。然而对于气象应用来说，存在一个明显的缺点，即该函数只能计算两个序列的相关系数，而无法实现气象领域中常用的时间序列与气象变量场的相关系数的计算。我们可以通过两层循环的嵌套来实现时间序列与气象变量场的相关系数的计算，其核心思想就是求时间序列和每一个栅格的相关系数，将得到的二维相关系数数组绘制成分布图。对于时间序列 a（只有一个时间维度）与气象变量场 b（只有时间、纬度和纬度三个维度）来说，其相关系数的计算代码如下所示（仅展示算法及绘图方法，数据不具有任何实际物理意义）：

```
import xarray as xr
import pandas as pd
import numpy as np
import matplotlib.pyplot as plt
import cartopy.crs as ccrs
import cartopy.feature as cfeature
from scipy.stats import pearsonr
import cartopy.mpl.ticker as cticker
#读取数据
f = xr.open_dataset(' /data.nc')
a = f['a']
b = f['b']
lat = f['latitude']
lon = f['longitude']
#创建两个大小为[nlat,nlon]的数组存放相关系数及p值
r = np.zeros((b.shape[1],b.shape[2]))
p = np.zeros((b.shape[1],b.shape[2]))
#循环计算相关系数
for i in np.arange(b.shape[1]):
    for j in np.arange(b.shape[2]):
        r[i,j],p[i,j] = pearsonr(b[:,i,j],a)
```

```
#绘图
fig = plt.figure(figsize=(15, 12))
ax = fig.add_subplot(1,1,1, projection=ccrs.PlateCarree())
ax.set_extent([-90,30,0,90])
ax.set_xticks(np.arange(-90,60,30), crs=ccrs.PlateCarree())
ax.set_yticks(np.arange(0,120,30), crs=ccrs.PlateCarree())
ax.xaxis.set_major_formatter(cticker.LongitudeFormatter())
ax.yaxis.set_major_formatter(cticker.LatitudeFormatter())
#绘制相关系数分布图
c1 = ax.contourf(lon, lat, r,levels=np.arange(-1,1.1,0.1),extend='both',cmap='bwr',zorder=1,
transform=ccrs.PlateCarree())
#对通过 90%显著性检验的区域打点，即将p值为 0~0.1 的区域覆盖上“…”标记
c2 = ax.contourf(lon,lat, p, [0,0.1,1] , zorder=1,hatches=['...', None],colors="none",
transform=ccrs.PlateCarree())
#添加色标
fig.colorbar(c1,ax=ax,fraction=0.032)
```

输出结果如图 11-1 所示。

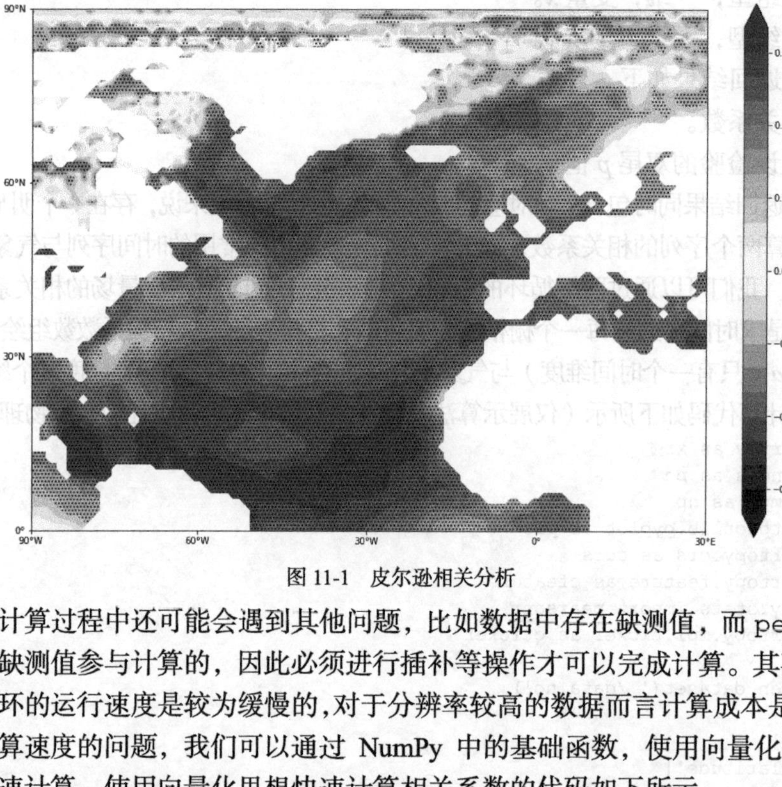

图 11-1 皮尔逊相关分析

在实际计算过程中还可能会遇到其他问题，比如数据中存在缺测值，而 pearsonr() 函数是不支持缺测值参与计算的，因此必须进行插补等操作才可以完成计算。其次，Python 语言中多层循环的运行速度是较为缓慢的，对于分辨率较高的数据而言计算成本是十分巨大的。为了解决计算速度的问题，我们可以通过 NumPy 中的基础函数，使用向量化思想来实现相关系数的快速计算。使用向量化思想快速计算相关系数的代码如下所示：

```
x = x.reshape((-1,1,1))
x_ano = x - x.mean(axis=0)
y_ano = y - y.mean(axis=0)
a = np.sum(x_ano*y_ano,axis=0)
b = np.sqrt(np.sum(x_ano**2,axis=0)*np.sum(y_ano**2,axis=0))
r = a/b
```

进行上述代码得到的结果与使用皮尔逊相关系数的代码得到的结果是一样的，通过查阅

相关系数检验表即可得到相应的置信度区间。

2. 回归分析（简单线性回归分析）

回归系数在一元线性回归方程中是表示气候变量 x 对气候变量 y 的影响的大小的参数。回归系数越大表示 x 对 y 的影响越大。简单线性回归方程可表示为：

$$\hat{y} = b_0 + b_1 x \text{（可表示存在误差的估计值）}$$

根据最小二乘法，其回归系数 b_1 及回归截距 b_0 的计算公式为：

$$b_1 = \frac{\sum_{i=1}^{n}(x_i - \overline{x})(y_i - \overline{y})}{\sum_{i=1}^{n}(x_i - \overline{x})^2}; \quad b_0 = \overline{y} - b_1\overline{x}$$

类似前文介绍的 SciPy 库中的 `pearsonr()` 函数，SciPy 库中的 `linregress()` 函数可以用于方便地计算两个变量序列的回归系数，并且可以返回相应的回归斜率、回归截距、相关系数、双尾 p 值以及标准误差估计。实现代码如下：

```
from scipy.stats import linregress
slope, intercept, r_value, p_value, std_err = linregress(x,y)
```

其中，各个参数的含义如下。

- x：数组型，一维，变量 x。
- y：数组型，一维，变量 y。

该函数的返回结果如下。

- slope：回归系数。
- intercept：回归截距。
- r-value：相关系数。
- p-value：假设检验的双尾 p 值。
- std_err：标准误差估计。

该函数的优点是可以直接得到双尾 p 值及标准误差估计，省去了再次计算置信区间的步骤；还有，在需要求两个变量序列的线性关系时，利用该函数可直接得到两者之间的回归直线。而该函数的缺点在于仅适用于两个一维序列，若需计算某气象变量场关于时间序列的线性回归分布，则需建立二层嵌套循环来实现。对于时间序列 a 与气象变量场 b 来说，其简单线性回归模型的计算代码如下所示：

```
import xarray as xr
import pandas as pd
import numpy as np
import matplotlib.pyplot as plt
import cartopy.crs as ccrs
import cartopy.feature as cfeature
from scipy.stats import linregress
import cartopy.mpl.ticker as cticker
#读取数据
f = xr.open_dataset(' /data.nc')
```

```
    a = f['a']
    b = f['b']
    lat = f['latitude']
    lon = f['longitude']
    #创建两个大小为[nlat,nlon]的数组存放相关系数及 p 值
    slope = np.zeros((sst.shape[1],sst.shape[2]))
    intercept = np.zeros((sst.shape[1],sst.shape[2]))
    r = np.zeros((sst.shape[1],sst.shape[2]))
    p = np.zeros((sst.shape[1],sst.shape[2]))
    std_err = np.zeros((sst.shape[1],sst.shape[2]))#循环计算相关系数
    for i in np.arange(b.shape[1]):
       for j in np.arange(b.shape[2]):
          slope[i,j],intercept[i,j],r[i,j],p[i,j],std_err[i,j] = linregress(sst[:,i,j],amo)
    #绘图
    fig = plt.figure(figsize=(15, 12))
    ax = fig.add_subplot(1,1,1, projection=ccrs.PlateCarree())
    ax.set_extent([-90,30,0,90])
    ax.set_xticks(np.arange(-90,60,30), crs=ccrs.PlateCarree())
    ax.set_yticks(np.arange(0,120,30), crs=ccrs.PlateCarree())
    ax.xaxis.set_major_formatter(cticker.LongitudeFormatter())
    ax.yaxis.set_major_formatter(cticker.LatitudeFormatter())
    #绘制相关系数分布图
    c1 = ax.contourf(lon, lat, slope,levels=np.arange(-1,1.1,0.1),extend='both',cmap='bwr',
zorder=1,transform=ccrs.PlateCarree())
    #对通过 90%显著性检验的区域打点，即将 p 值为 0～0.1 的区域覆盖上“…”标记
    c2 = ax.contourf(lon,lat, p, [0,0.1,1] , zorder=1,hatches=['...', None],colors="none",
transform=ccrs.PlateCarree())
    #添加色标
    fig.colorbar(c1,ax=ax,fraction=0.032)
```

输出结果如图 11-2 所示。

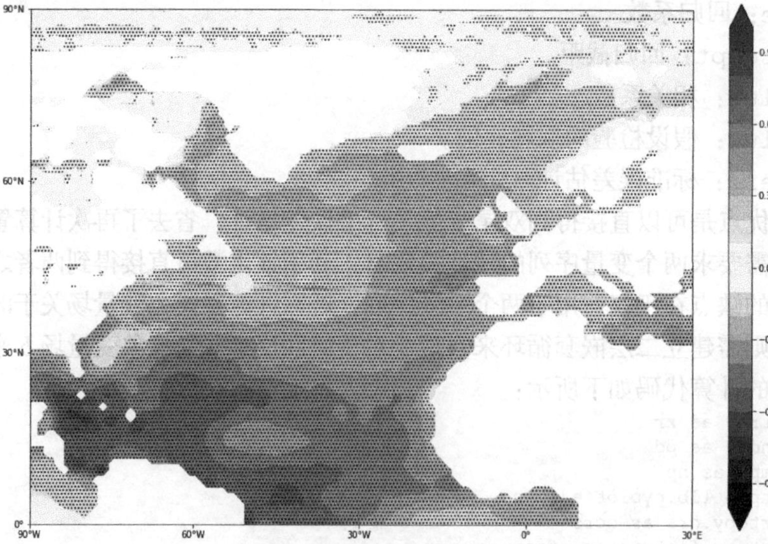

图 11-2　简单线性回归分析

除此以外，我们同样可以根据计算公式，利用 NumPy 中的基本函数来实现简单线性回归模型参数的快速计算。

11.1.4 数据标准化

一般来就，气象数据都是含有单位的，为了消除单位与量纲差异导致的统计结果差异，通常需对数据进行标准化处理。气象领域常使用 z-score 标准化，也叫标准差标准化。假设 x_i 是气象变量 x 的其中一个数据，则对其进行标准化的公式为：

$$x_i^* = \frac{x_i - \overline{x}}{s_x}$$

其中，$\overline{x}$ 和 s_x 分别为 x 的均值和标准差，x_i^* 为标准化后的 x_i。

我们可以通过 NumPy 库的一些简单函数来实现标准化。比如对于某一气象要素的时间序列 x 来说，其标准化可通过以下代码实现：

```
import numpy as np
#原始值
x = np.array([15.4,14.6,15.8,14.8,15.0,15.1,15.1,15.0,15.2,15.4,
              14.8,15.0,15.1,14.7,16.0,15.7,15.4,14.5,15.1,15.3,
              15.5,15.1,15.6,15.1,15.1,14.9,15.5,15.3,15.3,15.4,
              15.7,15.2,15.5,15.5,15.6,15.1,15.1,16.0,16.0,16.8,
              16.2,16.2,16.0,15.6,15.9,16.2,16.7,15.8,16.2,15.9,
              15.8,15.5,15.9,16.8,15.5,15.8,15.0,14.9,15.3,16.0,
              16.1,16.5,15.5,15.6,16.1,15.6,16.0,15.4,15.5,15.2,
              15.4,15.6,15.1,15.8,15.5,16.0,15.2,15.8,16.2,16.2,
              15.2,15.7,16.0,16.0,15.7,15.9,15.7,16.7,15.3,16.1])
#标准化
x_std = (x - x.mean(axis=0))/x.std(axis=0)
fig = plt.figure(figsize=(15,15))
#原始序列
ax1 = fig.add_axes([0.1, 0.1, 0.4, 0.3])
ax1.plot(np.arange(1900,1990,1),x,'k')
ax1.set_title('Original value')
#标准化后
ax2 = fig.add_axes([0.55, 0.1, 0.4, 0.3])
ax2.plot(np.arange(1900,1990,1),x_std,'k')
ax2.set_title('Normalized values')
```

输出结果如图 11-3 所示。

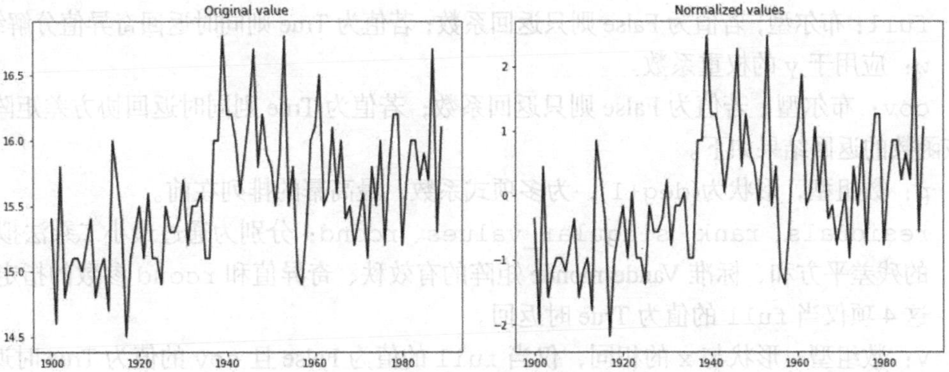

图 11-3　数据标准化

标准化过程将数据的单位与量纲去除了，在图形上表现为将数据压缩在 0 附近的一个区间，但并不改变数据本身的趋势及变化。

11.2 气候变化趋势分析

某一气象要素的同一统计指标的数值按其发生的时间先后顺序排列而成的序列被称为时间序列。对于气候时间序列而言，其通常具有周期振荡或一定趋势，前后时刻的数据之间也常常存在相关性和持续性。气候时间序列几乎均是由以下几个部分构成的。

- 平稳时间序列分量。
- 气候趋势分量。
- 气候序列的周期性波动分量，如年际变化、年代际变化等。
- 随机扰动分量，也称为白噪声。

本节将主要介绍通过 Python 语言实现对气候趋势分量和气候信号提取的分析。

11.2.1 拟合

本小节将介绍如何进行离散点的曲线拟合，其中一阶拟合又等同于一元线性拟合。拟合是分析气候序列变化趋势常用的方法之一。比如通过一阶拟合来判断气候序列是否具有上升、下降的趋势，这种趋势是否显著；通过高阶拟合来判断两个气候要素之间的非线性关系等。除了 11.1.3 小节中介绍的简单线性回归外，本小节将介绍一种更为方便的方法（最小二乘法多项式拟合）来实现数据拟合。本小节将用到的核心函数为：

```
numpy.polyfit(x, y, deg, rcond =None, full=False, w=None, cov=False)
```

其中，各个参数的含义如下。

- `x`、`y`：数组型，需要进行拟合的数据。
- `deg`：整型，多项式拟合阶数。
- `rcond`：浮点型，拟合的相对条件数，小于此值的奇异值将被忽略。
- `full`：布尔型，若值为 False 则只返回系数；若值为 True 则同时返回奇异值分解结果。
- `w`：应用于 `y` 的权重系数。
- `cov`：布尔型，若值为 False 则只返回系数；若值为 True 则同时返回协方差矩阵。

该函数的返回结果如下。

- `p`：数组型，形状为(deg+1)，为多项式系数，最高幂的排列在前。
- `residuals`、`rank`、`singular_values`、`rcond`：分别为通过最小二乘法拟合出的残差平方和、标准 Vandermonde 矩阵的有效秩、奇异值和 `rcond` 参数的指定值，这 4 项仅当 `full` 的值为 True 时返回。
- `V`：数组型，形状与 `x` 的相同，仅当 `full` 的值为 False 且 `cov` 的值为 True 时返回，为多项式系数估计的协方差矩阵。

polyfit()函数的用法（气象领域常用的一阶拟合和二阶拟合）如下所示：

```
import numpy as np
import matplotlib.pyplot as plt
#创建数据
x = np.arange(2000,2011,1)
y = np.array([3.9, 4.4, 10.8, 10.3, 11.2, 13.1, 14.1,  9.9, 13.9, 15.1, 12.5]).reshape(-1,1)
#创建回归模型
a1, b1 = np.polyfit(x, y, deg=1)  #对 x、y进行拟合
y_fit1 = a1*x + b1  #拟合出的直线
a2, b2,c2 = np.polyfit(x, y, deg=2)  #对 x、y进行拟合
y_fit2 = a2*x*x +b2*x+c2  #拟合出的曲线
#绘图
fig = plt.figure(figsize=(10, 4))
ax1 = fig.add_subplot(1,2,1)
ax1.plot(x, y_fit1, '-')
ax1.plot(x, y, 'o', color='tab:brown')
ax1.text(2001,6,'y = {}x+{}'.format(a1.round(2)[0],b1.round(2)[0]),fontsize=12)
ax2 = fig.add_subplot(1,2,2)
ax2.plot(x, y_fit2, '-')
ax2.plot(x, y, 'o', color='tab:brown')
ax2.text(2001,6,'y = {}x+{}x+{}'.format(a2.round(2)[0],b2.round(2)[0],c2.round(2)[0]),
fontsize=12)
plt.show()
```

输出结果如图 11-4 所示。

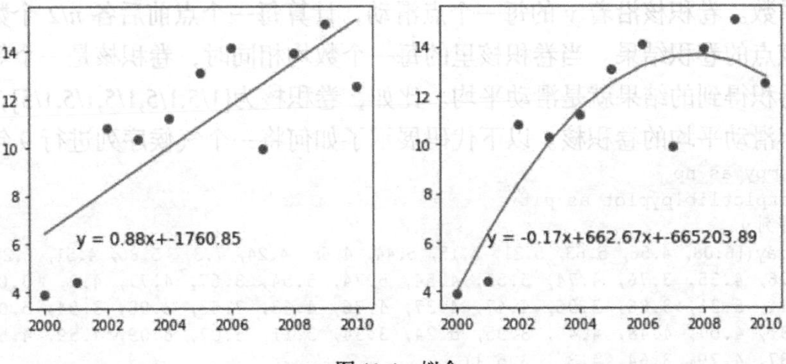

图 11-4 拟合

对于数据较多的气候序列来说，polyfit()函数使用起来非常简单，计算便捷、迅速，使用者可灵活地根据数据分布情况调整拟合阶数，并可根据残差平方和确定最佳拟合阶数。

11.2.2 滑动平均

从本质上来说，滑动平均相当于低通滤波器，是实现趋势拟合的基础方法。对于一个含有 n 个样本的气候序列 x 来说，其滑动平均序列可表示为：

$$\hat{x}_j = \frac{1}{k}\sum_{i=1}^{k} x_{i+j-1}$$

其中，j=1,2,⋯,n−k+1，式中 k 为滑动步长。在气象分析中，常用 9 年或 11 年的滑动平均来反映一个序列的年代际变化情况。对于 Python 语言来说，我们可以借助 NumPy 库中的卷积函数 convolve()快速实现滑动平均。

卷积函数 convolve()的基本形式如下：

```
numpy.convolve(x, v, mode='full')
```

其中，各个参数的含义如下。

- x：数组型，需要进行卷积的数据。
- v：数组型，卷积核。
- mode：边界设置，参数可选。
  - 'full'：默认值，返回每一个卷积值，长度是样本数（N）+卷积核长度（M）−1，在卷积的边缘处，信号不重叠，存在边际效应。
  - 'same'：返回的数组长度为 max(M, N)，存在边际效应。
  - 'valid'：返回的数组长度为 max(M,N)-min(M,N)+1，此时返回的是完全重叠的点，无边际效应。

该函数直接返回对于序列 x 的卷积结果。

我们以通俗的语言来介绍卷积，假设对某一气候序列 y（一维数组型）进行卷积，首先需要建立一个卷积核（一维数组型），卷积核的长度 n 就是滑动窗口长度，卷积核的每一个值为一个权重系数。卷积核沿着 y 的每一个点滑动，计算每一个点前后各 n/2 个数据的权重平均和，作为该点的卷积结果。当卷积核里的每一个数均相同时，卷积核是一个等权重的滑动窗口，此时卷积得到的结果就是滑动平均。比如，卷积核为[1/5,1/5,1/5,1/5,1/5]，则它是一个用来计算 5 年滑动平均的卷积核。以下代码展示了如何将一个气候序列进行 9 年滑动平均：

```
import numpy as np
import matplotlib.pyplot as plt
#创建气候序列 y
y = np.array([6.08, 4.56, 5.63, 5.31, 5.15, 5.44, 4.65, 4.24, 7.3,  5.86, 4.51, 6.28, 5.55, 5.35,
5.12, 4.76, 4.35, 3.76, 4.74, 5.55, 4.54, 5.74, 5.54, 3.67, 4.77, 4.9,  3.06, 3.9,
4.18, 5.44, 5.21, 3.86, 3.96, 4.47, 4.37, 4.86, 4.43, 3.63, 3.98, 3.94, 5.09, 4.48,
4.05, 4.81, 4.07, 4.48, 4.46, 3.95, 5.24, 3.54, 3.11, 5.07, 6.09, 4.59, 4.55, 4.7,
3.43, 4.37, 4.79, 3.64, 4.3,  3.5 ])
#创建一个 9 年滑动平均的卷积核
v= np.repeat(1/9, 9)
#滑动平均
y_smooth9_full = np.convolve(y,v,'full')
y_smooth9_same = np.convolve(y,v,'same')
y_smooth9_valid = np.convolve(y,v,'valid')
#绘图
fig = plt.figure(figsize=(10, 4))
ax1 = fig.add_subplot(2,2,1)
ax1.plot(np.arange(0,62,1),y,label='y')
ax1.set_xlim(0,60)
ax1.set_ylim(2,8)
ax1.set_title('Original value')
ax2 = fig.add_subplot(2,2,2)
```

```
ax2.plot(np.arange(-4,62+4,1),y_smooth9_full,label='full')
ax2.set_xlim(0,60)
ax2.set_ylim(2,8)
ax2.set_title('mode = full')
ax3 = fig.add_subplot(2,2,3)
ax3.plot(np.arange(0,62,1),y_smooth9_same,label='same')
ax3.set_xlim(0,60)
ax3.set_ylim(2,8)
ax3.set_title('mode = same')
ax4 = fig.add_subplot(2,2,4)
ax4.plot(np.arange(0+4,62-4,1),y_smooth9_valid,label='valid')
ax4.set_xlim(0,60)
ax4.set_ylim(2,8)
ax4.set_title('mode = valid')
#防止图题被遮挡
plt.tight_layout()
plt.show()
```

输出结果如图 11-5 所示。

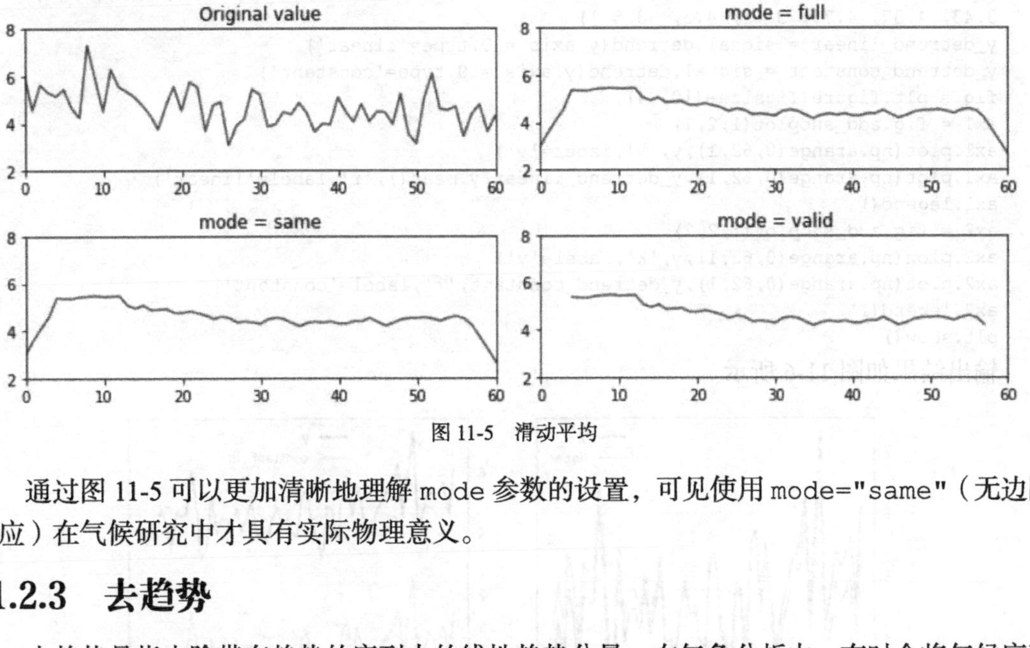

图 11-5 滑动平均

通过图 11-5 可以更加清晰地理解 mode 参数的设置，可见使用 mode="same"（无边际效应）在气候研究中才具有实际物理意义。

11.2.3 去趋势

去趋势是指去除带有趋势的序列中的线性趋势分量。在气象分析中，有时会将气候序列的线性趋势分量剔除以分析序列自身的变化，这就需要用到去趋势算法。SciPy 库提供了去趋势函数方便我们直接使用。下面是该函数的基本形式：

```
scipy.signal.detrend(data, axis=-1, type='linear', bp=0, overwrite_data=False)
```

各个参数的含义如下。

- data：数组型，需要去除趋势的数据。
- axis：整型，需要去除趋势的维度。

- type：{'linear', 'constant'}，参数可选。
  - 'linear'：默认选项，数据减去通过最小二乘法拟合得到的线性趋势的结果。
  - 'constant'：去掉序列的均值，即求数据的距平。
- bp：整型，序列的间断点，如果给定该参数，则在两个断点之间对数据的每个部分进行单独的线性拟合。断点为数据的索引。
- overwrite_data：布尔型，其值默认为 False，若为 True 则结果会覆盖 data。

注意：由于是去除了通过最小二乘法拟合得到的结果，因此最终结果与原始序列均值之和才是原始数据去除线性趋势的结果。以下代码展示了如何使用去趋势函数去除气候序列的线性趋势分量：

```
from scipy import signal
import numpy as np
y = np.array([6.08, 4.56, 5.63, 5.31, 5.15, 5.44, 4.65, 4.24, 7.3,  5.86, 4.51, 6.28, 5.55, 5.35,
5.12, 4.76, 4.35, 3.76, 4.74, 5.55, 4.54, 5.74, 5.54, 3.67, 4.77, 4.9,  3.06, 3.9,
4.18, 5.44, 5.21, 3.86, 3.96, 4.47, 4.37, 4.86, 4.43, 3.63, 3.98, 3.94, 5.09, 4.48,
4.05, 4.81, 4.07, 4.48, 4.46, 3.95, 5.24, 3.54, 3.11, 5.07, 6.09, 4.59, 4.55, 4.7,
3.43, 4.37, 4.79, 3.64, 4.3,  3.5 ])
y_detrend_linear = signal.detrend(y,axis = 0,type='linear')
y_detrend_constant = signal.detrend(y,axis = 0,type='constant')
fig = plt.figure(figsize=(10, 4))
ax1 = fig.add_subplot(1,2,1)
ax1.plot(np.arange(0,62,1),y,'k',label='y')
ax1.plot(np.arange(0,62,1),y_detrend_linear+y.mean(),'r',label='linear')
ax1.legend()
ax2 = fig.add_subplot(1,2,2)
ax2.plot(np.arange(0,62,1),y,'k',label='y')
ax2.plot(np.arange(0,62,1),y_detrend_constant,'r',label='constant')
ax2.legend()
plt.show()
```

输出结果如图 11-6 所示。

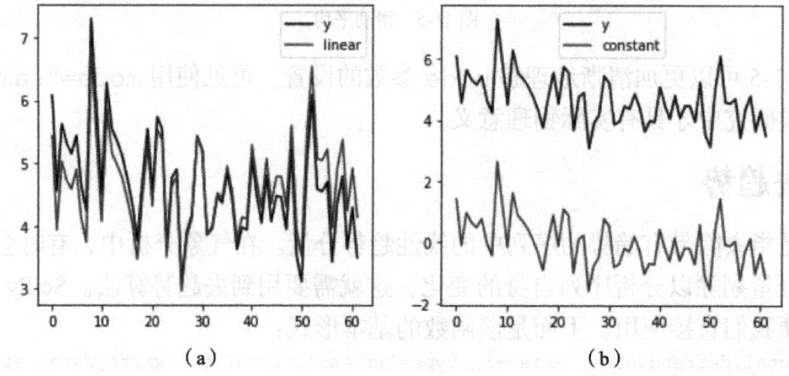

图 11-6　去趋势

不难发现，原始序列有一个下降的趋势，对于 type='linear' 来说，原始序列减去通过最小二乘法拟合得到的结果导致图 11-6（a）的左半部分原始序列高于去趋势后的结果，右半部分原始序列低于去趋势后的结果。而对于 type='constant'来说，相当于原始序列减去原始序列的均值，得到距平序列（见图 11-6 的（b）图）。

11.2.4 滤波

分析气候变化趋势时常用的技术还有滤波技术，滤波主要分为低通滤波、高通滤波以及带通滤波，用于提取气候序列中的年际以及年代际等分量。这里我们介绍 SciPy 库中的巴特沃思（Butterworth）滤波器的使用方法。首先要构造一个巴特沃思滤波器：

```
scipy.signal.butter(N, Wn, btype='lowpass', analog=False, output='ba')
```

其中，各个参数的含义如下。

- N：滤波器的阶数。
- Wn：归一化的截止频率。计算公式为 Wn=2×截止频率/采样频率（注意：采样频率要大于两倍的信号本身最大的频率才能还原信号。截止频率一定要小于信号本身最大的频率，所以 Wn 的值一定为 0～1）。当构造带通滤波器或者带阻滤波器时，Wn 为长度为 2 的列表。
- btype：{'lowpass', 'highpass', 'bandpass', 'bandstop'}，参数可选。'lowpass'为默认值，表示低通滤波；'highpass'表示高通滤波；'bandpass'表示带通滤波；'bandstop'表示带阻滤波。
- analog：若值为 True，则返回模拟滤波器，否则返回数字滤波器。
- output：{'ba', 'zpk', 'sos'}参数可选。'ba'为分子/分母型，'zpk'表示零极点型，'sos'表示二阶截面型，默认为分子/分母型。

在默认设置下，构造滤波器函数会返回滤波器的分子系数向量 b 和滤波器的分母系数向量 a。

滤波器构造成功后，就可对数据进行滤波。这会使用到滤波器函数：

```
scipy.signal.filtfilt(b, a, x, axis=-1, padtype='odd', padlen=None, method='pad', irlen=None)
```

其中，各个参数的含义如下。

- b：滤波器的分子系数向量。
- a：滤波器的分母系数向量。
- x：要过滤的数据数组。
- axis：指定要过滤的数据数组的 x 维。
- padtype：{'odd', 'even','constant',None}，参数可选，默认为'odd'。
- padlen：整型，在应用滤波器之前在轴两端延伸的元素个数。此值必须小于要进行滤波的元素的个数与 1 的差。
- method：确定处理信号边缘的方法，{'pad','gust'}，参数可选。'pad'是填充信号；填充类型由 padtype 和 padlen 决定，irlen 被忽略。'gust'表示使用古斯塔夫森方法，而忽略 padtype 和 padlen。

- irlen：当method的值为'gust'时，irlen指定滤波器的响应长度。

下面，我们以一个示例来展示如何利用这两个函数来实现对气候序列进行滤波、提取年际、获得 3～10 年的信号以及年代际（此处以 10 年为界）信号：

```
from scipy import signal
import numpy as np
y = np.array([ 1.74082189, -0.12322827,  1.18896494,  0.79653332,  0.60031752,  0.95595867,
 -0.01285688, -0.51565989,  3.23696743,  1.47102516, -0.18454571,  1.98609165,
  1.09085703,  0.84558727,  0.56352705,  0.12204148, -0.38076152, -1.10430731,
  0.09751451,  1.09085703, -0.14775525,  1.3238633,   1.07859355,  -1.2146787,
  0.13430497,  0.29373032, -1.96275147, -0.93261848, -0.58924082,  0.95595867,
  0.67389844, -0.98167243, -0.85903755, -0.23359967, -0.35623455,  0.24467636,
 -0.28265362, -1.26373265, -0.83451058, -0.88356453,  0.52673659, -0.22133618,
 -0.74866616,  0.18335892, -0.72413918, -0.22133618, -0.24586315, -0.87130104,
  0.71068891, -1.37410405, -1.90143403,  0.50220961,  1.75308538, -0.08643781,
 -0.13549176,  0.04846056, -1.50900241, -0.35623455,  0.15883195, -1.25146917,
 -0.44207896, -1.423158  ])
####高通滤波####
b1, a1 = signal.butter(3, 2/3, 'highpass')
high_series = signal.filtfilt(b1, a1, y)
####带通滤波####获得 3~10 年的信号
b2, a2 = signal.butter(3, [2/10,2/3], 'bandpass')
band_series = signal.filtfilt(b2, a2, y)
####低通滤波####获得 10 年以上的信号
b3, a3 = signal.butter(3, 2/10, 'lowpass')
low_series = signal.filtfilt(b3, a3, y)
#绘图
fig = plt.figure(figsize=(10, 4))
ax1 = fig.add_subplot(1,3,1)
ax1.plot(np.arange(0,62,1),y,'k',label='y')
ax1.plot(np.arange(0,62,1),high_series,'r',label='highpass')
ax1.legend()
ax2 = fig.add_subplot(1,3,2)
ax2.plot(np.arange(0,62,1),y,'k',label='y')
ax2.plot(np.arange(0,62,1),band_series,'r',label='bandpass')
ax2.legend()
ax3 = fig.add_subplot(1,3,3)
ax3.plot(np.arange(0,62,1),y,'k',label='y')
ax3.plot(np.arange(0,62,1),low_series,'r',label='lowpass')
ax3.legend()
plt.show()
```

输出结果如图 11-7 所示。

这里我们提供了一个标准化后的气候序列 y 来展示滤波器函数。这里以年代际信号和 3～10 年的信号为例讲解 Wn 的计算。对于逐年的气候序列，年代际（10 年）信号的 Wn = $2\times(1/10)/(1/1)=\frac{1}{5}$，其中(1/10)为截止频率、(1/1)为采样频率。对于 3 年的信号而言，Wn = $2\times(1/3)/(1/1)=2/3$。

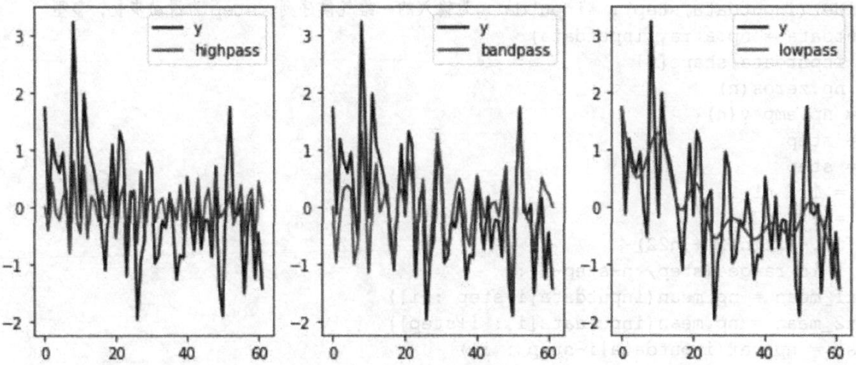

图 11-7 滤波

11.3 气候序列突变检验

突变指的是变化现象的不连续特征，是一种质变的现象。从统计学的角度来看，可以把突变理解为某个统计特征发生的急剧变化。本节主要介绍两种用于检验气候序列突变的方法。

11.3.1 滑动 t 检验

滑动 t 检验是通过考察两组样本均值的差异是否显著来确定突变点的。其主要思想就是把某一气候序列中的两段子序列的均值有无显著差异看作来自两个总体的均值有无显著差异的问题来进行检验。当两段子序列的均值的差异超过了一定的显著性水平，则认为其发生了突变。

对于具有 n 个样本量的气候序列 x 来说，人为设置某一时刻为基准点，基准点前后两段子序列 x_1 和 x_2 的样本均值分别为 $\overline{x_1}$ 和 $\overline{x_2}$，其方差分别为 s_1^2 和 s_2^2，定义统计量：

$$t=\frac{\overline{x_1}-\overline{x_2}}{s\sqrt{\frac{1}{n_1}+\frac{1}{n_2}}}$$

其中：$s=\sqrt{\frac{n_1 s_1^2+n_2 s_2^2}{n_1+n_2-2}}$。

统计量 t 遵循自由度 n_1+n_2-2 的 t 分布。

滑动 t 检验具有一定的主观性，为避免主观选择子序列的长度造成突变点“漂移”，通常会反复改变子序列的长度进行对比，以便最终确定较为可靠的突变点。通过将计算得到的 t 统计量绘制为折线图的形式，以及判断 t 统计量曲线的点是否超过相应显著性水平的 t_α 值来判断是否出现突变以及突变点时间。

实现滑动 t 检验的代码如下所示：

```
import numpy as np
import matplotlib.pyplot as plt
```

```
def slidet(inputdata,step): #inputdata 为输入的一维气候序列; step 为滑动步长, 整型
    inputdata = np.array(inputdata)
    n = inputdata.shape[0]
    t = np.zeros(n)
    t1 = np.empty(n)
    n1 = step
    n2 = step
    n11 = 1 / n1
    n22 = 1 / n2
    m = np.sqrt(n11 + n22)
    for i in range (step, n-step-1):
        x1_mean = np.mean(inputdata[i-step : i])
        x2_mean = np.mean(inputdata[i : i+step])
        s1 = np.var(inputdata[i-step : i])
        s2 = np.var(inputdata[i : i+step])
        s = np.sqrt((n1 * s1 + n2 * s2) / (n1 + n2 - 2))
        t[i-step] = (x2_mean - x1_mean) / (s * m)
        t1 = np.roll(t , step-1)
        t1[:step]=np.nan
        t1[n-step+1:]=np.nan
return  t1
#示例
a = [15.4,14.6,15.8,14.8,15.0,15.1,15.1,15.0,15.2,15.4,
     14.8,15.0,15.1,14.7,16.0,15.7,15.4,14.5,15.1,15.3,
     15.5,15.1,15.6,15.1,15.1,14.9,15.5,15.3,15.3,15.4,
     15.7,15.2,15.5,15.5,15.6,15.1,15.1,16.0,16.0,16.8,
     16.2,16.2,16.0,15.6,15.9,16.2,16.7,15.8,16.2,15.9,
     15.8,15.5,15.9,16.8,15.5,15.8,15.0,14.9,15.3,16.0,
     16.1,16.5,15.5,15.6,16.1,15.6,16.0,15.4,15.5,15.2,
     15.4,15.6,15.1,15.8,15.5,16.0,15.2,15.8,16.2,16.2,
     15.2,15.7,16.0,16.0,15.7,15.9,15.7,16.7,15.3,16.1,16.2]
t = slidet(a,11)
#绘制图形
fig = plt.figure(figsize=(10, 4))
ax1 = fig.add_subplot(1,1,1)
ax1.plot(np.arange(1900,1991,1),t,'r')
ax1.axhline(2.85) #显著性水平可通过查阅对应自由度的 t 分布表得到
ax1.axhline(-2.85)
plt.show()
```

输出结果如图 11-8 所示。

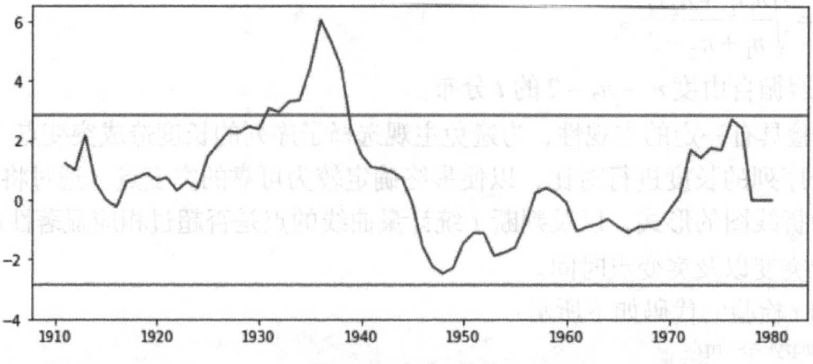

图 11-8 滑动 t 检验

在以上代码中，一维数组 a 为 1900—1990 年上海年平均气温序列。由图 11-8 可知，约在 1930 年后期出现了一次突变现象，显著性水平达到 0.01 以上。

11.3.2 曼-肯德尔法

曼-肯德尔（Mann-Kendall）法是一种非参数检验方法。非参数检验又称为无分布检验，该方法的优点在于不需要数据遵循一定的分布，同时也不易受少数异常值的干扰，计算也相对简单，结果较为客观。本小节介绍的是曼-肯德尔突变点检验。对具有 n 个样本量的时间序列 x，构造一秩序列：

$$S_k = \sum_{i=1}^{k} r_i , k = 2,3,\cdots,n$$

其中：

$$r_i = \begin{cases} 1, x_i > x_j \\ 0, x_i \leqslant x_j \end{cases} , j = 1,2,\cdots,i$$

不难发现，秩序列 S_k 实际是第 i 时刻数值大于第 j 时刻数值个数的累计数。

在时间序列随机独立的假设下，定义统计量：

$$\mathrm{UF}_k = \frac{s_k - \mathrm{E}(s_k)}{\sqrt{\mathrm{Var}(s_k)}}, k = 1,2,3,\cdots,n$$

式中 $\mathrm{UF}_1 = 0$，$\mathrm{E}(s_k)$ 和 $\mathrm{Var}(s_k)$ 分别是 S_k 的均值和方差，在 $x_1, x_2, \cdots, x_n$ 相互独立且存在相同的连续分布时，它们可由如下公式计算得到：

$$\mathrm{E}(s_k) = \frac{k(k-1)}{4}$$

$$\mathrm{Var}(s_k) = \frac{k(k-1)(2k+5)}{72}$$

其中，$k = 2,3,\cdots,n$。

UF_i 为标准正态分布。给定显著性水平 α，查阅正态分布表，若 $|\mathrm{UF}_i| > U_a$，则表明序列存在明显的趋势变化。将气候序列逆序排列，重复上述过程，同时使得 $\mathrm{UB}_k = -\mathrm{UF}_k$，$k = n, n-1, \cdots, 1$，$\mathrm{UB}_1 = 0$。

通过计算得到 UF_k 和 UB_k 后，将两者绘制在同一幅图上，并绘制相应的显著性水平参考线。若 UF_k 和 UB_k 的值大于 0，则表明序列有上升趋势，反之为有下降趋势。若其曲线超过显著性水平参考线，则认为这种变化趋势是显著的，超过显著性水平参考线的区间被认为是序列存在显著变化的时间区间。若两条曲线出现交点，且交点在显著性水平参考线区间内，则认为交点对应的时刻为突变开始的时刻。曼-肯德尔法的实现代码如下所示：

```
def mktest(x):
    n = len(x)
```

```
    #定义累计量序列 Sk，长度 n，初始值为 0
    Sk = np.zeros(n)
    s = 0
    #计算正序列 UFK
    UF = np.zeros(n)
    for i in range(2,n):
        for j in range(1,i):
            if x[i]>x[j]:
                s += 1
        Sk[i] = s
        E = i * (i - 1)/4
        Var = i * (i - 1) * (2 * i + 5)/72
        UF[i] = (Sk[i] - E)/np.sqrt(Var)
    #定义逆序列累计量序列 Sk2，长度 n，初始值为 0
    Sk2 = np.zeros(n)
    s = 0
    #计算逆序列，长度为 n，初值为 0
    x2 = x[::-1]
    UB = np.zeros(n)
    for i in range(2, n):
        for j in range(1, i):
            if x2[i] > x2[j]:
                s += 1
        Sk2[i] = s
        E = i * (i - 1) / 4
        Var = i * (i - 1) * (2 * i + 5) / 72
        UB[i] = -(Sk2[i] - E) / np.sqrt(Var)
    UB = UB[::-1]
    return UF, UB

import numpy as np
import matplotlib.pyplot as plt

x = [15.4,14.6,15.8,14.8,15.0,15.1,15.1,15.0,15.2,15.4,
     14.8,15.0,15.1,14.7,16.0,15.7,15.4,14.5,15.1,15.3,
     15.5,15.1,15.6,15.1,15.1,14.9,15.5,15.3,15.3,15.4,
     15.7,15.2,15.5,15.5,15.6,15.1,15.1,16.0,16.0,16.8,
     16.2,16.2,16.0,15.6,15.9,16.2,16.7,15.8,16.2,15.9,
     15.8,15.5,15.9,16.8,15.5,15.8,15.0,14.9,15.3,16.0,
     16.1,16.5,15.5,15.6,16.1,15.6,16.0,15.4,15.5,15.2,
     15.4,15.6,15.1,15.8,15.5,16.0,15.2,15.8,16.2,16.2,
     15.2,15.7,16.0,16.0,15.7,15.9,15.7,16.7,15.3,16.1,16.2]


uf,ub = mktest(x)
fig = plt.figure(figsize=(10, 4))
ax1 = fig.add_subplot(1,1,1)
ax1.plot(np.arange(1900,1991,1),uf,'r',label='UFk')
ax1.plot(np.arange(1900,1991,1),ub,'b',label='UBk')
ax1.legend()
ax1.axhline(1.96)
ax1.axhline(-1.96)
plt.show()
```

输出结果如图 11-9 所示。

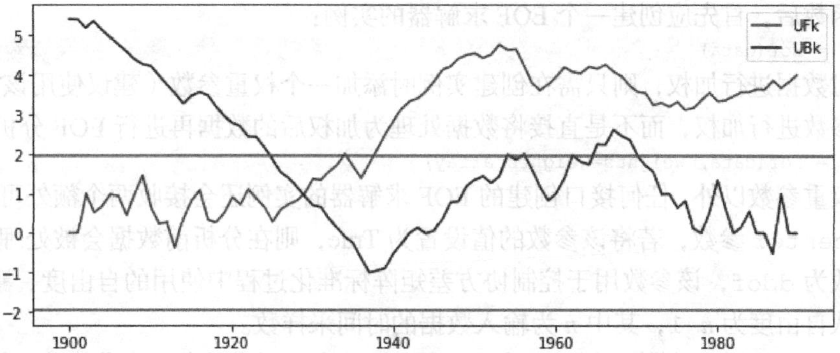

图 11-9 曼-肯德尔法

上述代码使用的气候序列与 11.3.1 小节中的相同，可以发现对于该气候序列来说无论是使用滑动 *t* 检验还是使用曼-肯德尔法，得到的突变点的结果是相似的。需要注意的是，对于某些气候序列来说，使用曼-肯德尔法很可能会得到多个距离很近的突变点，因此对于这类气候序列来说，使用曼-肯德尔法计算突变点是不合适的。

11.4 气候变量场时空结构的分离（经验正交函数分解）

在气候统计诊断中，分析某一区域的气候变量场的时空变化特征的常用方法是将气候变量场分解为正交函数的线性组合，构成为数较少的互不相关的典型模态来代替原始变量场，并使得每个典型模态都含有尽量多的原始变量场的信息。其中经验正交函数（Empirical Orthogonal Function, EOF）分解就是这样的一种方法。对于 Python 语言来说，eofs 库可以直接用于实现 EOF 分解方法，关于 EOF 分解方法的具体计算过程，本书不详细解释。

首先介绍 eofs 库的安装方法。

也可以利用 conda 进行安装：

```
conda install -c conda-forge eofs
```

利用 pip 进行安装：

```
pip install eofs
```

eofs 库为实现 EOF 分解方法提供了丰富的接口，适用于 NumPy、xarray、iris 等库的数据类型。无论使用哪种接口，实现 EOF 分解方法的过程都是相似的。下面介绍其具体使用方法。在使用时，首先应引入函数，对于不同的接口，引入方法是不同的：

```
from eofs.standard import Eof  #适用于NumPy的数据类型
from eofs.cdms import Eof
from eofs.iris import Eof
from eofs.xarray import Eof
```

调用函数后，首先应创建一个 EOF 求解器的实例：

```
solver = Eof(data)
```

若需对数据进行加权，则只需在创建实例时添加一个权重参数（建议使用该方法为数据添加权重参数进行加权，而不是直接将数据处理为加权后的数据再进行 EOF 分析）：

```
solver = Eof(data, weights=weights_array)
```

除了权重参数以外，任何接口创建的 EOF 求解器的实例还会接收两个额外可选参数，其中一个为 center 参数，若将该参数的值设置为 True，则在分析前数据会被处理为距平值。另一个参数为 ddof，该参数用于控制协方差矩阵标准化过程中使用的自由度，默认值为 1，意味着默认自由度为 $n-1$，其中 n 为输入数据的时间采样数。

在创建完 EOF 求解器的实例后，就可以通过调用求解器类的方法来获取分析结果。例如：

```
pcs = solver.pcs()
```

以此获取通过 EOF 分析得到的时间序列。若只想获取前 3 个模态的时间系数，并需将其换算为单位方差序列，则可以添加如下两个参数：

```
pcs = solver.pcs(npcs=3, pcscaling=1)
```

类似地，我们还可以获取通过 EOF 分析得到的空间模态和方差：

```
eofs = solver.eofs(npcs=3)
var = solver.varianceFraction()
```

我们通过一个示例来展示如何通过 eofs 库实现气候变量场的 EOF 分析，详细代码如下所示。该示例将 1961—2016 年冬季（这里是指 2016 年 12 月到 2017 年 2 月）亚洲区域的纬向风作为输入数据进行 EOF 分析，对数据的纬度进行了权重计算，获取了前两个典型模态的空间模态及其对应的 PC 序列。该示例还调用了 eofs 库的标准接口。

```
from eofs.standard import Eof
import xarray as xr
import numpy as np
import matplotlib.pyplot as plt
#读入数据
f_u = xr.open_dataset('./uwnd.mon.mean.nc')
u = f_u['uwnd'].loc[f_u.time.dt.month.isin([12,1,2])].loc['1961-12-01':'2017-02-28'].loc
[:,1000:100,70:20,60:120]
lon_u = u['lon']
lat_u = u['lat']
level = u['level']
u_array = np.array(u).reshape(56,3,level.shape[0],lat_u.shape[0],lon_u.shape[0]).mean
((1,4)).transpose((0,2,1))
#EOF 分析
coslat = np.cos(np.deg2rad(lat_u))
coslat = np.array(coslat)
wgts = np.sqrt(coslat)[..., np.newaxis]
solver = Eof(u_level_lat, weights=wgts)
u_eof = solver.eofsAsCorrelation(neofs=2)
u_pc = solver.pcs(npcs=2, pcscaling=1)
u_var = solver.varianceFraction()
u_eof = u_eof.transpose((0,2,1))
#设置 PC 序列的颜色
color1 = []
color2 = []
```

```
    for i in range(1961,2017):
        if u_pc[i-1961,0] >=0:
            color1.append('red')
        elif u_pc[i-1961,0] <0:
            color1.append('blue')
        if u_pc[i-1961,1] >=0:
            color2.append('red')
        elif u_pc[i-1961,1] <0:
            color2.append('blue')
    #绘图
    fig1 = plt.figure(figsize=(15,15))
    years = range(1961, 2017)
    #EOF1
    f1_ax1 = fig1.add_axes([0.1, 0.42, 0.3, 0.2])
    f1_ax1.set_title('(a) EOf1',loc='left')
    f1_ax1.set_title( '%.2f%%' % (u_var[0]*100),loc='right')
    f1_ax1.set_yscale('symlog')
    f1_ax1.set_xticklabels([r'20$^\degree$',r'30$^\degree$N', r'40$^\degree$N',
                         r'50$^\degree$N',r'60$^\degree$N', r'70$^\degree$N'])
    f1_ax1.set_yticks([1000, 500,300, 200, 100])
    f1_ax1.set_yticklabels(['1000','500','300','200','100'])
    f1_ax1.invert_yaxis()
    f1_ax1.set_ylabel('Height (hPa)',fontsize=18)
    f1_ax1.set_xlabel('Latitude',fontsize=18)
    c1 = f1_ax1.contourf(lat_u,level ,u_eof[0,:,:], levels=np.arange(-0.8,0.9,0.1), extend = 'both',
                zorder=0, cmap=plt.cm.RdBu_r)
    #PC1
    f1_ax2 = fig1.add_axes([0.45, 0.42, 0.3, 0.2])
    f1_ax2.set_title('(b) PC1',loc='left')
    f1_ax2.set_ylim(-3,3)
    f1_ax2.axhline(0,linestyle="--")
    f1_ax2.bar(years,u_pc[:,0],color=color1)
    #EOF2
    f1_ax3 = fig1.add_axes([0.1, 0.17, 0.3, 0.2])
    f1_ax3.set_title('(c) EOf2',loc='left')
    f1_ax3.set_title( '%.2f%%' % (u_var[1]*100),loc='right')
    f1_ax3.set_yscale('symlog')
    f1_ax3.set_xticklabels([r'20$^\degree$',r'30$^\degree$N', r'40$^\degree$N',
                         r'50$^\degree$N',r'60$^\degree$N', r'70$^\degree$N'])
    f1_ax3.set_yticks([1000, 500,300, 200, 100])
    f1_ax3.set_yticklabels(['1000','500','300','200','100'])
    f1_ax3.invert_yaxis()
    f1_ax3.set_ylabel('Height (hPa)',fontsize=18)
    f1_ax3.set_xlabel('Latitude',fontsize=18)
    c2 = f3_ax3.contourf(lat_u,level ,u_eof[1,:,:], levels=np.arange(-0.8,0.9,0.1), extend = 'both',
                zorder=0, cmap=plt.cm.RdBu_r)
    #PC2
    f1_ax4 = fig1.add_axes([0.45, 0.17, 0.3, 0.2])
    f1_ax4.set_title('(d) PC2',loc='left')
    f1_ax4.set_ylim(-3,3)
    f1_ax4.axhline(0,linestyle="--")
    f1_ax4.bar(years,u_pc[:,1],color=color2)
    #色标
    position=fig1.add_axes([0.1, 0.1, 0.3, 0.017])
    fig1.colorbar(c1,cax=position,orientation='horizontal',format='%.1f',)
    plt.show()
```

输出结果如图 11-10 所示。

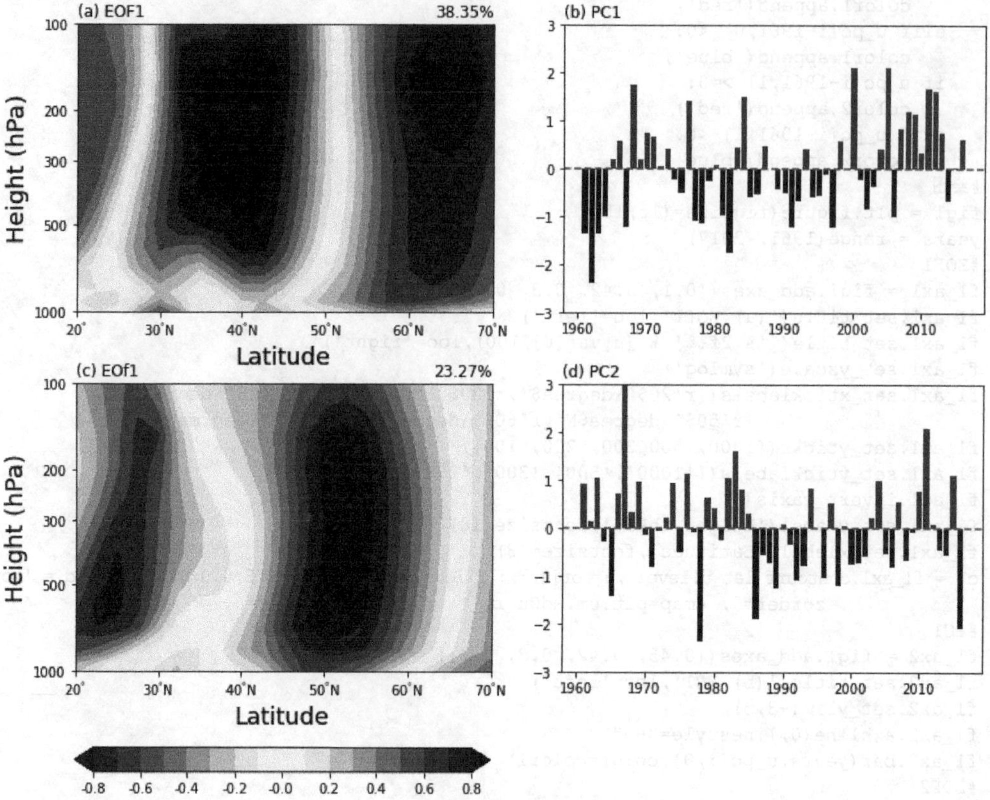

图 11-10 EOF 分析

这里选用了 1961—2016 年冬季的 60°E～120°E 的平均纬向风数据来进行 EOF 处理，结果可以体现出冬季亚洲急流强度和位置的变化。在 EOF 分析中加入了纬度的权重处理，绘图前对 PC 序列的颜色进行了设置，使得正值显示为红色、负值显示为蓝色（处理方法并不唯一）。该示例的绘图结构较为复杂，但这正体现了 Python 绘图的灵活性，通过 `fig.add_axes()` 函数可以自由调整任何一个部分的位置和大小，这使对色标等绘图要素的设置变得十分方便。

第 12 章 机器学习初探

12.1 什么是机器学习

机器学习是一类通过经验数据对计算机算法进行自动优化的研究。数据、算法和模型是机器学习的三要素。机器学习通过合适的算法，自动从数据中归纳规则逻辑（模型），并通过结果模型来对新数据进行预测。

简而言之，机器学习是通过经验来学习如何预测新数据的，这一点与人类的学习较为相似。

在机器学习中通常会使用训练数据、测试数据和验证数据 3 种数据集。这 3 种数据集都是提前分类好的。训练数据用于训练模型，测试数据用于测试模型的准确性，验证数据用于调整机器学习算法的超参（人为设置的参数，区别于算法从数据中学习到的模型参数）。测试数据不能用于训练，就像考试的题目不能泄露一样；验证数据可以用于训练，就像用原题来测试学生的上课效果一样。

12.2 传统机器学习

传统机器学习可以使用 scikit-learn 包。scikit-learn 是一个基于 Python 的开源机器学习包，其封装了大量用于分类、聚类和回归的成熟算法。后文将把 scikit-learn 简称为 sklearn（该包安装后在 Python 中的包名也为 sklearn）。

12.2.1 安装

在 conda 中执行以下命令，以安装 sklearn 包。

```
conda install -c conda-forge scikit-learn
```

sklearn 的官方网站提供了完善的文档和算法解释说明，这里只对基本使用方法进行简单讲解。

12.2.2　示例数据集

sklearn 内置了几种初学者学习常用的数据集（因为其中的数据太小，所以并不能实际应用于生活中），如表 12-1 所示。

表 12-1　数据集

载入函数	类型	数据集
sklearn.datasets.load_boston()	回归	波士顿房价数据
sklearn.datasets.load_iris()	分类	鸢尾花数据
sklearn.datasets.load_digits()	回归	糖尿病数据
sklearn.datasets.load_linnerud()	多输出回归	运动生理数据
sklearn.datasets.load_wine()	分类	葡萄酒数据
sklearn.datasets.load_breast_cancer()	分类	乳腺癌数据

这里以载入鸢尾花数据作为示例：

```
from sklearn.datasets import load_iris
data = load_iris()
print(data['data'].shape)
print('-----')
print(data['target'].shape)
```

输出结果为：

```
(150, 4)
-----
(150,)
```

示例数据集载入函数的返回值是一个字典，`data` 键为样本特征，`target` 键为样本对应的类别（鸢尾花数据是分类数据集，所以 `target` 为类别）。从数据中可以看出，鸢尾花数据有 150 个样本，每个样本有 4 个特征。

12.2.3　自己的数据

12.2.2 小节讲述的示例数据集可以用于初学者学习，实际使用时需要载入自己需要的真实数据。

这里具体讲述数据集的本质。假设我们需要一个模型：通过当日的风速、气温和湿度来预测空气质量。在这里，风速、气温和湿度就被称为特征（X），空气质量被称为目标（Y），某一天的单日数据（风速、气温、湿度、空气质量）被称为样本，大量的样本集合在一起被称为数据集。模型训练的本质就是找到一种合适的映射，将 X 映射为 Y。

对于自己的数据，可能有多种格式，例如 Excel 文件、CSV 文件或者文本文件，我们需要将特征数据处理成 shape=(样本数,特征数)的多维数组、将目标数据处理成 shape=(样本数)的多维数组。对于各种文件的读取方式，可参阅第 4 章或 pandas、NumPy 的官方文档。

12.2.4 数据预处理

在使用数据之前，我们还需要对数据进行预处理：

（1）处理缺测值（填充或删除样本）;

（2）标准化处理（将数据标准化为 0~1，消除量纲）;

（3）对失衡数据进行重新平衡（例如 99%的样本空气质量都为优秀，这是一种严重的样本失衡）;

（4）数值化类别数据或将数值数据类别化;

（5）对于某些特征冗余的数据还需要对特征进行筛选，冗余的特征会对模型带来负面影响。

上述的预处理并非每一步都必须执行，需要根据数据本身的情况进行处理。

sklearn 的 preprocessing 子模块提供了大量用于数据预处理的函数。

12.2.5 分割数据集

我们需要从数据集中分割一部分出来作为测试数据，以便确保测试模型的准确性。这里可以使用 train_test_split()函数来进行分割：

```
from sklearn.datasets import load_iris
from sklearn.model_selection import train_test_split

data = load_iris()
X, y = data['data'], data['target']
X_train, X_test, y_train, y_test = train_test_split(X, y, test_size=0.3)

print(X_train.shape, y_train.shape)
print('-----')
print(X_test.shape, y_test.shape)
```

输出结果为：

```
(105, 4) (105,)
-----
(45, 4) (45,)
```

train_test_split()函数的第一个参数为数据集特征 X，第二个参数为数据集目标 Y，test_size 参数用于设置分割多少比例的数据为测试数据，值为 0~1。train_test_split()函数默认会打乱样本顺序。在大多数情况下，乱序的样本会增强模型的稳健性；在某些特殊情况下，可以传入 shuffle=False 参数，以禁止自动打乱样本顺序。

12.2.6 使用内建算法进行学习

sklearn 内建的机器学习算法封装在表 12-2 所示的几个子模块中（每个子模块是一类算法集合，具体的算法为子模块内具体的某个类）。

表 12-2 机器学习算法子模块

子模块	说明
sklearn.ensemble	集成方法
sklearn.gaussian_process	高斯过程
sklearn.isotonic	保序回归
sklearn.linear_model	线性模型
sklearn.kernel_ridge	核岭回归
sklearn.multiclass	多类别分类
sklearn.multioutput	多输出回归和分类
sklearn.naive_bayes	朴素贝叶斯
sklearn.neighbors	最邻近
sklearn.neural_network	神经网络
sklearn.semi_supervised	半监督学习
sklearn.svm	支持向量机
sklearn.tree	决策树

对于所有子模块中的机器学习算法类，类名以 Classifier 结尾的为分类器，类名以 Regressor 结尾的为回归器。

这里介绍使用随机森林算法对鸢尾花数据进行学习。随机森林算法是一种集成方法，所以随机森林算法类在 sklearn.ensemble 子模块中：

```
from sklearn.datasets import load_iris
from sklearn.model_selection import train_test_split
from sklearn.ensemble import RandomForestClassifier

data = load_iris()
X, y = data['data'], data['target']
X_train, X_test, y_train, y_test = train_test_split(X, y, test_size=0.3)
model = RandomForestClassifier() # 建立模型实例，这里可以接收多种超参以配置算法
model.fit(X_train, y_train) # 用训练集数据训练模型
score = model.score(X_test, y_test) # 用测试集数据测试模型的准确性
print(score)
```

输出结果为：

```
0.9111111111111111
```

模型对象的 `score()` 方法的计算结果为决定系数 R^2。

12.2.7 使用其他指标评估模型

模型对象的 `score()` 方法用于计算决定系数，sklearn.metrics 子模块提供其他指标计算函数用于评估模型。

这里尝试计算上面介绍的模型的 F1 分数：

```
from sklearn.metrics import f1_score

y_predict = model.predict(X_test) # 使用测试集数据进行预测
```

```
    score = f1_score(y_test, y_predict, average='weighted') # 第一个参数为真实的类别，第二个参数为
预测的类别
    print(score)
```

输出结果为：

```
0.915758896151053
```

根据 sklearn 官方文档对 f1_score() 函数的描述可知，默认的 average 参数的值为 'binary'，这种方式只适用于二分类数据，而鸢尾花数据是多分类数据，所以必须手动指定另外的参数，这里指定为'weighted'。

12.2.8 使用模型进行预测

使用其他指标评估模型部分其实已经用到了使用模型进行预测——使用模型对象的 predict() 方法来预测模型：

```
y_predict = model.predict(X_test) # 使用测试集数据进行预测
print(y_predict)
```

输出结果为：

```
[2 1 2 1 2 0 2 1 0 2 0 2 1 0 0 0 2 0 1 1 2 1 0 0 0 0 0 1 2 1 1 0 2 1 0 2 1 0 1 0 1 0 0 0 1]
```

12.2.9 保存/载入训练好的模型

这里介绍使用 joblib 库将模型保存到磁盘或从磁盘读取模型。joblib 库会随着 sklearn 库被安装到环境中，所以不需要手动安装。

使用 joblib 库的 dump() 函数保存模型对象：

```
import joblib
joblib.dump(model, 'resource/model.joblib') # 保存模型到文件
```

dump() 函数的第一个参数为模型对象，这里是前文介绍的训练好的 model 变量，第二个参数是保存到文件的路径。

使用 load() 函数载入模型文件：

```
import joblib
model_load = joblib.load('resource/model.joblib') # 从文件载入模型
print(model_load.score(X_test, y_test)) # 测试模型，这一步并非必要
```

输出结果为：

```
0.9111111111111111
```

可以看到，从文件中读取的模型与保存时的完全一致，且读取之后是一个可以直接使用的模型对象。

12.3 深度学习框架

实际上神经网络在 sklearn 包中已经有提供，但其结构非常基础，且只能使用 CPU 进行计算（现在大多数深度学习模型都有巨大的数据量和复杂的模型结构，一般需要使用 CPU 或硬件加速卡进行加速计算）。

近年来，随着深度学习的流行，市面上涌现出了很多专为深度学习而生的框架，其中包括 PyTorch、TensorFlow、PaddlePaddle 等。这里简单讲一下 PyTorch 的使用。

12.3.1 安装

PyTorch 支持 CPU 和 GPU 两种计算方式，CPU 计算支持 Windows、Linux 和 macOS 这 3 种操作系统；关于 GPU 计算，分为 NVIDIA 公司的 CUDA 和 AMD 公司的 ROCm 两种平台，CUDA 支持 Windows、Linux、masOS 这 3 种操作系统，而 ROCm 只支持 Linux 操作系统。在 PyTorch 官方网站首页可以查询到各平台的安装命令。有 NVIDIA 显卡且支持 CUDA 功能的用户在 Compute Platform 选项可以选择 CUDA；AMD 显卡用户选择 ROCm；单纯使用 CPU 计算选择 CPU。

读者可根据自己的硬件和软件情况进行安装，如图 12-1 所示。PyTorch Build 为 PyTorch 版本，这里选择稳定版（stable）。

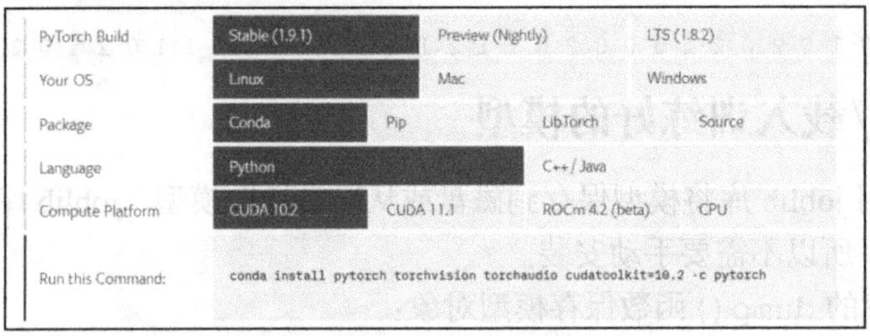

图 12-1 PyTorch 安装

12.3.2 使用

PyTorch 等深度学习框架都实现了自动微分，一般情况下使用者只需要定义神经网络，训练模型时框架就会自动完成反向传播计算和权重更新。

PyTorch 官方网站的安装命令还涉及 torchaudio（音频数据工具包）、torchvision（图像数据工具包）两个工具包。

这里使用 MNIST 数据集（0～9 的手写数字）和简单的卷积神经网络（Convolutional Neural Network，CNN）进行演示。MNIST 数据集包含约 70000 张手写数字图片，其中约 60000 张图片属于训练集，约 10000 张图片属于测试集。

1. 引入必要的模块

首先，引入必要的模块：

```
import torch
import torch.nn as nn
import torch.optim as optim
import torch.nn.functional as F
from torchvision import datasets, transforms
```

常见模块介绍如下。

- torch：PyTorch 的核心模块。
- torch.nn：封装了常见的神经网络层和相关工具函数。
- torch.optim：封装了常见的优化算法。
- torch.nn.functional：包括多种激活函数和池化函数在内的模块。
- datasets：由 torchvision 提供的数据工具包，提供了 MNIST 数据集的便捷读取方法。

2. 构建网络结构

引入需要的模块之后，便可以构建神经网络结构了：

```
class Model(nn.Module):
    def __init__(self):
        super().__init__()
        self.conv1 = nn.Conv2d(1, 20, 5, 1)
        self.pool1 = nn.MaxPool2d(2, 2)
        self.conv2 = nn.Conv2d(20, 50, 5, 1)
        self.pool2 = nn.MaxPool2d(2, 2)
        self.fc1 = nn.Linear(4 * 4 * 50, 500)
        self.fc2 = nn.Linear(500, 10)

    def forward(self, x):
        x = F.relu(self.conv1(x))
        x = self.pool1(x)
        x = F.relu(self.conv2(x))
        x = self.pool2(x)
        x = x.view(-1, 4 * 4 * 50)
        x = F.relu(self.fc1(x))
        x = self.fc2(x)
        return F.log_softmax(x, dim=1)
```

这里我们创建了一个 Model 类，它继承自 pytorch.nn.Module 类。

（1）创建神经网络层。

在 Model 类的.__init()方法中，第一步先调用父类的初始化方法 super().__init__()；然后根据网络结构创建不同层的实例，这里使用两个二维卷积层和两个全连接层。

```
self.conv1 = nn.Conv2d(1, 20, 5, 1) #创建第一个二维卷积层
```

这是第一个二维卷积层，第一个参数是输入通道数（Channel），由于 MNIST 数据集中的数据是灰度数据，只有一个通道，所以输入通道数是 1；第二个参数是输出通道数，也是卷积核数；第三个参数是卷积核大小，5 代表卷积核大小为 5×5；第四个参数是步长。

这一层输入数据的尺寸：(Channel,Width, Height)=(1,28,28)。

这一层输出数据的尺寸：(Channel,Width, Height)=(20,24,24)。

```
self.pool1 = nn.MaxPool2d(2, 2) #创建第一个最大值池化层
```

这是第一个最大值池化层，第一个参数为池化核大小，2 代表池化核大小为 2×2；第二个参数为步长。

这一层输入数据的尺寸：(Channel,Width, Height)=(20,24,24)。

这一层输出数据的尺寸：(Channel,Width, Height)=(20,12,12)。

```
self.conv2 = nn.Conv2d(20, 50, 5, 1) #创建第二个二维卷积层
```

这是第二个二维卷积层，输入通道数为 20；输出通道数（卷积核数）为 50；卷积核大小

为 5 × 5；步长为 1。

这一层输入数据的尺寸：(Channel,Width, Height)=(20,12,12)。

这一层输出数据的尺寸：(Channel,Width, Height)=(50,8,8)。

```
self.pool2 = nn.MaxPool2d(2, 2) #创建第二个最大值池化层
```

这是第二个最大值池化层，参数与第一个最大值池化层的相同。

这一层输入数据的尺寸：(Channel,Width, Height)=(50,8,8)。

这一层输出数据的尺寸：(Channel,Width, Height)=(50,4,4)。

这里需要注意输出数据的尺寸，在第二个最大值池化层之后数据将会输入全连接层，而这一层输出数据的每一个点都是全连接层的输入特征之一。

```
self.fc1 = nn.Linear(4 * 4 * 50, 500) #创建第一个全连接层
```

这是第一个全连接层，第一个参数为输入数据特征数，根据上一层输出数据的尺寸，可以得知输入数据特征数为 4 × 4 × 50；第二个参数为输出数据特征数，同时它也是这一层的神经节点数。

```
self.fc2 = nn.Linear(500, 10) #创建第二个全连接层
```

这是第二个全连接层，也是输出层，这一层负责将上一层传递过来的 500 个特征归类到 10 类（数字 0 ~ 9）中。

（2）描述正向传播。

可以使用 Model 类的 `forward()` 方法描述神经网络结构的正向传播方式。

原始数据被传递给第一个卷积层，并经由 ReLU 激活函数进行计算，输出并赋值为新的 `x`：

```
x = F.relu(self.conv1(x))
```

上一步计算得出的数据被传递给第一个池化层，输出并赋值为新的 `x`：

```
x = self.pool1(x)
```

再经由第二个卷积层和池化层进行计算：

```
x = F.relu(self.conv2(x))
x = self.pool2(x)
```

将从上一层传递过来的数据变形为一维数据，以便传递给全连接网络：

```
x = x.view(-1, 4 * 4 * 50)
```

数据被依次传递给两层全连接网络，并且在输出层应用 `log_softmax()` 激活函数：

```
x = F.relu(self.fc1(x))
x = self.fc2(x)
return F.log_softmax(x, dim=1)
```

3. 数据载入

使用 torchvision 的 datasets 子模块可以便捷地从网络下载和载入 MNIST 数据集。

- mini batch：一种拆分完整数据集以分批次训练的模式。由于深度学习的数据集通常会非常巨大，内存（或显存）不能存储完整的训练数据，这时就需要把完整的数据集分解成 N 个小的数据集，分解出来的每一个小的数据集称为 mini batch。
- batch size：批大小。每一个 mini batch 的最大样本数量。有时候并不能将完整样本平均分割到每一个 mini batch。批太小时，模型难以从数据集中总结规律，难以收敛；批太大时，除内存“压力”大之外，还会因为缺少随机性，导致模型陷入“局部最优”。

载入数据的代码如下所示：

```
train_loader = torch.utils.data.DataLoader(
    datasets.MNIST('./resource', train=True, download=True,
                   transform=transforms.ToTensor()),
    batch_size=5000, shuffle=True)

test_loader = torch.utils.data.DataLoader(
    datasets.MNIST('./resource', train=False,
                   transform=transforms.ToTensor()),
    batch_size=5000, shuffle=True)
```

这里使用 DataLoader 包装 torchvision.datasets 的 MNIST 实例。DataLoader 能够方便地对数据集实现批次分割、数据转换和标准化等功能。

`download=True` 参数意味着第一次运行时将自动下载数据。DataLoader 中的参数 `batch_size=5000` 意味着将数据批大小设置为 5000。

代码运行结果如图 12-2 所示。

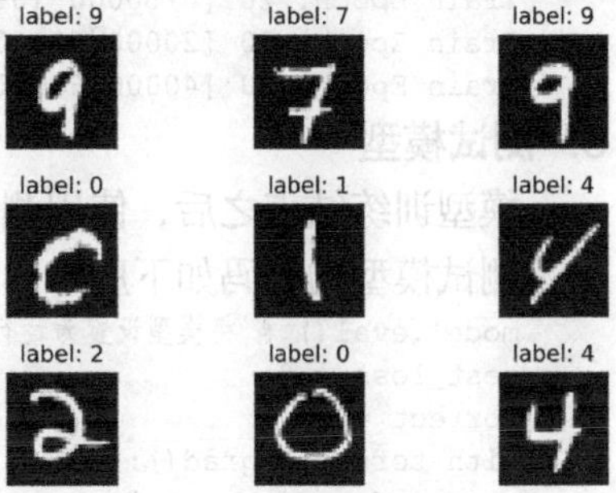

图 12-2 代码运行结果

4. 训练模型

训练模型前需要先创建模型实例和优化器实例：

```
model = Model() # 创建模型实例
optimizer = optim.SGD(model.parameters(), lr=0.01, momentum=0.5) # 创建优化器实例
```

这里采用带动量的随机梯度优化器，学习率为 0.01。

轮（epoch）表示训练一遍完整数据集的过程，即所有 mini batch 都执行了一次正向传播和反向传播。

训练模型的代码如下所示：

```
model.train() # 将模型设置为训练模式
for epoch in range(1, 21): # 训练 20 个 epoch
    for batch_idx, (data, target) in enumerate(train_loader):
        optimizer.zero_grad() # 梯度归零
        output = model(data) # 正向传播
        loss = F.nll_loss(output, target) # 计算损失
        loss.backward() # 反向传播
        optimizer.step() # 优化模型权重
        if batch_idx % 2 == 0:
            print('Train Epoch: {} [{}/{} ({:.0f}%)]\tLoss: {:.6f}'.format(
                epoch, batch_idx * len(data), len(train_loader.dataset),
                    100. * batch_idx / len(train_loader), loss.item()))
```

输出结果为：

```
Train Epoch: 1 [0/60000 (0%)] Loss: 2.306268
Train Epoch: 1 [20000/60000 (33%)] Loss: 2.303861
Train Epoch: 1 [40000/60000 (67%)] Loss: 2.300013
Train Epoch: 2 [0/60000 (0%)] Loss: 2.296585
Train Epoch: 2 [20000/60000 (33%)] Loss: 2.291974
Train Epoch: 2 [40000/60000 (67%)] Loss: 2.288423
Train Epoch: 3 [0/60000 (0%)] Loss: 2.284235
......
Train Epoch: 13 [0/60000 (0%)] Loss: 1.579191
```

```
Train Epoch: 13 [20000/60000 (33%)] Loss: 1.504508
Train Epoch: 13 [40000/60000 (67%)] Loss: 1.397935
Train Epoch: 14 [0/60000 (0%)] Loss: 1.300883
Train Epoch: 14 [20000/60000 (33%)] Loss: 1.202766
Train Epoch: 14 [40000/60000 (67%)] Loss: 1.125268
......
Train Epoch: 19 [0/60000 (0%)] Loss: 0.583377
Train Epoch: 19 [20000/60000 (33%)] Loss: 0.556533
Train Epoch: 19 [40000/60000 (67%)] Loss: 0.531426
Train Epoch: 20 [0/60000 (0%)] Loss: 0.535026
Train Epoch: 20 [20000/60000 (33%)] Loss: 0.533722
Train Epoch: 20 [40000/60000 (67%)] Loss: 0.514640
```

5. 测试模型

模型训练结束之后，使用测试数据进行准确性测试。

测试模型的代码如下所示：

```
model.eval() # 将模型设置为运行模式
test_loss = 0
correct = 0
with torch.no_grad():
   for data, target in test_loader:
      output = model(data)
      test_loss = test_loss + F.nll_loss(output, target, reduction='sum').item()
      pred = output.argmax(dim=1, keepdim=True)
      correct = correct + pred.eq(target.view_as(pred)).sum().item()

test_loss = test_loss / len(test_loader.dataset)

print('\nTest set: Average loss: {:.4f}, Accuracy: {}/{} ({:.0f}%)\n'.format(
   test_loss, correct, len(test_loader.dataset),
   100. * correct / len(test_loader.dataset)))
```

输出结果为：

```
Test set: Average loss: 0.4747, Accuracy: 8748/10000 (87%)
```

这里训练模型的准确率达到了 87%。这个成绩并不“优秀”，需要调整学习率、批大小、网络结构等参数来进行优化（这些需要手动调整的参数称为超参，模型中通过数据学习调整的各种参数称为参数）。

6. 保存/加载模型

使用 torch.save() 函数将模型保存到硬盘：

```
torch.save(model, "resource/mnist_cnn.pt")
```

使用 torch.load() 函数载入保存的模型：

```
model_load = torch.load("resource/mnist_cnn.pt")
model.eval() # 载入后的模型在使用前需要被设置为运行模式
```

13

第 13 章 计算加速与 Fortran 绑定

使用极为广泛的 CPython 解释器的运行速度严重落后于 C/C++和 Fortran 这类静态编译语言编译出的程序，这一点在运行循环时尤为明显。而 NumPy 等数值计算包为了避免被缓慢的运行速度所拖累，都使用了 C 语言代码作为计算核心代码。本章将介绍如何尽量避免被运行速度缓慢的 CPython 解释器所拖累，或者如何在使用 NumPy 等数值计算包时最大限度地使用 CPU 的并行特征。

优化方案分为两种，一种是针对自己编写的原生 Python 代码进行优化；另一种是类似于 NumPy 等数值计算包的方案，使用静态语言编写计算核心代码并编译，Python 仅作为计算核心的调用者。

13.1 原生代码优化

对 Python 原生代码进行优化是非常方便的优化方案，不需要学习另一门语言、不需要安装额外的语言的编译器，也不需要对计算核心进行编译，但其也具有一定的局限性。

13.1.1 将代码向量化

现代 CPU 普遍支持单指令流多数据流（Single-instruction Stream Multiple-data Stream，SIMD），例如对多个数据同时累加，且核心数也在增长。例如计算两个序列的相关系数，如果使用普通循环的方式，将没办法利用 CPU 并行计算的特征，且会被 Python 缓慢的循环所拖累。

下面我们分别用循环和向量化的方式计算两个序列的皮尔逊相关系数，并分别进行计时。相关公式如下：

$$r=\frac{\sum_{i=1}^{n}(X_i-\bar{X})(Y_i-\bar{Y})}{\sqrt{\sum_{i=1}^{n}(X_i-\bar{X})^2}\sqrt{\sum_{i=1}^{n}(Y_i-\bar{Y})^2}}$$

先创建两个随机数组：

```
import numpy as np
x = np.random.randn(10000)
y = np.random.randn(10000)
print(x.shape)
print(y.shape)
```

输出结果为：

```
(10000,)
(10000,)
```

这是两个一维的长度为 10000 的标准正态分布数组。

首先我们尝试用循环的方式计算两个一维数组的皮尔逊相关系数，并对计算过程进行计时：

```
x_mean, y_mean = 0, 0 # 用于保存计算中间值
cov_xy = 0 # 用于保存计算中间值
sigma_x, sigma_y = 0, 0 # 用于保存计算中间值
for i in range(10000):
    x_mean = x_mean + x[i]
    y_mean = y_mean + y[i]
x_mean = x_mean / 10000 # 计算 x 的均值
y_mean = y_mean / 10000 # 计算 y 的均值
for i in range(10000):
    cov_xy = cov_xy + (x[i] - x_mean) * (y[i] - y_mean)
    sigma_x = sigma_x + (x[i] - x_mean) ** 2
    sigma_y = sigma_y + (y[i] - y_mean) ** 2
sigma_x = sigma_x ** 0.5
sigma_y = sigma_y ** 0.5
r = cov_xy / (sigma_x * sigma_y)
```

运行结果为：

```
16.7 ms ± 29.1 µs per loop (mean ± std. dev. of 7 runs, 100 loops each)
```

下面用向量化的方式改写上面的计算代码：

```
x_mean = np.mean(x)
y_mean = np.mean(y)
cov_xy = np.sum((x - x_mean)*(y - y_mean))
sigma_x = np.sqrt(np.sum((x - x_mean)**2))
sigma_y = np.sqrt(np.sum((y - y_mean)**2))
r = cov_xy / (sigma_x * sigma_y)
```

运行结果为：

```
132 µs ± 553 ns per loop (mean ± std. dev. of 7 runs, 10000 loops each)
```

可以看到，向量化后的代码不仅更为简洁，而且运行速度提高了约 100 倍，这些优点在数据量更大的时候，会体现得更为明显。

总结：尽量避开循环，使用 NumPy 的内置函数且通过数组间的算术运算（而不是元素间的算术运算）进行计算。

向量化计算的优势和劣势具体如下。

- 优势。
  - NumPy 内置函数经过算法和运行上的充分优化，运行速度变快，例如，矩阵乘法函数的运行速度会比大多数人手算快得多。
  - 代码简洁，能避免代码过于冗长的写法。
  - NumPy 原生支持基于 NumPy 构建的第三方库，例如 pandas 和 xarray 也支持向量化操作。
- 劣势。
  - 并非所有的算法都可以改写为向量化计算的形式，例如计算微分方程组（数值模式）的算法就不能。
  - 向量化编程对编写者的编程能力和逻辑思维能力有一定的要求。

13.1.2 使用 Numba 对循环加速

Python 是一种动态解释型语言，这是 CPython 运行缓慢的原因之一。那能不能将需要加速的代码编译成静态机器码来加速运行呢?

答案是可以的，有一个名为 Numba 的第三方包，可以实现利用一种名为即时编译（Just-In-Time，JIT）的技术来为 Python 代码的循环加速。Numba 会将需要加速的代码（通常是一个函数）封装起来，在第一次执行的过程中，同时将其编译成机器码，并将其存储在内存中以备下次使用。这样，后面再执行这个函数的时候，会自动调用已经编译过的代码，以达到静态语言级别的循环速度。

执行 `conda install -c conda-forge numba` 以安装 Numba。

将前文介绍的通过循环来计算相关系数的代码用 Numba 进行封装：

```
from numba import jit
import random
@jit(nopython=True)
def r_calc(x, y):
    x_mean, y_mean = 0, 0 # 用于保存计算中间值
    cov_xy = 0 # 用于保存计算中间值
    sigma_x, sigma_y = 0, 0 # 用于保存计算中间值
    for i in range(10000):
        x_mean = x_mean + x[i]
        y_mean = y_mean + y[i]
    x_mean = x_mean / 10000 # 计算 x 的均值
    y_mean = y_mean / 10000 # 计算 y 的均值
    for i in range(10000):
        cov_xy = cov_xy + (x[i] - x_mean) * (y[i] - y_mean)
        sigma_x = sigma_x + (x[i] - x_mean) ** 2
        sigma_y = sigma_y + (y[i] - y_mean) ** 2
    sigma_x = sigma_x ** 0.5
    sigma_y = sigma_y ** 0.5
    r = cov_xy / (sigma_x * sigma_y)
    return r
```

这里用到了 Python 语言的装饰器特征，可参阅第 2 章装饰器部分以了解更多关于装饰器的细节内容。

需要注意的是，Numba 只支持对 Python 原生的数值类型和 NumPy 的 np.ndarray 对象加速（并不支持 pandas 和 xarray，在使用这两个包提供的类型时，需要暂时将其转换为 np.ndarray 类型）。如果引入了不支持加速的类型，Numba 将会报错或开启 Python 对象模式。开启 Python 对象模式将会极大地削弱加速效果（jit 装饰器中的 `nopython=True` 即强制关闭 Python 对象模式，此时如果代码中有不支持加速的类型，则在第一次执行时会报错）。

下面是对函数运行时间进行测试的结果：

```
32 µs ± 77 ns per loop (mean ± std. dev. of 7 runs, 10000 loops each)
```

这里出现了一个有趣的现象：使用 Numba 加速后的代码比使用向量化的代码的速度还要快（但是至少没有快得高出两个数量级）。

为什么？Python 中函数调用也会消耗大量的时间，而在向量化的代码中，多次调用 NumPy 内置函数产生的多次函数跳转消耗了一定时间。NumPy 的计算函数经过充分优化，在数据量足够大的时候，运行节约的时间将会远多于函数跳转消耗的时间。

使用 Numba 对循环进行加速的优势和劣势如下。

- 优势。
  - 通过装饰器就能对原始代码进行加速。
  - 在数据量不大且函数调用少的情况下，可能会取得比向量化更好的速度效果。
  - 在合理的代码设计情况下，能够对几乎所有的算法进行加速。
- 劣势。
  - 考验代码编写者的算法功底，最后的加速效果取决于算法优化程度。
  - 只支持 Python 原生的数值类型和 NumPy 的多维数组类型，如果代码中有不支持的类型会导致运行错误或几乎没有优化效果。

13.2　独立语言绑定

使用独立的静态语言对程序进行优化具有最佳的适用性，并且由于实现过编译过程，所以源码的保密性比原生 Python 代码的更好（原生 Python 代码非常难以加密，对使用者来说其几乎是明文；而编译后的静态语言代码是机器码，虽然其并非牢不可破，但仍然提高了破解门槛）。

13.2.1　Cython

"Cython" 虽然与 "Python" 只有一个字母的差别，但它却是一门独立的静态语言（Cython 不是 CPython）。Cython 的基本语法与 Python 的非常相似，相比之下它带有更多静态语言的特征，例如运行前需要进行编译，需要提前申请变量，且需要声明变量类型。

Cython 编译器实际上是将原始 Cython 代码转换成 C/C++代码，再借助 gcc/clang 这类开源 C 语言编译器编译成机器码，最后将静态产出绑定为 Cython 可导入的库。

执行 `conda install -c conda-forge cython` 以安装 Cython。

需要注意以下几点。

- 在 Windows 上需要安装 Visual Studio（不是 Visual Studio Code）和其对应的 C/C++编译依赖。Visual Studio 的社区版是免费使用的，读者可以通过其官网进行免费下载和安装。
- 在 Linux 和 macOS 上需要安装开源、免费的 GCC 编译工具链。

Cython 源码文件的扩展名为.pyx，其源码仅在编译时需要，编译完成后运行时不再需要。

1. 独立文件使用

下面将前文介绍的计算相关系数的代码进行改写，并将其保存为文件 pearson.pyx：

```
cimport numpy as np
cimport cython

@cython.boundscheck(False)
cdef np.float64_t _r_calc(np.ndarray[np.float64_t, ndim=1] x, np.ndarray[np.float64_t, ndim=1] y):
    cdef np.float64_t x_mean = 0, y_mean = 0 # 用于保存计算中间值
    cdef np.float64_t cov_xy = 0 # 用于保存计算中间值
    cdef np.float64_t sigma_x = 0, sigma_y = 0 # 用于保存计算中间值
    cdef np.float64_t r
    for i in range(10000):
        x_mean = x_mean + x[i]
        y_mean = y_mean + y[i]
    x_mean = x_mean / 10000 # 计算 x 的均值
    y_mean = y_mean / 10000 # 计算 y 的均值
    for i in range(10000):
        cov_xy = cov_xy + (x[i] - x_mean) * (y[i] - y_mean)
        sigma_x = sigma_x + (x[i] - x_mean) ** 2
        sigma_y = sigma_y + (y[i] - y_mean) ** 2
    sigma_x = sigma_x ** 0.5
    sigma_y = sigma_y ** 0.5
    r = cov_xy / (sigma_x * sigma_y)
    return r

def r_calc(x, y):
    return _r_calc(x, y)
```

Cython 中定义函数和变量的关键字都是 `cdef`，且用 `cdef` 定义的函数只能在 Cython 内调用，这也是在计算函数定义完成之后，要使用 `def` 关键字对计算函数进行包装，否则在 Python 代码中将不能正常调用 `cdef` 定义的函数的原因。

就像 C 语言一样，定义函数时需要指定函数的返回值类型和参数类型，定义变量时需要指定变量的类型。装饰器@cython.boundscheck(False)和@cython.wraparound(False)意味着关闭 Cython 内的边界检查功能，这会带来更快的计算速度，但同时在编写代码时也需要严格注意数组越界问题，否则将会导致难以发现的严重错误。

在对应的 conda 环境中执行 `cythonize -a -i pearson.pyx` 命令来编译 Cython 代码。

编译完成后使用 import 进行导入：

```
from pearson import r_calc
```

编译后的函数测试结果为：

```
28.6 µs ± 93.6 ns per loop (mean ± std. dev. of 7 runs, 10000 loops each)
```

2. 在 Jupyter 中使用

在 Jupyter 中使用 Cython 会更为方便，不再需要手动执行命令进行编译，也不需要创建独立文件。

只需要在 Notebook 文件的空行中输入%load_ext cython 并执行，然后在 Cython 代码单元的第一行输入%%cython 并执行，然后就可以在后续的代码中直接调用 Cython 代码单元中定义的函数：

```
%%cython -a
cimport numpy as np
cimport cython

@cython.boundscheck(False)
@cython.wraparound(False)
cdef np.float64_t _r_calc(np.ndarray[np.float64_t, ndim=1] x,
                      np.ndarray[np.float64_t, ndim=1] y):
   cdef np.float64_t x_mean = 0, y_mean = 0 # 用于保存计算中间值
   cdef np.float64_t cov_xy = 0 # 用于保存计算中间值
   cdef np.float64_t sigma_x = 0, sigma_y = 0 # 用于保存计算中间值
   cdef np.float64_t r
   for i in range(10000):
      x_mean = x_mean + x[i]
      y_mean = y_mean + y[i]
   x_mean = x_mean / 10000 # 计算 x 的均值
   y_mean = y_mean / 10000 # 计算 y 的均值
   for i in range(10000):
      cov_xy = cov_xy + (x[i] - x_mean) * (y[i] - y_mean)
      sigma_x = sigma_x + (x[i] - x_mean) ** 2
      sigma_y = sigma_y + (y[i] - y_mean) ** 2
   sigma_x = sigma_x ** 0.5
   sigma_y = sigma_y ** 0.5
   r = cov_xy / (sigma_x * sigma_y)
   return r

def r_calc(x, y):
   return _r_calc(x, y)
```

在 Jupyter 中使用 Cython 的优势和劣势如下。

- 优势。
  - 可借助 C/C++对代码进行进一步加速，比 Numba 的效果更好。
  - 支持相当多的 C/C++语言特征，对熟悉这两种语言的代码编写者来说更为友好。
  - 编译后的代码相当于自带加密功能，保密性更好。
- 劣势。
  - 虽然 Cython 的语法与 Python 的相似，但是 Cython 具有更多静态语言的特征，更多

时候其逻辑方式是异于 Python 的，代码编写者需要适应基于静态语言的逻辑方式。

- 需要单独安装独立的 C/C++编译器。

13.2.2 Fortran

借助 NumPy 自带的 f2py 工具，我们可以方便地对 Fortran 代码进行绑定。

需要注意的是，使用 f2py 时系统中必须要安装 Fortran 编译器（ifort、GFortran 或其他编译器）。如果没有安装，可以在对应的 conda 环境中执行 `conda install -c conda-forge fortran-compiler` 来安装 GFortran 编译器。

将前文介绍的计算相关系数的代码改写为 Fortran90 子程序，并保存为文件 pearson.f90：

```
subroutine r_calc(x, nx, y, ny, r)
   implicit none
   integer :: nx, ny
   real(8) :: x(nx)
   real(8) :: y(ny)
   real(8) :: r
!f2py intent(in),depend(nx) x
!f2py intent(in),depend(ny) y
!f2py intent(out) r

   real(8) :: x_mean = 0, y_mean = 0 ! 用于保存计算中间值
   real(8) :: cov_xy = 0 ! 用于保存计算中间值
   real(8) :: sigma_x = 0, sigma_y = 0 ! 用于保存计算中间值
   integer :: i
   do i = 1, 10000
      x_mean = x_mean + x(i)
      y_mean = y_mean + y(i)
   enddo
   x_mean = x_mean / 10000 ! 计算 x 的均值
   y_mean = y_mean / 10000 ! 计算 y 的均值
   do i = 1, 10000
      cov_xy = cov_xy + (x(i) - x_mean) * (y(i) - y_mean)
      sigma_x = sigma_x + (x(i) - x_mean) ** 2
      sigma_y = sigma_y + (y(i) - y_mean) ** 2
   enddo
   sigma_x = sigma_x ** 0.5
   sigma_y = sigma_y ** 0.5
   r = cov_xy / (sigma_x * sigma_y)
end subroutine r_calc
```

需要注意的是，以!f2py 开头的注释是针对 f2py 的变量声明，需要顶格写，且开头不能有空行。

在对应的 conda 环境中执行 `f2py -c pearson.f90 -m pearson` 进行编译。在 Python 代码中使用 `from pearson import r_calc` 进行导入。

下面是运行结果：

```
28.6 µs ± 146 ns per loop (mean ± std. dev. of 7 runs, 10000 loops each)
```

结果与 Cython 的相似。

使用 Fortran 进行编码的优势和劣势如下。

- 优势。
  - 使用原生的 Fortran 代码编写计算程序，对 Fortran 程序的移植来说非常方便。
  - 编译后的机器码能起到一定的防止源码泄露的作用。
- 劣势。
  - 需要安装额外的 Fortran 编译器。
  - Fortran 语言在数值计算方面的使用范围正在减少。